国家卫生和计划生育委员会"十二五"规划教材
全国高等医药教材建设研究会"十二五"规划教材
全国高职高专院校教材

供检验技术专业用

分 析 化 学

主　编　闫冬良　王润霞

副主编　姚祖福　张彧璇　肖忠华

编　者（以姓氏笔画为序）

马纪伟（南阳医学高等专科学校）

牛　颖（大庆医学高等专科学校）

王润霞（安徽医学高等专科学校）

闫冬良（南阳医学高等专科学校）

张学东（首都医科大学燕京医学院）

张彧璇（廊坊卫生职业学院）

肖忠华（重庆三峡医药高等专科学校）

陈建平（内蒙古医科大学）

周建庆（安徽医学高等专科学校）

姚祖福（湖南医药学院）

赵小菁（浙江医学高等专科学校）

U0207774

人民卫生出版社

图书在版编目（CIP）数据

分析化学/闫冬良，王润霞主编.—北京：人民卫生出版社，2015

ISBN 978-7-117-20203-9

Ⅰ.①分… Ⅱ.①闫…②王… Ⅲ.①分析化学–高等职业教育–教材 Ⅳ.①O65

中国版本图书馆 CIP 数据核字（2015）第 068830 号

| 人卫社官网 | www.pmph.com | 出版物查询，在线购书 |
| 人卫医学网 | www.ipmph.com | 医学考试辅导，医学数据库服务，医学教育资源，大众健康资讯 |

分 析 化 学

主　　编：闫冬良　王润霞

出版发行：人民卫生出版社（中继线 010-59780011）

地　　址：北京市朝阳区潘家园南里 19 号

邮　　编：100021

E - mail：pmph @ pmph.com

购书热线：010-59787592　010-59787584　010-65264830

印　　刷：中农印务有限公司

经　　销：新华书店

开　　本：850×1168　1/16　印张：18

字　　数：495 千字

版　　次：2015 年 6 月第 1 版　2021 年 3 月第 1 版第 9 次印刷

标准书号：ISBN 978-7-117-20203-9/R・20204

定　　价：42.00 元

打击盗版举报电话：010-59787491　E-mail：WQ @ pmph.com

（凡属印装质量问题请与本社市场营销中心联系退换）

为全面贯彻党的十八大和十八届三中、四中全会精神,依据《国务院关于加快发展现代职业教育的决定》要求,更好地服务于现代卫生职业教育快速发展的需要,适应卫生事业改革发展对医药卫生职业人才的需求,贯彻《医药卫生中长期人才发展规划(2011—2020年)》《教育部关于"十二五"职业教育教材建设的若干意见》《现代职业教育体系建设规划(2014—2020年)》等文件的精神,全国高等医药教材建设研究会和人民卫生出版社在教育部、国家卫生和计划生育委员会的领导和支持下,成立了第一届全国高职高专检验技术专业教育教材建设评审委员会,并启动了全国高职高专检验技术专业第四轮规划教材修订工作。

随着我国医药卫生事业和卫生职业教育事业的快速发展,高职高专相关医学类专业学生的培养目标、方法和内容有了新的变化,教材编写也要不断改革、创新,健全课程体系、完善课程结构、优化教材门类,进一步提高教材的思想性、科学性、先进性、启发性和适用性。为此,第四轮教材修订紧紧围绕高职高专检验技术专业培养目标,突出专业特色,注重整体优化,以"三基"为基础强调技能培养,以"五性"为重点突出适用性,以岗位为导向、以就业为目标、以技能为核心、以服务为宗旨,力图充分体现职业教育特色,进一步打造我国高职高专检验技术专业精品教材,推动专业发展。

全国高职高专检验技术专业第四轮规划教材是在上一轮教材使用基础上,经过认真调研、论证,结合高职高专的教学特点进行修订的。第四轮教材修订坚持传承与创新的统一,坚持教材立体化建设发展方向,突出实用性,力求体现高职高专教育特色。在坚持教育部职业教育"五个对接"基础上,教材编写进一步突出检验技术专业教育和医学教育的"五个对接":和人对接,体现以人为本;和社会对接;和临床过程对接,实现"早临床、多临床、反复临床";和先进技术和手段对接;和行业准入对接。注重提高学生的职业素养和实际工作能力,使学生毕业后能独立、正确处理与专业相关的临床常见实际问题。

在全国卫生职业教育教学指导委员会、全国高等医药教材建设研究会和全国高职高专检验技术专业教育教材建设评审委员会的组织和指导下,当选主编及编委们对第四轮教材内容进行了广泛讨论与反复甄选,本轮规划教材修订的原则:①明确人才培养目标。本轮规划教材坚持立德树人,培养职业素养与专业知识、专业技能并重,德智体美全面发展的技能型专门人才。②强化教材体系建设。本轮修订设置了公共基础课、专业核心课和专业方向课(能力拓展课);同时,结合专业岗位与执业资格考试需要,充实完善课程与教材体系,使之更加符合现代职业教育体系发展的需要。③贯彻现代职教理念。体现"以就业为导向,以能力为本位,以发展技能为核心"的职教理念。理论知识强调"必需、够用";突出技能培养,提倡"做中学、学中做"的理实一体化思想。④重视传统融合创新。人民卫生出版社医药卫生规划教材经过长期的实践与积累,其中的优良传统在本轮修订中得到了很好的传承。在广泛调研的基础上,再版教材与新编教材在整体上实现了高度融合与衔接。在教材编写中,产教融合、校企合作理念得到了充分贯彻。⑤突出行业规划特性。本轮修订充分发挥行业机构与专家对教材的宏观规划与评审把关作用,体现了国家卫生和计划生育委员会规划教材一贯的标准性、权威性和规范性。⑥提升服务教学能力。本轮教材修订,在主教材中设置了一系列服务教学的拓展模块;此外,教材立体化建设水平进一步提高,根据专业需要开发了配套教材、网络增值服务等,大量与课程相关的内容围绕教材形成便捷的在线数字化教学资源包(edu. ipmph. com),为教师提供教学素材支撑,为学生提供学习资源服务,教材的教学服务能力明显增强。

本轮全国高职高专检验技术专业规划教材共 19 种,全部为国家卫生和计划生育委员会"十二五"国家规划教材,其中 3 种为教育部"十二五"职业教育国家规划教材,将于 2015 年 2 月陆续出版。

	教材名称	主编	副主编
1	寄生虫学检验(第4版)	陆予云　李争鸣	汪晓静　高　义　崔玉宝
2	临床检验基础(第4版)	龚道元　张纪云	张家忠　郑文芝　林发全
3	临床医学概要(第2版)	薛宏伟　王喜梅	杨春兰　梅雨珍
4	免疫学检验(第4版)*	林逢春　石艳春	夏金华　孙中文　王　挺
5	生物化学检验(第4版)*	刘观昌　马少宁	黄泽智　李晶琴　吴佳学
6	微生物学检验(第4版)*	甘晓玲　李剑平	陈　菁　王海河　聂志妍
7	血液学检验(第4版)	侯振江　杨晓斌	高丽君　张　录　任吉莲
8	临床检验仪器(第2版)	须　建　彭裕红	马　青　赵世芬
9	病理与病理检验技术	徐云生　张　忠	金月玲　仇　容　马桂芳
10	人体解剖与生理	李炳宪　苏莉芬	舒安利　张　量　花　先
11	无机化学	刘　斌　付洪涛	王美玲　杨宝华　周建庆
12	分析化学	闫冬良　王润霞	姚祖福　张彧璇　肖忠华
13	生物化学	蔡太生　张　申	郭改娥　邵世滨　张　旭
14	医学统计学	景学安　李新林	朱秀敏　林斌松　袁作雄
15	有机化学	曹晓群　张　威	于　辉　高东红　陈邦进
16	分子生物学与检验技术	胡颂恩	关　琪　魏碧娜　蒋传命
17	临床实验室管理	洪国粦	廖　璞　黎明新
18	检验技术专业英语	周剑涛	吴　怡　韩利伟
19	临床输血检验技术+	张家忠　吕先萍	蔡旭兵　张　杰　徐群芳

*教育部"十二五"职业教育国家规划教材

+选修课

主　编

闫冬良　王润霞

副主编

牛　颖　姚祖福　张彧璇　肖忠华

编　者（以姓氏笔画为序）

马纪伟（南阳医学高等专科学校）

牛　颖（大庆医学高等专科学校）

王润霞（安徽医学高等专科学校）

闫冬良（南阳医学高等专科学校）

张学东（首都医科大学燕京医学院）

张彧璇（廊坊卫生职业学院）

肖忠华（重庆三峡医药高等专科学校）

陈建平（内蒙古医科大学）

周建庆（安徽医学高等专科学校）

姚祖福（湖南医药学院）

赵小菁（浙江医学高等专科学校）

为了认真贯彻落实《国家中长期教育改革和发展规划纲要》、《医药卫生中长期人才发展规划(2011—2020 年)》和国家教育部教职成[2011]12 号等文件精神,积极"推进高等职业教育改革创新、引领职业教育科学发展",着力培养学生成为具有一定专业知识和较高专业实践技能的检验技术专门人才,人民卫生出版社根据国家卫生和计划生育委员会"十二五"规划教材的编写要求,组织有关学校教师,在吸收各校多年举办高职高专检验技术专业的先进教学经验的基础上编写本套教材。其中,《分析化学》是检验技术专业的一门重要专业基础课。

在编写过程中,参编人员坚持遵循"三基"(基本理论、基本知识、基本技能)、"五性"(思想性、科学性、启发性、先进性、实用性)和"三特定"(特定对象为将要从事临床检验技术工作或进入本科学习的医学高职高专学生;特定要求为贯彻预防为主的卫生工作方针及全心全意为患者服务;特定限制为教材总字数与教学时数相适应)的原则,重点介绍分析化学的基本理论、基本知识、基本方法和基本技能,以及各种分析方法在检验技术中的应用,力求实用为先、够用为度,兼顾知识的先进性和技术的实用性,培养和提高学生的专业知识、实践技能和思维能力,引导学生养成严谨的科学态度和作风,力争使本教材贴近工作岗位、贴近社会实际,最大程度地符合高职高专检验技术专业的教学实际,为学生学好专业课程,如检验技术、检验仪器学等,奠定坚实基础,同时也为学生适应检验技术工作需要或进一步学习深造打下一定的基础。

本教材共分十五章,包括绪论、误差与定量分析数据处理、滴定分析法概论、酸碱滴定法、沉淀滴定法、配位滴定法、氧化还原滴定法、电化学分析法、紫外 - 可见分光光度法、荧光分析法、原子吸收分光光度法、经典液相色谱法、气相色谱法、高效液相色谱法等主要内容,还包括核磁共振波谱法、质谱法、红外分光光度法和电泳法等基本分析方法简介,以及十九个紧密配合主要教学内容的实验项目,适于高职高专检验技术专业学生使用,可供相关专业学生参考。

编写出版本教材,得到了参编老师所在院校的领导和老师的大力支持,在此一并衷心感谢! 由于分析化学是一门发展较快的基础学科,而参编者的学识水平有限、实践经验不足,所以,书中难免存在缺陷和谬误,恳请各位专家和读者批评指正,以便再版时修订完善。

闫冬良　王润霞

2015 年 3 月

目　录

第一章

绪　论

　　分析化学(analytical chemistry)是研究物质组成、含量、结构和形态等化学信息的分析方法、有关理论及实验技术的一门自然科学。

第一节　分析化学的分类

　　分析化学是化学学科的一个重要分支,内容十分丰富,应用非常广泛,从不同角度进行分类,会有下列几种情况。

一、按分析任务分类

　　按分析化学的主要任务来分类,分析化学可以分为:
　　1. 定性分析　任务是鉴定物质的化学组成,即鉴定物质由哪些元素、离子、原子团、官能团或化合物组成,解决"是什么"的问题。
　　2. 定量分析　任务是测定试样中有关组分的相对含量,即解决"量"的问题。有关组分相对含量的大小,往往决定相应工作的兴废。
　　3. 结构分析　任务是研究有关物质的化学结构和存在形态,即确定物质的化学结构、晶体结构或空间分布,以及价态、配位态、结晶态。物质的结构决定其性质,物质的性质决定其用途。

二、按分析对象分类

　　按分析化学的分析对象来分类,分析化学可以分为:
　　1. 无机分析　分析对象为无机化合物,即确定无机化合物的化学组成、组分的相对含量或存在形态。
　　2. 有机分析　分析对象为有机化合物,即确定有机化合物的化学组成、组分的相对含量、官能团或结构形态。

三、按分析的方法原理分类

按分析化学的方法原理来分类,分析化学可以分为:

1. 化学分析 是以物质的化学性质为基础的分析方法。就化学分析而言,既有定性分析和定量分析之分,又有无机分析和有机分析之分。

通常重点介绍化学定量分析,包括重量分析与滴定分析两部分。

(1) 重量分析:以质量为测量值的分析方法。又可细分为沉淀法、挥发法和萃取法等。

(2) 滴定分析:是将已知准确浓度的溶液滴加到被测物质溶液中,直至所加溶液的物质的量按化学计量关系恰好反应完全,然后根据所加溶液的浓度和消耗体积,计算出被测物质含量的分析方法。由于这种测定方法是以测量溶液体积为基础,故又称为容量分析。又可细分为酸碱滴定法、沉淀滴定法、配位滴定法和氧化还原滴定法等。

化学分析的特点是:仪器设备简单、价格低廉、测定结果准确,但测定费力耗时、无法测定微量组分。

2. 仪器分析 是以待测组分的物理或物理化学性质为基础的分析方法。又可细分为电化学分析、光学分析、色谱分析及质谱分析等。

(1) 电化学分析:以电信号(电位、电导、电量、电流)为测量值的分析方法。

(2) 光学分析:是以光信号为测量值的分析方法。光与待测物质发生作用后,有时改变传播方向,有时改变强度,因此,光学分析可以细分为很多分析方法,如本教材介绍的紫外 - 可见分光光度法、荧光分光光度法、原子吸收分光光度法等。

(3) 色谱分析:是一类分离分析方法。主要有柱色谱、纸色谱、薄层色谱、气相色谱和高效液相色谱等。

仪器分析的特点是:灵敏、快速、准确、操作自动化程度高,特别适合于微量组分或复杂体系的分析,但仪器复杂、价格昂贵。

化学分析和仪器分析各有所长,化学分析适于常量成分分析,仪器分析适于微量和痕量成分分析。就每种分析方法来讲,都有其适宜的测定对象,因此,在实际工作中应根据具体情况选择相应的分析方法。

本教材主要介绍滴定分析法、电位分析法、紫外 - 可见分光光度法、荧光分光光度法、原子吸收分光光度法和色谱分析法。

四、按量的概念分类

分析化学的灵魂是"量"的概念,我们应该从两个方面来认识,一是分析测定时的"取样量"或"取样体积",固体试样的取样量常用质量来衡量,液体试样的取样量常用体积来衡量;二是待测组分在试样中的含量。

1. 按取样量来分类,分析化学可以分为常量分析、半微量分析、微量分析和超微量分析等,具体见表1-1。

表 1-1 按取样量分类的分析方法

分类名称	取样量(mg)	取样体积(ml)
常量分析	>100	>10
半微量分析	10~100	10~1
微量分析	0.1~10	1~0.01
超微量分析	<0.1	<0.01

实际工作中,化学定性分析多采用半微量或微量分析法;化学定量分析一般采用常量分析或半微量分析法;仪器分析常常需要选用微量和超微量分析法。

2. 按待测组分在试样中的含量来分类,分析化学可以分为常量组分分析(含量 >1%)、微量组分分析(含量在 0.01%~1%)、痕量组分分析(含量 <0.01%)等。

五、其他分类

1. 按分析的作用来分类,分析化学可以分为例行分析和仲裁分析。例行分析是指一般实验室在日常生产或工作中的分析,又称常规分析。例如药厂质检室的日常分析工作即为例行分析;再如,普查某人群的健康状况时,常常需要检测每个人血液的生化指标,这也属于例行分析。仲裁分析是指不同单位对分析结果有争执时,要求某仲裁单位(如一定级别的药检所、法定检验单位)用法定方法进行裁判分析,以仲裁原分析结果的准确性。

2. 按分析的领域来分类,分析化学可以分为卫生分析、药物分析、工业分析、农业分析等等。顾名思义,它们分别是针对卫生部门、药学部门、工业企业、农业研究机构的相关试样所进行的分析检测工作。

从分析方法的分类可以看出,分析化学的内容丰富、作用极大,甚至可以讲在人类生活、科技发展、社会进步的方方面面都发挥着不可替代的作用。

第二节　分析化学的作用

分析化学在科学研究、国民经济发展、医药卫生、国防建设等各个方面发挥着十分重要的作用,具有极其重要的实际意义。

在科学研究中,分析化学自始至终都占据着重要的地位,如原子、分子学说的创立,相对原子质量的测定、化学基本定律的提出和验证等,都离不开分析化学。再如,生命科学、材料科学、环境科学、基因工程、纳米技术等科学领域所取得的瞩目成就,很多都与分析化学密切相关。

在国民经济建设中,很多领域的生产和研究都离不开分析化学。例如自然资源的开发和利用,工业生产原料的选择、半成品和成品的检测及新产品的研制,农业生产对土壤成分、化肥、农药及农作物生长的研究,国防建设和航空航天技术对新材料、新能源的研究利用等,都需要有物质化学组成和结构信息的支持。因此,分析化学被称为工农业生产的"眼睛",国民经济和科学技术发展的"参谋",是控制产品质量的重要保证,也是进行科学研究的基础科学。分析化学检测技术的发展水平是衡量国家科学技术发展水平的重要标志之一。

在医药卫生领域中,分析化学同样发挥着非常重要的作用。如临床检验、药品检验、食品检验、卫生检验、新药研究、中药研究、病因调查等,都需要应用分析化学的知识和实践技能。特别是临床检验,将病人的血液、体液、分泌物、排泄物和脱落物等标本,通过观察、物理、化学、仪器或分子生物学方法检测,确定其化学组成和结构信息,从而为临床、为病人提供有价值的实验资料。有些检测方法和仪器直接来自分析化学,如荧光光谱法测定氨基酸、蛋白质、核酸、卟啉、维生素(A、B、C、D、E、K)等,再如原子吸收光谱法测定血浆中的钾、钠、锌等。

在医学检验教育中,分析化学是一门重要的专业基础课。许多医学检验专业课程都要涉及分析化学的理论、方法及技术。例如血液学检验中对人体血液中各种电解质的成分分析;临床生物化学检验中对人体尿糖含量的检测分析;检验仪器学中的光谱分析仪器、分离分析仪器、现代波谱分析仪器、自动生化分析仪、电解质分析仪、化学发光免疫分析仪等,都是以分析化学的方法、理论和实验技术为基础的。因此,学习分析化学,不仅能帮助学生掌握有关分析方法的理论及操作技能,而且还能帮助学生掌握科学研究的方法,关键在于培养和提高学生分析问题、解决问题的能力,牢固树立"量"的概念,尽早形成严谨、科学的习惯,为学好专业课、胜任医学检验工作打下坚实的基础。对学生素质的全面发展起到较好的促进作用。

第三节 完成分析任务的一般程序

完成分析工作任务的一般程序是:第一步采集试样,第二步制备试样,第三步确定待测组分的化学组成和结构形态,第四步测定待测组分的相对含量,第五步处理分析数据、表示分析结果。在一般的分析工作中,待测组分的化学组成和结构都是已知的,不需要做定性分析和结构分析,可直接选择恰当的分析方法进行定量分析。因此,完成分析任务的一般程序如下。

一、采集试样

为了得到有意义的化学信息,分析测定的实际试样必须具有一定的代表性。例如对某批10吨的生产原料进行检验,但实际分析的试样往往只有1g或更少,如果所取试样不能代表整批原料的状况,即使分析测定做得再准确,都毫无实际意义。因此,采集试样的原则是"试样具有代表性",必须采用科学取样法,从大批原料的不同部分、不同深度选取多个取样点采样,然后混合均匀,利用缩分法,从中取出少量原料作为试样进行分析测定,这样分析结果才能够代表整批原料的平均组成和含量。再如,临床上的许多生化指标,都是在正常生活和饮食条件下对正常人体进行测定的结果,所以常常在早餐前抽取患者的血液或留取患者的尿液进行化验。

二、制备试样

制备试样主要包括分解试样和分离干扰物质,以便试样适合于选定的分析方法,获得可靠的测定结果。

（一）分解试样

在一般的定量分析中,常常先对固体试样进行分解,制成溶液(干法分析除外),再进行分析。分解试样的方法很多,主要有溶解法和熔融法。

1. **溶解法** 此法采用适当溶剂将试样溶解后制成溶液。由于试样的组成不同,溶解所用的溶剂也不同。常用的溶剂有:水、酸、碱、有机溶剂等四类。溶解时一般先选用水为溶剂;不溶于水的试样根据其性质可用酸作溶剂,也可以用碱作溶剂。常用作溶剂的酸有:盐酸、硝酸、硫酸、磷酸、高氯酸、氢氟酸以及它们的混合酸;常用作溶剂的碱有:氢氧化钾、氢氧化钠、氨水等。对于有机化合物试样,一般采用有机试剂作溶剂,常用的有机溶剂有:甲醇、乙醇、三氯甲烷、苯、甲苯等。

2. **熔融法** 有些试样难溶于溶剂,可根据其性质,采用熔融法对试样进行预处理。在高温条件下,利用酸性或碱性熔剂与试样进行复分解反应,使试样中的待测成分转变为可溶于酸或水的化合物。常用的酸性熔剂有 $K_2S_2O_7$;碱性熔剂有 Na_2CO_3、K_2CO_3、Na_2O_2、NaOH 和 KOH 等。

（二）干扰物质的分离

对于成分比较复杂的试样,待测组分的含量测定常常受到试样中其他组分的干扰,特别是人体的体液,测定前应先对干扰组分进行分离。常用的分离方法有:离心分离法、沉淀法、挥发法、萃取法、色谱法等。

三、测 定 含 量

对试样进行含量测定时,应根据试样的组成、待测组分的性质及大致含量、测定目的要求和干扰物质的存在等几方面情况,合理选择恰当的分析方法进行含量测定。一般来说,测定常量组分时,常选用重量分析法和滴定分析法;测定微量组分时,常选用仪器分析法。例如,自来水中钙、镁离子的含量测定常选用滴定分析法,而矿泉水中微量锌的含量测定常选用仪器分析法。由于人体体液的组成复杂且有关物质的含量不高,所以,医学检验中常选用仪器分析法。

四、表示分析结果

在测定试样的过程中,获得了一些分析数据,需要根据相关的计量关系和计算公式进行运算,从而得出待测组分的相对含量,还需要以适当的形式表示分析结果。

(一)待测组分的形式

分析结果通常以待测组分实际存在形式的含量表示。例如,测定试样中磷的含量时,可以根据实际情况转换为 P、P_2O_5、PO_4^{3-}、HPO_4^{2-} 或 $H_2PO_4^-$ 等形式的含量来表示分析结果。如果待测组分的实际存在形式不清楚,则最好以元素形式的含量或物质的量浓度形式表示分析结果。例如,在矿石分析中,各种元素的含量常以其氧化物形式(如 CaO、MgO、Al_2O_3、Fe_2O_3 等)的含量来表示分析结果。在金属材料和有机分析中,常以元素形式(Ca、Mg、Al、Fe 等)的含量来表示分析结果。在分析电解质溶液时,常以实际存在的离子浓度来表示分析结果。

(二)待测组分含量的表示方法

1. 固体试样含量 通常以质量分数表示,有时也可用百分含量表示。

2. 液体试样含量 通常以物质的量浓度、质量浓度及体积分数等表示。例如在医学检验中,人体体液中的待测组分常以 mmol/L、mg/L 或 mg/24h 来表示分析结果。

3. 气体试样含量 常用体积分数表示。

表示一个完整的定量分析结果,不能仅仅计算出测定结果的含量,而是要计算出测定结果的平均值、测量次数、测定结果的准确度、精密度以及置信度等。因此,完整的定量分析数据处理过程,应先按测量步骤记录原始测量数据,再根据测量数据计算分析结果,最后对分析结果作出科学合理的判断,写出书面报告。

现代的分析仪器,大多数都带有微电脑处理系统,具有自动处理分析数据、自动储存分析结果、屏幕显示和输出打印功能,为分析工作提供了极大方便。

第四节 分析化学的发展趋势

分析化学是化学分支学科发展最早并一直处于前沿地位的自然科学,被称为"现代化学之母"。分析化学存在的基础是解决更多、更新、更复杂的学科问题和社会问题。

分析化学的发展经历了三次巨大的变革。第一次在 20 世纪初由于物理化学溶液理论的发展,为分析化学提供了理论基础,使分析化学由一门技术发展为一门科学。第二次是在 20 世纪中叶,物理学和电子学的发展,促进了各种仪器方法的发展,改变了经典分析化学以分析为主的局面。20 世纪 70 年代以来,分析化学正处在第三次变革时期,由于计算机科学、生命科学、环境科学、宇宙科学、新材料科学、新能源科学、化学计量学的发展,以及基础理论、测试手段的不断完善,分析化学的第三次变革更加深刻,其发展趋势主要表现在以下八个方面。

1. 提高灵敏度 这是各种分析方法长期以来所追求的目标。众所周知,当代许多新技术引入分析化学,都与提高分析方法的灵敏度有关。

2. 解决复杂体系的分离问题、提高分析方法的选择性 到目前为止,人们认识的化合物已超过 1000 万种,而且新的化合物仍在快速增长。复杂体系的分离和测定已成为分析化学家所面临的艰巨任务。

3. 扩展时空多维信息 现代分析化学的发展已不再局限于将待测组分分离出来进行测量和表征,而是成为一门为物质提供尽可能多的化学信息的科学。化学计量学的发展,更为处理和解析各种化学信息提供了重要基础。

4. 微型化及微环境的测定与表征　微型化及微环境分析是现代分析化学认识自然从宏观到微观的延伸。电子学、光学和工程学向微型化发展，人们对生物功能的了解，促进了分析化学深入微观世界的进程。此外，对于电极表面修饰行为和表征过程的研究，各种分离科学理论、联用技术、超微电极和光谱电化学等的应用，为揭示反应机制，开发新体系，进行分子设计等开辟了新的途径。

5. 形态、状态的分析及表征　同一元素的形态、价态不同，所形成的有机化合物分子不同，其功能或毒性可能存在极大差异。分析化学必须解决物质存在的形态和状态问题。

6. 生物大分子及生物活性物质的测定与表征　近年来，以色谱、质谱、磁共振、荧光、磷光、化学发光和免疫分析以及化学传感器、生物传感器、化学修饰电极和生物电分析化学等为主体的各种分析手段，不但在生命体和有机组织的整体水平上，而且在分子和细胞水平上来认识和研究生命过程中某些大分子及生物活性物质的化学和生物本质方面，已显示出十分重要的作用。

7. 非破坏性检测及遥测　当今的许多物理和物理化学分析方法都已发展为非破坏性检测。这对于生产流程控制，自动分析及难以取样的，诸如生命过程等的分析极端重要。遥测技术已成功地用于测定几十公里距离内的气体、某些金属的原子和分子、飞机尾气组成、炼油厂周围大气组成等，并为红外制导和反制导系统的设计提供理论和实验根据。

8. 自动化及智能化　微电子工业、大规模集成电路、微处理器和微型计算机的发展，使分析化学和其他科学与技术一样进入了自动化和智能化的阶段。机器人是实现基本化学操作自动化的重要工具。专家系统是人工智能的最前沿。在分析化学中，专家系统主要用作设计实验和开发分析方法，进行谱图说明和结构解释。分析化学机器人和现代分析仪器作为"硬件"，化学计量学和各种计算机程序作为"软件"，必将对分析化学带来十分深远的影响。

 **知识链接**

化学计量学

　　化学计量学是用统计学或数学方法对化学体系的测量值与体系状态之间建立联系的学科。它应用数学、统计学和其他方法和手段(包括计算机)选择最优试验设计和测量方法，并通过对测量数据的处理和解析，最大限度地获取有关物质系统的成分、结构及其他相关信息，是有关化学量测的基础理论和方法学。

第五节　分析化学的学习方法

　　分析化学主要介绍了滴定分析法、直接电位法、紫外 - 可见分光光度法、原子吸收分光光度法、荧光分析法、经典液相色谱法、气相色谱法和高效液相色谱法等，重点介绍了这些分析方法的基本原理、实验技术和定量方法。这些分析方法主要用于定量分析，其理论性和实践性都很强，在学习过程中一定要牢固树立"量"的概念，注重理论联系实际，强化实验技能训练，勤动脑动手，多思考提问，培养严谨的科学态度和实事求是的工作作风，提高发现问题、分析问题和解决问题的能力。

　　学习滴定分析法时，要以各种滴定分析法指示剂的变色原理和有关计算为主线，注意区分不同滴定分析法的应用范围。

　　学习电化学时，要在理解原电池的基础上，认真体会直接电位法、电位滴定法和永停滴定法在测定过程中电位电流的变化。

学习光学分析法时,要把握透光率、吸光度的概念,牢记光的吸收定律、光学仪器的基本结构和定量分析方法。

学习色谱分析法时,要在学好经典液相色谱法分离机制的基础上,把握气相色谱仪、高效液相色谱仪的基本结构和定量分析方法。

与此同时,注重培养自学能力和创新意识,运用所学的知识和技术,针对具体的检测对象,选择合适的检测方法进行分析,在实践中巩固和加深所学的知识和技术。

 **学习小结**

本章介绍了分析化学的分类、作用、分析程序方法的分类和分析化学发展趋势以及分析过程的一般步骤,为深入学习分析化学各章内容打下了基础。

要了解分析化学的性质是研究物质组成、含量、结构和形态等化学信息的科学,它是化学领域的一个重要分支。它包含的内容有定性分析、定量分析、结构分析三种。分析方法可按分析任务、对象、原理、用量分为:定性分析、定量分析和结构分析;无机分析和有机分析、化学分析与仪器分析;常量、半微量、微量与超微量分析等几种分类方式。分析过程的一般步骤有试样的采取、试样的制备、含量测定、分析结果的数据处理和表示等。

达 标 练 习

一、选择题

(一) 单选题

1. 从分析的任务看,分析化学的内容包括(　　)
   A. 无机分析和有机分析　　　　B. 化学分析和仪器分析
   C. 常量分析和微量分析　　　　D. 重量分析和滴定分析
   E. 定性分析、定量分析和结构分析

2. 常量分析的称样量一般在(　　)
   A. 1g 以上　　　　　　B. 0.1g 以上　　　　　　C. 0.01~0.1g
   D. 0.001~0.01g　　　　E. 0.001~0.0001g

3. 滴定分析法属于(　　)
   A. 定性分析　　B. 仪器分析　　C. 化学分析　　D. 无机分析　　E. 微量分析

4. 采集试样的原则是试样具有(　　)
   A. 典型性　　　B. 统一性　　C. 代表性　　D. 随意性　　E. 不均匀性

5. 电化学分析法属于(　　)
   A. 化学分析　　B. 仪器分析　　C. 重量分析　　D. 光学分析　　E. 定性分析

6. 下列叙述错误的是(　　)
   A. 化学分析是以待测物质化学反应为基础的分析方法
   B. 仪器分析是以待测物质的物理或物理化学性质为基础的分析方法
   C. 滴定分析是以待测物质化学反应为基础的分析方法
   D. 光学分析是以待测物质的发光性为基础的分析方法
   E. 定性分析是以鉴定物质的化学组成为目的的分析工作

(二) 多选题

1. 分析化学是研究(　　　)

A. 物质性质和应用的科学　　　　B. 定性、定量、结构分析方法的科学

C. 物质组成和结构的科学　　　　D. 分析方法、理论、实验技术的科学

E. 以上都正确

2. 人体体液中待测组分含量常用的表示方法是（　　　　）

A. mmol/L　　　　B. mg/L　　　　C. 百分浓度　　　D. mg/24h　　　　E. 体积分数

3. 完成分析工作任务的一般程序是（　　　　）

A. 采集试样

B. 制备试样

C. 确定待测组分的化学组成和结构形态

D. 测定待测组分的相对含量

E. 处理分析数据、表示分析结果

4. 化学分析法的特点是（　　　　）

A. 仪器设备简单、价格低廉

B. 测定结果准确、适于测定微量组分

C. 但费力耗时,无法测定微量组分

D. 仪器设备简单、测定时省时省力

E. 测定误差大、应该废弃

5. 仪器分析的特点是（　　　　）

A. 仪器昂贵、一般不用　　　　B. 灵敏、快速、准确

C. 仪器简单、操作方便　　　　D. 适于测定微量组分

E. 操作自动化程度高

二、填空题

1. 分析化学是研究物质组成、含量、结构和形态等化学信息的＿＿＿＿、有关理论及＿＿＿＿的一门自然科学。

2. 分析化学的主要任务是＿＿＿＿、＿＿＿＿、＿＿＿＿。

3. 从分析化学所依据的方法原理不同,其内容包括＿＿＿＿、＿＿＿＿。

4. 化学分析法包括＿＿＿＿、＿＿＿＿、＿＿＿＿、＿＿＿＿。

5. 根据待测组分含量高低,分析化学的内容包括＿＿＿＿、＿＿＿＿、＿＿＿＿。

6. 完成定量分析工作任务的一般程序是:第一步＿＿＿＿,第二步＿＿＿＿,第三步＿＿＿＿,第四步＿＿＿＿。

三、简答题

1. 什么叫分析化学？它的任务是什么？

2. 试谈分析化学的发展趋势。

（王润霞　闫冬良）

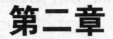

第二章

误差与定量分析数据处理

学习目标

1. 掌握误差的类型和表示方法；有效数字的概念、修约和运算规则；可疑值的取舍。
2. 熟悉准确度、精密度的概念和二者的关系；提高分析结果准确度的方法。
3. 了解分析结果的一般表示方法。
4. 学会熟练地进行误差及偏差的计算；采取适当的措施减小或消除测量误差；对定量分析数据进行恰当的取舍，正确记录、处理分析数据，正确表示分析结果。

定量分析的任务是确定试样中各待测组分的相对含量，分析结果应力求准确无误。但由于受到测量条件、仪器设备、化学试剂、测量方法、操作人员、突发状况等多种因素的影响，我们实验所得的测量值往往偏离真实值，二者之间存在误差。因此，在实际工作中，我们要分析、查找误差产生的原因，利用各种有效的方法尽量排除误差的干扰，同时还要对实验数据进行认真的记录、分析和处理，以提高分析结果的准确度。

第一节　定量分析的误差

一、准确度与误差

（一）准确度

准确度（accuracy）指测量值与真实值接近的程度。通常用误差表示准确度的高低，分析结果的误差越小，其准确度越高；反之，分析结果的误差越大，其准确度越低。

（二）误差

误差通常分为绝对误差和相对误差。

1. 绝对误差（E）　绝对误差（absolute error）指测量值（x）与真实值（T）之差。其数学表达式为：

$$E = x - T \tag{2-1}$$

多次平行测定的分析结果，其绝对误差以算术平均值（$\bar{x}$）与真实值之差表示。即：

$$E = \bar{x} - T \tag{2-2}$$

知识链接

真实值

实际工作中，所测试样的真实值往往并不知道，但以下数值可在定量分析时作为真实值使用：①相对原子质量、相对分子质量、物质的量单位等；②标准品、基准物质或已提纯的物质的含量；③化合物中根据其理论组成计算出的某元素原子或离子的含量。

2. 相对误差（RE）　相对误差（relative error）指绝对误差（E）占真实值（T）的百分比。其数学表达式为：

$$RE = \frac{E}{T} \times 100\% = \frac{x-T}{T} \times 100\% \tag{2-3}$$

注意，绝对误差和相对误差均有正负之分，其正负并不表示测定结果的好坏，正负值的实际意义为：当测量值大于真实值时，误差为正值；当测量值小于真实值时，误差为负值。

课堂互动

对试样质量进行两次称量，绝对误差分别为 0.0012g 和 −0.0014g，想一想，哪个测定结果更准确？

例 2-1　某学生用万分之一分析天平分别称量试样 1 和试样 2 的质量，结果如下：试样 1 的质量为 0.1002g；试样 2 的质量为 0.0102g。若试样 1 的实际质量为 0.1000g，试样 2 的实际质量为 0.0100g。则其两次称量的绝对误差和相对误差分别是多少？

解　根据 $E = x - T$ 和 $RE = \frac{E}{T} \times 100\% = \frac{x-T}{T} \times 100\%$ 可得：

试样 1：$E = x - T = 0.1002 - 0.1000 = 0.0002（g）$

$$RE = \frac{E}{T} \times 100\% = \frac{x-T}{T} \times 100\% = \frac{0.1002-0.1000}{0.1000} \times 100\% = 0.2\%$$

试样 2：$E = x - T = 0.0102 - 0.0100 = 0.0002（g）$

$$RE = \frac{E}{T} \times 100\% = \frac{x-T}{T} \times 100\% = \frac{0.0102-0.0100}{0.0100} \times 100\% = 2\%$$

由此可见，测量值的绝对误差相等时，相对误差可能不等。当分析结果的绝对误差相等时，真实值的量值越大，相对误差就越小，测量的准确度就越高。因此，实际工作中，我们往往采用相对误差来表示分析结果的准确度，相对误差比绝对误差更具有实际意义；同时，在允许的情况下，分析人员可通过增大试样量来减小测量的相对误差，提高分析结果的准确度。

二、精密度与偏差

（一）精密度

精密度（precision）指在相同条件下进行平行测定时，多个测量值之间吻合的程度。精密度的高低用偏差表示。分析结果的偏差越小，其精密度越高，反之，分析结果的偏差越大，其精密度越低。

（二）偏差

偏差分为绝对偏差、平均偏差、相对平均偏差、标准偏差和相对标准偏差等。

1. 绝对偏差（d_i）　绝对偏差（absolute deviation）指测量值（x_i）与平均值（$\bar{x}$）之差。其数学表达式为：

$$d_i = x_i - \bar{x} \tag{2-4}$$

式中 $i = 1, 2, \cdots\cdots n$，用于表示测量次数。

绝对偏差 d_i 有正、有负，也可能为零。

2. 平均偏差（$\bar{d}$）　平均偏差（relative deviation）指各测量值的绝对偏差（d_i）绝对值的平均值。其数学表达式为：

$$\overline{d} = \frac{\sum\limits_{i=1}^{n} |d_i|}{n} = \frac{\sum\limits_{i=1}^{n} |x_i - \overline{x}|}{n} = \frac{|x_1 - \overline{x}| + |x_2 - \overline{x}| + |x_3 - \overline{x}| + \cdots\cdots + |x_n - \overline{x}|}{n} \tag{2-5}$$

平均偏差均为正值。

3. 相对平均偏差（$R\overline{d}$）　相对平均偏差（relative average deviation）指平均偏差（$\overline{d}$）占平均值（$\overline{x}$）的百分比。其数学表达式为：

$$R\overline{d} = \frac{\overline{d}}{\overline{x}} \times 100\% \tag{2-6}$$

平均偏差和相对平均偏差在计算过程中均忽略了个别的较大偏差，为了突出较大偏差的影响，我们往往采用标准偏差表示其精密度。

4. 标准偏差（S）　对于少量测定次数 $n \leqslant 20$ 的测量值，其标准偏差（standard deviation）指各绝对偏差（d_i）的平方和与测量次数减一的比值的开方。其数学表达式为：

$$S = \sqrt{\frac{\sum\limits_{i=1}^{n} d_i^2}{n-1}} = \sqrt{\frac{\sum\limits_{i=1}^{n} (x_i - \overline{x})^2}{n-1}} \tag{2-7}$$

5. 相对标准偏差（RSD）　相对标准偏差（relative standard deviation，RSD）指标准偏差（S）占平均值（$\overline{x}$）的百分比。其数学表达式为：

$$RSD = \frac{S}{\overline{x}} \times 100\% \tag{2-8}$$

例 2-2　用 Na_2CO_3 标定 HCl 的浓度，3 次平行测定的结果分别为 0.1010mol/L、0.1007mol/L 和 0.1009mol/L，求 HCl 浓度的平均值、绝对偏差、平均偏差、相对平均偏差、标准偏差和相对标准偏差。

解　已知 $x_1 = 0.1010\text{mol/L}$　　$x_2 = 0.1007\text{mol/L}$　　$x_3 = 0.1009\text{mol/L}$

由公式 $\overline{x} = \dfrac{x_1 + x_2 + x_3}{3}$ 得：

$$\overline{x} = \frac{0.1010 + 0.1007 + 0.1009}{3} = 0.1009\,(\text{mol/L})$$

由公式 $d_i = x_i - \overline{x}$ 得：

$$d_1 = 0.1010 - 0.1009 = 0.0001\,(\text{mol/L})$$
$$d_2 = 0.1007 - 0.1009 = -0.0002\,(\text{mol/L})$$
$$d_3 = 0.1009 - 0.1009 = 0\,(\text{mol/L})$$

由公式 $\overline{d} = \dfrac{|d_1| + |d_2| + |d_3|}{3}$ 得：

$$\overline{d} = \frac{|0.0001| + |-0.0002| + |0|}{3} = 0.0001\,(\text{mol/L})$$

由公式 $R\overline{d} = \dfrac{\overline{d}}{\overline{x}} \times 100\%$ 得：

$$R\overline{d} = \frac{\overline{d}}{\overline{x}} \times 100\% = \frac{0.0001}{0.1009} \times 100\% = 0.1\%$$

由公式 $S = \sqrt{\dfrac{\sum\limits_{i=1}^{n} d_i^2}{n-1}}$ 得：

$$S=\sqrt{\frac{(0.0001)^2+(-0.0002)^2+(0)^2}{3-1}}=0.0002$$

由公式 $RSD=\dfrac{S}{\overline{x}}\times100\%$ 得：

$$RSD=\frac{S}{\overline{x}}\times100\%=\frac{0.0002}{0.1009}\times100\%=0.2\%$$

实际工作中,相对平均偏差和相对标准偏差都可用于表示测量的精密度,二者相比,使用相对标准偏差更为科学。但初学者进行定量分析时一般情况下,分析结果的精密度用相对平均偏差表示即可。

（三）准确度与精密度的关系

准确度指测量值与真实值接近的程度,用于表示分析结果的正确性;精密度指平行测定的结果间相互接近的程度,用于表示分析结果的再现性。描述定量分析结果的好坏,要同时讨论其准确度和精密度。只有准确度和精密度都高的实验,其分析结果才真实可信、才具有实用价值。

将定量分析过程比作打靶,利用打靶射击可说明准确度和精密度的关系。我们将样品的真实值看作靶心,定量分析的目的就是要击中靶心,即真实值。一般情况下,定量分析结果会出现前三种情况（图 2-1）：

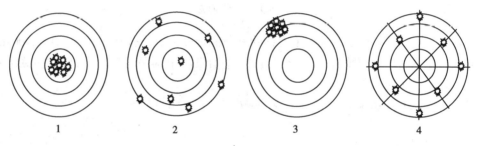

图 2-1　准确度与精密度的关系

由图 2-1 不难看出：

结果 1 的准确度和精密度都很高,说明分析过程中系统误差和偶然误差都比较小。

结果 2 的准确度和精密度都不高,说明分析过程中系统误差和偶然误差都比较大。

结果 3 的精密度非常高,但准确度不高,说明分析过程中系统误差比较大。

偶然情况下,还会出现第四种情况：

结果 4 的精密度不高,但当正负误差相互抵消掉时,其平均值却非常接近于真实值。这种情况,说明分析过程中偶然误差非常大。因此,尽管分析结果的平均值接近于真实值,但由于实验数据的可信度非常低,我们并不能说分析结果的准确度高。

由此可知,精密度高是保证准确度高的前提;精密度高,准确度不一定高;只有精密度和准确度都高的测量值才是可靠的。如果消除或校正了系统误差,多次测量的算术平均值就接近于真实值。

三、误差的来源

依据误差产生的原因和性质,可将误差分为系统误差和偶然误差。

（一）系统误差

系统误差（systematic error）又称可定误差,指分析过程中由某种固定因素引起的误差,其特点为:同一条件下进行重复测量时,系统误差会重复出现,且误差的大小和方向均保持不变。因此,实际工作中,分析人员可通过校正的方法减小或消除系统误差的干扰。系统误差被分为方法误差、操作误差、试剂误差和仪器误差四类。

1. 方法误差　方法误差指那些由于分析方法本身存在缺陷而引起的误差,该类误差往往对分析结果的影响较大。如质量分析中,沉淀发生溶解,造成所得沉淀的实际质量较理论值低;沉淀表面吸附杂质,造成所得沉淀的实际质量较理论值高等,这些情况引起的误差均为方法误差。

2. 操作误差　操作误差指在正规操作的前提下,由于分析人员主观因素所引起的误差。例如,进行容量瓶定容时,分析人员习惯性地仰视或俯视造成所配溶液浓度总是偏低或偏高;进行滴定分析时,分析人员对滴定终点指示剂颜色变化的判断不够敏锐,总是偏深或偏浅等,这些情况均会引起操作误差。但需要注意的是,由分析人员粗心大意引起的人为操作过失,如加错试剂、读错数值等,不属于操作误差。

3. 试剂误差　试剂误差指由于试剂纯度不够、存在干扰杂质所引起的误差。例如,分析所用的试剂或溶剂中含有微量的被测组分;进行滴定分析时,作为基准物质的化学试剂含量不达标等,这些情况引起的误差均为试剂误差。

4. 仪器误差　仪器误差指由于定量分析所用的仪器本身不够精确或未经校准所引起的误差。例如被腐蚀过的天平砝码质量不准确、量器的刻度不均匀、滴定分析中容量瓶未被校准等,这些情况引起的误差均为仪器误差。

（二）偶然误差

偶然误差(accidental error)又称随机误差,指分析过程中由某些偶然因素(如实验温度、湿度和气压等的微小变化)引起的误差。其特点为:同一条件下进行重复测量时,偶然误差的大小、方向均以不固定的方式出现。偶然误差在定量分析过程中难以避免,往往无法控制,但若对某一试样进行多次平行测定,则测定结果会服从正态分布规律:大误差出现的概率小,小误差出现的概率大;绝对值相等的误差出现的概率相等,当测定次数达到一定数值时,偶然误差可相互抵消,其干扰会被基本消除。因此,实际工作中可利用增加平行测定的次数,取算术平均值的方法,减小或消除偶然误差的干扰。

四、提高定量分析结果准确度的方法

（一）选择适当的分析方法

不同分析方法的灵敏度和准确度各不相同。滴定分析法的灵敏度偏低,但其相对误差较小,测定的准确度较高,常被用于进行常量组分的测定;仪器分析法的相对误差较大,准确度较低,但其灵敏度高,常被用于进行微量组分或痕量组分的分析。因此,实际工作中,我们应根据试样的组成情况和对分析结果准确度的要求,扬长避短,选取最佳的测定方法,尽量做到分析方法操作简便、快速;实验过程干扰少、易被消除;实验药品和仪器简单、便宜易得。

（二）减小测量中的系统误差

1. 对照试验　对照试验指采用与试样完全相同的测量方法、条件和步骤,用已知含量的标准品替代试样进行分析测定后,再对试样与标准品的测定结果进行分析和比较,用此误差值对试样测定结果进行校正。

2. 空白试验　空白试验指采用与试样完全相同的测量方法、条件和步骤,在不加试样的情况下完成分析测定。空白试验所得的结果称为空白值。处理实验数据时,应将空白值从试样的实验数据中减去,以消除由试剂、蒸馏水及试验器皿等引起的系统误差。

3. 校准仪器　校准仪器可用于减小或消除因测量仪器不准确所引起的误差,在滴定分析中,为消除仪器误差,我们可对砝码、滴定管、容量瓶、移液管等进行校准。

（三）减小测量中的偶然误差

偶然误差常因实验温度、湿度、气压等偶然因素引起。增加平行测定的次数,可减小偶然误差。进行一般的定量分析,测量次数往往采用 3~5 次,其精密度符合要求即可。

第二节　有效数字及其应用

准确地测量,正确地记录和计算实验数据,是获取准确分析结果的关键。因此,定量分析中,分析人员必须掌握有效数字的相关知识,熟练、正确地使用有效数字表示测量值或分析结果。

一、有效数字的意义

(一)有效数字

有效数字(significant figure)指实际工作中能测量到的、且具有实际意义的数字,包含所有的准确数字和最后一位可疑数字。

定量分析过程中,记录或计算时,并不是数值的位数越多越好,分析仪器的精密程度和分析方法的准确程度决定着记录或计算时应保留的有效数字位数。例如,用分度值为 0.1g 的托盘天平称量时,应记录到小数点后第二位,如果某试样质量为 5.29g,那么,在这一数值中,5.2 是准确数字,最后一位 "9" 为估读值,是可疑数字;用万分之一的分析天平称量时,应记录到小数点后第四位,如果某试样的质量为 3.4358g,那么,在这一数值中,3.435 是准确数字,最后一位 "8" 是可疑数字。又如,用 10ml 移液管量取 4ml 某溶液,应记为 4.00ml,其中,4.0 是准确数字,最后一位 "0" 是可疑数字;用 10ml 小量筒量取 4ml 某溶液,应记为 4.0ml,其中,4 是准确数字, "0" 是可疑数字。

(二)有效数字的位数

确定有效数字位数时,应遵从以下几项规定:

1. 数字中的 1~9 均为有效数字, "0" 是否算作有效数字,应根据具体情况而定:位于第一个数字(1~9)前的 "0" 不是有效数字;而在数字中间或小数中非零数字后面的 "0" 是有效数字。

例如:2.317,0.003581,0.01090 都为 4 位有效数字。

2. 百分数中有效数字的位数,只取决于百分号前数值的有效数字位数;科学计数法中,有效数字的位数,只取决于前面系数的有效数字位数。

例如:4.32%、0.0809%、3.58×10^{-3}、5.21×10^{5} 都为 3 位有效数字。

需要注意的是:数值进行单位换算时,有效数字的位数不能改变;当分析实验所得的数值过大或过小时,可改用科学计数法表示,其有效数字的位数也不能改变。

例如:10.00ml 可改为 0.01000L;1048.0mg 可改为 1.0480×10^{3}mg。

3. pH、pM、pK 等对数值的有效数字位数,取决于其小数点后数字的位数。

例如:pH=10.68,小数点后数字只有两位,因此,其有效数字位数是 2 位,而不是 4 位。

4. 自然数(如测量次数 n)、非测量到的数字(如倍数、分数关系)、常数(如 e、π)等均可看做无误差数字或无限多位的有效数字。

5. 若数据的首位数字≥8 时,其有效数字的位数可多算一位,例如 9.55,虽然只有 3 位有效数字,但它已接近 10.00,故可认为它是 4 位有效数字。

(三)有效数字的修约

定量分析中,实验数据的有效数字位数可能不同,在进行数据分析与计算时,为确保分析结果的准确性,必须对实验数据的有效数字进行修约。进行有效数字修约需遵从以下规则:

1. 四舍六入五留双　若被修约的数字≤4 时,舍弃,即 "四舍";若被修约的数字≥6 时,进位,即 "六入";若被修约的数字等于 5 时,按下列规则进行:

(1) "5" 后无数字或有数字 "0" 时,采用 "奇进偶舍" 的方式进行修约。即 "5" 前一位数为偶数(包括0)时,保留该偶数不变,将 "5" 及后面的 "0" 舍弃; "5" 前为奇数时,将该奇数进位为偶数。

（2）"5"后有非"0"数字时，则无论"5"前是奇数还是偶数，均进位。

例 2-3　将下列数值修约为 4 位有效数字：

2.14637、0.66486、5.3465、2.8975、1.34150、2.57450、1.03651、3.41352。

解　2.14637 → 2.146|37（被修约数字为 3，舍）→ 2.146

0.66486 → 0.6648|6（被修约数字为 6，入）→ 0.6649

5.3465 → 5.346|5（被修约数字为 5，5 后没数字，5 前为偶数，舍弃）→ 5.346

2.8975 → 2.897|5（被修约数字为 5，5 后没数字，5 前为奇数，进位）→ 2.898

1.34150 → 1.341|50（被修约数字为 5，5 后为 0，5 前为奇数，进位）→ 1.342

2.57450 → 2.574|50（被修约数字为 5，5 后为 0，5 前为偶数，舍弃）→ 2.574

1.03651 → 1.036|51（被修约数字为 5，5 后有非零数字 1，进位）→ 1.037

3.41352 → 3.413|52（被修约数字为 5，5 后有非零数字 2，进位）→ 3.414

2. 进行数字修约，要一次性修约到所需要的位数，禁止分次修约。

例如，将 1.02349 修约成四位有效数字，应一次修约成 1.023，不能先将 1.02349 修约为 1.0235，再修约为 1.024。

3. 准确度或精密度的数值一般只保留一位有效数字，最多取两位有效数字，且修约时一律进位。

例如：相对平均偏差 $R\bar{d}$=0.127%，保留两位有效数字时，应修约为 0.13%；保留一位有效数字时，应修约为 0.2%。

 课堂互动

> 将下列数值修约为 4 位有效数字：2.5874、1.2365、728.55、14.7250、103.445、3.84249、1.56451、3.7896、137890。

二、有效数字的运算规则

进行有效数字运算时，要先修约后计算。为使运算结果与数字的准确度保持一致，运算过程需遵从以下规则：

1. 加减法　几个数值进行加法或减法运算时，其和或差的有效数字的保留，应以几个数值中小数点后位数最少（即绝对误差最大）的为准。

例 2-4　计算 4.0281+32.17−0.03842

解　该题计算结果保留的有效数字位数应以 32.17 为准，即保留到小数点后第 2 位。

$$4.0281+32.17-0.03842=4.03+32.17-0.04=36.16$$

2. 乘除法　几个数值进行乘法或除法运算时，其积或商的有效数字的保留，应以几个数值中有效数字位数最少（即相对误差最大）的为准。

例 2-5　计算 0.00120 × 23.89 ÷ 1.04682

解　该题计算结果保留的有效数字位数应以 0.00120 为准，即保留 3 位有效数字。

$$0.00120 \times 23.89 \div 1.04682=0.00120 \times 23.9 \div 1.05=0.0273$$

3. 对数运算　对数的有效数字位数应与真数的有效数字位数保持一致。

例 2-6　计算 0.010mol/L HCl 的 pH。

解　pH=−lg[H^+]，故该题计算结果的有效数字位数应以 0.010 为准进行保留，即保留 2 位有效数字。

$$pH=-lg[H^+]=-lg0.010=2.00$$

三、有效数字在定量分析中的应用

（一）正确记录测量数据

记录测量数据时,应依据测量方法和所用仪器的精度,正确记录测量到的所有准确数字和最后一位可疑数字。例如,用万分之一分析天平进行称量,以克为单位时,测定结果应记录到小数点后第 4 位;又如,用移液管量取某溶液体积或读取滴定管读数,以毫升为单位时,应记录到小数点后第 2 位。

（二）正确选取试剂用量和分析仪器

例 2-7　移液管的绝对误差为 ± 0.01 ml,为使取液的相对误差在 0.1% 以下,液体的取样量至少应为多少 ml？

解　$RE = \dfrac{E}{T} \times 100\% = \dfrac{x-T}{T} \times 100\%$,由题意可知:

$$RE \leqslant \frac{E}{V} \times 100\%$$

故

$$V \geqslant \frac{E}{RE} \times 100\% = \frac{\pm 0.01}{0.1\%} \times 100\%$$

$$V \geqslant 10(\,ml\,)$$

由此可见,液体的取样量至少应为 10ml。

若取液的相对误差要求在 1% 以下时,取液 10ml 就无需再用移液管,用小量筒就可以满足准确度的要求。

$$RE = \frac{E}{T} \times 100\% = \frac{\pm 0.1}{10} \times 100\% = 1\%$$

（三）正确的表示分析结果

定量分析结果中,有效数字的位数应正确反映测量的准确度,不可人为地随意增加或删减。过多地保留有效数字的位数,会夸大分析结果的准确度;随意地删减有效数字的位数,会降低分析结果的准确度。因此,通常情况下,分析结果有效数字保留位数的标准是:被测组分含量 >10% 时,分析结果保留 4 位有效数字;被测组分含量在 1%~10% 时,分析结果保留 3 位有效数字;被测组分含量 <1% 时,分析结果保留 2 位有效数字。

第三节　定量分析结果的表示方法与数据处理

一、定量分析结果的表示方法

进行定量分析时,在忽略系统误差的前提下,一般先对每一待测试样进行三次平行测定,再计算其平均值和相对平均偏差。若 $\overline{Rd} \leqslant 0.1\%$,可认为实验结果符合要求,取其平均值作为最终的分析结果即可;否则,认为此次实验结果不可靠,必须重做。

二、可疑值的取舍

在实际分析过程中,常常会遇到平行测得的一组数据中有个别偏高或偏低的值,该异常值称为可疑值。计算分析结果时,可疑值是否保留,必须依据恰当的方法进行判断,以做出正确地选择。这里介绍两种常用的判定可疑值取舍的方法:四倍法和 Q 检验法。

（一）四倍法

该法适用于 3 次以上的平行测定。具体步骤为:

1. 计算可疑值以外其他数值的算术平均值($\bar{x}$)和平均偏差($\bar{d}$)。

2. 计算：$\dfrac{|可疑值-\bar{x}|}{\bar{d}}$

3. 进行可疑值取舍判断：若$\dfrac{|可疑值-\bar{x}|}{\bar{d}} \geq 4$，舍弃可疑值；反之，则保留可疑值。

例2-8　对某样品中 Na_2CO_3 的含量进行 4 次平行测定，结果如下：0.7019、0.7020、0.7022、0.7031。试判断可疑值，并用四倍法判断该数值能否舍弃。

解　可疑值为 0.7031。判断 0.7031 取舍过程如下：

（1）计算 0.7019、0.7020、0.7022 的算术平均值($\bar{x}$)和平均偏差($\bar{d}$)

$$\bar{x} = \frac{0.7019+0.7020+0.7022}{3} = 0.7020$$

$$\bar{d} = \frac{|x_1-\bar{x}| + |x_2-\bar{x}| + |x_3-\bar{x}|}{3}$$

$$= \frac{|0.7019-0.7020| + |0.7020-0.7020| + |0.7022-0.7020|}{3}$$

$$= 0.0001$$

（2）计算$\dfrac{|可疑值-\bar{x}|}{\bar{d}}$

$$\frac{|可疑值-\bar{x}|}{\bar{d}} = \frac{|0.7031-0.7020|}{0.0001} = 11$$

（3）11>4，所以 0.7031 应舍弃。

（二）Q 检验法

该法适用于测定次数 $n=3\sim10$ 次的平行测定。具体步骤为：

1. 将所有数值由小到大排列，确定可疑值。

2. 计算 Q 值

$$Q_{计算} = \frac{|可疑值-邻近值|}{最大值-最小值}$$

3. 判断可疑值取舍：将 $Q_{计算}$ 与舍弃商 Q 值表（表2-1）进行比较，若 $Q_{计算} \geq Q_{表}$，舍去可疑值；若 $Q_{计算} < Q_{表}$，保留可疑值。

表2-1　不同置信度下舍弃商 Q 值表

n	3	4	5	6	7	8	9	10
$Q_{0.90}$	0.94	0.76	0.64	0.56	0.51	0.47	0.44	0.41
$Q_{0.95}$	0.97	0.84	0.73	0.64	0.59	0.54	0.51	0.49

例2-9　进行硼砂含量测定，5 次平行测定结果如下：0.6017、0.6022、0.6019、0.6020、0.6029，试用 Q 检验法确定可疑值是否应当舍弃（置信度95%）。

解　将测定结果由小到大排列 0.6017、0.6019、0.6020、0.6022、0.6029，故可疑值为 0.6029。

$$Q_{计算} = \frac{|可疑值-邻近值|}{最大值-最小值} = \frac{|0.6029-0.6022|}{0.6029-0.6017} = 0.58$$

查表 2-1 可知，$n=5$ 时，$Q_{表}=0.73$，故 $Q_{计算} < Q_{表}$，可疑值应保留。

课堂互动

试用 Q 检验法判断例 2-8 中可疑值的取舍。

四倍法较 Q 检验法操作简单,但其对精密度要求严格,有时会舍弃掉有用的数值。

进行可疑值取舍时,若一次取舍后,测得的数值中还有可疑值,可依次再进行取舍检验。

学习小结

本章重点介绍了误差和偏差的各种表示方法,有效数字的修约、运算规则及应用,定量分析结果的表示方法和实验数据的处理方法,旨在帮助我们熟练运用本章知识,在后续的分析过程中,能够熟练判断分析结果的准确性,找出误差的产生原因,并合理选择适当的方法减小或消除误差,提高分析结果的准确性;能够熟练运用有效数字的相关知识,正确记录实验数据,正确计算分析结果;能够正确、熟练地分析和处理实验数据,得出准确、可信的分析结果。

达 标 练 习

一、选择题

(一) 单选题

1. 以克为单位记录数据时,万分之一分析天平应记到小数点后第(　　)位

    A. 4　　　　　　　B. 3　　　　　　　C. 2　　　　　　　D. 5　　　　　　　E. 1

2. 下列(　　)是用滴定管读取的体积数

    A. 18.9ml　　　　B. 20ml　　　　C. 250ml　　　　D. 25.00ml　　　　E. 30ml

3. 定量分析过程中,不采用(　　)方法减小系统误差

    A. 空白试验　　　　　　　　　　B. 多次测量求平均值

    C. 对照试验　　　　　　　　　　D. 校准仪器

    E. 严格操作

4. 下列哪种误差不属于操作误差(　　)

    A. 操作人员粗心大意、加错试剂

    B. 操作人员对于滴定终点指示剂变色反应迟钝,造成终点溶液颜色偏深

    C. 操作人员给容量瓶定容时,视线习惯性偏低

    D. 进行滴定管读数时,操作人员的视线习惯性偏高

    E. 读取吸量管体积读数时,操作人员习惯性偏低

5. 下列数据中,属于 4 位有效数字的是(　　)

    A. 0.01000　　B. 0.250%　　C. pH=10.50　　D. 3.0×10^4　　E. 9.9

6. 某分析天平称量的绝对误差为 ±0.0001g,若要称量的相对误差小于0.1%,则所称物质的质量至少应为(　　)

    A. 0.2g　　　　B. 0.002g　　　　C. 0.1g　　　　D. 1g　　　　E. 0.01g

7. 下列操作中,(　　)能提高分析结果的准确度

    A. 减少样品用量　　　　　　　　B. 减少平行测定的次数

  C. 改变实验步骤　　　　　　　　D. 升高温度

  E. 进行对照试验

 8. 测定某试样中 Fe_2O_3 含量,平行完成 4 次实验,分析结果如下:0.4314、0.4318、0.4316、0.4320,其相对平均偏差为(　　　　)

  A. 0.32%　　　　B. 0.47%　　　　C. 0.28%　　　　D. 0.18%　　　　E. 0.05%

 9. 几个数值进行加法或减法运算时,其和或差的有效数字的保留,应以几个数值中(　　　　)的为准

  A. 绝对误差最大　　　　　　　B. 绝对误差最小　　　　　　　C. 相对误差最大

  D. 相对误差最小　　　　　　　E. 有效数字位数最少

 10. 几个数值进行乘法或除法运算时,其积或商的有效数字的保留,应以几个数值中(　　　　)的为准

  A. 绝对误差最大　　　　　　　B. 绝对误差最小　　　　　　　C. 相对误差最大

  D. 相对误差最小　　　　　　　E. 小数点后位数最少

（二）多选题

 1. 下列误差不属于系统误差的是(　　　　　　)

  A. 实验中室温突降干扰测量

  B. 称量时天平零点突然变动

  C. 读错体积

  D. 滴定管刻度不均匀

  E. 对指示剂终点颜色变化判断不敏感

 2. 下述情况属于分析人员操作失误的是(　　　　　　)

  A. 滴定前用待装溶液润洗锥形瓶

  B. 称量时环码被震落没发现

  C. 滴定管洗涤后未用标准溶液润洗即装液

  D. 称量时,洒落药品

  E. 未等待称物冷却至室温就进行称量

 3. 提高分析结果准确度的方法有(　　　　　　)

  A. 空白试验　　　　　　　B. 对照实验　　　　　　　C. 严格操作

  D. 校准仪器　　　　　　　E. 增加平行测定的次数

 4. 将下列数据修约至 2 位有效数字,修约正确的是(　　　　　　)

  A. $0.1446 \rightarrow 0.15$　　　　B. $1.2621 \rightarrow 1.3$　　　　C. $6550 \rightarrow 6.5 \times 10^3$

  D. $0.645 \rightarrow 0.65$　　　　E. $1.651 \rightarrow 1.7$

 5. 准确度与精密度的关系描述不正确的是(　　　　　　)

  A. 准确度高是精密度高的前提

  B. 精密度高,准确度一定高

  C. 精密度不高,准确度可能高

  D. 准确度不高,精密度一定不高

  E. 消除和减免了系统误差后,精密度高,准确度一定高

二、填空题

 1. _____用于描述测量值与真实值的接近程度。误差的大小表示_____的高低,误差越小,_____越高。

 2. 精密度的高低用_____表示,_____越大,精密度越低。

 3. 当测量值小于真实值时,产生_____(正、负)误差。

4. pH=10.26 中的有效数字是_____位。

5. 修约有效数字应遵循的规则为_____。

6. 根据性质和产生原因,误差分为_____和_____。

7. 方法误差、试剂误差、仪器误差、操作误差均属于_____。

8. 减小系统误差的方法为_____、_____、_____。

9. 进行一般定量分析结果的处理,当相对平均偏差_____时,可认为符合要求,取其平均值表示分析结果即可。

10. 判定可疑值取舍,常用的两种方法为_____、_____。

三、简答题

1. 简述依据产生的原因和性质,误差的类别。

2. 简述有效数字的修约规则。

3. 提高定量分析结果准确度的方法有哪些?

四、计算题

1. 判断下列数据的有效数字位数,并将其修约成 3 位有效数字

(1) 2.094　　(2) 0.02646　　(3) 0.01325　　(4) 30.350　　(5) 3.7851×10^{-5}

2. 计算下列式子

(1) 35.61+0.2+0.159　　(2) $1.400 \times 18.056 \times 0.003$

3. 测定硼砂的含量,4 次平行测定的结果如下:0.7211、0.7213、0.7216、0.7212。试计算平均值、平均偏差、相对平均偏差、标准偏差和相对标准偏差。

4. 标定 HCl 标准溶液的浓度,4 次平行测定的结果分别为 0.2508mol/L、0.2510mol/L、0.2511mol/L、0.2521mol/L,分别用四倍法和 Q 检验法(置信度90%)判断是否该舍弃 0.2521mol/L?

（张彧璇）

第三章

滴定分析法概论

 学习目标

1. 掌握滴定反应必须具备的条件;选择指示剂的一般原则;标准溶液及其浓度表示方法。

2. 熟悉滴定分析中常用术语:滴定分析、标准溶液、化学计量点、滴定终点、滴定误差、指示剂、滴定、滴定度、标定、基准物质等。

3. 了解滴定分析法的类型、常用滴定方式。

4. 学会滴定分析法中的有关计算(包括标准溶液浓度的计算、物质的量浓度和滴定度的换算、待测物质质量和质量分数的计算);定量分析常用仪器的使用方法;滴定液的配制和标定的操作技术。

滴定分析法(titrimetric analysis)又称容量分析法,是将一种已知准确浓度的试剂溶液即标准溶液(standard solution)滴加到一定体积的被测物质溶液中,直到标准溶液与被测物质按化学计量关系定量反应完全为止,然后根据标准溶液的浓度和用量,求算被测物质含量的分析方法。滴定分析法是重要的化学分析法,主要包括酸碱滴定法、氧化还原滴定法、配位滴定法和沉淀滴定法等四种类型。大多数滴定分析在水溶液中进行,但有时也在水以外的溶剂中进行滴定,称为非水滴定法。

第一节 滴定分析概述

进行滴定分析时,将被测物质溶液置于锥形瓶中,然后将标准溶液通过滴定管逐滴加到被测物质溶液中,这种操作过程称为滴定(titration),滴定分析因此得名。当滴入的标准溶液的量与被测物质的量正好符合化学反应方程式所表示的计量关系时,称反应到达了化学计量点,简称计量点(stoichiometric point),以 sp 表示。化学计量点是依据化学反应的计量关系求得的理论值。事实上,当滴定反应到达化学计量点时,可能溶液中没有任何外部特征变化,为此常需要加入一种辅助试剂,借助它的颜色变化指示化学计量点的到达,被加入的这种指示计量点到达的试剂称为指示剂(indicator)。在滴定时,滴定至指示剂颜色变化而停止滴定的那一点称为滴定终点(titration end point),以 ep 表示。滴定终点是滴定时的实际测量值。滴定终点与化学计量点不完全一致,二者之间存在很小的差别,由此造成的误差称为滴定终点误差(titration end point error),简称终点误差或滴定误差,以 TE% 表示。滴定误差是滴定分析误差的主要来源之一,滴定误差的大小取决于滴定反应的完全程度和滴定终点与化学计量点的差距,后者与指示剂的选择是否恰当有关,为了减少滴定误差,就需要在选择指示剂时,使滴定终点尽可能接近计量点。

滴定分析法适用于常量组分的测定,一般情况下,测定的相对误差 ≤ ±0.1%。该法准确度高,所需仪器设备简单,易于操作,快速,价廉并且用途广泛。因此,滴定分析法在生产实践和科学研究中被广泛应用。

一、滴定分析法分类

根据滴定反应的类型不同,滴定分析法被分为以下四种类型。

1. **酸碱滴定法** 以酸碱中和反应为基础的滴定分析法称为酸碱滴定法,又称中和法。该法可用酸为标准溶液测定碱或碱性物质,也可用碱为标准溶液测定酸或酸性物质。

2. **氧化还原滴定法** 以氧化还原反应为基础的滴定分析法称为氧化还原滴定法。该法可用氧化剂为标准溶液测定还原性物质的含量,也可用还原剂为标准溶液测定氧化性物质的含量。其常用方法有高锰酸钾法、碘量法和亚硝酸钠法等。

3. **配位滴定法** 以配位反应为基础的滴定分析法称为配位滴定法,又称络合滴定法。该法一般用 EDTA 作配位剂,测定金属离子含量。

4. **沉淀滴定法** 以沉淀反应为基础的滴定分析法称为沉淀滴定法,又称容量沉淀法。最常用的沉淀滴定法为银量法,该法可用于测定 Ag^+、CN^-、SCN^- 及卤离子等的含量。

二、滴定反应条件

滴定分析法以化学反应为基础,因此,适用于滴定分析的化学反应必须具备下列条件。

1. 反应必须定量完成 标准溶液与被测物质之间的反应要严格按照一定的化学反应方程式进行,而且反应完全程度要达到 99.9% 以上。这是进行滴定分析定量计算的基础。

2. 反应必须迅速 滴定反应要求在瞬间完成,即加入标准溶液的瞬间,标准溶液与被测物质间即可完成化学反应。对于速度较慢的反应,要通过适当的方法(如加热或加催化剂等)加快其反应速率。

3. 无副反应发生 标准溶液只能与被测物质发生化学反应。若被测物质中含有杂质,则杂质不能干扰到主反应的进行,否则应预先将杂质除去。

4. 必须有合适的指示剂或简便可靠的方法确定滴定终点。

三、滴定分析法的滴定方式

滴定分析常用的滴定方式有直接滴定法(direct titration)和间接滴定法(indirect titration)。

(一) 直接滴定法

直接滴定法是将标准溶液直接滴加到被测物质溶液中进行测定的滴定方式。该法是滴定分析中最常用和最基本的滴定方式,凡能满足滴定反应基本要求的化学反应,都可用直接滴定法进行定量分析。例如用 HCl 标准溶液标定 NaOH 的浓度,或用 $AgNO_3$ 标准溶液滴定 NaCl 的含量等均采用直接滴定法。

$$HCl + NaOH = H_2O + NaCl$$

$$AgNO_3 + NaCl = AgCl \downarrow + NaNO_3$$

(二) 间接滴定法

有些反应不能完全符合滴定反应的基本要求,遇到这种情况时,可采用间接滴定法滴定。常用的间接滴定法包括以下几种方法。

1. **返滴定法** 当被测物质与标准溶液反应很慢(如 Al^{3+} 与 EDTA 反应),或者用标准溶液直接滴定固体试样(如用 HCl 标准溶液滴定固体 $CaCO_3$)时,反应不能立即完成,故不能用直接滴定法进行滴定。此时可先准确加入过量标准溶液 1,使之与被测物质或固体试样进行充分反应,待反应完成后,再用另一种标准溶液 2 滴定剩余的标准溶液 1,这种滴定方式称为返滴定法(back titration),又称回滴定法或剩余滴定法。例如,用 EDTA 测定 Al^{3+} 的含量时,先向 Al^{3+} 的溶液中加入定量、过量的 EDTA 标准溶液,待反应完全后,剩余的 EDTA 可用 Zn^{2+} 或 Cu^{2+} 的标准溶液返滴定;再如,对于固体 $CaCO_3$ 的测定,先向固体 $CaCO_3$ 中加入定量、过量的 HCl 标准溶液,待反应完全后,剩余的 HCl 可用 NaOH 标准溶液滴定。

$$CaCO_3+2HCl(准确、过量)=\!=\!=CaCl_2+CO_2\uparrow+H_2O$$
$$HCl(剩余)+NaOH=\!=\!=H_2O+NaCl$$

有时采用返滴定法是由于某些反应没有合适的指示剂。如在酸性溶液中用 $AgNO_3$ 滴定 Cl^- 时就缺乏合适的指示剂,此时可先加入定量、过量的 $AgNO_3$ 标准溶液,再以铁铵矾作指示剂,用 NH_4SCN 标准溶液返滴过量的 Ag^+。当出现 $[Fe(SCN)]^{2+}$ 的淡红色时即为终点。

$$Cl^-+Ag^+(准确、过量)=\!=\!=AgCl\downarrow$$
$$SCN^-+Ag^+(剩余)=\!=\!=AgSCN\downarrow$$

2. 置换滴定法　当标准溶液与被测物质的反应无确定的计量关系或伴有副反应时,可先用适当的试剂与待测组分反应,使其定量的置换为另一种物质,而这种物质可用标准溶液滴定,这种滴定方法称为置换滴定法(displace titration)。例如,$Na_2S_2O_3$ 不能直接滴定 $K_2Cr_2O_7$ 及其他强氧化剂,因为在酸性溶液中这些强氧化剂将 $S_2O_3^{2-}$ 氧化成 $S_4O_6^{2-}$ 及 SO_4^{2-} 等混合物,反应没有确定的化学计量关系。但是,$Na_2S_2O_3$ 却是一种很好的滴定 I_2 的标准溶液,如果在 $K_2Cr_2O_7$ 的酸性溶液中加入过量 KI,使其定量的置换出 I_2,即可用 $Na_2S_2O_3$ 标准溶液进行滴定。这种滴定方法常用于以 $K_2Cr_2O_7$ 标定 $Na_2S_2O_3$ 的浓度。

$$Cr_2O_7^{2-}+6I^-+14H^+=\!=\!=2Cr^{3+}+7H_2O+3I_2$$
$$I_2+2S_2O_3^{2-}=\!=\!=2I^-+S_4O_6^{2-}$$

3. 其他滴定法　不能与标准溶液直接反应的物质,有时可以通过另外的化学反应,以滴定法间接进行测定。例如,将 Ca^{2+} 沉淀为 CaC_2O_4 后,用 H_2SO_4 溶解,再用 $KMnO_4$ 标准溶液滴定与 Ca^{2+} 结合的 $C_2O_4^{2-}$,从而间接测定 Ca^{2+}。

$$Ca^{2+}+C_2O_4^{2-}=\!=\!=CaC_2O_4\downarrow$$
$$CaC_2O_4+2H^+=\!=\!=H_2C_2O_4+Ca^{2+}$$
$$2MnO_4^-+5H_2C_2O_4+6H^+=\!=\!=2Mn^{2+}+10CO_2\uparrow+8H_2O$$

间接滴定法的应用大大扩展了滴定分析的应用范围。

四、指　示　剂

常用的指示剂是一类有机化合物,在溶液中能以两种(或两种以上)型体存在,不同的型体具有明显不同的颜色。型体的存在形式取决于溶液中待测物质或标准溶液的浓度(如 pH 等),在化学计量点附近,加入一滴或半滴标准溶液就可以引起溶液中待测物质或标准溶液的浓度会发生突变,指示剂有一种型体转化为另一种型体,溶液由一种颜色变为另一种颜色,从而指示化学计量点的到达,即滴定终点。

选择指示剂的一般原则是:①指示剂的变色点应尽可能接近化学计量点;②指示剂的变色范围全部或部分落在滴定突跃范围内。

第二节　标　准　溶　液

一、标准溶液浓度的表示方法

标准溶液是已知准确浓度的试剂溶液,其浓度有多种表示方法,这里仅介绍两种分析化学中常用的表示方法。

(一)物质的量浓度

物质 B 的物质的量浓度是指单位体积溶液中所含溶质 B 的物质的量。用符号 c_B 表示,常

用单位为 mol/L。物质的量浓度的定义式为:

$$c_B = \frac{n_B}{V} \tag{3-1}$$

由于

$$n_B = \frac{m_B}{M_B} \tag{3-2}$$

所以

$$c_B = \frac{m_B}{M_B V} \tag{3-3}$$

上列公式中,n_B 表示溶液中物质 B 的物质的量,单位为 mol;V 为溶液的体积,在分析化学中最常用的体积单位为 L;M_B 是物质 B 的摩尔质量,常用单位是 g/mol;m_B 是物质 B 的质量,常用单位是 g。

例 3-1 500.00ml 氯化钠溶液中含有溶质氯化钠 4.5000g,试求氯化钠溶液的物质的量浓度为多少?

解 已知 m_{NaCl}=4.5000g M_{NaCl}=58.49g/mol V=500.00ml=0.50000L

根据公式 $c_B = \frac{m_B}{M_B V}$ 得

$$c_{NaCl} = \frac{m_{NaCl}}{M_{NaCl} V} = \frac{4.5000}{58.49 \times 0.50000} = 0.1539 \, (mol/L)$$

(二)滴定度

实际工作中,生产部门常用滴定度(titer)表示标准溶液的浓度。滴定度有以下两种表示方法。

1. T_B 滴定度 T_B 指每毫升标准溶液中所含溶质的质量,单位为 g/ml。例如,T_{NaOH}=0.04000g/ml,它表示每毫升 NaOH 标准溶液中含有 0.04000g NaOH。

根据标准溶液的滴定度 T_B 及其体积 V_B,可计算出标准溶液中所含溶质的质量 m_B。计算公式为:

$$m_B = T_B V_B \tag{3-4}$$

例 3-2 已知 T_{NaOH}=0.08000g/ml,求 100.00ml 该氢氧化钠标准溶液中所含 NaOH 的质量。

解 已知 T_{NaOH}=0.08000g/ml V_{NaOH}=100.00ml

根据公式 $m_B = T_B V_B$ 得

$$m_{NaOH} = T_{NaOH} V_{NaOH} = 0.08000 \times 100.00 = 8.000 \, (g)$$

2. $T_{B/A}$ 滴定度 $T_{B/A}$ 指每毫升标准溶液 B 相当于被测物质 A 的质量,单位为 g/ml。如 $T_{HCl/NaOH}$=0.004000g/ml,表示用 HCl 标准溶液滴定 NaOH 试样时,每毫升 HCl 标准溶液可与 0.004000g NaOH 完全反应。

根据标准溶液的滴定度 $T_{B/A}$ 和滴定中所消耗的标准溶液的体积 V_B,可计算出被测物质的质量 m_A。计算公式为:

$$m_A = T_{B/A} V_B \tag{3-5}$$

例 3-3 用 $T_{NaOH/HCl}$=0.003545g/ml 的 NaOH 标准溶液滴定试样 HCl,达到滴定终点时消耗 NaOH 滴定液 25.00ml,求被测溶液中 HCl 的质量。

解 已知 $T_{NaOH/HCl}$=0.003545g/ml V_{NaOH}=25.00ml

根据公式 $m_A = T_{B/A} V_B$ 得

$$m_{HCl} = T_{NaOH/HCl} V_{NaOH} = 0.003545 \times 25.00 = 0.08862 \, (g)$$

课堂活动

标准溶液的滴定度 T_B 与其物质的量浓度如何换算?

二、基 准 物 质

基准物质（primary standard）是用于直接配制标准溶液或标定标准溶液浓度的物质。基准物质必须满足组成与化学式完全相符、纯度足够高、性质稳定、定量参加反应、最好有较大的摩尔质量等条件。

作为基准物质，即便是结晶水的含量，也要与化学式完全相符，如 $Na_2B_4O_7 \cdot 10H_2O$（硼砂）、$H_2C_2O_4 \cdot 2H_2O$（草酸）等。同时，基准物质的主成分含量应在 99.9% 以上，且所含杂质不能影响滴定反应的准确度。基准物质应不易分解、风化和潮解、不与空气中的 O_2 及 CO_2 反应、不吸收空气中的水分等。基准物质参加滴定反应时，应严格按反应式定量进行，不能有副反应。基准物质具有较大的摩尔质量可以保证称量时的相对误差较小。

有些基准物质在放置过程中会发生吸湿、风化和分解等现象，一旦出现这些情况，该物质就不可再用作基准物质。

一般情况下，基准物质使用前应进行干燥处理，常用的基准物质及其处理方法见表 3-1。

表 3-1 常用基准物质及其干燥条件和标定对象

基准物质		干燥后的组成	干燥条件	标定对象
名称	化学式			
无水碳酸钠	Na_2CO_3	Na_2CO_3	270~300℃	酸
十水合碳酸钠	$Na_2CO_3 \cdot 10H_2O$	Na_2CO_3	270~300℃	酸
硼砂	$Na_2B_4O_7 \cdot 10H_2O$	$Na_2B_4O_7 \cdot 10H_2O$	放入装有氯化钠和蔗糖饱和溶液的干燥器中	酸
二水合草酸	$H_2C_2O_4 \cdot 2H_2O$	$H_2C_2O_4 \cdot 2H_2O$	室温空气干燥	碱或高锰酸钾
邻苯二甲酸氢钾	$KHC_8H_4O_4$	$KHC_8H_4O_4$	105~110℃	碱或高氯酸
重铬酸钾	$K_2Cr_2O_7$	$K_2Cr_2O_7$	140~150℃	还原剂
溴酸钾	$KBrO_3$	$KBrO_3$	150℃	还原剂
碘酸钾	KIO_3	KIO_3	130℃	还原剂
草酸钠	$Na_2C_2O_4$	$Na_2C_2O_4$	130℃	氧化剂
三氧化二砷	As_2O_3	As_2O_3	室温干燥器中保存	氧化剂
锌	Zn	Zn	室温干燥器中保存	EDTA
氧化锌	ZnO	ZnO	800℃	EDTA
氯化钠	$NaCl$	$NaCl$	500~600℃	$AgNO_3$
苯甲酸	$C_7H_6O_2$	$C_7H_6O_2$	硫酸真空干燥器中干燥至恒重	CH_3ONa
对氨基苯磺酸	$C_6H_7O_3NS$	$C_6H_7O_3NS$	120℃	$NaNO_2$

三、标准溶液的配制

进行滴定分析，标准溶液必不可少，不论采用哪种滴定方式，都需要借助于标准溶液的浓度和体积来计算待测组分的含量。因此，进行滴定分析时，必须能够正确地配制标准溶液和标定标准溶液的浓度。

标准溶液的配制可分为直接法和间接法。

（一）直接法

利用精密称取的基准物质直接配制标准溶液的方法，称为直接法。操作步骤如下：

1. 精密称量 用分析天平精密称量一定质量的基准物质。

2. 定容 先将称好的基准物质置于小烧杯中，加入适量的溶剂使之完全溶解。然后，将溶液定量转移至容量瓶中,即沿玻璃棒引流入容量瓶,再用少量溶剂洗涤烧杯和玻璃棒,并将洗涤液并入容量瓶,重复洗涤3次。最后,继续向容量瓶加溶剂,当液面距离容量瓶刻度线1~2cm时,改用滴管向容量瓶中加溶剂至溶液凹月面最低处与刻度线相切,盖好容量瓶瓶塞,上下颠倒20次混匀。

3. 计算浓度　根据称取基准物质的质量 m(单位:g)和容量瓶的容积 V(单位:ml),计算标准溶液的浓度。

$$c = \frac{m \times 1000}{M \times V} \tag{3-6}$$

如果溶质符合基准物质的条件,就可以用直接法配制。如果溶质不符合基准物质的条件,就必须用间接法配制。

(二)间接法

利用基准物质或已经用基准物质标定过的标准溶液,来确定近似浓度溶液的准确浓度的方法,称为间接法。操作步骤如下:

1. 配制待标定的溶液　用台秤称取一定质量的溶质,加入适量的溶剂使之完全溶解,混匀备用。这个溶液的准确浓度未知,即为待标定的溶液。

2. 标定　用基准物质或一种标准溶液来确定待标定溶液准确浓度的操作称为标定。常用的标定方法有三种:

(1)多次称量法:用分析天平精密称量一定质量的基准物质置于锥形瓶中,加入合适的溶剂使之完全溶解。用待标定的溶液滴定至终点。根据滴定反应方程式的计量关系、基准物质质量、消耗待标定溶液的体积,计算出待标定溶液的准确浓度。

这种标定方法,一般需要平行操作3次,取平均值作为标准溶液的浓度,故称为多次称量法。

(2)移液管法:用分析天平精密称量一定质量的基准物质置于小烧杯中,加入合适的溶剂使之完全溶解,定量转移至容量瓶,定容备用。用移液管精密量取基准物质溶液3份,分别置于三个锥形瓶中,加入指示剂,分别用待标定的溶液滴定至终点。根据滴定反应方程式的计量关系、基准物质质量、体积,计算出待标定溶液的准确浓度,取平均值作为标准溶液的浓度。

(3)对比法:用一种标准溶液来确定待标定溶液浓度的方法,即根据滴定过程中两种溶液的体积和滴定反应方程式的计量关系,计算出待标定溶液的准确浓度。一般平行操作3次,取平均值作为标准溶液的浓度。

课堂活动

请讨论用直接法和间接法配制标准溶液时,所选用的称量仪器和测量溶液体积的量器是否相同?

第三节　滴定分析法的计算

滴定分析法是常用的定量分析方法,涉及一系列的计算问题,如标准溶液的配制、稀释和浓度标定;被测物质的含量计算;滴定度与物质的量浓度的换算等。现分别讨论如下。

一、滴定分析计算的依据

滴定分析计算的依据为"等物质的量规则"。该规则的内容为:当标准溶液与被测物质刚好

反应完全时,参与反应的被测物质与标准溶液的基本单元的物质的量相等。数学表达式为:

$$n_B = n_A \qquad (3\text{-}7)$$

当被测物质为溶液时,公式(3-7)可表达为:

$$c_B V_B = c_A V_A \qquad (3\text{-}8)$$

当被测物质为固体时,公式(3-7)可表达为:

$$c_B V_B = \frac{m_A}{M_A} \qquad (3\text{-}9)$$

上述公式中,c_B、c_A 的单位为 mol/L,V_B、V_A 的单位为 ml,m_A 的单位为 g,M_A 的单位为 g/mol。

实际工作中,滴定分析记录的体积常用毫升作单位,利用上述公式进行计算时,应先进行单位换算。

二、基本单元的确定

进行滴定分析计算时,确定基本单元非常重要,只有在基本单元恰当确定后,才可遵从“等物质的量原则”。确定基本单元的具体步骤为:

1. 写出滴定反应的化学方程式,配平。

2. 找出标准溶液与被测物质之间的化学计量关系。

3. 将滴定反应方程式中标准溶液的系数改为1,并利用化学计量关系,将方程式中其他物质的系数作相应的调整。

4. 选取标准溶液、被测物质连同它们的系数作基本单元。

例如,用盐酸标准溶液滴定碳酸钠,其基本单元的确定步骤如下:

① 写出化学方程式并配平:$2HCl + Na_2CO_3 = 2NaCl + CO_2\uparrow + H_2O$

② 将化学方程式中各物质的系数除以 2,得

$$HCl + 1/2Na_2CO_3 = NaCl + 1/2CO_2\uparrow + 1/2H_2O$$

③ 选取 HCl 与 $1/2Na_2CO_3$ 作基本单元。

三、滴定分析法的有关计算

(一) $c_B V_B = c_A V_A$ 的应用

1. 比较法标定溶液的浓度

例 3-4 滴定 0.1010mol/L 的 NaOH 标准溶液 25.00ml,至化学计量点时消耗 H_2SO_4 溶液 19.50ml,计算 H_2SO_4 溶液的物质的量浓度。

解 已知 $c(NaOH)=0.1010$mol/L $\quad V(NaOH)=25.00$ml $\quad V(H_2SO_4)=19.50$ml

$$NaOH + 1/2\,H_2SO_4 = 1/2Na_2SO_4 + H_2O$$

选取 NaOH 与 $1/2\,H_2SO_4$ 作基本单元。

根据公式 $c_B V_B = c_A V_A$ 得

$$c\left(\frac{1}{2}H_2SO_4\right) = \frac{c(NaOH)\,V(NaOH)}{V(H_2SO_4)} = \frac{0.1010\times25.00}{19.50} = 0.1295(\text{mol/L})$$

因此,$c(H_2SO_4) = \frac{1}{2}c\left(\frac{1}{2}H_2SO_4\right) = \frac{1}{2}\times0.1295 = 0.06475(\text{mol/L})$

2. 溶液的稀释

例 3-5 欲使 250.0ml 0.1035mol/L KOH 标准溶液的浓度恰好为 0.1000mol/L,需加水多少毫升?

解 已知 $c_1=0.1035$mol/L $\quad V_1=250.0$ml $\quad c_2=0.1000$mol/L

$$c_1V_1=c_2V_2$$

$$0.1035 \times 250.00=0.1000 \times (250.00+V)$$

$$V=8.75ml$$

（二）$c_B V_B = \dfrac{m_A}{M_A}$ 的应用

1. 计算直接法配制的标准溶液浓度

例 3-6　准确称取基准物质 $K_2Cr_2O_7$ 1.5190g，溶解后定量转移至 250.00ml 的容量瓶中，求 $K_2Cr_2O_7$ 溶液的物质的量浓度。

解　已知 $M_{K_2Cr_2O_7}=294.2g/mol$，$m(K_2Cr_2O_7)=1.5190g$，$V=250.0ml$

由公式 $c_B V_B = \dfrac{m_A}{M_A}$ 得：

$$c_{K_2Cr_2O_7} = \frac{m_{K_2Cr_2O_7}}{M_{K_2Cr_2O_7} V_{K_2Cr_2O_7}} = \frac{1.5190}{294.2 \times \dfrac{250.00}{1000}} = 0.2065(mol/L)$$

2. 用基准物质标定溶液的浓度

例 3-7　称取基准物质硼砂（$Na_2B_4O_7 \cdot 10H_2O$）0.4710 g，用 HCl 溶液滴定至终点，消耗 HCl 溶液 25.20 ml。求 HCl 溶液的物质的量浓度。

解　已知 $m(Na_2B_4O_7 \cdot 10H_2O)=0.4710g$　　$V(HCl)=25.20ml=0.02520L$　　$M(Na_2B_4O_7 \cdot 10H_2O)=$ 381.36g/mol

$$1/2\ Na_2B_4O_7+HCl+5/2H_2O = 2H_3BO_3+NaCl$$

选取 $1/2\ Na_2B_4O_7$ 与 HCl 作基本单元。

由于　　　　　　　　　　$n(Na_2B_4O_7 \cdot 10H_2O) = n(Na_2B_4O_7)$

所以　　　　$c_{HCl} = \dfrac{m_{Na_2B_4O_7 \cdot 10H_2O}}{M_{1/2Na_2B_4O_7 \cdot 10H_2O} V_{HCl}} = \dfrac{0.4710}{\dfrac{1}{2} \times 381.36 \times 0.02520} = 0.09802(mol/L)$

（三）被测物质含量的计算

若称取试样的质量为 $m_S(g)$，则被测物质 A 的质量分数 ω_A 为：

$$\omega_A = \frac{m_A}{m_S} \tag{3-10}$$

由公式（3-9）和公式（3-10）得：

$$\omega_A = \frac{c_B V_B M_A}{m_S} \tag{3-11}$$

由公式（3-5）和公式（3-10）得：

$$\omega_A = \frac{T_{B/A} V_B}{m_S} \tag{3-12}$$

被测物质含量用百分数表示时，只需将质量分数乘以 100% 即可。

例 3-8　精密称取 Na_2CO_3 试样 0.1986g，用 0.1000mol/L HCl 标准溶液滴定，终点时消耗 HCl 标准溶液 37.31ml。求 Na_2CO_3 在试样中的百分含量？

解　已知 $m_S=0.1986g$　　$V_{HCl}=37.31ml=0.03731L$　　$c_{HCl}=0.1000mol/L$　　$M_{Na_2CO_3}=106.0g/mol$

$$HCl+1/2Na_2CO_3 = NaCl+1/2CO_2 \uparrow +1/2H_2O$$

选取 HCl 与 $1/2Na_2CO_3$ 作基本单元。

$$\mathrm{Na_2CO_3\%} = \frac{c_{\mathrm{HCl}} V_{\mathrm{HCl}} M\left(\frac{1}{2}\mathrm{Na_2CO_3}\right)}{m_\mathrm{s}} \times 100\%$$

$$= \frac{0.1000 \times 0.03731 \times \frac{1}{2} \times 106.0}{0.1986} \times 100\%$$

$$= 99.57\%$$

例 3-9　精密称取 NaCl 试样 0.1925g，用 $AgNO_3$ 标准溶液滴定至终点，消耗 $AgNO_3$ 溶液 24.00ml，已知每毫升 $AgNO_3$ 滴定液相当于 5.844mg 的 NaCl，求试样中 NaCl 的质量分数。

解　已知 $T_{\mathrm{AgNO_3/NaCl}}$=5.844mg/ml=0.005844g/ml　　$V(\mathrm{AgNO_3})$=24.00ml　　m_s=0.1925g

$$\mathrm{NaCl + AgNO_3 == NaNO_3 + AgCl\downarrow}$$

选取 NaCl 与 $AgNO_3$ 作基本单元。

$$\omega_{\mathrm{NaCl}} = \frac{T_{\mathrm{AgNO_3/NaCl}} \times V_{\mathrm{AgNO_3}}}{m_\mathrm{s}} = \frac{0.005844 \times 24.00}{0.1925} = 0.7286$$

（四）物质的量浓度与滴定度之间的换算

1. T_B 与 c_B 的换算

由公式（3-3）和公式（3-4）得：

$$T_\mathrm{B} = \frac{c_\mathrm{B} \times M_\mathrm{B}}{1000} \tag{3-13}$$

例 3-10　已知 T_{NaOH}=0.004000g/ml，计算 NaOH 标准溶液的物质的量浓度。

解　由公式 $T_\mathrm{B} = \frac{c_\mathrm{B} \times M_\mathrm{B}}{1000}$ 得：

$$c_{\mathrm{NaOH}} = \frac{T_{\mathrm{NaOH}} \times 1000}{M_{\mathrm{NaOH}}} = \frac{0.004000 \times 1000}{40.00} = 0.1000(\mathrm{mol/L})$$

2. $T_{\mathrm{B/A}}$ 与 c_B 的换算

由公式（3-3）和公式（3-5）得：

$$T_{\mathrm{B/A}} = \frac{c_\mathrm{B} M_\mathrm{A}}{1000} \tag{3-14}$$

例 3-11　试计算 0.1000mol/L HCl 标准溶液对 CaO 的滴定度。

解　已知 c_{HCl}=0.1000mol/L　　M_{CaO}=56.08g/mol

$$\mathrm{HCl + 1/2CaO == 1/2CaCl_2 + 1/2H_2O}$$

选取 HCl 与 1/2CaO 作基本单元。

根据公式 $T_{\mathrm{B/A}} = \frac{c_\mathrm{B} M_\mathrm{A}}{1000}$ 得

$$T_{\mathrm{HCl/CaO}} = \frac{c_{\mathrm{HCl}} M\left(\frac{1}{2}\mathrm{CaO}\right)}{1000} = \frac{0.1000 \times \frac{1}{2} \times 56.08}{1000} = 0.002804(\mathrm{g/ml})$$

第四节　滴定分析常用仪器及基本操作

一、电子天平

电子天平是精准测量物质质量的仪器，具有准确度高、灵敏度高、性能稳定、操作简便、称量快速等优点。电子天平的种类繁多,定量分析所用的电子天平一般可精确称量至 ±0.0001g,最大载荷为 100g 或 200g。定量分析中,称量的准确度直接影响到分析结果的准确度。因此,了解电子天平的称量原理、结构,掌握其称量方法非常必要。

(一)电子天平的称量原理

电子天平称量的依据是电磁力平衡原理。如图 3-1 所示,将通电导线放在磁场中,导线将产生向上的电磁力,力的大小与流过线圈的电流强度成正比。由于被称物的重力方向向下,电磁力与之相平衡时,通过导线的电流强度即与被称物的重量成正比。电子天平采用现代电子控制技术,将电流强度值转化为质量值,以数字的方式通过显示屏显示出来。

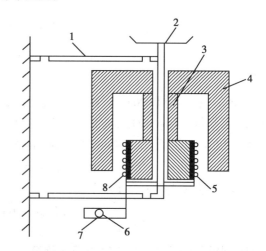

图 3-1　电子天平称量原理示意图
1- 簧片　2- 称盘　3- 磁钢　4- 磁回路体　5- 电流控制电路　6- 放大器　7- 位移传感器　8- 线圈及架子

(二)电子天平的结构

如图 3-2 所示。定量分析所用的电子天平通常其外围设有玻璃风罩,目的是避免气流的影响,保证称量的稳定性和准确度。电子天平一般设有显示屏和触摸键,设置自动调零、自动校准、扣除皮重、挂钩下称、累计称量、输出打印等功能。不同型号的电子天平操作界面不同,部分电子天平的操作键非常简洁。

(三)电子天平的使用

1. 电子天平的操作方法

(1)清扫:取下天平罩,用软毛刷清扫天平秤盘。

(2)检查、调节水平:查看水平仪内的气泡是否位于圆环的中央,若发生了偏移,则调节水平调节螺丝,使气泡回到水平仪中心。

(3)预热:接通电源,在"OFF"的状态下,预热 30 分钟,或按使用说明书操作。

(4)开启显示器:按开关键,在"ON"的状态下,天平完成自检,待显示

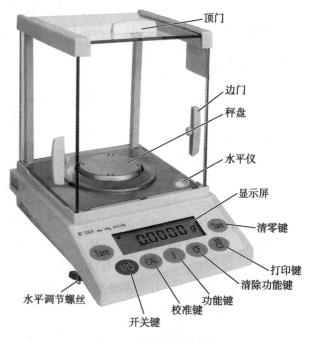

图 3-2　电子天平的结构

屏显示"0.0000g"时,方可称量。若显示屏上显示的不是"0.0000g",则按清零键(Tare)。

(5)校准:电子天平采用电磁力平衡原理完成称量,与电磁力平衡的为重量,因此,为消除各使用地点重力加速度不同对称量结果造成的影响,电子天平在安装后、初次使用前、环境发生变化时,搬动或移位后,都必须对其进行校准,以确保其称量的准确性。天平一经校准后,其称量显示的数值可认为是物质的质量值。

不同型号的电子天平有不同的校准方式,主要有内校和外校两种方法:①外校:空盘时按清零键,天平显示"0.0000g",之后按校准键(CAL)至显示"CAL-100",此时,用镊子将 100g 标准砝

码放在天平盘上,数秒钟后,天平显示"100.0000g"。将标准砝码移走,放回到砝码盒中,关闭天平门,若天平显示"0.0000g",表示天平校准成功,即可进行称量;若天平显示不为零,则再清零,重复以上校准操作,至天平显示"0.0000g"为止。需要注意的是,部分仪器的校准砝码为200g,此时,天平显示的是"CAL-200",其他操作与上述方法相同。②内校:空盘时,按下清零键,天平显示"0.0000g",之后按下校准键,可听到天平内部电机驱动的声音,同时显示屏上出现"CAL",数秒后,驱动声停止,显示屏上显示"0.0000g",说明仪器已校准完毕。该系列的电子天平都配有一个内置的校准砝码,由内部的电机驱动完成砝码的加载和卸载。

(6)称量:按清零键,显示"0.0000g"后,将被称物置于天平盘上,关闭天平门,显示屏上的数字开始不断变化,随后,天平显示的数字逐渐稳定,并出现单位"g",此时即可读取被称量物的质量。

(7)整理:称量结束后,取下被称物,按清零键,天平显示"0.0000g"后,按开关键,使其处于待机状态,清扫秤盘,罩上天平罩。在登记本上记录天平的使用情况。电子天平如一个月以上不用时,应拔掉电源。

2. 电子天平的称量方法 电子天平有直接称量法、递减称量法、固定质量称量法和累计称量法等多种称量方法。

(1)直接称量法:主要用于称取在空气中稳定、不吸湿性的固体试样的质量。直接称量法按是否使用了去皮功能,又被分为去皮直接称量法和不去皮直接称量法。①去皮直接称量法:检查、调整天平后,按清零键,显示"0.0000g"后,将表面皿放在秤盘中央,关闭天平门,待数字稳定后,再按清零键,当显示"0.0000g"时,用角匙取试样放在表面皿上,天平的显示值即为试样的质量。②不去皮直接称量法:检查、调整天平后,按清零键,显示"0.0000g"后,将表面皿从边门放在秤盘中央,关闭天平门,待数字稳定后读取表面皿的质量 m_1。用角匙取试样,从边门加到表面皿上,关闭天平门,称出表面皿和试样的总质量 m_2。试样的质量即为 m_2-m_1。

除表面皿外,称量也可在小烧杯或称量纸上进行。

(2)递减称量法:递减称量法是利用每两次称量之差,求得一份被称量物的质量,主要用于称量易发生吸湿和氧化、易与空气中 CO_2 反应的试样。该法称出的试样质量只需在要求的范围内(一般为 ±10% 以内)即可。定量分析中,利用此法可连续称取多份试样。递减称量法也分为去皮和不去皮两种方法,这里介绍去皮递减称量法。

去皮递减称量法:检查、调整天平后,按清零键,天平显示"0.0000g"。利用手套或纸条,将装有试样的称量瓶放在天平秤盘上,关闭天平门,再次按清零键,让天平显示"0.0000g"。取出称量瓶,用瓶盖轻敲称量瓶上口,使试样缓缓落入容器,待倾出一定量的试样后,边轻敲边慢慢竖起称量瓶,保证称量瓶口不留一点试样,盖好瓶盖,再次将称量瓶放到秤盘上,称取称量瓶和剩余试样的质量,此时,天平显示值为"-×.××××g",其中,"-"号表示取出,数值为所称得的试样的质量。若称取的试样量不够,可继续倾出;但若倾出了过量的试样,则该试样需弃去重称。利用上述方法连续操作,即可称取多份试样。

(3)固定质量称量法(去皮法):利用去皮直接称量法的操作,加试样至接近固定质量。之后,将角匙的一端顶在掌心,用拇指、中指及掌心拿稳角匙,小心地将盛有试样的角匙伸到秤盘上的容器上方 2~3cm 处,用食指轻弹角匙柄,让试样慢慢落入容器中,直至恰好达到指定的质量。此法称量,操作应非常小心,一旦不慎加多了试样,只能用角匙取出多余的试样,再重复完成上述操作,直到所称试样的质量恰好达到固定质量。

利用直接法配制标准溶液时,可用固定质量称量法称取溶质的质量。

(4)累计称量法:利用去皮功能,将被称物依次放到秤盘上,并逐一去皮清零,最后移去秤盘上所有的被称物,此时天平上显示的数值的绝对值即为被称物的总质量。

(四)使用电子天平的注意事项

1. 电源必须是 220V 交流电,要有良好的接地线。

2. 天平应放在无气流、无振动、无腐蚀性气体和无热辐射的环境中。天平箱内放入干燥剂防潮。

3. 天平开机后,需预热30分钟以上方可使用。

4. 不得将试样直接放在天平盘上,具有腐蚀性或吸湿性的物品,必须放在称量瓶或其他密闭容器中称量。

5. 所称物品的温度要与天平的温度保持一致,不得将过热、过冷的物品放入天平进行称量。

（五）电子天平常见故障及其排除

分析人员应掌握简单的天平检查方法,具备排除天平一般故障的知识和技能,确保分析工作的顺利进行。电子天平常见故障及其排除方法见表3-2。

表3-2 电子天平常见故障及排除

故障表现	故障的产生原因	故障的排除方法
显示屏上无显示	没有工作电压	检查供电线路和仪器
显示不稳定	振动或气流的影响	改变放置场所;采取相应的措施
	防风罩未关	关闭防风罩
	秤盘与天平外壳间有杂物	清除杂物
	防风屏蔽环被打开	放好防风环
	被称物具有吸湿或挥发性,导致质量不稳定	给被称物加盖子密封
测定值漂移	被称物带有静电	将被测物装入金属容器中称量
频繁进入自动量程校正	室温和天平温度大幅变化	将天平移至温度变化小的地方
称量结果明显错误	天平未被校准	校准天平

二、滴 定 管

滴定管是进行滴定分析的常用量器,用于准确测量滴定过程中所用标准溶液的体积。

（一）滴定管的分类

滴定管是一种内径大小均匀并具有精准刻度的玻璃管,玻璃管下端为玻璃尖嘴。滴定管常用规格为10ml、25ml、50ml等。

常用滴定管分为酸式滴定管和碱式滴定管（图3-3）。酸式滴定管的下端为玻璃旋塞,用于盛放酸性以及氧化性标准溶液,不能盛放碱性溶液,因为碱性溶液常使旋塞与旋塞套腐蚀而黏合,难以转动。除无色透明的酸式滴定管以外,还有棕色的,用以盛放见光易分解的溶液,如高锰酸钾、硝酸银等溶液。碱式滴定管的下端连接一橡皮管或乳胶管,内放玻璃珠,用来控制溶液的流出,下面连接一玻璃尖嘴,能与橡皮管或乳胶管发生反应的溶液不允许装入碱式滴定管,如酸或氧化剂等。

（二）滴定管使用前的准备

1. 涂油和试漏 酸式滴定管在使用前需对其玻璃旋塞进行涂油,以防止溶液由旋塞漏出,此外,旋塞可轻松转动,便于转动角度来控制溶液的流速。涂油时将滴定管旋塞拔出,用滤纸将旋塞以及旋塞套擦干,在旋塞粗端和旋塞套细端分别涂一薄层凡士林（图3-4）,把旋塞插入旋塞套内,来回转动数次,直到在外面观察旋塞呈透明为止。在滴定管内装入水,置滴定管架上直立2

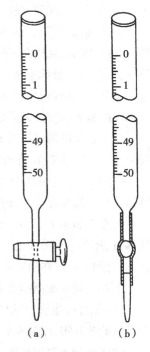

图 3-3 滴定管
(a)酸式滴定管;(b)碱式滴定管

分钟,观察滴定管口有无水滴流出、旋塞缝隙是否有水渗出,然后,将旋塞旋转180°,再观察一次。若两次操作后均无漏水,滴定管方可被使用。

2. 滴定管的洗涤、装液和排气

(1)洗涤:酸式滴定管可倒入 10ml 左右铬酸洗液,把管子横过来,两手平端滴定管转动,直至洗液布满全管,直立,将洗液从管尖放出。碱式滴定管则需将橡皮管取下,用小烧杯接在管下部,然后倒入铬酸洗液,进行洗涤,洗液用后仍倒回原瓶中,可重复使用。用洗液洗过的滴定管应用自来水充分洗净后,用蒸馏水洗 3 次。

(2)装液:为了保证装入滴定管的溶液不被稀释,使用前需用待装溶液润洗滴定管 3 次。润洗方法为注入溶液后,将滴定管横过来,慢慢转动,使溶液流遍全管,然后将溶液放出。润洗完成后即可装入溶液,装溶液时,要将所用溶液直接从试剂瓶倒入滴定管中,不可经过漏斗或其他容器。

(3)排气:将标准溶液充满滴定管后,应检查管下部是否有气泡。若有气泡,酸式滴定管可通过转动旋塞,使溶液快速流下的方法排除气泡;碱式滴定管则可将橡皮管向上弯曲,在稍高于玻璃珠所在处,对玻璃珠进行挤压,使溶液从尖嘴喷出,排尽气泡(图 3-5)。

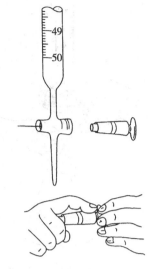

图3-4　滴定管旋塞涂油

(三)滴定管的读数

读数时,应将滴定管垂直地夹在滴定管架上,或用右手拿住滴定管上部无刻度处,让其自然下垂,并将管下端悬挂的液滴除去。读数应估计到0.01ml。滴定管内液面呈弯月形,无色溶液的弯月面比较清晰,读数时,眼睛视线应与溶液的弯月面下缘最低点在同一水平面上,眼睛的位置不同会得出不同的读数(图 3-6)。

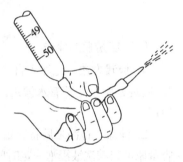

图3-5　碱式滴定管排气

(四)滴定操作

酸式滴定管用左手控制旋塞,大拇指在前,食指和中指在后,轻轻向内扣住旋塞,手心空握以防止将旋塞顶出,滴定时根据需要旋转旋塞(图 3-7a)。碱式滴定管应控制好玻璃珠,左手拇指在前,示指在后,捏住玻璃珠部位稍上方的橡皮管,无名指和小指夹住尖嘴玻璃管(图 3-7b),向手心挤捏橡皮管,使其与玻璃珠之间形成一条缝隙,溶液即可流出,可通过改变手指用力的大小来控制滴定速度(图 3-7c)。

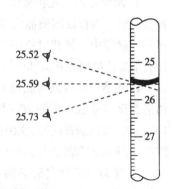

图3-6　眼睛在不同位置得到的滴定管读数

三、容量瓶

(一)容量瓶的形状及规格

容量瓶是一种细颈梨形的平底瓶,具有磨口玻璃塞或塑料塞。瓶颈上有一个环形刻度线,表示在瓶身标注的温度下,当液体充满到刻度线时,液体体积恰好等于瓶身标注的容积。常用的容量瓶有 10ml、25ml、50ml、100ml、250ml、500ml、1000ml 等不同规格。容量瓶一般用于配制标准溶液或试样溶液,也常用于定量的稀释溶液。

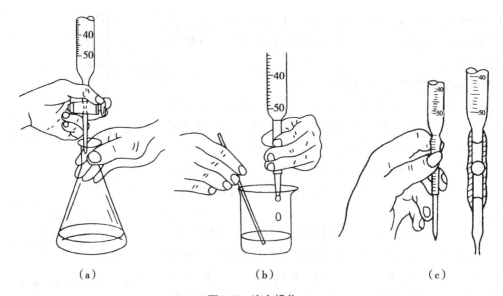

（a） （b） （c）

图 3-7 滴定操作

(a)酸式滴定管;(b)碱式滴定管;(c)控制玻璃珠

（二）容量瓶的操作

1. **检漏方法** 先注入自来水至标线,盖好瓶塞,右手托稳瓶底,左手紧压瓶塞,将瓶倒立 2 分钟,观察瓶口是否有水渗出。若不漏水,将瓶塞旋转 180°,重复前面动作,若仍不漏水,方可使用。

2. **洗涤** 检漏之后将容量瓶洗涤干净,容量瓶洗涤程序与滴定管相同,如需用洗液洗涤,小容量瓶可装满洗液浸泡一定时间;大容量瓶则不必装满,注入约容量 1/3 的洗液,塞紧瓶塞,摇动片刻,间隔一定时间后,继续摇动片刻,即可洗净。

3. **配制溶液** 先将准确称量的固体溶质放在烧杯中,用少量溶剂溶解,然后把溶液转移到容量瓶里。为保证溶质能全部转移到容量瓶中,要用溶剂多次洗涤烧杯,并将洗涤溶液全部转移到容量瓶中。转移时要用玻璃棒引流,方法是将玻璃棒一端靠在容量瓶颈内壁上(图 3-8a),注意不要让玻璃棒其他部位触及容量瓶口,防止液体流到容量瓶外壁上。

4. **定容** 当液面与瓶颈上的标线相离较远时,可继续用引流的方法,向容量瓶中引入溶剂。加溶剂至容量瓶容积的 2/3 时,振荡容量瓶,使溶液混合均匀。继续添加溶剂至液面距离标线 1~2cm 时,改用滴管向容量瓶中逐滴加入溶剂,直至液面弯月处与标线相切为止。

5. **摇匀** 定容之后必须将容量瓶内的溶液混合摇匀,先盖紧瓶塞,然后将容量瓶上下颠倒约 20 次(图 3-8b),摇匀、静置后,如果液面低于刻度线,是因为容量瓶内少量溶液在瓶颈处润湿所致,并不影响所配制溶液的浓度,故不应往瓶内再添加溶剂至标线,否则将使所配制的溶液浓度降低。

6. **注意事项** 容量瓶不能加热,若需将试样加热溶解,必须在烧杯中进行。容量瓶只能用于配制溶液,配制完毕后,要转入试剂瓶中,贴上标签备用。

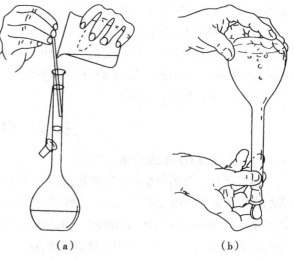

（a） （b）

图 3-8 容量瓶的操作

四、移液管

(一)移液管的分类

移液管用于准确移取一定体积的溶液。移液管通常有两种类型(图3-9):一种是管上无分刻度,形状为中间膨大,上下两端细长,上端有一个环形刻度线,通称移液管,又称胖肚移液管,常用的有 5ml、10ml、25ml、50ml 等规格;另一种是管上有精准刻度,形状为直型,通称吸量管,又称刻度吸管,常用的有 1ml、2ml、5ml、10ml 等规格。

(二)移液管的洗涤和润洗

用洗耳球吸取 1/4 洗液于移液管内,横放并转动,至管内壁均沾上洗液,直立,将洗液由管尖放回原瓶中,洗过的移液管用自来水充分洗净后,用蒸馏水淋洗 3 次。之后,将少量待取溶液倒入干燥、洁净的小烧杯中,用待取液代替洗液,对移液管进行润洗,用后的溶液应放入指定的回收瓶中。

(三)移液管的使用

1. 吸液　先用滤纸条擦拭移液管外壁,再以右手拇指及中指捏住管径标线以上的地方,将移液管插入待移溶液液面下约 1~2cm 处,然后左手拿洗耳球,先将球内气体挤出,再轻轻将溶液吸上(图3-10a)。眼睛注意观察正在上升的液面,移液管应随容器内液面下降而下降,当液面上升到刻度标线以上约 1~2cm,迅速用右手食指按紧管口,取出移液管,用滤纸擦干移液管下端外壁。将移液管移至一洁净小烧杯上方,并使其与地面垂直(图3-10b)。稍松开右手示指,使液面缓缓下降,此时视线应与标线相平,直到弯月面与标线相切,立即用示指按紧管口,使液体不再流出,并使移液管出口尖端接触洁净小烧杯内壁,以碰去尖端外残留溶液。

2. 放液　将移液管迅速移入准备接受溶液的容器中,使出口尖端接触容器内壁,将接受溶液的容器微倾斜,并使移液管直立,然后放松右手食指,使溶液顺壁流下(图3-10c)。待溶液流出后,一般仍将管尖紧靠容器内壁等待 15 秒后再移开,此时移液管尖端仍残留有溶液,不可吹出;如果移液管上标有"吹"字,则应将管内剩余的溶液吹出。

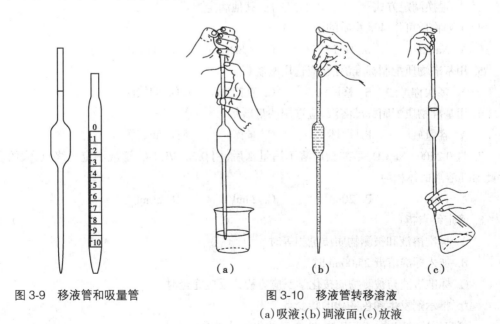

图3-9　移液管和吸量管

图3-10　移液管转移溶液
(a)吸液;(b)调液面;(c)放液

使用刻度吸量管时,应将溶液吸至最上刻度处,然后将溶液放出至适当刻度,两刻度之差即为放出溶液的体积。

学习小结

本章在介绍了滴定分析法的基本概念(化学计量点、滴定终点、终点误差、指示剂、基准物质、标准溶液、滴定、标定、滴定度等)的基础上,重点介绍了滴定分析反应必须具备的条件、基准物质必须满足的条件、标准溶液的浓度表达方式和溶液的配制方法、滴定分析计算的依据和计算方法等内容,其中,滴定分析计算是本章学习的难点。我们必须要熟练掌握计算的依据、熟记基本计算式、学会分析问题、解决问题的方法,以突破难点,完成学习目标。此外,本章还介绍了定量分析中常用的仪器及其使用方法,学生在学习本章课程后,应该能够正确地、较为熟练地使用电子天平、滴定管、容量瓶、移液管等仪器。

达 标 练 习

一、选择题

(一) 单选题

1. 滴定分析法是( )中的一种分析方法

    A. 化学分析法   B. 重量分析法

    C. 仪器分析法   D. 中和分析法

2. 滴定分析法主要用于( )

    A. 仪器分析   B. 常量分析

    C. 定性分析   D. 重量分析

3. 测定 $CaCO_3$ 的含量时,先加入一定量的、过量的 HCl 标准溶液与其完全反应,再用 NaOH 标准溶液滴定剩余的 HCl,此滴定方式属于( )

    A. 直接滴定方式   B. 返滴定方式

    C. 置换滴定方式   D. 其他滴定方式

4. 下列物质可作基准物质的是( )

    A. NaOH   B. HCl   C. H_2SO_4 D. Na_2CO_3

5. 用基准物质配制标准溶液,应选用配制( )

    A. 多次称量法   B. 移液法   C. 直接法   D. 间接法

6. 用基准物质配制标准溶液,应选用的量器是( )

    A. 容量瓶   B. 量杯   C. 量筒   D. 滴定管

7. 将 0.2500g Na_2CO_3 基准物质溶于适量水后,用 0.2mol/L HCl 溶液滴定至终点,大约会消耗此 HCl 溶液的体积为( )

    A. 18ml   B. 20ml   C. 24ml   D. 26ml

8. 滴定终点指( )

    A. 标准溶液和被测物质质量相等时

    B. 加入标准溶液 25.00ml 时

    C. 标准溶液与被测物质按化学反应方程式反应完全时

    D. 指示剂发生颜色变化的转变点

9. 滴定反应 $tT+bB=cC+dD$ 中,T 与 B 的化学计量关系为( )

    A. 1:1   B. t:b   C. b:t   D. 不确定

10. $KMnO_4$ 标准溶液的浓度为 0.2000mol/L,则 $T_{KMnO_4/Fe^{2+}}$ 为( )g/ml。(M_{Fe}=55.85)

A. 0.01117　　　B. 0.06936　　　C. 0.05585　　　D. 0.1000

（二）多选题

1. 用于滴定分析法的化学反应必须符合的基本条件是（　　　　　）

　　A. 反应物应溶于水

　　B. 反应过程中应加催化剂

　　C. 反应必须按化学反应式定量地完成

　　D. 反应速率必须要快

　　E. 必须有简便可靠的方法确定终点

2. 基准物质必须具备的条件有（　　　　　）

　　A. 物质的纯度高

　　B. 物质的组成与化学式完全符合

　　C. 物质的性质稳定

　　D. 物质溶于水

　　E. 价格便宜

3. 关于标准溶液的描述,错误的是（　　　　　）

　　A. 浓度永远不变的溶液

　　B. 只能用基准物质配制的溶液

　　C. 浓度已知的溶液

　　D. 当天配制、当天标定、当天使用的溶液

　　E. 浓度已知、准确的溶液

4. 用直接法配制标准溶液,需用下列哪些仪器（　　　　　）

　　A. 滴定管　　　B. 量筒　　　C. 移液管　　　D. 容量瓶　　　E. 烧杯

5. 可用直接法配制标准溶液的物质有（　　　　　）

　　A. $K_2Cr_2O_7$　　　B. NaCl　　　C. HCl　　　D. $AgNO_3$　　　E. NaOH

6. 洗涤后,需用待装溶液润洗的仪器有（　　　　　）

　　A. 滴定管　　　B. 试管　　　C. 锥形瓶　　　D. 烧杯　　　E. 移液管

二、简答题

1. 滴定分析法主要包括哪些分析方法?

2. 用于滴定分析的化学反应必须符合哪些条件?

3. 化学计量点与滴定终点有何不同?

4. 选择指示剂的一般原则是什么?

5. 下列物质中哪些可以用直接法配制标准溶液? 哪些只能用间接法配制?

H_2SO_4　　　KOH　　　$KMnO_4$　　　$K_2Cr_2O_7$　　　KIO_3　　　$NaS_2O_3 \cdot 5H_2O$

6. 分析判断

（1）基准试剂 $H_2C_2O_4 \cdot 2H_2O$ 因保存不当而部分风化,用它作为基准物质标定 NaOH 溶液的浓度时,测定结果会偏低还是偏高?

（2）基准试剂 Na_2CO_3 因吸潮带有少量水分,用它作为基准物质标定 HCl 溶液的浓度时,测定结果会偏低还是偏高?

（3）用上述 NaOH 溶液作为标准溶液,采用直接滴定的方式测定某有机酸的含量时,测定结果会偏低还是偏高?

7. 用基准物质 Na_2CO_3 标定 HCl 溶液时,下列情况会对 HCl 的浓度产生何种影响(偏高,偏低,无影响)?

（1）滴定速度太快,附在滴定管壁上的 HCl 来不及流下来就读取滴定体积。

（2）称取 Na_2CO_3 时,实际质量为 0.1238g,记录时误记为 0.1248g。

（3）在将 HCl 标准溶液倒入滴定管之前,没有用 HCl 溶液淋洗滴定管。

（4）使用的 Na_2CO_3 中含有少量的 $NaHCO_3$。

三、计算题

1. 精密称取基准物质 Na_2CO_3 5.3000g,将其配制成 250.00ml 标准溶液,求其物质的量浓度。如欲配制 800.00ml 0.1500mol/L Na_2CO_3 溶液,应取上述 Na_2CO_3 标准溶液多少毫升?

2. 某瓶标签上注明滴定度为 $T_{AgNO_3/NaCl}=8.78mg/ml$ 的 $AgNO_3$ 标准溶液,其物质的量浓度应为多少?

3. 中和下列酸溶液,需要多少毫升 0.2150mol/L NaOH 溶液?

（1）22.53ml 0.1250mol/L H_2SO_4 溶液

（2）20.52ml 0.2040mol/L HCl 溶液

4. 准确称取邻苯二甲酸氢钾基准物质 0.4644g,用以标定 NaOH 标准溶液。滴定至终点时,消耗 NaOH 溶液的体积为 22.65ml,计算 NaOH 溶液的物质的量浓度。

5. 滴定 0.1600g 草酸试样,用去 0.1100mol/L NaOH 标准溶液 22.90ml,试求草酸试样中 $H_2C_2O_4$ 的质量分数。

6. 计算 0.01135mol/L HCl 标准溶液的滴定度 T_{HCl}。

（陈建平　张彧璇）

第四章

酸碱滴定法

 学习目标

1. 掌握强酸（碱）滴定和一元弱酸（碱）滴定的基本原理；指示剂的选择；滴定条件及滴定曲线；酸碱标准溶液的配制与标定方法；直接滴定法的应用。
2. 熟悉酸碱指示剂的变色原理、变色范围及常用指示剂的性质；多元酸（碱）滴定的基本原理、滴定条件及指示剂的选择；返滴定法和测定混合碱含量的原理。
3. 了解混合指示剂的作用原理；间接滴定法的应用。
4. 学会直接滴定法测定酸碱物质含量的操作技能。

酸碱滴定法（acid-base titrations）是以酸碱中和反应为基础的滴定分析方法。此方法操作简便、准确度高，被广泛用于测定一般的酸、碱以及能与酸、碱直接或间接发生反应的物质。

第一节 酸碱指示剂

通常情况下，酸碱反应无外观变化，进行酸碱滴定时，需要选择一个能在化学计量点附近变色的指示剂，以借助其颜色变化确定化学计量点。因此，了解酸碱指示剂的性质、变色原理、变色范围及指示剂的选择原则，对于减小终点误差，获得准确的分析结果，具有重要的意义。

一、酸碱指示剂的变色原理

酸碱指示剂（acid-base indicator）一般是有机弱酸或有机弱碱，其酸式结构和共轭的碱式结构具有不同的颜色。酸碱指示剂在水溶液中存在离解平衡，当溶液的 pH 发生改变时，酸碱指示剂会失去质子，由酸式结构转变为共轭碱式结构；或获得质子，由碱式结构转变为共轭酸式结构。伴随着溶液 pH 的变化，指示剂的结构发生改变，最终导致了其颜色发生改变。

如果用 HIn 代表指示剂的酸式结构（共轭酸），In⁻ 代表其碱式结构（共轭碱），则指示剂的离解平衡为：

$$HIn + H_2O \rightleftharpoons H_3O^+ + In^-$$
$$（酸式） \qquad （碱式）$$

指示剂酸式结构（HIn）与碱式结构（In⁻）具有不同的颜色，当溶液的 pH 升高，即 H_3O^+ 浓度下降时，离解平衡向右移动，指示剂主要以碱式（In⁻）结构存在，溶液显碱式色，简称碱色；当溶液的 pH 降低，即 H_3O^+ 浓度升高时，离解平衡向左移动，指示剂主要以酸式（HIn）结构存在，溶液显酸式色，简称酸色。

 **课堂互动**

　　酚酞指示剂为有机弱酸,pK_a=9.1,酸式色为无色,碱式色为红色。若增大溶液的碱性,离解平衡向哪个方向移动,溶液颜色如何改变?

二、酸碱指示剂的变色范围及影响因素

(一)变色范围

　　酸碱指示剂的变色不仅与自身的离解平衡有关,还与溶液的 pH 有关。指示剂共轭酸碱对的浓度与溶液中[H^+]的函数关系如下:

$$HIn \rightleftharpoons H^+ + In^-$$

$$K_{HIn} = \frac{[H^+][In^-]}{[HIn]} \tag{4-1}$$

　　式中,K_{HIn} 为指示剂的离解平衡常数,在一定温度下为常数。通常,指示剂在溶液中呈现的颜色取决于指示剂的碱式色和酸式色的比值[In^-]/[HIn],该比值的大小由 K_{HIn} 和溶液的 pH 决定。因此,一定温度下,指示剂的颜色由溶液的 pH 决定。需要指出的是,并不是溶液的 pH 稍有变化或任意变化,都可引起指示剂的颜色发生改变,这是因为人眼辨别颜色的能力有一定的限度,当溶液中同时存在两种颜色时,只有当两种颜色的浓度相差 10 倍或者 10 倍以上时,人眼才能分辨出其中浓度较大的存在形式的颜色。因此,指示剂的颜色与溶液 pH 的关系如下:

$$\frac{[In^-]}{[HIn]} = \frac{K_{HIn}}{[H^+]} \geq 10, [H^+] \leq \frac{K_{HIn}}{10}, pH \geq pK_{HIn} + 1, 呈碱式色$$

$$\frac{[In^-]}{[HIn]} = \frac{K_{HIn}}{[H^+]} \leq \frac{1}{10}, [H^+] \geq 10K_{HIn}, pH \leq pK_{HIn} - 1, 呈酸式色$$

　　由此可见,pH 从 $pK_{HIn}-1$ 到 $pK_{HIn}+1$ 时,人眼能明显地看到指示剂颜色的过渡,由酸式色变到碱式色。因此,pH=$pK_{HIn} \pm 1$ 称为指示剂的变色范围。当[HIn]=[In^-]时,[H^+]=K_{HIn},即 pH=pK_{HIn},该点称为指示剂的理论变色点,此时,溶液呈现的是酸式色与碱式色的混合色。

　　根据理论推算,指示剂的变色范围是 pH=$pK_{HIn} \pm 1$,其为两个 pH 单位。由于人的眼睛对各种颜色的敏感程度不同,并且两种颜色会相互掩盖,所以实际上靠人眼测得的指示剂的变色范围与理论值有区别,并不都是两个 pH 单位。例如,甲基橙(pK_{HIn}=3.4),其理论变色范围是 2.4~4.4,由于人眼对红色比黄色更为敏感,故实际测得的变色范围是 3.1~4.4。

　　指示剂的变色范围应尽可能小,这样在靠近化学计量点时,溶液 pH 发生微小改变,就可使指示剂由一种颜色立即变成另一种颜色。表 4-1 列出了几种常用酸碱指示剂及其变色范围。

(二)影响指示剂变色范围的因素

　　1. 温度　在不同温度下,K_{HIn} 的数值是不同的。由于指示剂的变色范围与 K_{HIn} 有关,所以,指示剂的变色范围会随温度改变。通常情况下,滴定分析应在室温下进行。

　　2. 溶剂　随着溶剂种类的改变,K_{HIn} 也会随之发生改变。因此,酸碱指示剂的变色范围会受到溶剂种类的影响。

　　3. 指示剂的用量　指示剂的用量要适当,过多或过少都不适宜。如果指示剂用量过多,指示剂的颜色会过深,导致终点时变色不敏锐。另外,指示剂本身是弱酸或弱碱,要消耗一定量的标准溶液,从而造成误差。如果指示剂用量过少,会使指示剂颜色太浅,导致终点时不易观察到溶液的颜色变化。通常,溶液体积为 50ml 时,加入指示剂 2~3 滴即可。

　　4. 滴定程序　一般情况下,指示剂的颜色由浅到深变化最为适宜。这是由于溶液颜色由浅

表 4-1　常用酸碱指示剂(室温)

指示剂	变色范围 pH	颜色 酸式色	颜色 碱式色	pK_{HIn}
百里酚蓝(TB) (第一步离解)	1.2~2.8 (第一次变色)	红	蓝	1.6
甲基黄(MY)	2.9~4.0	红	黄	3.3
甲基橙(MO)	3.1~4.4	红	黄	3.4
溴酚蓝(BPB)	3.0~4.6	黄	紫	4.1
溴甲酚绿(HCG)	3.8~5.4	黄	蓝	4.9
甲基红(MR)	4.4~6.2	红	黄	5.1
溴百里酚蓝(BTB)	6.2~7.6	黄	蓝	7.3
中性红(NR)	6.8~8.0	红	黄橙	7.4
酚红(PR)	6.7~8.4	黄	红	8.0
百里酚蓝(TB) (第二步离解)	8.0~9.6 (第二次变色)	黄	蓝	8.9
酚酞(PP)	8.0~10.0	无	红	9.1
百里酚酞(TP)	9.4~10.6	无	蓝	10.0

到深变化时,容易被人眼识别。例如,用 NaOH 滴定 HCl 时,理论上可以选用酚酞或甲基橙作指示剂。如果选用酚酞,终点颜色由无色变为红色,颜色由浅到深发生变化,易于辨别。如果选用甲基橙,终点颜色变化由红色变为黄色,由深到浅发生变化,较难辨别,易造成滴定过量。实践证明,当用 NaOH 滴定 HCl 时,采用酚酞作指示剂最为适宜;反之,用 HCl 滴定 NaOH 时,采用甲基橙作指示剂最为适宜。

三、混合指示剂

对于某些酸碱滴定反应,在化学计量点附近溶液的酸度变化很小,如果采用一般指示剂,会造成终点误差较大,不能准确判断终点。因此,需要使用具有变色范围窄、变色敏锐特点的混合指示剂。

混合指示剂分为两大类,一类由一种指示剂与一种惰性染料混合而成,该惰性染料的颜色不随溶液的酸度变化而变化。例如,由甲基橙与靛蓝配制成的混合指示剂,在滴定过程中,靛蓝的蓝色只起到背景色的作用,该混合指示剂颜色随溶液 pH 的变化如表 4-2 所示。

表 4-2　混合指示剂(甲基橙 + 靛蓝)颜色变化

指示剂	颜色变化 pH≤3.1	颜色变化 pH=4	颜色变化 pH≥4.4
甲基橙	红色	橙色	黄色
甲基橙 + 靛蓝	紫色	浅灰色	绿色

由表 4-2 可知,只用甲基橙作指示剂时,颜色变化为红(黄)色到黄(红)色,过渡色为橙色,较难辨认。当采用甲基橙 - 靛蓝混合指示剂时,颜色变化为紫(绿)色到绿(紫)色,过渡色为浅灰色,易于辨认。

另一类混合指示剂是由两种或两种以上的指示剂按一定比例混合配制而成的。例如,溴甲酚绿和甲基红按 3∶1 比例混合可得溴甲酚绿 - 甲基红混合指示剂。单一使用溴甲酚绿作指示剂时,其变色范围为 3.8~5.4,颜色变化由黄色到蓝色;单一使用甲基红作指示剂时,其变色范围为 4.4~6.2,颜色变化由红色到黄色。使用溴甲酚绿 - 甲基红混合指示剂,其在变色点 pH=5.1 时,溶液颜色为浅灰色;当 pH>5.1 时,溶液颜色为绿色;当 pH<5.1 时,溶液颜色为酒红色。由此可见,混合指示剂可使变色范围变窄,颜色变化敏锐,表 4-3 列出了几种常用混合指示剂及其颜色变化。

表 4-3　几种常用的混合指示剂

混合指示剂的组成	变色点	颜色		备注
		酸式色	碱式色	
1 份 0.1% 甲基橙乙醇溶液 1 份 0.1% 次甲基蓝乙醇溶液	3.2	蓝紫	绿	pH=3.2,蓝紫色 pH=3.4,绿色
1 份 0.1% 甲基橙水溶液 1 份 0.25% 靛蓝二磺酸水溶液	4.1	紫	黄绿	pH=4.1,灰色
1 份 0.1% 溴甲酚绿钠盐水溶液 1 份 0.2% 甲基橙水溶液	4.3	橙	蓝绿	pH=3.5,黄色 pH=4.0,绿色 pH=4.3,浅绿色
3 份 0.1% 溴甲酚绿乙醇溶液 1 份 0.2% 甲基红乙醇溶液	5.1	酒红	绿	pH=5.1,灰色
1 份 0.1% 溴甲酚绿钠盐水溶液 1 份 0.1% 氯酚红钠盐水溶液	6.1	黄绿	蓝紫	pH=5.4,蓝绿色 pH=5.8,蓝色 pH=6.0,蓝带紫色 pH=6.2,蓝紫色
1 份 0.1% 中性红乙醇溶液 1 份 0.1% 次甲基蓝乙醇溶液	7.0	紫蓝	绿	pH=7.0,紫蓝色
1 份 0.1% 甲酚红钠盐水溶液 3 份 0.1% 百里酚蓝钠盐水溶液	8.3	黄	紫	pH=8.2,玫瑰红色 pH=8.4,紫色
1 份 0.1% 百里酚蓝溶液 50% 乙醇溶液 3 份 0.1% 酚酞 50% 乙醇溶液	9.0	黄	紫	pH=9.0,绿色
1 份 0.1% 酚酞乙醇溶液 1 份 0.1% 百里酚酞乙醇溶液	9.9	无	紫	pH=9.6,玫瑰红色 pH=10,紫色
2 份 0.1% 百里酚酞乙醇溶液 1 份 0.1% 茜素黄 R 乙醇溶液	10.2	黄	紫	颜色由微黄色变至黄色,再到青色

第二节　酸碱滴定曲线及指示剂的选择

在酸碱滴定过程中,溶液的 pH 不断发生变化。了解酸碱滴定过程中溶液 pH 的变化,尤其是化学计量点附近溶液 pH 的变化,有利于选择合适的指示剂指示滴定终点,提高滴定的准确度。以标准溶液的加入量(物质的量或体积)为横坐标,以溶液的 pH 值为纵坐标,绘制而成的曲线叫做滴定曲线(titration curve)。通常,用滴定曲线来表示滴定过程中溶液 pH 随标准溶液用量的变化规律。下面分别对三种典型类型的滴定曲线进行讨论。

一、强酸(碱)的滴定

（一）滴定过程溶液 pH 的变化规律

强酸强碱的反应实质为:$H^+ + OH^- \Longrightarrow H_2O$

以 0.1000mol/L 的 NaOH 标准溶液滴定 20.00ml 0.1000mol/L HCl 溶液为例,讨论滴定过程中溶液 pH 的变化规律。

滴定过程中,溶液 pH 值的变化分为四个阶段。

1. 滴定前　溶液的 pH 值由 HCl 溶液的初始浓度决定。

$$[H^+]=0.1000mol/L \quad pH=1.00$$

2. 滴定开始至计量点前　一部分 HCl 与 NaOH 反应生成 NaCl,溶液的 pH 值取决于剩余 HCl 的浓度。

$$[H^+]=\frac{0.1000\times(V_{HCl}-V_{NaOH})}{V_{HCl}+V_{NaOH}} \tag{4-2}$$

式中,V_{HCl} 为 HCl 的初始浓度,即为 20.00ml,V_{NaOH} 为加入的标准溶液 NaOH 的体积,由上式可计算本阶段任意时刻溶液的[H$^+$]和 pH。

例如,当加入 NaOH 标准溶液为 19.98ml 时,

$$[H^+]=\frac{0.1000\times(20.00-19.98)}{20.00+19.98}=5.00\times10^{-5}(mol/L)$$

$$pH=4.30$$

3. 化学计量点　NaOH 溶液与 HCl 溶液按化学计量关系完全反应,此时溶液组成为 NaCl 和 H$_2$O,呈中性,溶液 pH 值由水的离解所决定。

$$[H^+]=[OH^-]=1.00\times10^{-7}mol/L$$

$$pH=7.00$$

4. 化学计量点后　溶液由 NaCl 和过量的 NaOH 组成,溶液的 pH 值由过量的 NaOH 决定。

$$[OH^-]=\frac{0.1000\times(V_{NaOH}-V_{HCl})}{V_{NaOH}+V_{HCl}} \tag{4-3}$$

利用上式可计算本阶段任意时刻溶液的[H$^+$]和 pH。

例如,当加入 NaOH 溶液为 20.02ml 时,

$$[OH^-]=\frac{0.1000\times(20.02-20.00)}{20.00+20.02}=5.00\times10^{-5}(mol/L)$$

$$pOH=4.30$$

$$pH=14-pOH=9.70$$

利用上述方法计算强碱滴定强酸过程中溶液的 pH,将计算结果列于表 4-4。

表 4-4　NaOH(0.1000mol/L)标准溶液滴定 20.00ml HCl(0.1000mol/L)溶液的 pH 变化

加入 NaOH 体积(ml)	剩余 HCl 体积(ml)	过量 NaOH 体积(ml)	HCl 被滴定 分数	[H$^+$] (mol/L)	溶液的 pH 值
0.00	20.00		0.000	1.00×10^{-1}	1.00
18.00	2.00		0.900	5.26×10^{-3}	2.28
19.80	0.20		0.990	5.02×10^{-4}	3.30
19.98	0.02		0.999	5.00×10^{-5}	4.30
20.00	0.00	0.00	1.000	1.00×10^{-7}	7.00
20.02		0.02	1.001	2.00×10^{-10}	9.70
20.20		0.20	1.010	2.00×10^{-11}	10.70
22.00		2.00	1.100	2.10×10^{-12}	11.70

突跃范围

（二）滴定曲线

以表 4-4 中加入 NaOH 的体积或 HCl 被滴定分数为横坐标,以溶液的 pH 值为纵坐标,绘制强碱滴定强酸的滴定曲线,如图 4-1 所示。

由表 4-4 和图 4-1 表明:

1. **滴定开始**　滴定开始时,曲线的形状比较平坦。从滴定开始到加入 19.98ml 的 NaOH 标准溶液,溶液的 pH 值由 1.00 增加到 4.30,仅增加了 3.30 个 pH 单位,此时溶液仍为酸性,这是由于溶液中存在大量的 HCl,加入的 NaOH 对溶液的 pH 影响不大。

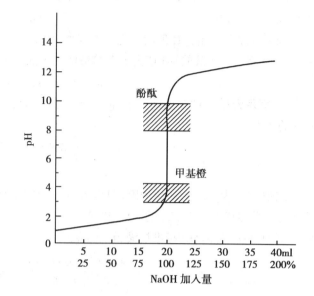

图 4-1　NaOH(0.1000mol/L)滴定 HCl(0.1000mol/L)的滴定曲线

2. **化学计量点**　当加入 19.98ml 的 NaOH 标准溶液,溶液的 pH 值为 4.30, HCl 的被滴定分数为 99.90%,滴定误差为 –0.1%。当加入 20.02ml 的 NaOH 标准溶液,溶液的 pH 值为 9.70, HCl 的被滴定分数为 100.10%,滴定误差为 0.1%。在化学计量点附近(±0.1%),由于一滴 NaOH 标准溶液的加入,引起溶液 pH 值迅速地由 4.30 增长到 9.70,发生滴定突跃,滴定突跃范围为 pH 4.30~9.70。根据指示剂选择原则,可选用甲基橙、甲基红或酚酞作指示剂。

3. **滴定突跃过后**　再继续加入 NaOH 标准溶液,曲线形状又趋于平坦。

如表 4-4 所示,化学计量点后,随着 NaOH 溶液的加入,溶液的 pH 值变化缓慢。

若用 0.1000mol/L HCl 标准溶液滴定 20.00ml 0.1000mol/L NaOH 溶液时,滴定曲线与图 4-1 对称,即形状相似,pH 变化方向相反。

（三）影响滴定突跃范围的因素

图 4-2 是强酸、强碱滴定突跃范围与酸碱浓度的关系。如图所示,当不同浓度的 NaOH 标准溶液滴定不同浓度的 HCl 溶液时,滴定突跃范围大小与酸碱的浓度有关。溶液浓度越大,滴定突跃范围越大;溶液浓度越小,滴定突跃范围越小。指示剂的选择受溶液浓度的限制,例如,0.01000mol/L NaOH 标准溶液滴定 0.01000mol/L HCl 溶液,滴定突跃范围为 pH 5.30~8.70。因此,不能采用甲基橙作指示剂。通常,标准溶液浓度控制在 0.01~0.2mol/L,溶液不能太稀,否则不宜选择合适指示剂。

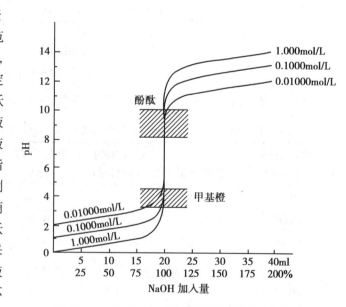

图 4-2　强酸、强碱滴定突跃范围与酸碱浓度关系

二、一元弱酸(碱)的滴定

(一)滴定过程溶液 pH 的变化规律

对于一元弱酸,必须采用强碱滴定;对于一元弱碱,必须采用强酸滴定。

该类滴定的基本反应为:

$$一元弱酸 \quad HB+OH^- \Longrightarrow H_2O+B^-$$

$$一元弱碱 \quad AOH+H^+ \Longrightarrow H_2O+A^+$$

现以 0.1000mol/L NaOH 标准溶液滴定 20ml 0.1000mol/L HAc 为例,讨论弱酸滴定过程中溶液 pH 的变化规律。

与强酸、强碱的滴定相似,在滴定过程中,溶液的 pH 值也分为四个阶段计算。

1. 滴定前 溶液的 pH 由 HAc 溶液的酸度计算。设 c_a 为 HAc 溶液的浓度 0.1000mol/L,由于符合 $c_aK_a>20Kw$,$c_a/K_a>500$ 的条件,采用最简式:

$$[H^+]=\sqrt{c_aK_a} \tag{4-4}$$

将 HAc 的浓度(0.1000mol/L)和 K_a(1.76×10^{-5})代入式 4-4,运算得 $[H^+]$=1.34×10^{-3}mol/L,即 pH=2.87。

2. 滴定开始至计量点前 一部分 HAc 与 NaOH 反应生成 NaAc,与剩余的 HAc 溶液组成 HAc-NaAc 缓冲体系,溶液的 pH 根据缓冲溶液酸度公式计算。

$$pH=pK_a+\lg\frac{c_{NaAc}}{c_{HAc}} \tag{4-5}$$

例如,当加入 NaOH 溶液为 19.98ml 时:

$$c_{HAc}=\frac{0.1000\times(20.00-19.98)}{(20.00+19.98)}=5.00\times10^{-5}(mol/L)$$

$$c_{NaAc}=\frac{0.1000\times19.98}{20.00+19.98}=5.00\times10^{-2}(mol/L)$$

代入公式 4-5,pH=7.75。

3. 化学计量点 NaOH 溶液与 HAc 溶液按化学计量关系完全反应,生成 NaAc 和 H_2O,溶液呈碱性,其 pH 值由弱碱溶液的酸度公式计算。由于符合 $c_{NaAc}K_b>20Kw$,$c_{NaAc}/K_b>500$ 的条件,采用最简式:

$$[OH^-]=\sqrt{c_{NaAc}K_b} \tag{4-6}$$

将数值 K_b(5.68×10^{-10})、c_{NaAc}(0.05000mol/L)代入式 4-6,运算得 $[OH^-]$=5.3×10^{-6}mol/L,pH=8.72。

4. 化学计量点后 溶液由 NaAc 和过量的 NaOH 组成,NaOH 的存在抑制了 Ac^- 的水解。因此,溶液的 pH 值由过量的 NaOH 的物质的量和溶液体积计算,其计算方法与上述强碱滴定强酸时相同。

用上述方法计算强碱滴定弱酸过程中溶液的 pH,其计算结果列于表 4-5。

(二)滴定曲线

根据滴定过程中溶液的 pH 变化规律,绘制强碱滴定弱酸的滴定曲线,如图 4-3 所示。

由图 4-3 可知,NaOH 标准溶液滴定 HAc 溶液有如下特点:

1. 曲线起点高 滴定 0.1000mol/L 的 HCl 溶液,起点的 pH=1.00;滴定 0.1000mol/L 的 HAc 溶液,起点的 pH=2.87,这是由于 HAc 是弱酸,不能完全离解,与相同浓度的强酸比较,酸度较小。

2. 滴定开始至计量点前曲线斜率变化复杂 滴定刚开始,由于生成的 Ac^- 抑制了 HAc 的离解,使溶液的酸度降低较快,pH 快速上升。因此,曲线的斜率变化较大。随着滴入 NaOH 的

表 4-5　NaOH（0.1000mol/L）标准溶液滴定 20.00ml HAc（0.1000mol/L）溶液的 pH 变化

加入 NaOH 体积（ml）	剩余 HAc 体积（ml）	过量 NaOH 体积（ml）	HAc 被滴定 分数	溶液的 组成	溶液的 pH
0.00	20.00		0.000	HAc	2.87
18.00	2.00		0.900	HAc+Ac⁻	5.71
19.80	0.20		0.990	HAc+Ac⁻	6.75
19.98	0.02		0.999	HAc+Ac⁻	7.75
20.00	0.00	0.00	1.000	Ac⁻	8.72
20.02		0.02	1.001	Ac⁻+OH⁻	9.70
20.20		0.20	1.010	Ac⁻+OH⁻	10.70
22.00		2.00	1.100	Ac⁻+OH⁻	11.68

（7.75～9.70 为突跃范围）

量不断增加，生成 NaAc 的浓度不断增加，HAc-Ac⁻ 组成缓冲体系，溶液的 pH 变化缓慢。因此，此段曲线形状比较平坦。当接近化学计量点时，随着 HAc 浓度降低，缓冲作用减弱，溶液 pH 变化加快，曲线斜率增加。

3. 化学计量点　此时，溶液由 NaAc 和 H_2O 组成，呈碱性，滴定突跃范围为 pH 7.75~9.70，仅约 2 个 pH 单位。与强碱滴定强酸比较，滴定突跃范围变窄。

4. 化学计量点后　溶液的 pH 由过量的 NaOH 决定，滴定曲线的形状与滴定强酸时相似。

强酸滴定一元弱碱时，溶液的 pH 计算方法同强碱滴定一元弱酸相似。例如，采用 0.1000mol/L HCl 滴定 20.00ml 0.1000mol/L $NH_3 \cdot H_2O$，其溶液 pH 变化规律见表 4-6。

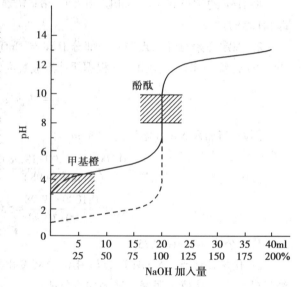

图 4-3　NaOH（0.1000mol/L）滴定 HAc（0.1000mol/L）的滴定曲线

表 4-6　HCl（0.1000mol/L）溶液滴定 20.00ml $NH_3 \cdot H_2O$（0.1000mol/L）溶液的 pH 变化

加入 HCl 体积（ml）	剩余 $NH_3 \cdot H_2O$ 的 体积（ml）	过量 HCl 体积（ml）	$NH_3 \cdot H_2O$ 被 滴定分数	溶液的 组成	溶液的 pH 值
0.00	20.00		0.000	$NH_3 \cdot H_2O$	11.10
18.00	2.00		0.900	$NH_3 \cdot H_2O + NH_4^+$	8.29
19.80	0.20		0.990	$NH_3 \cdot H_2O + NH_4^+$	7.25
19.98	0.02		0.999	$NH_3 \cdot H_2O + NH_4^+$	6.34
20.00	0.00		1.000	NH_4^+	5.38
20.02		0.02	1.001	$H^+ + NH_4^+$	4.30
20.20		0.20	1.010	$H^+ + NH_4^+$	2.30

（6.34～5.38 为突跃范围）

根据溶液中 pH 的变化规律,绘制强酸滴定一元弱碱的滴定曲线,如图 4-4 所示。

由图 4-4 可知,该滴定分析的滴定突跃范围为 pH 6.34~4.30,化学计量点时,溶液的 pH=5.38,显酸性。通过对比弱酸与弱碱的滴定曲线,我们发现两条曲线形状相似,仅 pH 变化方向相反。

(三) 指示剂的选择

采用 0.1000mol/L NaOH 标准溶液滴定相同浓度的 HAc 溶液时,滴定突跃范围为 pH 7.75~9.70,根据指示剂选择原则,应选择在碱性区域变色的指示剂,如酚酞、百里酚酞等。当采用 0.1000mol/L HCl 标准溶液滴定相同浓度的 $NH_3 \cdot H_2O$ 溶液时,滴定突跃范围为 pH 6.34~4.30。因此,应选择在酸性区域变色的指示剂,如甲基红、甲基橙等。

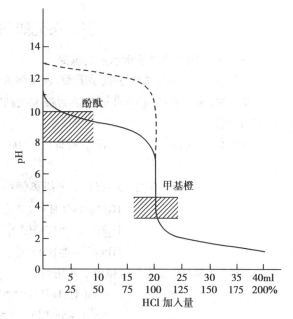

图 4-4　HCl(0.1000mol/L)滴定 $NH_3 \cdot H_2O$(0.1000mol/L)的滴定曲线

 课堂互动

您能解释为什么当 NaOH(0.1000mol/L)标准溶液滴定 20.00ml HAc(0.1000mol/L)时,不能采用甲基橙、甲基红作指示剂吗?若使用这两种指示剂,会造成正误差还是负误差?

(四) 影响滴定突跃范围因素

与强酸、强碱的滴定相似,滴定一元弱酸(碱)的滴定突跃范围与弱酸(碱)的浓度有关。另外,弱酸(碱)的强度也影响滴定突跃范围大小,如图 4-5 所示。

1. 浓度　当弱酸的强度一定,即 K_a 一定,弱酸的浓度越大,滴定突跃范围越大。反之,滴定突跃范围越小。

2. 强度　当弱酸的浓度一定时,弱酸的强度越小,即离解常数 K_a 越小,滴定突跃范围越小;反之,滴定突跃范围越大。如当弱酸的 $K_a \leqslant 10^{-9}$ 时,滴定曲线上已无明显滴定突跃,难以选择指示剂确定滴定终点,无法进行准确滴定。

因此,只有当 $c_a K_a \geqslant 10^{-8}$ 时,一元弱酸能被强碱直接、准确地滴定。

同理,只有当 $c_b K_b \geqslant 10^{-8}$,一元弱碱才能被强酸直接、准确地滴定。

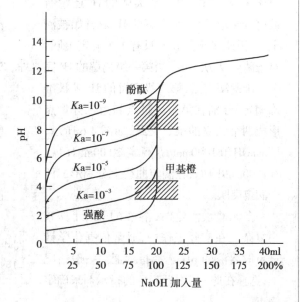

图 4-5　NaOH(0.1000mol/L)滴定不同强度酸(0.1000mol/L)的滴定曲线

三、多元酸(碱)的滴定

(一)多元酸的滴定及指示剂的选择

一般情况下,多元酸大多数是弱酸,在水溶液中分布离解。进行多元酸滴定中需要解决以下几个问题:多元酸各级离解的H^+能否被准确滴定;各级离解的H^+能否被分步滴定;如何选择适宜的指示剂。

现以 0.1000mol/L NaOH 标准溶液滴定 20.00ml 0.1000mol/L H_3PO_4 为例,讨论多元酸被滴定的特点及指示剂的选择。

H_3PO_4 是三元酸,在溶液中有以下三级离解:

$$H_3PO_4 \rightleftharpoons H^+ + H_2PO_4^- \quad (K_{a_1} = 7.5 \times 10^{-3})$$
$$H_2PO_4^- \rightleftharpoons H^+ + HPO_4^{2-} \quad (K_{a_2} = 6.3 \times 10^{-8})$$
$$HPO_4^{2-} \rightleftharpoons H^+ + PO_4^{3-} \quad (K_{a_2} = 2.2 \times 10^{-13})$$

同理,与 NaOH 发生反应也分三步进行:

$$NaOH + H_3PO_4 = NaH_2PO_4 + H_2O$$
$$NaOH + NaH_2PO_4 = Na_2HPO_4 + H_2O$$
$$NaOH + Na_2HPO_4 = Na_3PO_4 + H_2O$$

与一元弱酸相同,滴定多元酸时,各级离解的H^+能被准确滴定的条件:$cK_{a_i} \geq 10^{-8}$,例如H_3PO_4,$cK_1 > 10^{-8}$、$cK_2 \approx 10^{-8}$、$cK_3 < 10^{-13}$。因此,第一、二级离解的H^+能被强碱准确滴定;第三级离解由于不符合准确滴定的条件,离解出的H^+不能被准确滴定。又如草酸($K_{a_1} = 6.5 \times 10^{-2}$,$K_{a_2} = 6.1 \times 10^{-5}$),两级离解的$H^+$均能被强碱准确滴定。

一般情况下,当相邻两级离解的K_a比值大于或等于10^4,即$K_{a_i}/K_{a_{i+1}} \geq 10^4$,相邻两级离解的$H^+$可分步被准确滴定。对于草酸,由于$K_{a_1}/K_{a_2} < 10^4$,第一级离解的$H^+$还没有被完全滴定,第二级离解的$H^+$就开始被滴定了,因此滴定曲线上只有 1 个滴定突跃。对于磷酸,$K_1/K_2 > 10^4$,当第一级离解的H^+完全被准确滴定后,第二级离解的H^+才被准确滴定,分别在第一计量点和第二计量点形成两个独立的滴定突跃,如图 4-6 所示,用 NaOH(0.1000mol/L)滴定 20.00ml H_3PO_4(0.1000mol/L)时,在滴定曲线上分别形成两个滴定突跃。

多元酸被滴定时,溶液的 pH 计算较为复杂。在实际工作中,通常依据化学计量点时溶液的 pH 选择指示剂。一般情况下,选择在此 pH 附近变色的指示剂来确定终点。

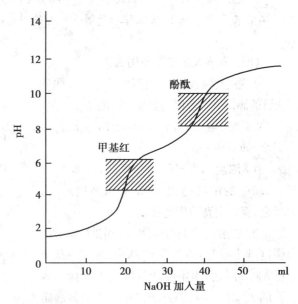

图 4-6　NaOH(0.1000mol/L)滴定 H_3PO_4(0.1000mol/L)的滴定曲线

在上例中,NaOH 与 H_3PO_4 反应,第一化学计量点时,H_3PO_4 全部反应,滴定产物为 NaH_2PO_4,溶液的 pH 可采用下式近似计算:

$$[H^+] = \sqrt{K_{a_1} K_{a_2}}$$
$$pH = \frac{1}{2}(pK_{a_1} + pK_{a_2}) = \frac{1}{2}(2.12 + 7.21) = 4.66$$

故可采用甲基红作指示剂。

在第二级滴定中，NaH_2PO_4 全部转化为 Na_2HPO_4，到达第二计量点时，溶液的 pH 可采用下式近似计算：

$$[H^+] = \sqrt{K_{a_2}K_{a_3}}$$

$$pH = \frac{1}{2}(pK_{a_2} + pK_{a_3}) = \frac{1}{2}(7.12 + 12.67) = 9.94$$

故可选用酚酞或百里酚酞作指示剂。

（二）多元碱的滴定及指示剂的选择

多元碱与多元酸类似，能被准确滴定的条件：$cK_{b_i} \geq 10^{-8}$；能被分步滴定的条件：$K_{b_i}/K_{b_{i+1}} \geq 10^4$。

现以 0.1000mol/L HCl 标准溶液滴定 Na_2CO_3 为例，讨论多元碱被滴定的特点及指示剂的选择。Na_2CO_3 为弱碱，在水溶液中存在两级离解平衡。

$$CO_3^{2-} + H^+ \rightleftharpoons HCO_3^- \quad K_{b_1} = 1.79 \times 10^{-4}$$

$$HCO_3^- + H^+ \rightleftharpoons H_2CO_3 \quad K_{b_2} = 2.38 \times 10^{-8}$$

Na_2CO_3 与 HCl 反应也分两步进行：

$$Na_2CO_3 + HCl \Longrightarrow NaHCO_3 + NaCl$$

$$NaHCO_3 + HCl \Longrightarrow NaCl + CO_2\uparrow + H_2O$$

由于 $cK_{b_1} > 10^{-8}$、$cK_{b_2} \approx 10^{-8}$、$K_{b_1}/K_{b_2} \approx 10^4$，$Na_2CO_3$ 能被强酸准确滴定，且能分步滴定，滴定曲线上有两个滴定突跃，该滴定曲线如图 4-7 所示。

在第一计量点时，Na_2CO_3 完全反应生成 $NaHCO_3$，该物质为两性物质，其溶液的 pH 采用下式近似计算：

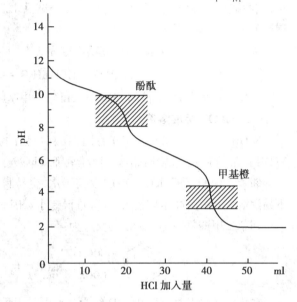

图 4-7 HCl(0.1000mol/L) 滴定 Na_2CO_3 的滴定曲线

$$[H^+] = \sqrt{K_{a_1}K_{a_2}} = \sqrt{4.3 \times 10^{-7} \times 5.6 \times 10^{-11}} = 4.9 \times 10^{-9}(mol/L)$$

$$pH = 8.31$$

故可采用在碱性区域变色的酚酞作指示剂。

在第二计量点时，$NaHCO_3$ 完全转化为 CO_2 和 H_2O，生成 H_2CO_3 饱和溶液，其浓度约为 0.04mol/L，其溶液 pH 采用下式近似计算：

$$[H^+] = \sqrt{cK_a} = \sqrt{0.04 \times 4.3 \times 10^{-7}} = 1.3 \times 10^{-4}(mol/L)$$

$$pH = 3.89$$

故可采用在酸性区域变色的甲基橙或甲基红作指示剂。

第三节 酸碱滴定法的应用

一、酸碱标准溶液的配制与标定

在酸碱滴定法中，最常用的酸、碱标准溶液分别是 0.1000mol/L HCl 标准溶液和 0.1000mol/L 的 NaOH 标准溶液，它们均采用间接法配制。

（一）HCl 标准溶液

由于浓盐酸具有挥发性,故可先配制成近似所需浓度的盐酸溶液,再用基准物质无水碳酸钠或硼砂（$Na_2B_4O_7 \cdot 10H_2O$）标定其浓度。

碳酸钠（Na_2CO_3）容易制得纯品,价格低廉,但吸湿性很强。因此,使用前应将其在 270~300℃加热约 1 小时,稍冷后将其保存于干燥器中。

如多元碱的滴定所述,采用甲基橙或甲基红作指示剂。值得注意的是,在第二计量点附近易形成 CO_2 过饱和溶液,使溶液酸度增大,终点提前。因此,在滴定接近终点时,应用力振摇溶液或加热煮沸溶液,以便除去 CO_2。冷却至室温后,再继续用 HCl 标准溶液滴定至终点。

硼砂稳定,容易制得纯品。作为基准物质,它的主要优点是摩尔质量大,因此,称量误差较小;它的缺点是在空气中易风化,失去部分结晶水。因此,硼砂需保存在含有蔗糖和 NaCl 饱和溶液的密闭恒湿容器中。

采用硼砂标定 HCl 溶液时,其反应方程式为:

$$Na_2B_4O_7+2HCl+5H_2O \Longrightarrow 4H_3BO_3+2NaCl$$

在化学计量点时,溶液的 pH=5.10,可采用甲基红作指示剂。

（二）NaOH 标准溶液

NaOH 易吸收空气中的 CO_2,并且具有很强的吸湿性,因此,应先配制成近似所需浓度的 NaOH 溶液,再用基准物质邻苯二甲酸氢钾或草酸标定。

邻苯二甲酸氢钾（$KHC_8H_4O_4$）易溶于水,容易制得纯品;它不含结晶水,在空气中性质稳定,不易潮解,易保存;摩尔质量大,其称量误差小。因此,标定碱液时,它是一种良好的基准物质。

邻苯二甲酸氢钾与 NaOH 的反应为:

在化学计量点时,溶液的 pH 约为 9.1,可采用酚酞作指示剂。

草酸（$H_2C_2O_4 \cdot 2H_2O$）,性质稳定,在相对湿度为 50%~95% 时,不会风化及失水,可将其保存于密闭容器中。

草酸是二元弱酸,由于 K_{a_1}、K_{a_2} 相差不大,$K_{a_1}/K_{a_2}<10^4$,因此,不能分步滴定,终点时溶液组成为草酸钠。草酸与 NaOH 的反应为:

$$H_2C_2O_4+2NaOH \Longrightarrow Na_2C_2O_4+2H_2O$$

在化学计量点时,溶液的 pH 约在 8.4 左右,可采用酚酞作指示剂。NaOH 极易吸收空气中的 CO_2,生成 Na_2CO_3。利用 Na_2CO_3 在饱和 NaOH 溶液中溶解度小,沉淀于溶液底部的性质,可先配制成饱和 NaOH 溶液,将其贮存于塑料瓶中,静置数日,Na_2CO_3 沉淀与溶液分层,取其上清液,用经煮沸并除去 CO_2 的纯化水稀释至所需浓度,摇匀。若长久放置,NaOH 溶液的浓度会发生相应改变,应重新标定。

二、应　用　示　例

酸碱滴定法具有操作简便、分析速度快和准确度高等优点,并且常用的两种标准溶液 HCl、NaOH 价格低廉,容易制得。因此,酸碱滴定法有着广泛的应用,能测定酸性、碱性物质以及能与酸、碱反应的物质。例如,在临床检验中,常采用酸碱滴定法测定尿液、胃液等的酸度;在药品检验方面,常用其测定阿司匹林、药用 NaOH 等含量;在卫生分析方面,常用其测定各种食品的酸度等。下面根据滴定方式的不同分别介绍。

（一）直接滴定法

凡满足滴定分析条件的物质,如酸性物质（$cK_a \geqslant 10^{-8}$）和碱性物质（$cK_b \geqslant 10^{-8}$）,都可以用碱和酸标准溶液直接进行滴定。

1. **食醋总酸度测定**　食醋的主要成分为醋酸（HAc），为 30~50g/L。另外，还含有少量其他有机酸（如乳酸等）。通常采用 HAc 的含量来表示食醋总酸度。HAc 的离解常数 $K_a=1.76\times10^{-5}$，可采用 NaOH 标准溶液直接进行滴定，滴定反应为：

$$HAc+NaOH \Longrightarrow NaAc+H_2O$$

在化学计量点时，溶液组成为 NaAc，显碱性。因此，常选酚酞作指示剂。

2. **药用 NaOH 的测定**　NaOH 极易吸收空气中的 CO_2，形成混合碱。通常，混合碱是 NaOH 和 Na_2CO_3，或是 $NaHCO_3$ 和 Na_2CO_3 的混合物。现以混合碱 NaOH 与 Na_2CO_3 为例，讨论两种常用的测定其组分含量的方法。

(1) 双指示剂法：准确称取一定质量的混合碱试样，用纯化水将其溶解后，以酚酞为指示剂，用 HCl 标准溶液滴定至粉红色褪去，此时，NaOH 与 HCl 已经完全反应，Na_2CO_3 与 HCl 反应生成 $NaHCO_3$，记录消耗 HCl 的体积为 V_1。再加入甲基橙作指示剂使溶液呈黄色，继续用 HCl 标准溶液滴定至溶液由黄色变为橙黄色，消耗 HCl 标准溶液体积为 V_2，该部分 HCl 体积完全由 $NaHCO_3$ 所消耗，具体过程如下：

$$混合碱液\begin{cases}NaOH\\[1em]Na_2CO_3\end{cases}\xrightarrow[HCl\ V_1 ml]{酚酞}\begin{array}{c}NaCl\\[1em]NaHCO_3\end{array}\xrightarrow[HCl\ V_2 ml]{甲基橙}NaCl+CO_2\uparrow+H_2O$$

酚酞红色褪去　　　甲基橙由黄色变为橙黄色

上述测定过程的具体反应式如下：

$$\left.\begin{array}{l}NaOH+HCl \Longrightarrow NaCl+H_2O\\ Na_2CO_3+HCl \Longrightarrow NaHCO_3+NaCl\end{array}\right\}V_1$$

$$\left.NaHCO_3+HCl \Longrightarrow NaCl+CO_2\uparrow+H_2O\right\}V_2$$

如方程式所示，由 Na_2CO_3 所消耗的 HCl 标准溶液与由 $NaHCO_3$ 所消耗的 HCl 标准溶液体积是相同的，混合碱的各自含量按下式计算：

$$NaOH\% = \frac{c_{HCl}(V_1-V_2)M_{NaOH}\times10^{-3}}{m_{样品}}\times100\%$$

$$Na_2CO_3\% = \frac{c_{HCl}V_2M_{Na_2CO_3}\times10^{-3}}{m_{样品}}\times100\%$$

(2) 氯化钡法：取两份相同体积试液，分别进行如下操作：

$$第一份混合碱液\begin{cases}NaOH\\[1em]Na_2CO_3\end{cases}\xrightarrow[HCl\ V_1 ml]{甲基橙}\begin{array}{l}NaCl+H_2O\\[1em]NaCl+H_2O+CO_2\uparrow\end{array}$$

甲基橙由黄色至橙色

$$第二份混合碱液\begin{cases}NaOH\\[1em]Na_2CO_3\end{cases}\xrightarrow{BaCl_2}\begin{array}{l}\\[1em]BaCO_3\downarrow\end{array}\xrightarrow[HCl\ V_2 ml]{酚酞}NaCl+H_2O$$

酚酞粉红色褪去

根据上述步骤可知，由 NaOH、Na_2CO_3 共同消耗的 HCl 标准溶液体积为 V_1 ml，中和 NaOH 所消耗的 HCl 标准溶液体积为 V_2 ml。因此，由 Na_2CO_3 完全被 HCl 中和至 H_2CO_3 所消耗的 HCl 标准溶液体积为 (V_1-V_2)ml，计算公式如下：

$$NaOH\% = \frac{c_{HCl}V_2 M_{NaOH} \times 10^{-3}}{m_{样品}} \times 100\%$$

$$Na_2CO_3\% = \frac{\frac{1}{2}c_{HCl}(V_1 - V_2)M_{Na_2CO_3} \times 10^{-3}}{m_{样品}} \times 100\%$$

（二）返滴定法

例如，测定血浆中 CO_2 的结合力。在血浆中，CO_2 主要以 $NaHCO_3$ 的形式存在。$NaHCO_3$ 的碱性比较弱，与 HCl 反应速率较慢，故采用返滴定法测定 $NaHCO_3$ 的含量。通常，先精密称取一定量的血浆，溶于已知准确浓度、体积且过量的酸（HCl）标准溶液中，使血浆中的 $NaHCO_3$ 完全与 HCl 反应，待反应完全后，用标准碱（NaOH）溶液滴定剩余的酸，反应如下：

$$NaHCO_3 + HCl = NaCl + CO_2\uparrow + H_2O$$

$$HCl + NaOH = NaCl + H_2O$$

采用下列公式计算血浆中 CO_2 含量：

$$\rho_{CO_2} = \frac{(c_{HCl}V_{HCl} - c_{NaOH}V_{NaOH})M_{CO_2}}{V_{样品}}$$

（三）间接滴定法

采用酸碱滴定法可以测定蛋白质、生物碱中氮的含量。通常，将试样经过适当的处理，使各种含氮化合物转化为简单的 NH_4^+，再进行测定。由于 NH_4^+（$K_a = 5.7 \times 10^{-10}$）酸性极弱，不能用 NaOH 直接测定，常采用蒸馏法和甲醛法测定铵盐中的氮含量。

1. 蒸馏法　在处理好的含 NH_4^+ 的溶液中加入过量的 NaOH，使 NH_4^+ 转化为 NH_3，通过加热煮沸的方法，使 NH_3 挥发出来，具体反应如下：

$$NH_4^+ + OH^- \xrightarrow{\triangle} NH_3\uparrow + H_2O$$

用已知准确浓度、体积的过量 HCl 标准溶液，吸收挥发出来的 NH_3，生成 NH_4Cl。再加入甲基红作为指示剂，用 NaOH 标准溶液返滴定剩余的 HCl，反应如下：

$$NH_3 + HCl = NH_4Cl$$

$$NaOH + HCl = NaCl + H_2O$$

含氮量按下列公式进行计算：

$$N\% = \frac{(c_{HCl}V_{HCl} - c_{NaOH}V_{NaOH})M_N}{m_{样品}} \times 100\%$$

另外，蒸馏处理的 NH_3 也可用过量 2% 的 H_3BO_3 溶液吸收生成 NH_4BO_2，再用 HCl 标准溶液滴定 NH_4BO_2，其反应式如下：

$$NH_3 + H_3BO_3 = NH_4BO_2 + H_2O$$

$$NH_4BO_2 + HCl + H_2O = NH_4Cl + H_3BO_3$$

含氮量按如下公式计算：

$$N\% = \frac{c_{HCl}V_{HCl}M_N \times 10^{-3}}{m_{样品}} \times 100\%$$

在整个测定过程中，H_3BO_3 只作为一个吸收剂，不被滴定，因此，其浓度和体积不要求很准确，只需要过量即可。

2. 甲醛法　甲醛与 NH_4^+ 反应，可生成六次甲基四胺离子（$(CH_2)_6N_4H^+$），并定量释放出 H^+，可用 NaOH 标准溶液滴定，采用酚酞作为指示剂，终点时溶液变为微红色。其反应式如下：

$$4NH_4^+ + 6HCHO = (CH_2)_6N_4H^+ + 3H^+ + 6H_2O$$

$$(CH_2)_6N_4H^+ + 3H^+ + 4NaOH = (CH_2)_6N_4 + 4H_2O + 4Na^+$$

可采用下式计算含量：

$$N\% = \frac{c_{NaOH}V_{NaOH}M_N \times 10^{-3}}{m_{样品}} \times 100\%$$

该方法也可以用来测定某些氨基酸的含量。

 学习小结

　　酸碱指示剂是一类有机弱酸(碱)，由于结构不同，而具有不同的颜色。当溶液的 pH 改变，指示剂结构发生变化，从而颜色发生变化而指示终点。指示剂的选择取决于滴定突跃范围。

　　对于强碱(酸)滴定强酸(碱)，浓度越大，突跃范围越大。对于一元弱酸(碱)的滴定，浓度一定，酸(碱)强度越大，滴定突跃范围越大；酸碱的强度一定，酸(碱)浓度越大，滴定突跃范围越大。一元弱酸准确滴定条件：$c_aK_a \geqslant 10^{-8}$。对于多元酸，每级离解的氢离子准确滴定条件：$cK_a \geqslant 10^{-8}$；上下两级离解的氢离子能分步滴定的条件：$K_{a_i}/K_{a_{i+1}} \geqslant 10^4$。

　　酸碱滴定法最常使用的两种标准溶液是 NaOH 标准溶液和 HCl 标准溶液。

　　NaOH 易吸收空气中的 H_2O 和 CO_2，故采用间接法配制 NaOH 标准溶液；用基准物质邻苯二甲酸氢钾和草酸标定。

　　HCl 易挥发，故采用间接法配制 HCl 标准溶液；用基准物质无水碳酸钠或硼砂标定。

达 标 练 习

一、选择题

（一）单选题

1. 强碱滴定一元弱酸时，只有在下列哪种情况下，才可以直接滴定（　　　）

　　A. $c=0.1mol/L$　　　　　　　　B. $K_a<10^{-7}$　　　　　　　　C. $cK_a \geqslant 10^{-8}$

　　D. $cK_a<10^{-8}$　　　　　　　　E. $K_a<10^{-10}$

2. 标定 NaOH 标准溶液时，常用的基准物质是（　　　）

　　A. 无水 Na_2CO_3　　　　　　　B. 邻苯二甲酸氢钾　　　　　　C. 硼砂

　　D. 草酸钠　　　　　　　　　　　E. 氯化钠

3. 对于酸碱指示剂，下列哪种说法是不恰当的（　　　）

　　A. 指示剂的变色范围越窄越好　　　　　　B. 指示剂的用量应适当

　　C. 只能选择混合指示剂　　　　　　　　　D. 指示剂的变色范围受温度影响

　　E. 指示剂的变色范围受溶剂影响

4. 用双指示剂法测定可能含有氢氧化钠、碳酸钠、碳酸氢钠或它们的混合物的样品，若用盐酸标准溶液滴定至酚酞变色时消耗盐酸标准溶液的体积为 V_1ml，滴定至甲基橙变色时消耗盐酸标准溶液的体积为 V_2ml，已知 $V_1=V_2$，则物质的组成为（　　　）

　　A. 氢氧化钠　　　　　　　　　B. 碳酸钠　　　　　　　　　C. 氢氧化钠＋碳酸钠

　　D. 碳酸钠＋碳酸氢钠　　　　　E. 碳酸氢钠

5. 用 NaOH 滴定下列多元酸或混合酸，能出现两个滴定突跃的是（　　　）

　　A. H_2S（$K_{a_1}=9.5 \times 10^{-8}$，$K_{a_2}=1.3 \times 10^{-14}$）

B. $H_2C_2O_4$ ($K_{a_1}=6.5 \times 10^{-2}$, $K_{a_2}=6.1 \times 10^{-5}$)

C. H_3PO_4 ($K_{a_1}=7.52 \times 10^{-3}$, $K_{a_2}=6.3 \times 10^{-8}$, $K_{a_3}=4.4 \times 10^{-13}$)

D. 氯乙酸 ($K_a=1.4 \times 10^{-3}$)

E. 以上均不是

6. 下列溶液浓度均为 0.10mol/L,不能采用等浓度的强酸标准溶液直接准确进行滴定的是（　　）

A. $NaHCO_3$ ($K_{a_1}=4.5 \times 10^{-7}$, $K_{a_2}=4.7 \times 10^{-11}$)

B. CH_3NH_2 ($K_a=2.0 \times 10^{-11}$)

C. $(CH_2)_6N_4$ ($K_a=7.1 \times 10^{-6}$)

D. $NaHS$ ($K_{a_1}=8.9 \times 10^{-8}$, $K_{a_2}=1.9 \times 10^{-19}$)

E. 以上均不是

7. 采用 0.1000mol/L HCl 标准溶液滴定相同浓度的 $NH_3 \cdot H_2O$ 溶液,可选用的指示剂为（　　）

A. 甲基橙　　　　　　　B. 酚酞　　　　　　　　C. 百里酚酞

D. 酚红　　　　　　　　E. 百里酚蓝

8. 强碱滴定强酸时,强酸的浓度越大,则（　　）

A. 突越范围越大　　　　B. 突越范围越小　　　　C. 突跃范围不受影响

D. 突跃范围先小后大　　E. 突跃范围先大后小

（二）多选题

1. 下列属于影响酸碱指示剂变色范围的因素有（　　）

A. 温度　　　　　　　　B. 溶剂种类　　　　　　C. 指示剂用量

D. 滴定程序　　　　　　E. 溶剂用量

2. 下列哪种酸能用 NaOH 标准溶液直接滴定（　　）

A. 甲酸 ($K_a=1.77 \times 10^{-4}$)　　B. 硼酸 ($K_a=7.3 \times 10^{-10}$)　　C. 盐酸

D. 苯甲酸 ($K_a=6.46 \times 10^{-5}$)　　E. 硫酸

3. 对于一元弱酸,下列叙述正确的是（　　）

A. 当 K_a 一定,浓度越大,滴定突跃范围越大

B. 当 K_a 一定,浓度越大,滴定突跃范围越小

C. 当浓度一定,K_a 越大,滴定突跃范围越大

D. 当浓度一定,K_a 越大,滴定突跃范围越小

E. 当 K_a 一定,浓度越大,滴定突跃范围先变大后变小

4. 酸碱滴定法中,下列试样可用直接滴定法测定的是（　　）

A. 碳酸钠　　　　　　　　　　B. 碳酸钠和氢氧化钠混合物

C. 氧化锌　　　　　　　　　　D. 食品添加剂硼酸

E. 醋酸

5. 下列常数对滴定突跃范围有影响的是（　　）

A. K_s　　　B. K_a　　　C. K_b　　　D. 沸点　　　E. 熔点

二、填空题

1. 对于 HCl 标准溶液,通常采用_____配制,原因是_____,标定 HCl 标准溶液常用的基准物质是_____或_____。

2. 对于 NaOH 标准溶液,通常采用_____配制,原因是_____。

3. 某酸碱指示剂的 $pK_{HIn}=8.1$,该指示剂的理论变色范围为_____。

4. 酸碱滴定曲线描述了滴定过程中溶液 pH 变化的规律性,滴定突跃范围的大小与_____

和_____有关。

5. 酸碱滴定中,选择指示剂的原则是指示剂的_____全部处于或部分处于_____之内。

6. 对于多元酸,每级离解的氢离子能被准确滴定条件_____;上下两级离解的氢离子能分步滴定的条件是_____。

7. 用 HCl 标准溶液滴定 Na_2CO_3,至近终点时,需要煮沸溶液,其目的是_____。

8. 采用无水 Na_2CO_3 标定 HCl 溶液浓度时,如果未在 270~300℃ 的温度下加热,则会使标定结果的浓度_____。

三、计算题

1. 欲使滴定消耗 0.1mol/L NaOH 溶液 25~30ml,应取基准试剂邻苯二甲酸氢钾多少克(保留四位有效数字,$M_{KHC_8H_5O_4}$=204.44)?

2. 称取不纯的 $CaCO_3$ 试样(不含干扰物)0.2000g,加入 0.1000mol/L HCl 标准溶液 25.00ml。煮沸除去 CO_2,用 0.1000mol/L NaOH 标准溶液返滴定过量的酸,消耗 NaOH 标准溶液 3.80ml,计算 $CaCO_3$ 的百分含量(M_{CaCO_3}=100.09)?

3. 用密度为 1.84g/ml,96% 的浓硫酸配制 0.10mol/L H_2SO_4 标准溶液 10L,需要量取浓硫酸多少毫升($M_{H_2SO_4}$=98.08)?

4. 100ml 0.2000mol/L NaOH(M_{NaOH}=40.00g/mol)溶液所含溶质的质量为多少克?

（牛　颖）

第五章

沉淀滴定法

 学习目标

1. 掌握铬酸钾指示剂法与吸附指示剂法的原理、滴定条件及应用;硝酸银标准溶液配制与标定方法。
2. 熟悉铁铵矾指示法的原理、滴定条件;硫氰酸铵标准溶液的配制与标定方法。
3. 了解银量法在医学检验及药物分析中的应用。
4. 学会银量法测定卤化物含量的方法。

第一节 概 述

沉淀滴定法(precipitation titrations)是以沉淀反应为基础的滴定分析方法。能用于沉淀滴定法的化学反应必须符合下列条件:

1. 沉淀的溶解度很小,即反应需要定量、完全进行。
2. 沉淀反应速度快。
3. 有适宜的指示剂确定滴定终点。
4. 沉淀的吸附现象应不妨碍化学计量点的测定。

尽管沉淀反应很多,能满足上述滴定分析条件的反应却很少。目前,应用较为广泛的是银量法,即利用生成难溶性银盐反应来进行测定的方法。例如:

$$Ag^+ + X^- \!\!=\!\!=\!\! AgX \downarrow$$
$$Ag^+ + SCN^- \!\!=\!\!=\!\! AgSCN \downarrow$$

银量法是最成熟和最有应用价值的沉淀滴定分析法,它用于测定含有 Cl^-、Br^-、I^-、SCN^- 以及 Ag^+ 等离子的无机物的含量,也可以定量测定经一系列处理后能定量产生这些离子的有机物的含量。

第二节 银 量 法

根据指示剂种类的不同,银量法分为铬酸钾指示剂法、铁铵矾指示剂法和吸附指示剂法。

一、铬酸钾指示剂法

铬酸钾(K_2CrO_4)指示剂法,又称莫尔法,是在中性或弱碱性溶液中,以 K_2CrO_4 为指示剂,以 $AgNO_3$ 为标准溶液,直接测定 Cl^-、Br^- 含量的方法。

(一)测定原理

现以测定 Cl^- 含量为例讨论其测定原理。在测定 Cl^- 时,滴定反应式为:

终点前　　$Ag^+ + Cl^- \rightleftharpoons AgCl\downarrow$（白色）

终点时　　$2Ag^+ + CrO_4^{2-} \rightleftharpoons Ag_2CrO_4\downarrow$（砖红色）

根据分步沉淀原理，Ag_2CrO_4 的溶解度（1.03×10^{-4}mol/L）大于 AgCl 的溶解度（1.25×10^{-5}mol/L）。因此，在滴定过程中，白色 AgCl 首先沉淀出来。随着 $AgNO_3$ 标准溶液不断加入，AgCl 沉淀不断生成，溶液中的 Cl^- 浓度越来越小。当溶液中 Cl^- 按化学计量关系与 Ag^+ 完全反应时，稍过量的 Ag^+ 与 CrO_4^{2-} 作用，使溶液中 $[Ag^+]^2[CrO_4^{2-}] \geq K_{sp(Ag_2Cr_2O_4)}$，生成砖红色的 Ag_2CrO_4 沉淀，借此可以指示滴定终点。

（二）滴定条件

1. 指示剂用量　指示剂 CrO_4^{2-} 的用量要适当。若指示剂用量太大，导致溶液中的 Cl^- 或 Br^- 还没沉淀完全，就已生成砖红色的 Ag_2CrO_4 沉淀，会使终点提前，造成负误差，而且 CrO_4^{2-} 本身显黄色，会影响终点的观察；如果指示剂用量过小，在化学计量点时，稍过量的 $AgNO_3$ 也不能形成 Ag_2CrO_4 沉淀，而导致终点滞后，造成正误差，影响滴定的准确度。在滴定过程中，化学计量点时恰好生成 Ag_2CrO_4 沉淀最为适宜。

在化学计量点时，指示剂 K_2CrO_4 的用量可根据溶度积常数进行如下计算：

$$[Ag^+] = [Cl^-] = \sqrt{K_{sp(AgCl)}} = \sqrt{1.56 \times 10^{-10}} = 1.25 \times 10^{-5}(\text{mol/L})$$

$$[CrO_4^{2-}] = \frac{K_{sp(Ag_2Cr_2O_4)}}{[Ag^+]^2} = \frac{1.1 \times 10^{-12}}{(1.25 \times 10^{-5})^2} = 7.0 \times 10^{-3}(\text{mol/L})$$

实际测定中，CrO_4^{2-} 如此高的浓度黄色太深，对观察不利。因此，为了减小滴定误差，CrO_4^{2-} 的实际用量要比理论计算量略低一些。实践证明，在滴定终点时，CrO_4^{2-} 的浓度约为 5×10^{-3}mol/L 较为适宜。通常，当反应液体积为 50~100ml 时，可加入 1~2ml 5%（g/ml）铬酸钾指示剂。

2. 溶液的酸度　采用 K_2CrO_4 作指示剂，以 $AgNO_3$ 为标准溶液测卤素离子的含量时，应在中性或弱碱性（pH=6.5~10.5）条件下进行滴定。

如下式所示，当溶液为酸性时，CrO_4^{2-} 与 H^+ 结合，使反应平衡向右移动，$[CrO_4^{2-}]$ 降低，导致在化学计量点时 $[Ag^+]^2[CrO_4^{2-}] < K_{sp(Ag_2Cr_2O_4)}$。因此，在酸性溶液中，不能生成 Ag_2CrO_4 沉淀。

$$2CrO_4^{2-} + 2H^+ \rightleftharpoons 2HCrO_4^- \rightleftharpoons Cr_2O_7^{2-} + H_2O$$

如果溶液的碱性太强，Ag^+ 与 OH^- 结合生成 AgOH 沉淀，AgOH 再转变为 Ag_2O 褐色沉淀。

$$Ag^+ + OH^- \rightleftharpoons AgOH\downarrow$$

$$2AgOH \rightleftharpoons Ag_2O\downarrow + H_2O$$

注意，如果标准溶液中有 NH_3 存在，AgCl 和 Ag_2CrO_4 均会与 NH_3 反应，生成 $[Ag(NH_3)_2]^+$，使 AgCl 和 Ag_2CrO_4 沉淀溶解。如果溶液中有氨存在时，必须用酸中和。当有铵盐存在时，如果溶液的碱性较强，铵盐会分解产生 NH_3。因此，溶液的 pH 应控制在 pH=6.5~7.2，防止 NH_3 生成。

3. 干扰物质分离　凡与 Ag^+ 能生成沉淀的阴离子，如 PO_4^{3-}、AsO_4^{3-}、S^{2-}、CO_3^{2-}、$C_2O_4^{2-}$ 等；与 $C_2O_4^{2-}$ 能生成沉淀的阳离子如 Ba^{2+}、Pb^{2+} 等；大量的有色离子 Cu^{2+}、Co^{2+}、Ni^{2+} 等；以及在中性或弱碱性溶液中易发生水解的离子如 Fe^{3+}、Al^{3+} 等，都干扰测定，应预先分离。

在滴定过程中，卤化银会吸附卤素离子，所以滴定时必须剧烈摇动，释放被吸附离子，防止终点提前。

（三）应用范围

铬酸钾指示剂法主要用于直接测定 Cl^- 和 Br^-。若溶液中同时存在 Cl^- 和 Br^- 时，测得的是两种离子的总量。该方法不能直接测定 I^- 和 SCN^-，主要原因是 AgI 和 AgSCN 分别对 I^- 和 SCN^- 有强烈的吸附作用，导致终点提前出现。

采用铬酸钾指示剂法测定 Ag^+ 时,能否直接用 NaCl 标准溶液滴定 Ag^+,为什么?

二、铁铵矾指示剂法

铁铵矾指示剂法,又称佛尔哈德法,是以硫氰酸铵(NH_4SCN)或硫氰酸钾(KSCN)为标准溶液,以铁铵矾[$NH_4Fe(SO_4)_2 \cdot 12H_2O$]作指示剂,在酸性溶液中测定 Ag^+ 或卤素离子含量的方法。根据滴定方式的不同,可分为直接滴定法和返滴定法。

（一）直接滴定法

1. 测定原理　该方法采用铁铵矾为指示剂,以 NH_4SCN 或者 KSCN 作为标准溶液,在酸性溶液中直接测定 Ag^+ 的含量。当滴定达到计量点附近时,Ag^+ 的浓度降至很低,稍过量的 SCN^- 与 Fe^{3+} 反应,生成 $Fe[SCN]^{2+}$ 配离子,溶液呈淡棕红色,从而指示计量点的到达:

$$\text{终点前：} Ag^+ + SCN^- \Longrightarrow AgSCN\downarrow（白色）$$

$$\text{终点时：} Fe^{3+} + SCN^- \Longrightarrow [FeSCN]^{2+}（淡棕红色）$$

2. 滴定条件

（1）滴定反应在酸性溶液中进行:通常采用 HNO_3 做介质,酸度应控制在 $0.1\sim 1mol/L$ 之间。这是由于在中性或碱性介质中,Fe^{3+} 容易发生水解反应;Ag^+ 在碱性溶液中会生成 Ag_2O;另外,溶液为酸性时,还可以避免多种阴离子的干扰,如 PO_4^{3-}、CO_3^{2-}。

（2）充分振摇:滴定过程中,由于 AgSCN 沉淀易吸附溶液中的 Ag^+,导致溶液中 Ag^+ 浓度下降,以致终点提前出现。为防止终点提前,造成较大误差,滴定过程中应充分振摇,使吸附的 Ag^+ 释放出来。

（二）返滴定法

1. 测定原理　该法主要用于测定 Cl^-、Br^-、I^-、SCN^- 的含量。先加入准确过量的 $AgNO_3$ 标准溶液,使卤素离子或 SCN^- 生成银盐沉淀,然后再以铁铵矾作指示剂,用 NH_4SCN 或者 KSCN 标准溶液滴定剩余的 $AgNO_3$。

$$\text{滴定前：} Ag^+（过量） + X^- \Longrightarrow AgX\downarrow$$

$$\text{滴定时：} Ag^+（剩余） + SCN^- \Longrightarrow AgSCN\downarrow（白色）$$

$$\text{终点时：} Fe^{3+} + SCN^- \Longrightarrow [FeSCN]^{2+}（淡棕红色）$$

2. 滴定条件

（1）酸性溶液中滴定:与直接滴定法类似,返滴定法也应在酸性溶液（HNO_3 $0.1\sim 1mol/L$）中进行。

（2）防止沉淀转化:测 Cl^- 时,溶液中同时存在 AgCl 和 AgSCN 两种沉淀。在化学计量点后,稍过量的 SCN^- 与 Fe^{3+} 形成[$FeSCN$]$^{2+}$。由于 AgCl 的溶解度（$1.25 \times 10^{-5}mol/L$）大于 AgSCN 的溶解度（$1.1 \times 10^{-6}mol/L$）,若剧烈振摇,会促使 AgCl 沉淀溶解,产生的 Ag^+ 与 SCN^- 结合,生成更稳定的 AgSCN 沉淀,发生沉淀转化,促使[$FeSCN$]$^{2+}$ 配离子分解,溶液的淡棕红色消失,导致终点推后,从而产生误差。通常,防止沉淀转化方法有以下两种:①将所生成的 AgCl 沉淀过滤、洗涤,再用 NH_4SCN 或 KSCN 标准溶液滴定滤液;②在滴加 NH_4SCN 或 KSCN 标准溶液之前,可加入 $1\sim 3ml$ 的有机溶剂硝基苯或者异戊醇,用力振摇,在 AgCl 沉淀表面形成一层有机保护层,避免了 AgCl 与 SCN^- 的接触,防止沉淀转化的发生。

测定 Br^-、Cl^- 时,由于 AgBr 和 AgI 的溶解度均小于 AgSCN 的溶解度,不会发生沉淀转化,因此,不必采取上述措施。

（3）防止 I^- 氧化：测定 I^- 时，由于 I^- 易被 Fe^{3+} 氧化，析出 I_2，因此，应先加入过量的 $AgNO_3$，待 I^- 完全转化成 AgI 后，再加入铁铵矾指示剂。

（4）充分振摇：与直接滴定法相似，为防止 $AgSCN$ 沉淀吸附溶液中的 Ag^+，造成较大误差，滴定过程中应充分振摇。

（5）除去干扰物：若溶液中存在能与 SCN^- 作用的物质，如强氧化剂、氮的氧化物、铜盐、汞盐等，会干扰滴定，影响测定结果，应预先除去。

（三）应用范围

铁铵矾指示剂法主要用于测定 Cl^-、Br^-、I^-、SCN^-、Ag^+ 的含量，由于在酸性溶液中进行测定，大多数弱酸根离子的存在不影响测定。因此，与铬酸钾指示剂法相比较，该法选择性较高。

三、吸附指示剂法

吸附指示剂法，又称法扬司法，是以 $AgNO_3$ 为标准溶液，采用吸附指示剂确定滴定终点，测定卤化物含量的方法。

（一）测定原理

吸附指示剂是一种有色的有机染料，它在溶液中电离的阴离子呈现一种颜色，当其被带电沉淀胶粒吸附时因结构改变而导致其颜色变化，从而指示滴定终点。

例如以荧光黄为指示剂，以 $AgNO_3$ 为标准溶液，测定 Cl^- 含量为例讨论吸附指示剂原理。

荧光黄（HFI）是一种有机弱酸，它在水溶液中离解为 H^+ 和 FI^-，它的电离式如下：

$$HFI \Longrightarrow H^+ + FI^-$$

FI^- 在水溶液中为黄绿色，在计量点以前，溶液中存在着大量的 Cl^-，$AgCl$ 沉淀优先吸附 Cl^- 而带负电荷（$AgCl \cdot Cl^-$），荧光黄阴离子 FI^- 不被吸附，溶液呈黄绿色。当滴定到达计量点后，溶液中 Cl^- 完全反应，一滴过量的 $AgNO_3$ 使溶液出现过量的 Ag^+，$AgCl$ 沉淀优先吸附 Ag^+ 而带正电荷（$AgCl \cdot Ag^+$），它强烈地吸附荧光黄阴离子 FI^-。指示剂被吸附之后，结构发生了变化而呈粉红色，指示滴定终点的到达，如下式所示：

滴定前：$HFI \Longrightarrow H^+ + FI^-$（呈黄绿色）

终点前：$AgCl + Cl^- \Longrightarrow AgCl \cdot Cl^-$

化学计量点后：$AgCl \cdot Ag^+ + FI^-$（黄绿色）$\Longrightarrow AgCl \cdot Ag^+ \cdot FI^-$（粉红色）

（二）滴定条件

1. 保护沉淀呈溶胶状态　由于吸附指示剂是吸附在沉淀表面上而变色，为了使终点的颜色变得更明显，就必须使沉淀有较大表面，这就需要使 $AgCl$ 沉淀保持溶胶状态，可加入糊精，保护胶体，防止沉淀凝聚。

2. 避免在强光下滴定　这是由于卤化银对光非常敏感，见光会分解并析出金属银，从而使沉淀变成灰黑色，影响终点观察，易造成误差。

3. 指示剂吸附性能适当　不同的指示剂离子被沉淀吸附的能力不同，在化学计量点前，胶体微粒吸附的是待测离子，为了使滴定稍过化学计量点，胶体粒子能迅速吸附指示剂阴离子而变色，要求卤化银胶体对指示剂离子的吸附能力略小于对被测离子的吸附能力。如果卤化银胶体对指示剂离子吸附的能力太弱，则终点出现太晚，会造成较大误差。反之，卤化银胶体对指示剂离子吸附的能力太强，在计量点之前，指示剂离子即取代了被吸附的被测定离子而改变颜色，使终点提前出现。卤化银胶体对卤化物和几种常见的吸附指示剂的吸附能力次序如下：

$$I^- > 二甲基二碘荧光黄 > Br^- > 曙红 > Cl^- > 荧光黄$$

例如，测定 Cl^-，应选用荧光黄，而不能选用曙红。这是由于 $AgCl$ 沉淀对曙红的吸附力大于对 Cl^- 的吸附力，导致终点提前，从而产生误差。

4. 溶液酸度适当　吸附指示剂大多数都是有机弱酸，其酸的强度均不相同，为了使指示剂充分离解，以阴离子形态存在，必须控制溶液的酸度。对于酸性较弱（K_a较小）的指示剂，应控制溶液的酸度低一些。对于酸性较强（K_a较大）的指示剂，应控制溶液的酸度较高些。常用吸附指示剂使用的酸度范围及颜色变化如表 5-1 所示。

表 5-1　常用吸附指示剂

指示剂	待测离子	标准溶液	滴定条件	颜色变化
荧光黄	Cl^-	$AgNO_3$	pH 7~10	黄绿色→微红色
二氯荧光黄	Cl^-	$AgNO_3$	pH 4~10	黄绿色→红色
曙红	Br^-、I^-、SCN^-	$AgNO_3$	pH 2~10	橙色→紫红色
二甲基二碘荧光黄	I^-	$AgNO_3$	中性	橙红色→蓝红色
酚藏红	Cl^-、Br^-	$AgNO_3$	酸性	红色→蓝红色

课堂互动

　　采用荧光黄作指示剂（$pK_a=7$），适宜的酸度范围为 pH 7~10，若滴定时，溶液 pH<7，能否采用荧光黄作指示剂指示终点，为什么？

　　5. 溶液浓度　溶液浓度不能太稀，否则会导致生成沉淀过少，影响滴定终点的观察。

（三）应用范围

吸附指示剂法主要用于测定 Cl^-、Br^-、I^-、SCN^- 的含量。

四、标准溶液的配制

银量法中常使用 $AgNO_3$ 或 NH_4SCN（KSCN）这两种标准溶液。

（一）$AgNO_3$ 标准溶液的配制

$AgNO_3$ 标准溶液可以用直接法配制，也可以用间接法配制。

　　1. 直接法　采用分析天平精密称取一定量的基准 $AgNO_3$ 晶体，该 $AgNO_3$ 晶体应经过 110℃干燥至恒重。用纯化水（不含 Cl^-）溶解并稀释至一定体积，计算该溶液的准确浓度。由于 $AgNO_3$ 溶液见光易分解，应将其保存于棕色试剂瓶中。

　　2. 间接法　首先称取一定量的分析纯 $AgNO_3$ 晶体，用纯化水（不含 Cl^-）配制成近似浓度的 $AgNO_3$ 溶液，再用基准物质 NaCl 标定（标定方法最好与样品测定方法相同，以消除方法误差）。NaCl 易吸潮，使用前应将 NaCl 在 110℃干燥至恒重。

（二）NH_4SCN 标准溶液的配制

NH_4SCN 标准溶液采用间接法配制，这是由于 NH_4SCN 常含有杂质，并且极易吸湿，不符合基准物质的要求。通常，先配制成近似浓度的溶液，再以 $AgNO_3$ 为标准溶液，采用铁铵矾作为指示剂进行标定。

第三节　沉淀滴定法应用示例

一、可溶性卤化物的测定

　　通常许多可溶性的卤化物，如 NaCl、KBr、NaI 等，采用铬酸钾指示剂法测定其含量。如果在试样中含有可能与 Ag^+ 产生沉淀的阴离子时，如 PO_4^{3-}、AsO_4^{3-}、S^{2-} 等，则必须在酸性条件下采用铁铵矾指示剂法测定。

（一）NaCl 含量的测定

精密称取 NaCl 试样 0.16g，置于 250ml 锥形瓶中，加入纯化水 50ml，振摇使其完全溶解。加入 5% 的铬酸钾指示剂 1ml。在充分振摇下，用 0.1000mol/L AgNO₃ 标准溶液滴定至刚好能辨别出砖红色即为终点。

$$NaCl\% = \frac{c_{AgNO_3} V_{AgNO_3} M_{NaCl} \times 10^{-3}}{m_{样品}} \times 100\%$$

（二）KBr 含量的测定

精密称取一定质量的 KBr 试样，用纯化水将其溶解，加入 HNO₃ 使溶液呈酸性。加入准确且过量的 AgNO₃ 标准溶液，充分振摇，使 KBr 完全反应，加入适当的铁铵矾指示剂，再用 NH₄SCN 标准溶液返滴定过量的 Ag⁺，至溶液为淡棕红色，振摇，半分钟不褪色即为终点。

$$KBr\% = \frac{(c_{AgNO_3} V_{AgNO_3} - c_{NH_4SCN} V_{NH_4SCN}) M_{KBr} \times 10^{-3}}{m_{样品}} \times 100\%$$

二、有机卤化物的测定

有机卤化物中卤原子与碳原子大多以共价键结合，需经过适当处理使其转化为卤素离子后，才能使用银量法测定。根据有机卤化物中卤素的结合方式不同，将有机卤素转变为无机卤素离子的常用方法有氢氧化钠水解法、氧瓶燃烧法和 Na₂CO₃ 熔融法。

（一）氢氧化钠水解法

该法适用于脂肪族卤化物或卤素结合在苯环侧链上类似脂肪族卤化物，卤素原子比较活泼。将试样与氢氧化钠水溶液一起加热回流，使有机卤素以卤离子的形式进入溶液中，待溶液冷却后，再用稀 HNO₃ 酸化，采用铁铵矾指示剂法测定卤素离子，该水解反应如下：

$$RCH_2—X + NaOH \xrightarrow{\triangle} RCH_2—OH + NaX$$

（二）氧瓶燃烧法

对于结合在苯环或杂环上的有机卤素，卤素原子比较稳定，需采用氧瓶燃烧法或熔融法预处理后才能使有机卤素变为卤素离子。

氧瓶燃烧法是将样品用无灰滤纸包好，放入盛有吸收液的燃烧瓶中，充入氧气，点燃，燃烧完全后，将其充分振摇至燃烧瓶中的白色烟雾完全被吸收，再用银量法测定其含量。

例如二氯酚含量的测定。精密称取试样 20mg，采用氧瓶燃烧法预处理，吸收液由 10ml NaOH 溶液（0.1mol/L）与 2ml H₂O₂ 混合液组成。完全反应后，将其微煮沸 10 分钟，以便除去多余的 H₂O₂。将其冷却至室温后，再加 5ml 稀 HNO₃，25.00ml AgNO₃ 标准溶液（0.02mol/L），充分振摇使 Cl⁻ 完全沉淀后过滤，再将沉淀洗涤，并合并滤液。加入铁铵矾指示剂，采用 NH₄SCN 标准溶液（0.02mol/L）滴定滤液，二氯酚结构式如下：

（化学结构式：二氯酚）

（三）Na₂CO₃ 熔融法

该法是将试样与无水碳酸钠置于坩埚中，将其混合均匀，灼烧至内容物完全灰化，冷却，用水溶解，调成酸性，用银量法测定。

三、体液中 Cl⁻ 含量的测定

人体内氯大多数以 Cl⁻ 的形式存在于细胞外液中，浓度大约为 0.096~0.108mol/L。通常，采

第五章　沉淀滴定法

用铬酸钾指示剂法和铁铵矾指示剂法测定体内无蛋白滤液中 Cl^- 含量。

例如临床测定血清中氯含量时，取一定体积的血清样，经过沉淀蛋白、离心、取上清液，以 K_2CrO_4 为指示剂，以 $AgNO_3$ 为标准溶液进行滴定，根据 $AgNO_3$ 的用量和试样量可计算出血清中 Cl^- 的含量。

四、药物的测定

银量法可对多种药物进行含量测定，如巴比妥类药物、有机碱的氢卤酸盐类药物、含有机卤素类药物等。

 **学习小结**

　　沉淀滴定法是以沉淀反应为基础的滴定分析方法，主要用于测定卤素离子、SCN^-、CN^-、Ag^+ 含量，以银量法应用较多，银量法又分为铬酸钾指示剂法、铁铵矾指示剂法、吸附指示剂法。铬酸钾指示剂法采用 $AgNO_3$ 为标准溶液，采用 K_2CrO_4 为指示剂，测定 Cl^-、Br^- 含量。铁铵矾指示剂法分为直接滴定法和返滴定法。直接滴定法采用 KSCN 或 NH_4SCN 为标准溶液，采用铁铵矾作为指示剂，测定 Ag^+ 的含量。在返滴定法中，应先加入准确过量的 $AgNO_3$ 标准溶液，使卤离子或 SCN^- 生成银盐沉淀，然后再以铁铵矾作指示剂，用 NH_4SCN 标准溶液滴定剩余的 $AgNO_3$，主要用于测定 Cl^-、Br^-、I^-、SCN^- 的含量。测定 Cl^- 含量时，应防止沉淀转化。吸附指示剂法采用 $AgNO_3$ 为标准溶液，采用吸附指示剂，主要用于测定 Cl^-、Br^-、I^-、SCN^- 的含量。

达 标 练 习

一、选择题

（一）单选题

1. 下列标准溶液应避光贮存的是（　　　）
   A. NaOH 标准溶液　　　　　B. $AgNO_3$ 标准溶液　　　　C. HCl 标准溶液
   D. KSCN 标准溶液　　　　　E. H_2SO_4 标准溶液

2. 铬酸钾指示剂法测定 NaCl 含量时，其滴定终点的颜色是（　　　）
   A. 黄色　　　　　　　　　　B. 白色　　　　　　　　　　C. 淡紫色
   D. 淡砖红色　　　　　　　　E. 绿色

3. 铬酸钾指示剂法需要在哪种条件下进行（　　　）
   A. 强酸性　　　　　　　　　B. 强碱性　　　　　　　　　C. 中性或弱碱性
   D. 弱酸性　　　　　　　　　E. 以上均不是

4. 铁铵矾指示剂法测定 NaCl 含量时，其滴定终点的颜色是（　　　）
   A. 黄色　　　　　　　　　　B. 白色　　　　　　　　　　C. 淡紫色
   D. 淡棕红色　　　　　　　　E. 绿色

5. 用铁铵矾指示剂法测定氯化物时，为防止沉淀转化，在加入过量的 $AgNO_3$ 标准溶液后，应加入一定量的（　　　）
   A. $NaHCO_3$　　　　　　　　B. 硝基苯　　　　　　　　　C. 硝酸
   D. 硼砂　　　　　　　　　　E. 草酸

6. 用吸附指示剂法测定 NaCl 含量时，在化学计量点前，AgCl 沉淀优先吸附哪种离子（　　　）

　　A. Ag^+　　　　　　　B. Cl^-　　　　　　　　C. 荧光黄指示剂阴离子

　　D. Na^+　　　　　　　E. H^+

7. 用吸附指示剂法测定 NaCl,选用的最佳指示剂是（　　　）

　　A. 曙红　　　　　　　　B. 荧光黄　　　　　　　C. 二甲基二碘荧光黄

　　D. 甲基紫　　　　　　　E. 酚酞

8. 铁铵矾指示剂法的返滴定法主要用来测定（　　　）

　　A. NO_3^-　　　　　　　B. Ag^+　　　　　　　C. X^-

　　D. Na^+　　　　　　　E. H^+

（二）多选题

1. 由于有机卤化物中卤原子与碳原子结合得比较牢固,必须经过适当的处理后才能测定其含量,常用的处理方法（　　　　　）

　　A. 氢氧化钠水解法　　　　B. 氧瓶燃烧法　　　　　C. Na_2CO_3 熔融法

　　D. 高锰酸钾氧化法　　　　E. 碘量法

2. 下列滴定方法中,属于银量法的是（　　　　　）

　　A. 铬酸钾指示剂法　　　　B. 铁铵矾指示剂法　　　C. 吸附指示剂法

　　D. 高锰酸钾法　　　　　　E. 碘量法

3. 下列属于吸附指示剂法的是（　　　　　）

　　A. 铬酸钾　　　　　　　　B. 曙红　　　　　　　　C. 荧光黄

　　D. 酚酞　　　　　　　　　E. 甲基橙

4. 铬酸钾指示剂法中,下列哪种物质属于干扰物质（　　　　　　）

　　A. S^{2-}　　　　　　　B. Pb^{2+}　　　　　　　C. Ba^{2+}

　　D. Fe^{3+}　　　　　　　E. H^+

5. 银量法主要测定的对象是（　　　　　）

　　A. 无机卤化物　　　　　　B. 有机卤化物　　　　　C. 硫氰酸盐

　　D. 有机碱氢卤酸盐　　　　E. 金属离子含量

二、填空题

1. 铬酸钾指示剂法中,采用_____为标准溶液,主要用于测定_____、_____的含量。

2. 吸附指示剂法测定氯离子含量时,在荧光黄指示剂的溶液中常加入淀粉,其目的是保护_____,减少凝聚,增加_____。

3. 铬酸钾指示剂法中,如果有铵盐存在时,溶液的 pH 为_____。

4. 吸附指示剂法应避光测定,原因是_____。

5. 铬酸钾指示剂法中,指示剂用量过多,将导致终点_____,造成_____误差。

6. 铁铵矾指示剂法采用_____调节酸度,酸度控制在_____之间。

7. 铁铵矾指示剂法中的返滴定法要同时用到_____和_____两种标准溶液。

8. NH_4SCN 标准溶液采用_____配制,用基准_____标定。

三、简答题

1. 为了使终点颜色变化明显,使用吸附指示剂应注意哪些问题?

2. 为什么用铁铵矾指示剂法测定 Cl^- 时,引入误差的概率比测定 Br^- 或 I^- 时大?

3. 讨论铬酸钾指示剂法的局限性。

4. 用铁铵矾指示剂法测定 Cl^-,没有加硝基苯,是否会引入误差,如有误差,则指出结果是偏高还是偏低。

（牛　颖）

第六章

配位滴定法

学习目标

1. 掌握配合物正确的命名;配位滴定的基本原理;能够选择合适的滴定条件;EDTA 标准溶液和锌标准溶液的配制和标定;学会用 EDTA 标准溶液对金属离子进行含量测定。

2. 熟悉典型螯合剂 EDTA 及其配位特性;配位滴定曲线图。

3. 了解配位平衡有关计算。

配位滴定法就是以配位反应为基础的滴定分析法。配位反应虽然多,可是能满足滴定分析要求的并不多,只有反应定量进行、反应速度快、反应完全、生成的配合物可溶且相当稳定、并且有适当方法确定终点的配位反应,才能用于滴定分析。许多无机配体与金属离子形成配合物时存在逐级配合现象,且配合物稳定常数不是很大,故大多数无机配体不能用于滴定分析。而有机配位体和金属离子的配位数稳定,并且形成的配合物稳定性高,容易达到明显的滴定终点。因此应用有机配位体作为滴定剂的配位滴定方法,已成为广泛应用的滴定方法之一,目前最主要的是使用氨羧配合剂。

氨羧配合剂是一类以氨基二乙酸[—N(CH₂COOH)₂]为基体的配位剂,能同时提供 N 和 O 原子做配位原子,几乎可以和所有的金属离子进行配位。这类配位剂中以乙二胺四乙酸(简称 EDTA)为配位剂的滴定分析最为常见,常用于对金属离子的测定。

第一节 EDTA

一、EDTA 的结构与性质

乙二胺四乙酸的分子式通常表示为 H_4Y,在水溶液中的结构可表示为:

$$HOOCH_2C \quad\quad CH_2COO^-$$
$$\underset{^-OOCH_2C}{\overset{}{N}}\overset{+}{\underset{H}{N}}-CH_2-CH_2-\overset{+}{\underset{H}{N}} \quad CH_2COOH$$

乙二胺四乙酸(简称 EDTA)为白色粉末状结晶,在水中溶解度很小,室温条件下,每 100ml 水仅能溶解 0.02g,水溶液呈酸性,pH=2.3,因此,在配位滴定中一般不用乙二胺四乙酸,常用乙二胺四乙酸二钠作配位滴定中的滴定剂。乙二胺四乙酸二钠含 2 分子结晶水,用 $Na_2H_2Y \cdot 2H_2O$ 表示,通常也称为 EDTA,它也是白色粉末状结晶,无臭无毒,22℃时,100ml 水可溶解 11.1g,其饱和溶液浓度约为 0.3mol/L,水溶液的 pH 约为 4.7。若溶液 pH 偏低,可采用 NaOH 中和至 pH 值为 5 左右进行滴定分析,以免乙二胺四乙酸析出。

由于分子中 N 原子的电负性较强,在水溶液中两个羧基上的 H^+ 离子转移到两个 N 原子上。

在酸度较高的溶液中，EDTA 的两个羧基还可以接受两个 H^+，形成 H_6Y^{2+}，相当于一个六元酸，在水溶液中有六级电离平衡：

$$H_6Y^{2+} \rightleftharpoons H^+ + H_5Y^+ \quad pK_1 = 0.90$$

$$H_5Y^+ \rightleftharpoons H^+ + H_4Y \quad pK_2 = 1.60$$

$$H_4Y \rightleftharpoons H^+ + H_3Y^- \quad pK_3 = 2.00$$

$$H_3Y^- \rightleftharpoons H^+ + H_2Y^{2-} \quad pK_4 = 2.67$$

$$H_2Y^{2-} \rightleftharpoons H^+ + HY^{3-} \quad pK_5 = 6.16$$

$$HY^{3-} \rightleftharpoons H^+ + Y^{4-} \quad pK_6 = 10.26$$

由上述离解平衡可知，EDTA 在水溶液中是以 H_6Y^{2+}、H_5Y^+、H_4Y、H_3Y^-、H_2Y^{2-}、HY^{3-}、Y^{4-} 七种形式存在的，各种存在形式的浓度决定于溶液的 pH。实验证明，只有负四价离子的形式才能与金属离子发生配位反应。

二、EDTA 与金属离子配位反应的特点

EDTA 和金属离子发生配位反应时有如下几个特点：

1. 配位比简单　一般情况下，EDTA 和金属离子反应的配位比都是 1：1，而与金属离子的化合价无关，因此，在书写反应式时，可以省略各物质所带的电荷，即用 M 代表金属离子，用 Y 代表 EDTA 的负四价离子形式，用 MY 代表反应生成的配合物(实际是配合物离子)，配位反应可以表示为：

$$M + Y \rightleftharpoons MY$$

2. 配合物易溶于水　由于 EDTA 与金属离子形成的配合物大多数带电荷，所以易溶于水，可以在水溶液中进行滴定。

3. 配合物稳定　EDTA 有两个氨基和四个羧基，共有 6 个原子可与与金属离子形成配位键，形成的配合物为螯合物，其结构中有多个五元环，所以非常稳定。但是，碱金属离子与 EDTA 反应生成配合物的稳定性较差，见表 6-1。

4. 配合物的颜色有规律性　EDTA 与无色金属离子反应时，生成的配合物一般没有颜色；EDTA 与有色金属离子反应，生成的配合物一般有颜色，且比有色金属离子的颜色更深。

表 6-1　部分金属离子和 EDTA 形成配合物的 $\lg K_{MY}$（25℃）

金属离子	$\lg K_{MY}$	金属离子	$\lg K_{MY}$	金属离子	$\lg K_{MY}$
Na^+	1.66	Cd^{2+}	16.46	Pb^{2+}	18.04
Li^+	2.79	Co^{2+}	16.31	Fe^{2+}	14.33
Ag^+	7.32	Co^{3+}	36.0	Sn^{2+}	18.3
Mg^+	8.64	Cr^{3+}	23.4	Sn^{4+}	34.5
Be^{2+}	9.20	Cu^{2+}	18.80	Zn^{2+}	16.50
Ca^{2+}	10.7	Fe^{3+}	25.10	Hg^{2+}	21.8
Al^{3+}	16.3	Mn^{2+}	13.87	Ni^{2+}	18.6

第二节　配位平衡

一、配位反应的稳定常数

金属离子与 EDTA 配位反应的通式为：

$$M + Y \rightleftharpoons MY$$

$$K_{MY} = \frac{[MY]}{[M][Y]} \tag{6-1}$$

化学平衡常数 K_{MY} 反映了配合物稳定性的大小，故称配位稳定常数，通常用其对数来表示，即 $\lg K_{MY}$，它的值越大，形成的配合物越稳定。部分金属离子和 EDTA 形成配合物的 $\lg K_{MY}$ 见表 6-1。

二、副反应与副反应系数

在滴定体系中，有被滴定金属离子 M、滴定剂 EDTA、其他金属离子 N、其他配位剂 L、缓冲剂和掩蔽剂等。除了金属离子和 EDTA 的配位反应之外，还存在很多的副反应，如 EDTA 在溶液中的酸效应，金属离子与其他配位剂的配位反应，金属离子的水解效应，其他非被测离子的配位反应，生成酸式配合物及碱式配合物的反应等。

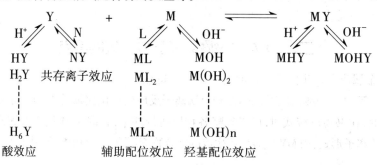

上述的副反应将对主反应产生影响，下面分别讨论两种主要的副反应及其副反应系数。

（一）酸效应及酸效应系数

如果 H^+ 离子浓度过高，则可以结合溶液中的 Y 生成相应的酸，导致 Y 参加主反应的能力降低，这种现象称为酸效应，酸效应的大小用酸效应系数 $\alpha_{Y(H)}$ 来表示。

酸性溶液中 EDTA 是以 H_6Y^{2+}、H_5Y^+、H_4Y、H_3Y^-、H_2Y^{2-}、HY^{3-} 和 Y^{4-} 七种形式存在，但真正能和金属离子配位的是 Y^{4-}。

酸效应系数定义为在一定 pH 值时未参加主反应的 EDTA 各种型体总浓度 $[Y']$ 与配位体系中的 EDTA 的平衡浓度之比，即

$$\alpha_{Y(H)} = \frac{[Y']}{[Y]} \tag{6-2}$$

当 $\alpha_{Y(H)} = 1$ 时，表示 $[Y] = [Y']$，此时溶液中 EDTA 都以 Y^{4-} 形式存在，配位能力最强。如果溶液酸性较强，则 H^+ 结合了一部分的 Y^{4-}，使 $[Y] < [Y']$，酸效应系数 $\alpha_{Y(H)}$ 变大，发生副反应比较严重。EDTA 在各种 pH 时的酸效应系数见表 6-2。

表 6-2　EDTA 在各种 pH 值时的酸效应系数（$\lg \alpha_{Y(H)}$）

pH	$\lg \alpha_{Y(H)}$	pH	$\lg \alpha_{Y(H)}$	pH	$\lg \alpha_{Y(H)}$
0.0	23.64	4.5	7.50	9.0	1.29
0.5	20.75	5.0	6.45	9.5	0.83
1.0	17.51	5.5	5.51	10.0	0.45
1.5	15.55	6.0	4.65	10.5	0.20
2.0	13.79	6.5	3.92	11.0	0.07
2.5	11.90	7.0	3.32	11.5	0.02
3.0	10.60	7.5	2.78	12.0	0.01
3.5	9.48	8.0	2.27	13.0	0.00
4.0	8.44	8.5	1.77	14.0	0.00

（二）配位效应及配位效应系数

当溶液中存在其他配位剂 L 时，可以和金属离子 M 形成 ML，使金属离子参加主反应的能力降低，这种现象称为配位效应。配位效应的大小用配位效应系数 $\alpha_{M(L)}$ 来表示。

$$\alpha_{M(L)} = \frac{[M']}{[M]} \tag{6-3}$$

式中 $[M']=[M]+[ML]+[ML_2]+\cdots\cdots+[ML_n]$

$[M]$ 为游离的金属离子浓度。

配位效应系数 $\alpha_{M(L)}$ 越大，表明其他配位剂对主反应的干扰越严重，越不利于滴定。

三、配合反应的条件稳定常数

由于副反应对主反应的影响，我们不能用配合物的稳定常数 K_{MY} 来衡量某个配位滴定的可行性，必须将副反应的影响考虑在内，即用副反应系数对 K_{MY} 进行校正，得到实际上的稳定常数，我们称之为条件稳定常数，用符号 K'_{MY} 表示。

$$K'_{MY} = \frac{[MY']}{[M'][Y']} \tag{6-4}$$

由副反应系数定义知

$$[M'] = \alpha_{M(L)}[M] \,;\quad [Y'] = \alpha_{Y(H)}[Y]\,;\quad [(MY)'] = \alpha_{MY}[MY]$$

代入式（6-4）中，得：

$$K'_{MY} = K_{MY} \cdot \frac{\alpha_{MY}}{\alpha_{M(L)} \cdot \alpha_{Y(H)}}$$

两边取对数，可得

$$\lg K'_{MY} = \lg K_{MY} - \lg\alpha_{M(L)} - \lg\alpha_{Y(H)} \tag{6-5}$$

K'_{MY} 值的大小反映了在一定条件下配位化合物的实际稳定常数，是判断能否进行配位滴定的重要依据。

一般情况下主要是 EDTA 的酸效应，如果不考虑其他副反应，只考虑酸效应，则简化为

$$\lg K'_{MY} = \lg K_{MY} - \lg\alpha_{Y(H)} \tag{6-6}$$

它表明条件稳定常数随溶液的 pH 变化而变化。

例 6-1　求 pH=2.0 和 pH=5.0 时 EDTA 与 Zn^{2+} 作用的 K'_{ZnY} 值。

解　查表 6-1，得 $\lg K_{ZnY}$=16.5

查表 6-2，得 pH=2.0 时，$\lg\alpha_{Y(H)}$=13.79≈13.8

$$\text{pH=5.0 时,}\quad \lg\alpha_{Y(H)}\text{=6.45}$$

所以：（1）pH=2.0 时

$$\lg K'_{ZnY}\text{=16.5--13.8=2.7}$$

（2）pH=5.0 时

$$\lg K'_{ZnY}\text{=16.5--6.45=10.05}$$

以上结果表明，ZnY 在 pH=5.0 的溶液中比在 pH=2.0 的溶液中稳定性高得多，因此，要得到准确的分析结果，必须选择适当的酸度条件。

第三节 配位滴定的基本原理

一、配位滴定曲线

配位滴定中被滴定的一般是金属离子，所以随着滴定剂 EDTA 标准溶液的加入，溶液中游离的金属离子不断形成配合物而浓度降低，在化学计量点附近，金属离子浓度的变化发生突跃。图 6-1 为 pH=10.0 时用 0.01000mol/L 的 EDTA 标准溶液滴定 20.00ml 0.01000mol/L 的 Ca^{2+} 溶液所得的滴定曲线。

因为金属离子浓度[M]很小，配位滴定曲线图中纵坐标通常用金属离子浓度的负对数 pM 表示。从图上可以看出，计量点前后 pCa 的值急剧变化，形成滴定突跃，可利用这个特性进行滴定分析。

在配位滴定中，影响滴定突跃范围大小的因素主要有配合物的稳定常数、被测金属离子的浓度和溶液的酸度等。一般情况下，配合物的稳定常数越大，被测金属离子浓度越高，溶液的 pH 越大，配位滴定的突跃范围也越大，越有利于滴定。

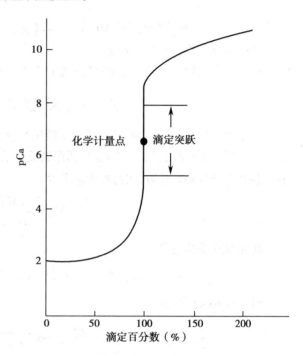

图 6-1 EDTA 配位滴定曲线

二、酸度条件的选择

在 EDTA 滴定中，产生的副反应比较多，因此，控制好配位滴定的条件，提高配位滴定的选择性，减少或排除干扰离子的影响，是配位滴定中要解决的重要问题。

如果不考虑溶液中的配位效应，则配位滴定反应的条件稳定常数 K'_{MY} 主要取决于溶液的酸度。酸度过高，$\alpha_{Y(H)}$ 较大，K'_{MY} 较小，不能准确滴定。酸度较低时，$\alpha_{Y(H)}$ 较小，K'_{MY} 较大，有利于滴定，但是金属离子易水解，因此，溶液酸度的选择和控制很重要，常见的选择就是最高酸度的选择。

滴定分析要求滴定误差≤0.1%，假设被测金属离子和 EDTA 的原始浓度均为 0.01mol/L，滴至计量点时，配位反应基本完全，此时[MY]≈0.01mol/L

$$[M]=[Y]\leqslant 0.1\% \times 0.01mol/L=10^{-5}mol/L$$

$$K'_{MY}=\frac{[MY]}{[M][Y]}=\frac{0.01}{10^{-5}\times 10^{-5}}=10^{8}$$

即要 $K'_{MY}\geqslant 10^{8}$ 才可得到准确的分析结果。若只考虑 EDTA 的酸效应的影响，则

$$lgK'_{MY}=lgK_{MY}-lg\alpha_{Y(H)}\geqslant 8$$

即：
$$lg\alpha_{Y(H)}\leqslant lgK_{MY}-8 \tag{6-7}$$

酸度过高（或者 pH 过低）时，不能满足上式，则滴定误差就超过了允许范围。这个酸度限制就是配位滴定所允许的最高酸度。滴定任一金属离子的最低 pH 值，可按下式先算出金属离子的 $lg\alpha_{Y(H)}$，

$$\lg\alpha_{Y(H)}=\lg K_{MY}-8 \tag{6-8}$$

再查表 6-2 得到其相应的 pH 值,这个 pH 值就是滴定该金属离子的最低 pH 值(最高酸度)。

例 6-2 求用 0.02000mol/L 的 EDTA 溶液滴定 0.02000mol/L 的 Zn^{2+} 时溶液的最低 pH。

解 查表 6-1 可知:$\lg K_{ZnY}=16.50$

根据
$$\lg\alpha_{Y(H)}=\lg K_{MY}-8$$
$$=16.50-8=8.5$$

查表 6-2 可知:当 $\lg\alpha_{Y(H)}$ 为 8.5 时,对应的 pH 约为 4.0,即此时溶液最低的 pH 为 4.0 左右。

必须指出,通常实际滴定的时候所采用的 pH 要比最低 pH 大一些,因为这样可以使金属离子 M 配位的更完全。

若 pH 太高,酸效应小了,则金属离子会水解生成氢氧化物沉淀,影响滴定的进行。所以,还存在滴定的"最低酸度"。

滴定的"最低酸度"可由金属离子生成氢氧化物沉淀的溶度积求得,如果 $M(OH)_n$ 的溶度积为 K_{sp},为防止 $M(OH)_n$ 的生成,必须使

$$[OH^-]\leqslant\sqrt[n]{\frac{K_{SP}}{c_M}} \tag{6-9}$$

计算出 $[OH^-]$ 后再由 pH+pOH=14 求出相应的 pH,即得滴定所要求的"最低酸度"。

配位滴定应控制在最高酸度和最低酸度之间进行,此酸度范围称为配位滴定的适宜酸度范围。

每一种金属离子用 EDTA 滴定时都有相应的酸度范围,可用控制 pH 的办法,使一种离子形成稳定的配合物而其他离子不易生成,从而提高配位滴定的选择性。例如,Fe^{3+} 和 Mg^{2+} 共存时,先调节溶液 pH 约为 5,用 EDTA 滴定 Fe^{3+},此时 Mg^{2+} 不干扰。当 Fe^{3+} 滴定完全以后,再调节溶液的 pH 约为 10,继续用 EDTA 滴定 Mg^{2+}。

配位滴定不仅在滴定前要调节好溶液的酸度,而且整个滴定过程中都应控制溶液的 pH。因此,在配位滴定时常加入一定量的缓冲溶液以保持滴定体系的 pH 基本不变。

三、掩蔽作用和解蔽作用

(一) 掩蔽作用

在配位滴定中,如果采取调节 pH 的方法不能完全消除干扰离子的影响,则常利用掩蔽剂来掩蔽干扰离子,使这些干扰离子不和 EDTA 进行配位,即掩蔽作用。常用的方法有配位掩蔽法、沉淀掩蔽法和氧化还原掩蔽法。

1. 配位掩蔽法 就是利用配位反应来降低溶液中干扰离子浓度的一种方法,是目前应用最广泛的掩蔽方法之一。

例如用 EDTA 测定水中的 Ca^{2+}、Mg^{2+},存在 Fe^{3+}、Al^{3+} 干扰离子。可在水中加入三乙醇胺作为掩蔽剂,三乙醇胺可以和 Fe^{3+}、Al^{3+} 形成稳定的配合物,而不与 Ca^{2+}、Mg^{2+} 形成配合物,这样就可以消除 Fe^{3+}、Al^{3+} 对滴定的干扰。同时必须注意,滴定的 pH 范围是 10~12,而碱性溶液容易使 Fe^{3+}、Al^{3+} 出现沉淀,所以先要在酸性溶液中加入三乙醇胺使之与 Fe^{3+}、Al^{3+} 反应后,再将 pH 调至 10~12 测定 Ca^{2+}、Mg^{2+}。

2. 沉淀掩蔽法 利用沉淀反应降低干扰离子浓度,以消除干扰的一种方法。例如在 Ca^{2+}、Mg^{2+} 共存的溶液中测定 Ca^{2+},可加入 NaOH 使溶液的 pH>12.0,此时 Mg^{2+} 生成了 $Mg(OH)_2$ 沉淀,这样就不会干扰 EDTA 对 Ca^{2+} 测定。

但是,沉淀掩蔽法存在缺点较多,如有些沉淀反应进行不完全,掩蔽效率不高;有时候会出现"共沉淀现象",即不论被测定的是金属离子还是干扰离子都发生了沉淀反应,从而影响了测

定的准确度;沉淀有颜色或生成的量较多,也会干扰对滴定终点的判断。所以沉淀掩蔽法的应用价值不是很大。

3. 氧化还原掩蔽法 利用氧化还原反应来改变干扰离子的价态,从而消除干扰的方法。例如

$$\lg K_{FeY^-} = 25.1 \quad \lg K_{FeY^{2-}} = 14.33$$

可见,Fe^{3+}跟EDTA比Fe^{2+}跟EDTA形成的配合物要稳定的多。在pH=1时测定Bi^{3+},为了消除Fe^{3+}的干扰,可加入适当的还原剂(羟胺或维生素C等)将Fe^{3+}还原成Fe^{2+},从而降低对EDTA的消耗。

氧化还原掩蔽法只适用于那些易发生氧化还原反应的金属离子,并且生成的这些金属离子的氧化态或者还原态也不干扰测定的情况。这种掩蔽法只适用于少数金属离子。

在实际分析过程中,用一种掩蔽剂通常难以达到令人满意的效果,通常都是几种掩蔽剂或沉淀剂同时使用,能够提高选择性(表6-3)。

表6-3 常用的掩蔽剂及pH使用范围

掩蔽剂	pH使用范围	被掩蔽的离子	备注
三乙醇胺(TEA)	10	Al^{3+}、Sn^{4+}、Ti^{4+}、Fe^{3+}	与KCN作用,可提高掩蔽效果
	11~12	Fe^{3+}、Al^{3+}、小量的Mn^{2+}	
NH_4F	4~6	Al^{3+}、Ti^{3+}、Sn^{4+}、Zr^{4+}、W^{6+}	
	10	Mg^{2+}、Ca^{2+}、Sr^{2+}、Ba^{2+}	
KCN	>8	Co^{2+}、Ni^{2+}、Cu^{2+}、Zn^{2+}、Hg^{2+}、Ag^+、Ti^{3+}	剧毒,必须在碱性溶液中使用

(二)解蔽作用

将干扰离子掩蔽以滴定被测离子后,再加入一种试剂,使已被掩蔽的离子重新释放出来,再进行滴定,这种方法称为解蔽作用。所用试剂称为解蔽剂,常用的解蔽剂有甲醛、苦杏仁酸和氟化物等。例如在Zn^{2+}、Mg^{2+}共存的溶液中测定Mg^{2+}和Zn^{2+}的含量时,可在氨性溶液中加入KCN(剧毒)使Zn^{2+}以$[Zn(CN)_4]^{2-}$的形式被掩蔽起来,在pH=10时,以铬黑T作指示剂直接用EDTA测定Mg^{2+}的含量。之后,在滴定过Mg^{2+}的溶液中加入甲醛作为解蔽剂,使Zn^{2+}从$[Zn(CN)_4]^{2-}$中释放出来,再用EDTA测定Zn^{2+}的含量。

第四节 金属指示剂

在配位滴定过程中,为了指示滴定终点,通常要加入一种配位剂,使之能够和金属离子形成与其自身颜色有很大区别的配合物。这种配位剂称为金属指示剂。常用的金属指示剂有铬黑T(EBT)、钙指示剂、二甲酚橙(XO)和PAN等。

一、金属指示剂的作用原理及条件

(一)金属指示剂的作用原理

金属指示剂通常都是有颜色的有机染料,滴定时先加入少量到被测溶液中和金属离子形成有颜色的配合物,接着加入EDTA标准溶液滴定,EDTA会先和溶液当中游离的金属离子作用形成MY,当恰好达到化学计量点时,再加入EDTA就会夺取金属指示剂-金属离子配合物当中的金属离子,使金属指示剂游离出来,显示出它本来的颜色,指示达到终点。

以常见金属指示剂铬黑T(EBT)指示EDTA滴定Mg^{2+}(pH=10)为例:

1. 先加入少量铬黑T到被测Mg^{2+}溶液中,此时溶液呈酒红色。

$$Mg^{2+} + EBT \rightleftharpoons Mg\text{-}EBT$$

（蓝色）　　　（酒红色）

2. 接着加入 EDTA 标准溶液滴定,当达到化学计量点时,溶液中游离的 Mg^{2+} 已基本反应完全,此时再加入 EDTA,则开始夺取 Mg-EBT 当中的 Mg^{2+},EBT 将会游离出来,显示出本身的蓝色,滴定到达终点。

$$Mg\text{-}EBT + EDTA \rightleftharpoons Mg\text{-}EDTA + EBT$$

（酒红色）　　　　　　　　（蓝色）

（二）金属指示剂应具备的条件

不是所有能和金属离子形成配合物的有机染料都可以用来做金属指示剂的,它们必须满足下列条件:

1. 指示剂 In 的颜色与指示剂配合物 MIn 的颜色有明显差别　现以铬黑 T（EBT）为例说明之。铬黑 T（用 NaH_2In 表示）在水溶液中存在下列解离平衡,酸度不同,其存在形式也不同,呈现的颜色也不同。

$$H_2In^- \underset{+H^+}{\overset{-H^+}{\rightleftharpoons}} HIn^{2-} \underset{+H^+}{\overset{-H^+}{\rightleftharpoons}} In^{3-}$$

（红色）　　　（蓝色）　　　（橙色）

pH<6.0　　pH=8.0~11.0　　pH>12.0

铬黑 T 与金属离子形成的配合物 MIn 为酒红色,很显然,在 pH < 6.3 或 pH > 11.6 时,游离的指示剂与配合物的颜色没有明显差别,只有 pH=6.3~11.6 的溶液里,指示剂显蓝色,而配合物显酒红色,颜色差别明显。所以用铬黑 T 做指示剂时,pH 应控制在 6.3~11.6 的范围,最适宜的 pH 为 9~10.5。

2. 指示剂配合物 MIn 有适当的稳定性　指示剂配合物 MIn 的稳定性要适当,不能过高也不能过低。过高即该配合物过于稳定,不利于 EDTA 标准溶液在计量点后夺取金属离子,导致滴定终点延后;过低即配合物的稳定性差,会使终点提前。所以要求指示剂配合物既要有足够的稳定性,又要比 EDTA 配合物 MY 的稳定性低。通常要求指示剂配合物 MIn 的条件稳定常数的常用对数值 $\lg K'_{MIn} > 4$,且 EDTA 配合物 MY 与指示剂配合物 MIn 的稳定常数的常用对数值之差大于 2,即:

$$\lg K'_{MY} - \lg K'_{MIn} > 2$$

3. 指示剂要有一定的选择性　即在一定条件下只指示一种或者几种金属离子。同时在符合上述要求的前提下,改变滴定条件又可以指示其他的金属离子,这就要求具有一定的广泛性,主要是为了避免加入多种指示剂而发生颜色上的干扰。

4. 指示剂还要满足其他条件　指示剂 In 与金属离子 M 的显色反应必须灵敏、迅速,并且有良好的可逆性,所形成的指示剂配合物 MIn 应可溶于水。指示剂应比较稳定,便于贮存和使用。

（三）选择合适的金属指示剂

在化学计量点附近,被滴定的金属离子 pM 值会发生突跃,这就要求金属指示剂也必须在此区间发生颜色变化,并且指示剂变色的 pM 值越接近化学计量点的 pM 越好,避免引起较大的终点误差。

比如选择金属离子 M 和指示剂形成金属配合物 MIn,则溶液中存在平衡:

$$M + In \rightleftharpoons MIn$$

$$K_{MIn} = \frac{[MIn]}{[M][In]}$$

71

两边取对数得：
$$\lg K_{MIn} = pM + \lg \frac{[MIn]}{[M]}$$

当达到指示剂变色点时，$[MIn]=[M]$，即溶液中酒红色和蓝色物质的量一样多，所以
$$\lg K_{MIn} = pM$$

这就要求在指示剂的变色点时有 pM 等于 $\lg K_{MIn}$。

由于金属指示剂大多数都是有机弱酸，同时还需要考虑溶液酸度对金属指示剂颜色的影响；还要考虑金属离子的副反应（羟基配位和辅助配位反应）等。所以实际操作中多采用实验的方法来选择金属指示剂，即分别实验金属指示剂在滴定终点时颜色变化是否敏锐和滴定结果是否准确，来确定选择何种指示剂。

（四）金属指示剂使用中存在的问题

1. 封闭现象 有些金属指示剂可以和金属离子形成极稳定的配合物，出现 $\lg K_{MIn} > \lg K_{MY}$，则达到化学计量点时，EDTA 不足以将这些配合物中的金属离子夺取出来，使滴定不出现颜色变化，这种现象叫做金属指示剂的封闭现象。

例如铬黑 T 可以和 Fe^{3+}、Al^{3+}、Cu^{2+} 等形成非常稳定的配合物，用 EDTA 滴定上述离子时就不能用铬黑 T 做金属指示剂，否则会出现封闭现象。

通常消除封闭现象的方法是加入某种试剂，使其只与发生封闭现象的金属离子反应生成更稳定的配合物，而不与被测金属离子作用。这样就消除了封闭离子的干扰。

2. 僵化现象 有些金属指示剂本身与金属离子形成配合物 MIn 的溶解度很小，使滴定终点时颜色变化不明显；还有些 MIn 的稳定性只稍小于 MY 的稳定性，因而使 EDTA 与 MIn 之间的反应缓慢，滴定终点延后，这种现象称为僵化现象。这时可加入适当的有机溶剂或加热，来增大其溶解度。

3. 氧化变质现象 金属指示剂通常都是具有很多双键的有机化合物，在日光、空气下易被氧化，还有些指示剂在水中不够稳定，日久会发生变质，所以常配成固体配合物或加入具有还原性的物质来配制溶液。为此在配制铬黑 T 时，应加入盐酸羟胺等还原剂保持稳定。

二、常用的金属指示剂

常用金属指示剂及其应用范围见表 6-4。

表 6-4 常用金属指示剂

指示剂	pH 使用范围	颜色变化 In	颜色变化 MIn	直接滴定离子	封闭离子	掩蔽剂
铬黑 T（EBT）	7~10	蓝	酒红	Mg^{2+}，Zn^{2+}，Cd^{2+} Pb^{2+}，Mn^{2+}，稀土元素离子	Al^{3+}，Fe^{3+}，Cu^{2+} Co^{2+}，Ni^{2+} 等	三乙醇胺 NH_4F
二甲酚橙（XO）	<6	亮黄	红紫	pH<1 ZrO^{2+} pH 1~3 Bi^{3+}，Th^{4+} pH=5~6 Zn^{2+}，Pb^{2+} Cd^{2+}，Hg^{2+} 稀土元素离子	Fe^{3+}，Al^{3+} Cu^{2+}，Co^{2+}，Ni^{2+}	NH_4F 邻二氮菲
PAN	2~12	黄	紫红	pH=2~3 Bi^{3+}，Th^{4+} pH=4~5 Cu^{2+}，Ni^{2+}，Pb^{2+} Zn^{2+}，Fe^{2+}，Cd^{2+}		
钙指示剂	10~13	纯蓝	酒红	Ca^{2+}	Al^{3+}，Fe^{3+}，Cu^{2+} Co^{2+}，Ni^{2+} 等	与铬黑 T 相似

第五节　配位滴定法标准溶液的配制

一、EDTA 标准溶液的配制

EDTA 标准溶液就是用乙二胺四乙酸二钠（EDTA）来配制的。市售 EDTA 的分子式为 $C_{10}H_{14}N_2Na_2O_4 \cdot 2H_2O$，分子量为 372.24，由于其纯度不高，所以常用间接法配制 EDTA 标准溶液。具体步骤如下。

1. 配制待标定的 EDTA 溶液　用台秤称取分析纯 EDTA 19g，加适量水溶解，再加水至 1000ml（浓度约为 0.05mol/L），摇匀待标定。

2. 标定　标定 EDTA 标准溶液的基准物质有金属 Zn、ZnO、$MgSO_4 \cdot 7H_2O$、$CaCO_3$ 等。常用的是 Zn 或 ZnO，可用二甲酚橙作指示剂，滴定反应需在 HAc-NaAc 缓冲溶液（pH=5~6）中进行，溶液由紫红色变到亮黄色为终点；若用铬黑 T 作指示剂，滴定反应需在 NH_3-NH_4Cl 缓冲溶液（pH 约等于 10）中进行，溶液由酒红色变到纯蓝色为终点。

精密称取 800℃灼烧至恒重的基准氧化锌 0.12g，加稀盐酸 3ml 使之溶解，再加水 25ml，加 0.025% 甲基红的乙醇溶液 1 滴，滴加氨试液至溶液显微黄色，加水 25ml 与氨-氯化铵缓冲溶液 10ml（pH=10.0），再加入少量铬黑 T 指示剂，用待标定的 EDTA 溶液滴定由酒红色变为纯蓝色。根据 EDTA 溶液的消耗量和氧化锌的取用量算出 EDTA 溶液的准确浓度。

二、锌标准溶液的配制

（一）直接法

用基准物质金属 Zn 或 ZnO 配制锌标准溶液时，可以用直接法配制，但在准确称量基准物质之前，需要对基准物质作适当处理。基准金属 Zn 须用稀盐酸除去其表面的氧化锌，再用纯化水洗净、丙酮漂洗，然后干燥之。基准 ZnO 须在 800℃条件下加热至恒重，放入干燥器冷却至室温。

（二）间接法

用硫酸锌配制锌标准溶液时，必须用间接法配制。具体步骤如下。

1. 配制待标定的锌标液　用台秤称取分析纯硫酸锌（$ZnSO_4 \cdot 7H_2O$）15g，加稀盐酸 10ml 与适量水使之溶解，再加水至 1000ml（浓度约为 0.05mol/L），摇匀待标定。

2. 标定　精密移取待标定的锌标液 25.00ml，加 0.025% 甲基红的乙醇溶液 1 滴，滴加氨试液至溶液显微黄色，加水 25ml 和氨-氯化铵缓冲溶液 10ml（pH=10.0），加铬黑 T 指示剂少量，用 EDTA 标准溶液滴定至溶液由酒红色变成纯蓝色为滴定终点。根据 EDTA 标准溶液的消耗量算出锌标液的准确浓度。

第六节　配位滴定法应用与示例

配位滴定法在医学检验和药物分析工作中的应用非常广泛，可以采用不同的滴定方式测定许多金属离子，举例如下。

一、测定水的总硬度

水的总硬度是指水中 Mg^{2+}、Ca^{2+} 的总量。

EDTA 和金属指示剂铬黑 T（H_3In）能够分别与 Mg^{2+}、Ca^{2+} 形成络合物，稳定性为 $CaY^{2-}>MgY^{2-}>MgIn^->CaIn^-$，当水样中加入少量铬黑 T 指示剂时，它首先和 Mg^{2+} 生成酒红色络合物 $MgIn^-$，然后与 Ca^{2+} 生成酒红色络合物 $CaIn^-$。当用 EDTA 标准溶液滴定至近终点时，EDTA 可以把铬黑 T

从其金属离子配合物中置换出来,使溶液显蓝色,即为滴定终点。

$$CaIn^- + H_2Y^{2-} = CaY^{2-} + HIn^{2-} + H^+$$

$$MgIn^- + H_2Y^{2-} = MgY^{2-} + HIn^{2-} + H^+$$

酒红色　　　　　　　　蓝色

测定水的总硬度时,取水样 100ml,加氨 - 氯化铵缓冲溶液 10ml,再加入少量铬黑 T 指示剂,用 EDTA 标准溶液滴定至溶液由酒红色变为蓝色即可。

二、测定铝盐药物

常用的铝盐药物有明矾、氢氧化铝、复方氢氧化铝、氢氧化铝凝胶等,可以用配位滴定法测定其中的铝,即 EDTA 标准溶液测定 Al^{3+}。由于 EDTA 与 Al^{3+} 配位反应速度较慢,Al^{3+} 对二甲酚橙、铬黑 T 等指示剂有封闭作用,在酸度不高时,Al^{3+} 水解生成一系列多核羟基配合物,因此不能用直接滴定法,应该采用返滴定法。

测定铝盐药物时,精密称取供试品 0.6g,加稀盐酸 10ml,调节 pH=3.5,加入 0.05mol/L 的 EDTA 标准溶液 25.00ml,煮沸使 Al^{3+} 配位完全。冷却后,加入 HAc-NH$_4$Ac 缓冲溶液 10ml,调节 pH 为 5~6,再加 0.2% 二甲酚橙指示剂 1ml,用 0.05mol/L 的锌标准溶液滴定至溶液由黄色变为淡紫色即为终点。

学习小结

在本章主要了解 EDTA 的结构与性质,EDTA 与金属离子配位反应的特点。在此基础上,掌握配位平衡的副反应与副反应系数、配合物的条件稳定常数等基础概念。在配位滴定条件的选择上,熟悉配位滴定的基本原理、掩蔽作用和解蔽作用,恰当地做出最佳酸度条件的选择。知道金属指示剂作用原理及条件以及常用的金属指示剂种类。在测定操作上掌握滴定液的配制与标定方法以及几种配位滴定法的应用示例。

达 标 练 习

一、选择题

(一)单选题

1. 配位滴定法中配制滴定液使用的是(　　)

A. EDTA
B. EDTA 六元酸
C. EDTA 二钠盐
D. EDTA 负四价离子
E. 均可以

2. 有关 EDTA 叙述正确的是(　　)

A. EDTA 在溶液中总共有 7 种形式存在
B. EDTA 是一个二元有机弱酸
C. 在水溶液中 EDTA 一共有 5 级电离平衡
D. EDTA 不溶于碱性溶液
E. EDTA 在溶液中总共有 5 种形式存在

3. EDTA 在 pH>11 的溶液中的主要形式是(　　)

A. H_4Y
B. H_2Y^{2-}
C. H_6Y^{2+}
D. Y^{4-}
E. HY^{3-}

4. 配位滴定法中与金属离子配位的是(　　)

    A. EDTA   B. EDTA 六元酸   C. EDTA 二钠盐

    D. EDTA 负四价离子   E. EDTA 负二价离子

5. Al_2O_3 与 EDTA 反应的计量关系是（　　　）

    A. 1:1   B. 1:2   C. 2:1

    D. 1:4   E. 4:1

6. EDTA 不能直接滴定的金属离子是（　　　）

    A. Zn^{2+} B. Ca^{2+} C. Mg^{2+}

    D. Na^+ E. Ca^{2+} 和 Mg^{2+} 混合物

7. EDTA 与 Mg^{2+} 生成的配合物颜色是（　　　）

    A. 蓝色   B. 灰色   C. 紫红色

    D. 亮黄色   E. 无色

8. EDTA 滴定 Mg^{2+}，以铬黑 T 为指示剂，指示终点的颜色是（　　　）

    A. 蓝色   B. 灰色   C. 紫红色

    D. 亮黄色   E. 无色

9. 对金属指示剂叙述错误的是（　　　）

    A. 指示剂的颜色与其生成的配合物颜色应明显不同

    B. 指示剂在一适宜 pH 范围使用

    C. MIn 有一定稳定性并大于 MY 的稳定性

    D. 指示剂与金属离子的显色反应有良好的可逆性

    E. MIn 有一定稳定性并略小于 MY 的稳定性

10. 配位滴定的酸度将影响（　　　）

    A. EDTA 的离解   B. 金属指示剂的电离   C. 金属离子的水解

    D. MY 的稳定性   E. A+B+C

11. 酸效应系数正确表达式是（　　　）

    A. $\alpha_{Y(H)}=[MY]/[Y]$ B. $\alpha_{Y(H)}=[MY]/[M]$ C. $\alpha_{Y(H)}=[Y']/[Y]$

    D. $\alpha_{Y(H)}=[M']/[M]$ E. $\alpha_{Y(H)}=[Y]/[M]$

12. 条件稳定常数正确表达式是（　　　）

    A. $\lg K'_{MY}=\lg K_{MY}-\lg\alpha_{Y(H)}-\lg\alpha_{M(L)}$ B. $\lg K'_{MY}=\lg K_{MY}-\lg\alpha_{Y(H)}$

    C. $\lg K'_{MY}=\lg K_{MY}-\lg\alpha_{M(L)}$ D. $\lg K'_{MY}=\lg K_{MY}+\lg\alpha_{Y(H)}+\lg\alpha_{M(L)}$

    E. $\lg K'_{MY}=\lg\alpha_{Y(H)}-\lg\alpha_{M(L)}$

13. 配位滴定中能够准确滴定的条件是（　　　）

    A. 配合物稳定常数 $K_{MY}\geqslant 8$ B. 配合物条件稳定常数 $K'_{MY}\geqslant 8$

    C. 指示剂配合物稳定常数 $\lg K_{MIn}\geqslant 8$ D. 指示剂配合物条件稳定常数 $\lg K'_{MIn}\geqslant 8$

    E. 指示剂配合物条件稳定常数 $\lg K'_{MIn}\geqslant 4$

14. 不同金属离子，稳定常数越大，最低 pH（　　　）

    A. 越大   B. 越小   C. 不变

    D. 不确定   E. 均不正确

15. EDTA 与金属离子刚好能生成稳定配合物时的酸度称为（　　　）

    A. 最佳酸度   B. 稳定酸度   C. 最低酸度

    D. 水解酸度   E. 最高酸度

（二）多选题

1. 在 EDTA 滴定中，能降低配合物 MY 稳定性的因素是（　　　）

    A. M 的水解效应   B. EDTA 的酸效应   C. M 的其他配位效应

  D. pH 的缓冲效应　　　　　E. 以上都正确

  2. 在 EDTA(Y)配位滴定中,金属离子指示剂(In)的应用条件是(　　　　　)

   A. In 与 MY 应有相同的颜色

   B. In 与 MIn 的颜色应有显著不同

   C. In 与 MIn 应都能溶于水

   D. MIn 应有足够的稳定性,且 $K'_{MIn}>K'_{MY}$

   E. MIn 应有足够的稳定性,且 K'_{MIn} 略小于 K'_{MY}

  3. EDTA 的副反应有(　　　　　)

   A. 配位效应　　　　　　B. 水解效应　　　　　　C. 共存离子效应

   D. 酸效应　　　　　　　E. 以上全正确

  4. EDTA 与金属离子配位反应的特点是(　　　　　)

   A. 配位比为 1∶1　　　　B. 易溶于水　　　　　　C. 不需要指示剂

   D. 配合物的颜色易于判断　E. 配合物稳定性大

  5. 测定铝盐类药物时,不能使用(　　　　　)

   A. EDTA 滴定法　　　　B. 碘量法　　　　　　　C. 银量法

   D. 配位滴定法　　　　　E. 酸碱滴定法

二、填空题

  1. 在配位滴定法中,如果酸效应系数等于1,则表示 EDTA 的总浓度[Y']=_____。已知在 pH=6.0 时,$lg\alpha_{Y(H)}=4.65$,$lgK_{MgY}=13.79$,则 K'_{MgY} 应等于_____。

  2. EDTA 的化学名称为_____,在 EDTA 分子中,可与金属离子配位的原子是_____个_____和_____个_____配位原子。

  3. 在水溶液中,EDTA 总是以_____7 种形式存在。在这 7 种形式中,能与金属离子生成稳定配合物的仅有_____一种。

  4. 在弱碱性溶液中用 EDTA 滴定 Zn^{2+},常加入 NH_3-NH_4Cl 溶液,其作用是_____和_____。

  5. 当用 EDTA 滴定含 Ca^{2+}、Mg^{2+} 离子的供试液时,以铬黑 T 为指示剂,如果供试液中有少量 Fe^{3+} 离子存在,这将会导致_____。

三、简答题

  1. 求用 EDTA 滴定液(0.01mol/L)滴定同浓度的 Mg^{2+} 溶液的最低 pH。如何控制 pH?

  2. 用 EDTA 滴定液滴定 Zn^{2+},根据 Zn^{2+} 的最低 pH,可选用何种金属指示剂? 如何控制滴定条件?

  3. 配位滴定中控制溶液的酸度必须考虑哪几方面的影响?

  4. 金属指示剂应具备什么条件?

四、计算题

  1. 称取纯锌 0.3267g,溶解后移入 250ml 容量瓶中,稀释至刻度。吸取 25.00ml,用 EDTA 滴定液滴定,终点时消耗 EDTA 滴定液 24.98ml,计算:(1)EDTA 溶液的浓度。(2)EDTA 溶液对 CaO、MgO 及 Fe_2O_3 的滴定度。

  2. 精密量取水样 50.00ml,以铬黑 T 为指示剂,用 EDTA 滴定液(0.01028mol/L)滴定,终点消耗 5.90ml,计算水的总硬度(以 $CaCO_3$mg/L 表示)。请回答用什么量器量取水样? 用于盛装水样的容器需不需要用纯化水处理?

(周建庆　闫冬良)

第七章

氧化还原滴定法

 学习目标

1. 掌握碘量法、高锰酸钾法的滴定原理及操作方法;滴定终点的确定方法及滴定条件的控制。
2. 熟悉氧化还原滴定标准溶液的配制。
3. 了解氧化还原滴定法的分类与特点;指示剂类别及变色原理。

氧化还原滴定法(oxidation-reduction titration)是以氧化还原反应为基础的一类滴定分析方法。与酸碱滴定法和配位滴定法相比较,氧化还原滴定法应用非常广泛,它不仅可用于无机分析,而且可以广泛用于有机分析,许多具有氧化性或还原性的有机化合物可以用氧化还原滴定法来加以测定。

第一节 概 述

一、氧化还原滴定法对滴定反应的要求

氧化还原滴定法的滴定反应必须符合以下条件:

(1) 反应应按一定的化学计量关系定量、完全进行,无副反应发生。

(2) 反应速率要快。

(3) 必须要有适当的方法确定滴定终点。

从氧化还原反应的本质来看,氧化还原反应是基于电子转移的反应,其主要特点是:反应机制及过程比较复杂,反应速度较慢,而且常伴有副反应发生,介质对反应过程有较大影响。因此,要使氧化还原反应符合滴定分析的要求,必须控制适宜的反应条件,以保证反应定量快速进行。通常采取的措施有:

(1) 提高溶液的温度:升高温度可以加快反应的速率,一般来说,温度每升高 10℃,反应速率可增大 2~3 倍。如用 $Na_2C_2O_4$ 基准物质标定 $KMnO_4$ 溶液的浓度时,在室温下反应速度缓慢,若将温度升高到 75~85℃时,反应便能加快到符合滴定分析的要求。

(2) 增大反应物的浓度:一般而言,增大反应物的浓度能加快反应速率。

(3) 加入催化剂:催化剂能通过改变氧化还原反应的历程或降低反应所需的活化能来加快反应速度。如在亚硝酸钠法中,往往在供试品溶液中加入少量的溴化钾作为催化剂来加速反应的进行。

(4) 抑制副反应的发生:如在用 $Na_2C_2O_4$ 基准物质标定 $KMnO_4$ 溶液的浓度时,需要调节溶液的酸度,酸度调节常用硫酸,而不是用盐酸和硝酸,目的就是为了避免副反应的发生。

二、氧化还原滴定法的分类

能用于滴定分析的氧化还原反应较多,通常根据所用的滴定剂不同,将氧化还原滴定法分为:碘量法、高锰酸钾法、亚硝酸钠法、重铬酸钾法、溴酸钾法、高碘酸钾法等,本章重点学习碘量法、高锰酸钾法。

三、滴定前的试样预处理

在氧化还原滴定前,有时需要将试样中的待测组分预先处理成适合于滴定的一定价态(氧化或还原为指定的价态),此操作步骤被称为试样预处理。例如,铁在矿石中常以 Fe^{2+} 和 Fe^{3+} 存在,测定铁矿石中总铁量时,需将 Fe^{3+} 预先还原为 Fe^{2+},然后再用 K_2CrO_7 或 $KMnO_4$ 标准溶液滴定。

预处理时所选用的氧化剂或还原剂必须满足以下三个条件:

1. 能将待测组分定量、完全地氧化或还原为指定的价态。

2. 反应具有一定的选择性,只能定量地氧化或还原待测组分,而与试样中其他组分不发生反应。

3. 过量的氧化剂或还原剂应易于除去。

预处理时,常用的还原剂有 SO_2、$SnCl_2$、$TiCl_3$、金属还原剂(锌、铁、铝)等;氧化试剂有 $(NH_4)_2S_2O_8$、Cl_2、$HClO_4$、KIO_4、$KMnO_4$、H_2O_2 等。

第二节　碘　量　法

一、碘量法的基本原理

碘量法是利用 I_2 的氧化性或 I^- 的还原性进行滴定的氧化还原滴定分析方法,其半电池反应为:

$$I_2 + 2e = 2I^- \qquad \varphi^\theta_{I_2/I^-} = 0.5345V$$

固体 I_2 在水中溶解度很小(298K 时为 1.18×10^{-3} mol/L)且易挥发,为增大其溶解度和降低挥发程度,通常将 I_2 溶解在 KI 溶液中,使 I_2 以 I_3^- 形式存在:$I_2 + I^- = I_3^-$

其半电池反应为:

$$I_3^- + 2e = 3I^- \qquad \varphi^\theta_{I_3^-/I^-} = 0.5355V$$

从标准电极电位 φ^θ 值可以看出,I_2 是一种较弱的氧化剂,能与较强的还原剂反应;I^- 是一种中等强度的还原剂,能与许多氧化剂反应。因此,碘量法既可测定氧化性的物质,也可测定还原性的物质。根据所利用碘的性质不同,碘量法可分为直接碘量法和间接碘量法两种。

1. 直接碘量法　直接碘量法是利用 I_2 的氧化性,用 I_2 为标准溶液直接滴定电位比 $\varphi^\theta_{I_2/I^-}$ 低的一些还原性物质的方法,也称为碘滴定法。如测定 $S_2O_3^{2-}$、SO_3^{2-}、Sn^{2+}、维生素 C 等还原性较强的物质的含量可用直接碘量法。

直接碘量法只能在酸性、中性或弱碱性溶液中进行。但酸性太强,生成的 I^- 很容易被空气中的氧气缓慢氧化,导致终点提前。

$$4I^- + O_2 + 4H^+ === 2I_2 + 2H_2O$$

如果碱性太强(溶液 pH>9),I_2 会发生歧化反应,导致终点推迟。

$$3I_2 + 6OH^- === 5I^- + IO_3^- + 3H_2O$$

2. 间接碘量法　间接碘量法有两种滴定方式:对于一些电位比 $\varphi^\theta_{I_2/I^-}$ 高的氧化性物质(如 $KMnO_4$、$K_2Cr_2O_7$、H_2O_2 等),可先在待测的氧化性物质溶液中加入过量的 KI,待反应完全后,用 $Na_2S_2O_3$ 标准溶液滴定析出的 I_2,从而求出氧化性物质的含量,这种滴定方式称为置换碘量法;

对于一些电位比 $\varphi^\theta_{I_2/I^-}$ 低的还原性物质,若与 I_2 的反应速度较慢,或可溶性差(如焦亚硫酸钠、葡萄糖、甲硫氨酸、甲醛等)或与 I_2 定量地生成难溶沉淀(如咖啡因),或发生取代反应(如安替比林、酚酞等),均不能直接滴定,此时,可用定量过量的 I_2 标准溶液与其反应,待反应完全后,再用 $Na_2S_2O_3$ 标准溶液滴定剩余的 I_2,这种滴定方式称为剩余滴定法,也叫回滴碘量法。这两种滴定方式习惯上统称为间接碘量法或滴定碘法。滴定反应式为:

$$I_2 + 2Na_2S_2O_3 =\!=\!= 2NaI + Na_2S_4O_6$$

间接碘量法测量中,要获得准确的测定结果,滴定应在中性或弱酸性溶液中进行。在碱性溶液中 I_2 和 $Na_2S_2O_3$ 会发生一些副反应,导致误差出现。

$$4I_2 + S_2O_3^{2-} + 10OH^- =\!=\!= 8I^- + 2SO_4^{2-} + 5H_2O$$

$$3I_2 + 6OH^- =\!=\!= 5I^- + IO_3^- + 3H_2O$$

在强酸性溶液中,$Na_2S_2O_3$ 会发生分解,I^- 易被氧化,也会导致误差出现。

$$S_2O_3^{2-} + 2H^+ =\!=\!= S\downarrow + SO_2\uparrow + H_2O$$

$$4I^- + 2H^+ + O_2 =\!=\!= 2I_2 + 2H_2O$$

碘量法误差的主要来源是 I^- 的氧化和 I_2 的挥发。防止 I_2 挥发的方法:①加入过量的 KI,使 I_2 以 I_3^- 形式存在,增大 I_2 的溶解度,减少 I_2 的挥发;②滴定在室温下进行,温度高会使 I_2 挥发加快;③间接碘量法应在碘量瓶中进行,快滴慢摇。防止 I^- 被空气中的 O_2 氧化的方法:①控制溶液的酸度,因为酸度增大会加快 O_2 氧化 I^-;② Cu^{2+}、NO_2^- 等对 I^- 的氧化起催化作用,滴定前应预先除去这些干扰离子;③光照会加速 O_2 氧化 I^-,故反应析出 I_2 的碘量瓶宜置于暗处。

二、碘量法的指示剂

碘量法通常用的指示剂是淀粉,淀粉能与 I_2 结合形成一种蓝色可溶的吸附化合物,灵敏度很高,即使在 10^{-5} mol/L 的 I_2 溶液中也能看出。

使用淀粉作指示剂时应注意以下几个方面:①淀粉指示剂应取直链淀粉临用新制。淀粉指示剂久置易腐败分解,显色不敏锐;②淀粉指示剂加入的时间:在直接碘量法中,淀粉指示剂可在滴定前加入。但在间接碘量法中,淀粉指示剂应在滴定临近终点时加入,否则溶液中大量的 I_2 被淀粉表面牢固地吸附,导致蓝色褪去缓慢而产生误差;③应在常温下使用:温度升高,指示剂灵敏度下降;④应在弱酸性溶液中使用:碘与淀粉的反应在此条件下最灵敏。溶液 pH<2.0,淀粉易水解而成糊精,遇碘显红色;溶液 pH>9.0,I_2 会发生反应生成 IO_3^- 而遇淀粉不显蓝色。

三、碘量法的滴定条件

1. 酸度控制 直接碘量法只能在弱酸性、中性或弱碱性(pH=3~8)溶液中进行。间接碘量法应在弱酸性、中性溶液中进行。

2. 终点控制 直接碘量法:淀粉指示剂溶液是在滴定开始前加入,到达终点时,溶液由无色变为蓝色,以此确定终点。间接碘量法:淀粉指示剂溶液是在临近终点(I_2 的黄色很浅)时加入,到达终点时,溶液蓝色消失。

3. 挥发性控制 为减少 I_2 的挥发性,配制 I_2 标准溶液时应加入过量 KI;滴定在室温下进行;适当加快滴定速度,减轻振荡幅度。

四、碘量法标准溶液的配制

(一)碘标准溶液的配制

碘具有挥发性和腐蚀性,不易准确称量,通常采用间接法配制碘标准溶液。取一定量的碘固体,加入 KI 的浓溶液,研磨至完全溶解,然后加入少量盐酸(为除掉碘中微量碘酸盐杂质),加水稀释至一定体积,用垂熔玻璃漏斗过滤,然后用已知准确浓度的 $Na_2S_2O_3$ 标准溶液标定。

所配制溶液贮存于玻塞棕色瓶中,密塞凉处保存,以避免碘溶液遇光、受热和与橡皮等有机物接触改变浓度。

(二)硫代硫酸钠标准溶液的配制

市售硫代硫酸钠($Na_2S_2O_3 \cdot 5H_2O$)一般都含有少量杂质,$Na_2S_2O_3$溶液不稳定,容易分解,其原因是:在水中的嗜硫细菌等微生物、CO_2、O_2的作用下,发生下列反应:

$$Na_2S_2O_3 =\!=\!= Na_2SO_3 + S \downarrow （嗜硫细菌等微生物作用）$$
$$Na_2S_2O_3 + CO_2 + H_2O =\!=\!= NaHSO_4 + NaHCO_3 + S \downarrow （CO_2作用）$$
$$Na_2S_2O_3 + O_2 =\!=\!= 2Na_2SO_4 + 2S \downarrow （O_2作用）$$

通常只能用间接法配制$Na_2S_2O_3$标准溶液。

1. 配制近似浓度的$Na_2S_2O_3$溶液　称取适量的硫代硫酸钠试剂,用新煮沸放冷的蒸馏水溶解(目的是除去水中的O_2、CO_2以及杀死嗜硫细菌等微生物),加入少许Na_2CO_3使溶液呈弱碱性(pH 8~9),以抑制嗜硫细菌的生长和防止$Na_2S_2O_3$的分解,将溶液贮存于棕色瓶中,在暗处放置7~10天。

2. 标定$Na_2S_2O_3$溶液　标定$Na_2S_2O_3$溶液的基准物质有$K_2Cr_2O_7$、KIO_3、$KBrO_3$等,标定方法是置换碘量法:在酸性溶液中,取一定量的上述基准物质与过量的KI作用,置换析出的I_2用待标定的$Na_2S_2O_3$溶液滴定,根据基准物质的质量和消耗的$Na_2S_2O_3$溶液体积计算出$Na_2S_2O_3$溶液的准确浓度。

例如,用$K_2Cr_2O_7$作基准物质标定,$Na_2S_2O_3$溶液的浓度。$K_2Cr_2O_7$在酸性溶液中与I^-发生如下反应:

$$Cr_2O_7^{2-} + 6I^- + 4H^+ =\!=\!= 2Cr^{3+} + 3I_2 + 7H_2O$$

反应析出的I_2以淀粉为指示剂,再用待标定的$Na_2S_2O_3$溶液滴定。

$$I_2 + 2S_2O_3^{2-} =\!=\!= 2I^- + S_4O_6^{2-}$$

用$K_2Cr_2O_7$标定$Na_2S_2O_3$溶液时应注意:$Cr_2O_7^{2-}$与I^-反应较慢。为加速反应,须加入过量的KI并适当提高溶液的酸度。但酸度过高也会加速空气氧化I^-。因此,酸度一般应控制为0.2~0.4mol/L之间。而且须避光放置10分钟,待置换反应完全后再用待标定的$Na_2S_2O_3$溶液滴定。

根据称取$K_2Cr_2O_7$的质量和滴定时消耗$Na_2S_2O_3$溶液的体积,可计算出$Na_2S_2O_3$标准溶液的浓度。计算公式如下:

$$c_{Na_2S_2O_3} = \frac{6 \times m_{K_2Cr_2O_7} \times 10^3}{M_{K_2Cr_2O_7} \times V_{Na_2S_2O_3}}$$

式中$m_{K_2Cr_2O_7}$为基准物质$K_2Cr_2O_7$的质量,$V_{Na_2S_2O_3}$为滴定时消耗$Na_2S_2O_3$标准溶液的体积,$M_{K_2Cr_2O_7}$为$K_2Cr_2O_7$的摩尔质量(49.03g/mol)。

五、应用与示例

碘量法的应用范围很广泛。采用直接碘量法可以测定很多还原性药物的含量,如维生素C、安乃近、二巯丙醇等的含量;采用间接碘量法可以测定许多氧化性物质的含量,如高锰酸钾、葡萄糖酸锑钠、铜盐等。

例如,维生素C的含量测定:

维生素C又称抗坏血酸($C_6H_8O_6$)。由于维生素C分子中的烯二醇基,所以具有还原性,它能被I_2定量地氧化成二酮基,其反应为:

维生素 C 的还原性很强，在空气中极易被氧化，特别是在碱性溶液中更甚，故滴定时须加入 HAc，使溶液保持一定的酸度。由于蒸馏水中溶解有氧，因此蒸馏水必须事先煮沸，否则会使测定结果偏低。

测定维生素 C 含量的操作步骤：取维生素 C 样品约 0.2g，精密称定，加入稀醋酸 10ml、新煮沸放冷的蒸馏水 100ml 使之溶解，加入淀粉指示剂 1ml，立即用 I_2 标准溶液(0.05mol/L)滴定，至溶液显蓝色并在 30 秒钟内不褪色，即为终点。记录所消耗的 I_2 标准溶液的体积。根据 I_2 标准溶液的消耗量，计算出维生素 C 的含量。平行测 3 次，取平均值。

维生素 C 的含量计算公式：

$$维生素\ C\% = \frac{c_{I_2} \times V_{I_2} \times M_{VC} \times 10^{-3}}{m_s} \times 100\%$$

式中

M_{VC}：维生素 C 的摩尔质量(M_{VC}=176.13g/mol)

m_s：样品的质量

例 7-1 准确称取维生素 C 0.2210g，置于盛有 40ml 新煮沸过的冷蒸馏水的锥形瓶中，加入稀 HAc 10ml，摇匀，使之溶解，加淀粉指示剂 1ml，立即用 0.05000mol/L 的 I_2 标准溶液滴定至溶液显蓝色且 30 秒内不褪色，消耗 23.42ml，计算维生素 C 的百分含量。

解 维生素 C($C_6H_8O_6$)与 I_2 的反应为：

$$C_6H_8O_6 + I_2 \Longrightarrow C_6H_6O_6 + 2HI$$

根据上述反应计量关系式，维生素 C 的百分含量为：

$$维生素\ C\% = \frac{c_{I_2} \times V_{I_2} \times M_{VC} \times 10^{-3}}{m_s} \times 100\%$$

$$= \frac{0.05000 \times 23.42 \times 176.13 \times 10^{-3}}{0.2210} \times 100\%$$

$$= 93.32\%$$

第三节 高锰酸钾法

一、高锰酸钾法的基本原理

高锰酸钾法是以高锰酸钾为标准溶液，利用高锰酸钾与一些还原性物质的氧化还原反应进行滴定的分析方法。

高锰酸钾的氧化能力和溶液的酸度有关：在强酸性溶液中，MnO_4^- 被还原为无色的 Mn^{2+}，其半电池反应为：

$$MnO_4^- + 8H^+ + 5e^- \Longrightarrow Mn^{2+} + 4H_2O \qquad \varphi^\theta_{MnO_4^-/Mn^{2+}} = 1.51V$$

在中性、弱酸性或弱碱性溶液中，$KMnO_4$ 表现为弱氧化性，与还原剂作用，生成 MnO_2 沉淀，半电池反应为：

$$MnO_4^- + 4H^+ + 3e^- = MnO_2\downarrow + 2H_2O \qquad \varphi^\theta_{MnO_4^-/MnO_2} = 0.595V$$

在强碱性溶液中，$KMnO_4$ 的氧化能力更弱，MnO_4^- 被还原为 MnO_4^{2-}，半电池反应为：

$$MnO_4^- + e^- = MnO_4^{2-} \qquad \varphi^\theta_{MnO_4^-/MnO_4^{2-}} = 0.558V$$

高锰酸钾法是在强酸性溶液中进行。但酸度太高，$KMnO_4$ 易分解，酸度太低，反应速度慢，且会生成 MnO_2 沉淀，因此，溶液酸度应控制在 $0.5\sim1mol/L$。调节溶液酸度常用 H_2SO_4。因为 HNO_3 的氧化性和 HCl 的还原性，两者都不宜使用。

二、高锰酸钾法的指示剂

高锰酸钾法通常是利用自身紫红色指示终点：MnO_4^- 本身呈紫红色，在酸性溶液中用它滴定无色的还原性样品溶液时，在滴定达到化学计量点之前，MnO_4^- 被还原成无色的 Mn^{2+}，溶液呈无色，当达到化学计量点后，微过量的 $MnO_4^-(2\times10^{-6}mol/L)$ 就使得溶液呈微红色而指示终点，因此不需另加指示剂。这种利用标准溶液或样品溶液本身颜色的变化来指示终点的方法称为自身指示剂法。

三、高锰酸钾标准溶液的配制

市售高锰酸钾试剂纯度一般为 99%~99.5%，在制备和贮存过程中，常混入少量的 MnO_2 和其他杂质，因此不能直接配制。同时，$KMnO_4$ 氧化性很强，能与水中的一些有机物缓慢发生反应，生成的 $MnO(OH)_2$ 又会促使 $KMnO_4$ 分解，且见光分解更快。因此，$KMnO_4$ 溶液不稳定，特别是在配制初期浓度易发生变化。为了获得稳定的 $KMnO_4$ 溶液，用间接法配成的溶液要贮存于棕色瓶中，密闭，暗处放置 7~8 天（或加水溶解后煮沸 10~20 分钟，静置 2 天以上），然后用垂熔玻璃漏斗过滤除去 MnO_2 等杂质后再标定。

标定 $KMnO_4$ 溶液的基准物质有 $Na_2C_2O_4$、$H_2C_2O_4\cdot2H_2O$、As_2O_3 等。其中最常用的是 $Na_2C_2O_4$，在 105℃ 烘干即可使用，标定反应为：

$$2KMnO_4 + 5Na_2C_2O_4 + 8H_2SO_4 = 2MnSO_4 + 10CO_2\uparrow + 8H_2O + 5Na_2SO_4 + K_2SO_4$$

标定时应注意以下几个方面：①温度：该反应在室温下速度极慢，常将 $Na_2C_2O_4$ 溶液预先加热至 75~85℃，并在滴定过程中保持溶液的温度在 60℃ 以上，但温度高于 90℃，部分 $H_2C_2O_4$ 会分解；②酸度：酸度过低，部分 $KMnO_4$ 被还原为 MnO_2，酸度过高，$H_2C_2O_4$ 易分解；一般用 H_2SO_4 调酸度，滴定前适宜酸度为 $0.5\sim1mol/L$；③滴定速度：滴定刚开始时反应慢，应慢滴，随着反应生成的 Mn^{2+} 具有催化作用，反应速度加快，滴定速度可随之适当加快。

四、应用与示例

以高锰酸钾为标准溶液，在酸性溶液中能直接测定一些强还原性的物质，如 H_2O_2、Fe^{2+}、$H_2C_2O_4$、NO_2^- 等。利用返滴法，可测定一些具有强氧化性的待测物，如 MnO_2、ClO_3^-、BrO_3^-、IO_3^- 等。利用间接滴定法可测定 Ba^{2+}、Ca^{2+} 等金属离子的含量。此外，还可利用强碱性溶液中 $KMnO_4$ 能氧化某些有机物，而自身被还原为绿色的 MnO_4^{2-} 的性质，用来测定甲醇、甲醛、甘油、甲酸、葡萄糖、柠檬酸等有机物的含量。

例如，血清钙含量的测定：

Ca^{2+} 本身不具有氧化还原性，可先在血清试样中加入 $(NH_4)_2C_2O_4$，将 Ca^{2+} 沉淀为 CaC_2O_4，过滤洗净后，用稀硫酸溶解，然后用 $KMnO_4$ 标准溶液进行滴定，有关反应如下：

$$Ca^{2+} + C_2O_4^{2-} = CaC_2O_4\downarrow$$
$$CaC_2O_4 + 2H^+ = H_2C_2O_4 + Ca^{2+}$$
$$2MnO_4^- + 5H_2C_2O_4 + 6H^+ = 2Mn^{2+} + 10CO_2\uparrow + 8H_2O$$

例 7-2　准确移取 2.00ml 血清试样，稀释至 50.00ml，摇匀。精密取 20.00ml，加入足量的

$H_2C_2O_4$ 溶液,所得沉淀用稀 H_2SO_4 溶液溶解后,用 0.01998mol/L 的 $KMnO_4$ 标准溶液滴定至终点,消耗 2.42ml,计算血清钙的含量。

解　根据上述反应计量关系式,可得到 Ca^{2+} 与 MnO_4^- 的计量关系为:

$$5Ca^{2+} \sim 2MnO_4^-$$

所以,根据上述反应计量关系式,血清钙的含量为:

$$Ca\% = \frac{\frac{5}{2} \times C_{KMnO_4} \times \frac{V_{KMnO_4}}{1000} \times M_{Ca}}{m_s} \times 100\%$$

$$= \frac{\frac{5}{2} \times 0.01998 \times \frac{2.42}{1000} \times 40.08}{2.00 \times \frac{20}{50}} \times 100\%$$

$$= 0.6 \, (g/100ml)$$

第四节　其他氧化还原滴定法

一、亚硝酸钠法

亚硝酸钠法是以亚硝酸钠为标准溶液,利用亚硝酸钠与有机胺类物质发生重氮化反应或亚硝基化反应进行的氧化还原滴定法。分重氮化滴定法和亚硝基化滴定法两种方法。

（一）基本原理

1. 重氮化滴定法　芳伯胺类化合物在酸性介质中,与亚硝酸钠发生重氮化反应生成芳伯胺的重氮盐:

$$ArNH_2 + NaNO_2 + 2HCl \Longrightarrow ArN_2Cl + NaCl + 2H_2O$$

用亚硝酸钠标准溶液滴定芳伯胺类化合物的氧化还原滴定法称为重氮化滴定法。为使测定结果准确,重氮化滴定时应注意以下几个主要条件:①酸的种类和浓度:常用盐酸,酸度控制在 1mol/L 为宜。②滴定速度与温度:一般在 15℃ 以下进行,也可在室温（10~30℃ ）下采用"快速滴定法"进行。③苯环上的取代基:苯胺环上,尤其是氨基的对位,有吸电子基团（如 —NO_2、—SO_3H、—COOH 等)会加快反应速度,有斥电子基团（如 —CH_3、—OH、—OR 等)将使反应速度减慢。一般加入适量的 KBr 可起催化作用,加速反应。

2. 亚硝基化滴定法　在酸性介质中,芳仲胺类化合物与亚硝酸钠发生如下亚硝基化反应:

$$ArNHR + NaNO_2 + HCl \Longrightarrow ArN(NO)R + NaCl + H_2O$$

用亚硝酸钠滴定芳仲胺类化合物的氧化还原滴定法称为亚硝基化滴定法。

重氮化滴定法主要用于芳伯胺类药物的测定(如盐酸普鲁卡因、苯佐卡因、磺胺类药物等);亚硝基化滴定法可测定芳仲胺类药物(如磷酸伯氨喹、盐酸丁卡因等)。此外,某些化合物(如芳香族硝基化合物、芳酰胺等)进行化学处理能转化为芳伯胺的物质也可用重氮化滴定法进行测定。

（二）指示剂

亚硝酸钠滴定法中滴定终点的确定,可采用指示剂法和电位法。指示剂法又可分为内指示剂法和外指示剂法。

1. 内指示剂法　内指示剂法是指将指示剂加入到待测溶液中,根据指示剂颜色的变化来判断滴定的终点。常用的内指示剂有:橙黄Ⅳ-亚甲蓝中性红、亮甲酚蓝、二苯胺等。

内指示剂法指示终点虽然方便,但终点变色有时不够敏锐,尤其是当生成的重氮盐有颜色时更难观察。

2. 外指示剂法　指示剂不直接加入到待测溶液中,而在化学计量点附近用玻璃棒蘸取少许溶液在外面与指示剂接触,根据指示剂颜色的变化来判断终点,称为外指示剂法。外指示剂可制成糊状,也可制成试纸使用,如含氯化锌的碘化钾 - 淀粉糊或试纸。

使用外指示剂,在接近终点附近时,要多次取用被测溶液。由于多次外试损耗试样溶液,导致误差增大。同时,外指示剂法的操作也较为麻烦。

鉴于内指示剂法的终点变色不够敏锐,外指示剂法出现的操作繁琐、误差太大。因此,《中国药典》(2010 年版)对亚硝酸钠滴定法均采用永停滴定法确定终点。此法将在第八章中介绍。

二、重铬酸钾法

重铬酸钾法是以重铬酸钾为标准溶液,利用重铬酸钾与一些还原性物质的氧化还原反应进行滴定的分析方法。

在酸性溶液中,重铬酸钾具有较强的氧化性,其半电池反应为:

$$Cr_2O_7^{2-}+14H^++6e \Longrightarrow 2Cr^{3+}+7H_2O \qquad \varphi^\theta_{Cr_2O_7^{2-}/2Cr^{3+}}=1.33V$$

Cr^{3+} 在中性、碱性条件下易水解,滴定必须在酸性液中进行。

重铬酸钾法的特点:①$K_2Cr_2O_7$ 易纯制(纯度高达 99.9%),标准溶液可用直接法配制;②$K_2Cr_2O_7$ 溶液非常稳定,久置浓度不变;③$K_2Cr_2O_7$ 的氧化性较 $KMnO_4$ 弱,选择性高。在盐酸浓度低于 3mol/L 时,$Cr_2O_7^{2-}$ 不与 Cl^- 反应,因此,可在盐酸介质中用重铬酸钾法滴定 Fe^{2+}。

$Cr_2O_7^{2-}$ 的还原产物 Cr^{3+} 呈亮绿色,故须用指示剂指示滴定终点。重铬酸钾法常用的指示剂是二苯胺磺酸钠。

重铬酸钾法可测某些还原性物质,如试样中的铁、盐酸小檗碱药物等。

三、溴 酸 钾 法

溴酸钾法是以溴酸钾为标准溶液,利用溴酸钾与一些还原性物质的氧化还原反应进行滴定的分析方法。

溴酸钾在酸性溶液中表现出很强的氧化性,可直接滴定还原性物质,其半电池反应如下:

$$BrO_3^-+6H^+ \Longrightarrow Br^-+3H_2O \qquad \varphi^\theta_{BrO_3^-/Br^-}=1.44V$$

溴酸钾易纯制且性质稳定,常用直接法配制其标准溶液。

常用指示剂是甲基橙或甲基红,但滴定时须近终点时才加入这些指示剂。化学计量点前指示剂呈酸式色(红色),计量点后,稍过量的 BrO_3^- 与反应生成的 Br^- 作用会产生 Br_2,Br_2 将氧化并破坏指示剂的呈色结构,发生不可逆的褪色反应(红色褪去),从而指示终点。若过早加入指示剂,则在滴定中可因 $KBrO_3$ 局部过浓而过早破坏指示剂结构,因而无法正确指示终点。

溴酸钾法可直接测定亚铁盐、亚铜盐、亚锡盐、亚砷酸盐、碘化物和亚胺类化合物等还原性物质。

四、高碘酸钾法

高碘酸钾法是以高碘酸钾为标准溶液,利用高碘酸钾与一些还原性物质的氧化还原反应进行滴定的分析方法。

高碘酸钾在酸性溶液中主要以 H_5IO_6 和 IO_4^- 形式存在,表现出很强的氧化性,其半电池反应为:

$$H_5IO_6+H^++2e \Longrightarrow IO_3^-+3H_2O \qquad \varphi^\theta_{H_5IO_6/IO_3^-}=1.60V$$

在酸性溶液中,用高碘酸钾法可测定一些还原性物质。此外,由于高碘酸钾可与有机物的某些基团发生选择性很高的反应,故常用于有机物的测定。高碘酸钾法在测定 α- 二醇类及 α-羰基醇类化合物的含量方面有独特的作用,反应式如下:

$$RCH(OH)CH(OH)R' + H_5IO_6 \longrightarrow RCHO + OHCR' + HIO_3 + 3H_2O$$

$$RCOCH(OH)R' + H_5IO_6 \longrightarrow RCOOH + OHCR' + HIO_3 + 2H_2O$$

由于高碘酸盐与有机物反应速度慢,常在室温下,在酸性溶液中定量加入过量的高碘酸钾标准溶液,待与被测物质反应完全后,再加入过量的 KI 与剩余的高碘酸钾及其还原产物 IO_3^- 作用置换出 I_2,最后用 $Na_2S_2O_3$ 标准溶液滴定置换出 I_2。高碘酸盐、碘酸盐与 KI 的反应为:

$$IO_4^- + 7I^- + 8H^+ \rule[0.5ex]{2em}{0.4pt} 4I_2 + 4H_2O$$

$$IO_3^- + 5I^- + 6H^+ \rule[0.5ex]{2em}{0.4pt} 3I_2 + 3H_2O$$

可选用 H_5IO_6、KIO_4 或 $NaIO_4$ 配制标准溶液,而 $NaIO_4$ 溶解度大,易纯制,最为常用。高碘酸盐标准溶液很稳定,通常不需标定其浓度,但在样品测定时,需同时做空白试验,通过滴定样品与空白消耗的硫代硫酸钠标准溶液的体积差,计算测定结果。

高碘酸钾法在酸性溶液中可用于 α- 羟基醇、α- 氨基醇、α- 羰基醇、多羟基醇(如甘油、甘露醇)等有机物的测定。

 学习小结

常用的氧化还原滴定法有碘量法、高锰酸钾法、重铬酸钾法等,本章重点介绍碘量法、高锰酸钾法的原理、条件及应用。

碘量法分为直接碘量法和间接碘量法,直接碘量法是以 I_2 为标准溶液,在酸性、中性或弱碱性溶液中测定还原性物质,淀粉指示剂在滴定前加入,以蓝色出现为终点。间接碘量法是以 $Na_2S_2O_3$ 为标准溶液,在中性或弱酸性溶液中滴定析出的 I_2(或过剩的 I_2),淀粉指示剂在近终点时加入,以蓝色褪去为终点。

高锰酸钾法是以 $KMnO_4$ 为标准溶液,采用自身指示剂指示终点,在 0.5~1mol/L 的硫酸酸性溶液中进行滴定,测定还原性物质的含量。

有关氧化还原滴定分析结果的计算,主要是依据氧化还原反应式中有关物质之间物质的量计量关系系列等式计算。

达 标 练 习

一、选择题

（一）单选题

1. Ca^{2+} 既无氧化性,又无还原性,用高锰酸钾法测定时,可采用（　　）

  A. 直接滴定方式 　　　　B. 间接滴定方式 　　　　C. 返滴定方式

  D. 置换滴定方式 　　　　E. 上述均可

2. 碘量法测葡萄糖含量时,$Na_2S_2O_3$ 标准溶液浓度是已知的,而碘标准溶液浓度是未知的,则需配合（　　）

  A. 对照实验 　　　　B. 空白实验 　　　　C. 回收实验

  D. 平行实验 　　　　E. 不影响计算

3. 对氧化还原滴定法下列叙述正确的是（　　）

  A. 只能测定氧化还原性物质含量,不能测定非氧化、非还原性物质含量

  B. 不能测定氧化还原性物质含量,只能测定非氧化、非还原性物质含量

  C. 所有氧化还原反应都能适用于滴定分析

  D. 氧化还原滴定法的标准溶液一定是氧化剂

E. 既能测定氧化还原性物质含量,也能测定某些非氧化、非还原性物质含量

4. 在高锰酸钾法中,调节溶液的酸性使用的是(　　　)

    A. 盐酸　　　　　　　　　　B. 硝酸　　　　　　　　　　C. 硫酸

    D. 醋酸　　　　　　　　　　E. 高碘酸

5. 配制 $Na_2S_2O_3$ 溶液时,加入少量 Na_2CO_3 的作用是(　　　)

    A. 增强 $Na_2S_2O_3$ 的还原性　　　　　　　B. 中和 $Na_2S_2O_3$ 溶液的酸性

    C. 做抗氧化剂　　　　　　　　　　　　　D. 防止分解并杀死水中微生物

    E. 使滴定终点颜色变化敏锐

6. 间接碘量法中加入淀粉指示剂的适宜时间是(　　　)

    A. 滴定开始时　　　　　　　　　　　　　B. 滴定至近终点时

    C. 滴定至溶液呈无色时　　　　　　　　　D. 标准溶液滴定至 50% 时

    E. 滴定结束之后

7. 高锰酸钾法适用的酸碱性条件是(　　　)

    A. 强酸性　　　　　　　　　　B. 微酸性　　　　　　　　　　C. 弱碱性

    D. 强碱性　　　　　　　　　　E. 近中性

8. 在下列碘量法中,确定滴定终点的方法错误的是(　　　)

    A. 直接碘量法以溶液出现蓝色为终点

    B. 间接碘量法以溶液蓝色消失为终点

    C. 用碘标准溶液滴定硫代硫酸钠时以溶液出现蓝色为终点

    D. 用硫代硫酸钠标准溶液滴定碘溶液时以溶液出现蓝色为终点

    E. 用硫代硫酸钠标准溶液滴定碘溶液时以溶液蓝色消失为终点

(二) 多选题

1. 可用于标定 $Na_2S_2O_3$ 的基准物质有(　　　)

    A. KIO_3　　　　　　　　　　B. $KBrO_3$　　　　　　　　　　C. $K_2Cr_2O_7$

    D. $K_4[Fe(CN)_6]$　　　　　　E. I_2

2. 配制和标定高锰酸钾标准溶液错误的是(　　　)

    A. 采用直接配制法

    B. 高锰酸钾溶液需煮沸 20~30 分钟后,才可标定使用

    C. 用 $Na_2C_2O_4$ 作基准物进行标定

    D. 不需外加指示剂

    E. 间接法配成的溶液要贮存在棕色瓶中

3. 碘量法误差的主要来源是(　　　)

    A. I_2 容易被氧化　　　　　　B. I^- 容易被氧化　　　　　　C. I_2 容易挥发

    D. I^- 容易挥发　　　　　　　E. I_2 的歧化反应

4. 在碘量法中为了减少 I_2 挥发,常采用的措施有(　　　)

    A. 使用碘量瓶,快滴慢摇　　　　　　　　B. 滴定不能摇动,要滴完后摇

    C. 适当加热增加 I_2 的溶解度,减少挥发　D. 加入过量 KI

    E. 使用碘量瓶,快速摇动

5. 间接碘量法中,加入过量的 KI 的作用是(　　　)

    A. 防止硫代硫酸钠分解　　　　　　　　　B. 防止微生物作用

    C. 防止 I_2 挥发　　　　　　　　　　　　D. 增大 I_2 的溶解度

    E. 防止 I^- 挥发

二、填空题

1. 配制 $Na_2S_2O_3$ 溶液时,要用＿＿＿＿＿＿＿水,原因是＿＿＿＿＿＿＿。

2. 97.31ml 0.05480mol/L I_2 溶液和 97.27ml 0.1098mol/L $Na_2S_2O_3$ 溶液混合,加几滴淀粉溶液,混合液是＿＿＿＿＿色,因为＿＿＿＿＿＿＿＿＿。

3. 直接碘量法是利用 I_2 的＿＿＿＿＿性,直接测定较强的＿＿＿＿＿性物质,反应条件为＿＿＿＿＿、＿＿＿＿＿或＿＿＿＿＿。当用 I_2 滴定 $Na_2S_2O_3$ 时,需要在＿＿＿＿、＿＿＿性溶液中进行。

4. 写出用 $K_2Cr_2O_7$ 标准溶液标定 $Na_2S_2O_3$ 的反应方程式:

(1) ＿＿＿＿＿＿＿＿＿＿＿＿,(2)＿＿＿＿＿＿＿＿＿＿＿＿＿＿＿＿。

5. 用草酸钠标定高锰酸钾滴定液的浓度时,用＿＿＿＿＿调节溶液的酸度,用＿＿＿＿作催化剂,溶液温度控制在＿＿＿＿℃,终点颜色为＿＿＿＿。

三、计算题

1. 如果滴定 25.00ml $H_2C_2O_4$ 溶液,需要 0.1082mol/L NaOH 溶液 38.27ml,而同样浓度的 $H_2C_2O_4$ 溶液 25.00ml,则需要 27.34ml 的 $KMnO_4$ 溶液滴定,请计算 $KMnO_4$ 溶液的物质的量浓度。

2. 标定 $Na_2S_2O_3$ 溶液时,称得基准物质 $K_2Cr_2O_7$ 样品 0.1536g,酸化,并加入过量的 KI,析出的 I_2 用 30.26ml 的 $Na_2S_2O_3$ 滴定至终点,请计算 $Na_2S_2O_3$ 溶液的物质的量浓度(已知 $M_{K_2Cr_2O_7}$=294.18g/mol)。

3. 用 $KMnO_4$ 法测定钙片样品中 Ca^{2+} 的含量。称取样品 0.9978g,在一定条件下,将钙沉淀为 CaC_2O_4,过滤,洗涤沉淀,将洗净的 CaC_2O_4 溶于稀 H_2SO_4 中,用 0.02002mol/L 的 $KMnO_4$ 标准溶液滴定,消耗 21.12ml,计算钙片中钙的质量分数。(已知 M_{Ca}=40.08g/mol)

4. 称取丙酮(C_3H_6O)试样 1.000g,定溶于 250ml 容量瓶中,精密取 25ml 置于盛有 NaOH 溶液的碘量瓶中,准确加入 50.00ml 0.05000mol/L I_2 标准溶液,放置一定时间后,加 H_2SO_4 调节溶液呈弱酸性,立即用 0.1000mol/L $Na_2S_2O_3$ 溶液滴定过量的 I_2,消耗 10.00ml。计算试样中丙酮的质量分数(已知 $M_{C_3H_6O}$=58.08g/mol)。

提示:在碱性条件下,丙酮与 I_2 的反应方程式为:

$$CH_3COCH_3+3I_2+4NaOH \Longrightarrow CH_3COONa+3NaI+CHI_3+3H_2O$$

滴定反应为:

$$I_2+2S_2O_3^{2-} \Longrightarrow 2I^-+S_4O_6^{2-}$$

(姚祖福)

第八章

电化学分析法

学习目标

1. 掌握原电池、标准电极电势、参比电极、指示电极的概念;直接电位法测定溶液 pH 的原理。

2. 熟悉原电池符号的书写方法;膜电位的产生原因;电位滴定法的原理、特点及判断终点方法;永停滴定法的原理及应用。

3. 了解电位法测定其他离子浓度的方法。

4. 学会用 pH 计测定溶液的 pH;电位滴定法和永停滴定法的操作技术。

第一节 概 述

电化学分析法(electrochemical analysis)是建立在电位、电流、电量和电导等电学量与被测物质某些量之间的计量关系基础上,根据物质在溶液中的电化学性质及其变化规律,对组分进行定性和定量的仪器分析方法。它具有灵敏度和准确度高、测量范围宽、仪器设备简单、价格低廉、容易实现自动化等特点,在生产、科研和医疗卫生等各个领域被广泛应用。

电化学分析方法的种类很多,根据测量的电信号不同,电化学分析法可分为电位法、伏安法、电解法和电导法。

电位法(potentiometry)是通过测量原电池的电动势以求得被测物质含量的分析方法。通常分为两种类型:根据原电池的电动势和有关离子浓度之间的关系,直接测量有关离子浓度的方法,称为直接电位法(direct potentiometry);根据滴定过程中电池电动势的变化以确定滴定终点的电位法,称为电位滴定法(potentiometric titration)。

伏安法(voltammetry)是根据被测物质在电解过程中的电流 - 电压变化曲线来进行定性或定量分析的一种电化学分析方法。

电解法(electrolysis)是根据被测物质在电解池的电极上发生定量沉积的性质以确定被测物质含量的分析方法。

电导法(conductometry)是通过测量分析溶液的电导以确定被测物质含量的分析方法。

第二节 原电池和能斯特方程式

一、原 电 池

(一)原电池

原电池(primary cell)是一种将化学能转化为电能的装置。它由两个电极(或称半电池)组成,电子流出的电极称为负极,发生氧化反应;电子流入的电极称为正极,发生还原反应。电子总是由负极流向正极,与电流的方向相反。在原电池中发生的总反应是氧化还原反应,称为原电池反应。如图8-1所示,在一个烧杯中放入 $ZnSO_4$ 溶液并插入锌片,在另一个烧杯中放入 $CuSO_4$ 溶液并插入铜片,将两种溶液用一个装满饱和 KCl 溶液和琼脂的倒置 U 形管(称为盐桥)连接起来,再用导线连接锌片和铜片,并在导线中间串联一个电流计。这时可观察到电流计的指针发生偏转,说明导线中有电流通过。这种电池称为铜锌原电池,又称丹尼尔电池。

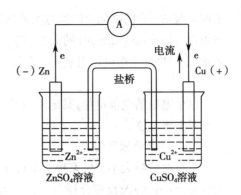

图 8-1　铜锌原电池示意图

在铜锌原电池中,锌电极锌片上的锌原子失去电子,发生氧化反应变成 Zn^{2+} 进入到溶液中,使锌片上有了过剩的电子而成为负极:

$$Zn-2e \rightleftharpoons Zn^{2+}$$

铜电极溶液中的 Cu^{2+} 得到电子,发生还原反应变成铜原子,沉积在铜片上,使铜片上有了多余的正电荷成为正极:

$$Cu^{2+}+2e \rightleftharpoons Cu$$

随着原电池反应的进行,$ZnSO_4$ 溶液中由于 Zn^{2+} 增多而带正电,同时,Cu^{2+} 在铜片上获得电子变成 Cu 原子,导致 $CuSO_4$ 溶液中的 Cu^{2+} 浓度减少而带负电。用盐桥连接两溶液后,盐桥中的负离子(Cl^-)向 $ZnSO_4$ 溶液中扩散,正离子(K^+)向 $CuSO_4$ 溶液中扩散,使两溶液维持电中性,保证了 Zn 的氧化和 Cu^{2+} 的还原得以继续进行。

总反应为:

$$Zn+Cu^{2+} \rightleftharpoons Zn^{2+} +Cu$$

用电池符号表示为:

$$(-)Zn|Zn^{2+}(\alpha_1) \| Cu^{2+}(\alpha_2)|Cu(+)$$

在用电池符号表示原电池时,一般应遵循如下几点规定:

1. 负极写在电池符号表示式的左侧,正极写在电池符号表示式的右侧,正、负极分别用"(+)"、"(−)"标明。

2. 用"|"表示电极和电解质溶液之间的界面。

3. 盐桥用"‖"表示,盐桥两侧是两个电极的电解质溶液。

4. 以化学式表示电池中各物质的组成,电解质溶液要注明离子活度,当浓度较小时,可用浓度代替活度。若作用物质是气态则要注明气体分压(p)。如不写出,则视为温度为 25℃,气体分压为 101.325kPa,溶液浓度为 1mol/L。同一相中的不同物质之间,以及电极中的其他相界面间用","分开。

5. 如果是非金属元素在不同价态时构成的氧化还原电对作半电池,需外加一惰性金属(如铂或石墨)作电极导体。其中,惰性电极不参与反应,只起导体作用。如在电池 $(-)Pt|H_2(P)|$ $H^+(\alpha) \| Cl^-(\alpha)|AgCl,Ag(+)$ 的两个电极中,铂电极就是这样。

在原电池中的每个电极(或半电池)也可以称为电对,一个电对中化合价较高的物质称为氧化态,化合价较低的物质称为还原态。电对通常用"氧化态 / 还原态"表示,如在铜锌原电池中,锌电极和铜电极分别用 Zn^{2+}/Zn 电对和 Cu^{2+}/Cu 电对表示。

(二)电极电位

原电池的两个电极用导线相连后有电流产生,说明两个电极之间有电位差。两个电极间的电位差称为原电池的电动势(用 E 表示)。电动势是由于两个电极得到或失去电子的能力大小不同引起的,它的高低可以通过实验测得。为了定量地表示电极得失电子能力的大小,引入电极电位(electrode potential)的概念(用 φ 表示)。如在铜锌原电池中锌电极的电极电位用 $\varphi_{Zn^{2+}/Zn}$ 表示,铜电极的电极电位用 $\varphi_{Cu^{2+}/Cu}$ 表示。电池的电动势可由下式计算:

$$E=\varphi_{(+)}-\varphi_{(-)}$$

单个电极的电极电位,其绝对值是无法测定的,但可通过测定原电池的电动势来确定电极的相对电极电位。

（三）标准电极电位

电极电位的大小不仅取决于电极本身的性质,还取决于温度、电对中氧化态和还原态物质的浓度(或分压)及反应介质等因素。为了比较各种电极的电位高低,提出了标准电极电位的概念。将温度为25℃,组成电极的有关离子浓度为1mol/L(严格地讲是活度为1),气体分压为101.325kPa 时所测得的电极电位,称为该电极的标准电极电位(standard electrode potential),用 φ^{θ} 表示。

为了测定电极的相对电极电位,国际上统一规定用标准氢电极的电极电位为零($\varphi^{\theta}_{H^+/H_2}=0.0000V$),作为测量电极电位的标准。

标准氢电极的组成和构造如图 8-2 所示。把一块涂有铂黑的铂片插入氢离子浓度为 1mol/L 的溶液中,在 25℃时,通入分压为 101.325kPa 的高纯氢气,不断冲击铂片,使铂黑吸附氢气达到饱和,附有饱和氢气(H_2)的铂片与溶液中的氢离子(H^+)组成标准氢电极。

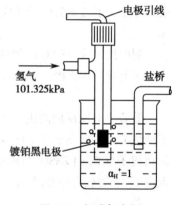

图 8-2　标准氢电极

各种电极的标准电极电位,可通过将测定待测电极与标准氢电极组成的原电池的电动势求得。例如欲测定铜电极的标准电极电位,可将铜电极与标准氢电极组成原电池,在标准状态下,测定其电动势 E。由于氢气比铜更易给出电子,所以氢电极为负极,铜电极为正极,原电池符号可表示为:

$$(-)Pt|H_2(101.325kPa)|H^+(\alpha=1)\parallel Cu^{2+}(\alpha=1)|Cu(+)$$

用电位计测得此原电池的电动势为 0.337V,则

$$E=\varphi_{(+)}-\varphi_{(-)}=\varphi^{\theta}_{Cu^{2+}/Cu}-\varphi^{\theta}_{H^+/H_2}$$
$$0.337=\varphi^{\theta}_{Cu^{2+}/Cu}-0.00$$

所以
$$\varphi^{\theta}_{Cu^{2+}/Cu}=0.337V$$

同样,如果测定锌电极的标准电极电位,可将锌电极与标准氢电极组成原电池,在标准状态下测定。锌电极为负极,标准氢电极为正极,原电池符号可表示为:

$$(-)Zn|Zn^{2+}(\alpha=1)\parallel H^+(\alpha=1)|H_2(101.33kPa)|Pt(+)$$

用电位计测得此原电池的电动势为 0.763V,则

$$E=\varphi^{\theta}_{H^+/H_2}-\varphi^{\theta}_{Zn^{2+}/Zn}$$
$$0.763=0.00-\varphi^{\theta}_{Zn^{2+}/Zn}$$

所以
$$\varphi^{\theta}_{Zn^{2+}/Zn}=-0.763V$$

许多电极的标准电极电位都已测定,其数值见表 8-1。

由标准电极电势表可以看出:在相同条件下,不同电的对标准电极电位彼此不同,这说明标准电极电位的大小是由氧化还原电对的性质决定的。组成原电池时,φ^{θ} 较大的电极为正极,φ^{θ} 较小的电极为负极。电对的 φ^{θ} 值越大,其氧化态越易得到电子,氧化性越强,而其还原态越难失去电子,还原性越弱;反之亦然。

表 8-1　部分电对的标准电极电势(25℃)

氧化态	电子数		还原态	$\varphi^{\theta}(V)$
Na^+	+e	$\rightleftharpoons$	Na	−2.714
Zn^{2+}	+2e	$\rightleftharpoons$	Zn	−0.763
$2CO_2+2H^+$	+2e	$\rightleftharpoons$	$H_2C_2O_4$	−0.49
Fe^{2+}	+2e	$\rightleftharpoons$	Fe	−0.44
Sn^{2+}	+2e	$\rightleftharpoons$	Sn	−0.136
Pb^{2+}	+2e	$\rightleftharpoons$	Pb	−0.126
$2H^+$	+2e	$\rightleftharpoons$	H_2	0.0000
$S_4O_6^{2-}$	+2e	$\rightleftharpoons$	$2S_2O_3^{2-}$	0.08
AgCl(s)	+e	$\rightleftharpoons$	$Ag+Cl^-$	0.2223
Hg_2Cl_2(s)	+2e	$\rightleftharpoons$	$2Hg+2Cl^-$	0.2676
Cu^{2+}	+2e	$\rightleftharpoons$	Cu	0.337
I_2(s)	+2e	$\rightleftharpoons$	$2I^-$	0.5345
Fe^{3+}	+e	$\rightleftharpoons$	Fe^{2+}	0.771
$Cr_2O_7^{2-}+14H^+$	+6e	$\rightleftharpoons$	$2Cr^{3+}+7H_2O$	1.33
$MnO_4^-+8H^+$	+5e	$\rightleftharpoons$	$Mn^{2+}+4H_2O$	1.51

 课堂互动

电极电势的大小与氧化剂和还原剂的强弱有什么关系？

二、能斯特方程式

标准电极电位(φ^{θ})是在特定条件下测定的,如果温度或浓度等条件发生改变,电极电位就会发生明显变化。电极电位与温度、浓度之间的关系可用能斯特(Nernst)方程式表示:

对于任意给定的一个电极,其电极反应可以写成如下通式:

$$Ox+ne \rightleftharpoons Red$$

其能斯特方程式可表示为:

$$\varphi=\varphi^{\theta}+\frac{RT}{nF}\ln\frac{[Ox]}{[Red]} \tag{8-1}$$

式中:φ 为电极电势;φ^{θ} 为标准电极电势;R 为气体常数,其值为 8.314J/(mol·K);T 为热力学温度,单位为 K,T=273.15+t℃;F 为法拉第常数,其值为 96 485C/mol;n 为电极反应中转移的电子数;[Ox]和[Red]分别表示电极反应式中氧化态一侧各物质浓度系数幂的乘积和还原态一侧各物质浓度系数幂的乘积。

在 25℃时,将各常数值代入上式,能斯特方程式可写成:

$$\varphi=\varphi^{\theta}+\frac{0.0592}{n}\lg\frac{[Ox]}{[Red]} \tag{8-2}$$

使用此公式时,必须注意:

1. 在电极反应中如果有纯固体、纯液体参与反应,把它们的浓度作为常数,视作 1 处理,不写进 Nernst 方程中。如:

$$AgCl(s)+e \rightleftharpoons Ag+Cl^-$$

$$\varphi_{AgCl/Ag}=\varphi^\theta_{AgCl/Ag}+0.0592\lg\frac{1}{[Cl^-]}$$

2. 对于气体物质,应以分压 p 与标准压力 p^θ 之比 p/p^θ 写入 Nernst 方程中。各物质的计量系数不是 1 时,公式中应将它们的系数作为对应物质浓度的幂。如:

$$2H^+(aq)+2e \rightleftharpoons H_2(g)$$

$$\varphi_{H^+/H_2}=\varphi^\theta_{H^+/H_2}+\frac{0.0592}{2}\lg\frac{[H^+]^2}{[p_{H_2}/p^\theta]}$$

3. 电极反应中,除氧化态和还原态物质外,还有 H^+ 或 OH^- 参加反应时,这些离子的浓度也应表示在能斯特方程式中。例如:

$$MnO_4^-+8H^++5e \rightleftharpoons Mn^{2+}+4H_2O$$

$$\varphi_{MnO_4^-/Mn^{2+}}=\varphi^\theta_{MnO_4^-/Mn^{2+}}+\frac{0.0592}{5}\lg\frac{[MnO_4^-][H^+]^8}{[Mn^{2+}]}$$

第三节　直接电位法

直接电位法在原电池中进行分析、测量时,必须使用两个性能不同的电极才能完成。常用的电极有参比电极、指示电极和复合电极。

一、参比电极和指示电极

(一) 参比电极

一定条件下,具有恒定电极电位的电极称为参比电极(reference electrode)。参比电极的电极电位不随待测溶液离子浓度的变化而变化,只与电极内部的离子浓度有关,当其内部离子的浓度一定时,其电极电位为一恒定值。常用的参比电极有甘汞电极和银 - 氯化银电极。

1. 甘汞电极　甘汞电极由金属汞、甘汞(Hg_2Cl_2)和 KCl 溶液组成。其构造如图 8-3 所示。

电极反应为:

$$Hg_2Cl_2+2e \rightleftharpoons 2Hg+2Cl^-$$

25℃时,其电极电位为:

$$\varphi_{Hg_2Cl_2/Hg}=\varphi^\theta_{Hg_2Cl_2/Hg}-0.0592\lg c_{Cl^-}$$

由上式可知,甘汞电极的电极电位只随电极内部氯离子的浓度变化而变化,当氯离子的浓度一定时,甘汞电极的电极电位为一定值。在 25℃时,三种不同浓度 KCl 溶液的甘汞电极的电极电位见表 8-2。

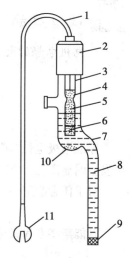

图 8-3　饱和甘汞电极

表 8-2　甘汞电极的电极电位(25℃)

KCl 溶液浓度	0.1mol/L KCl	1mol/L KCl	饱和 KCl
电极电位(V)	0.3337	0.2801	0.2412

饱和甘汞电极(SCE)是电位分析法中最常用的参比电极,其电位稳定,构造简单,保存和使用都很方便。

2. 银 - 氯化银电极　银 - 氯化银电极是由涂镀有一层氯化银的银丝插入一定浓度的氯化钾溶液中构成的。其构造如图 8-4 所示。

电极反应为:

$$AgCl+e \rightleftharpoons Ag+Cl^-$$

25℃时,银 - 氯化银电极的电极电位为:

$$\varphi_{AgCl/Ag}=\varphi^\theta_{AgCl/Ag}-0.0592lgc_{Cl^-}$$

与甘汞电极相似,银 - 氯化银电极的电极电位也只随电极内部氯离子浓度的变化而变化。三种不同浓度 KCl 溶液的银 - 氯化银电极的电极电位见表 8-3。

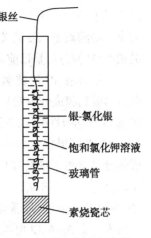

图 8-4 银 - 氯化银电极

表 8-3 银 - 氯化银电极的电极电位(25℃)

KCl 溶液浓度	0.1mol/L KCl	1mol/L KCl	饱和 KCl
电极电位(V)	0.2880	0.2220	0.1990

银 - 氯化银电极结构简单,可以制造成很小的体积,使用方便、性能可靠,因此常将其用作其他离子选择性电极的内参比电极。

(二) 指示电极

电极电位值随溶液中待测离子浓度的变化而变化的电极称为指示电极(indicator electrode)。常用的指示电极一般分为以下两大类。

1. 金属基电极(Base metal electrode) 金属基电极是以金属为基体,电极电位的建立基于电子转移反应的一类电极。按其组成和作用不同分为:

(1) 金属 - 金属离子电极:由金属插入含该金属离子的溶液中所构成的电极称为金属 - 金属离子电极,简称金属电极。这种电极只有一个相界面,因此又称为第一类电极。金属与该金属的离子在界面上发生可逆的电子转移,其电极电位决定于溶液中金属离子的浓度。金属电极可用于指示被测金属离子的浓度,也可用于电位滴定中,指示沉淀或配位滴定过程中金属离子浓度的变化。如银电极,表示为 Ag|Ag$^+$,其电极反应和电极电势为:

$$Ag^++e \rightleftharpoons Ag$$

$$\varphi_{Ag^+/Ag}=\varphi^\theta_{Ag^+/Ag}+0.0592lgc_{Ag^+} \quad (25℃)$$

(2) 金属 - 金属难溶盐电极:将金属表面涂上该金属的难溶盐后,插入该难溶盐的阴离子溶液中构成的电极,称为金属 - 金属难溶盐电极。这类电极有二个相界面,故又称为第二类电极。其电极电位随溶液中难溶盐阴离子浓度的变化而变化,可作为测定难溶盐阴离子浓度的指示电极。如银 - 氯化银电极,可表示为 Ag|AgCl,Cl$^-$,电极反应与电极电势为:

$$AgCl+e \rightleftharpoons Ag+Cl^-$$

$$\varphi_{AgCl/Ag}=\varphi^\theta_{AgCl/Ag}-0.0592lgc_{Cl^-} \quad (25℃)$$

(3) 惰性金属电极:将惰性金属(铂或金)插入含有某氧化态和还原态电对的溶液中所组成的体系称为惰性金属电极。电极的氧化态、还原态同时存在于溶液中,没有相界面,故称为零类电极或氧化还原电极。惰性金属不参与电极反应,仅在电极反应过程中起传递电子的作用。惰性金属电极的电极电位决定于溶液中氧化态和还原态物质浓度的比值,可作为测定溶液中氧化态和还原态物质浓度比值的指示电极。如 Pt|Fe^{3+},Fe^{2+},其电极反应和电极电势为:

$$Fe^{3+}+e \rightleftharpoons Fe^{2+}$$

$$\varphi_{Fe^{3+}/Fe^{2+}}=\varphi^\theta_{Fe^{3+}/Fe^{2+}}+0.0592lg\frac{[Fe^{3+}]}{[Fe^{2+}]}$$

必须注意,某一电极作为参比电极还是指示电极,不是固定不变的。例如,银 - 氯化银电极通常用作参比电极,但又可用作测定 Cl$^-$ 的指示电极;pH 玻璃电极通常用作测定 H$^+$ 的指示电极,但又可用作测定 Cl$^-$、I$^-$ 的参比电极。

2. 离子选择性电极(ion selectivity electrode,ISE) 离子选择性电极是一种利用选择性电极膜对溶液中特定离子产生选择性响应,从而指示该离子浓度的电极。这类电极的共同特点是,膜电极电位的产生源于离子的交换和扩散,而无电子的转移,电极电位的大小与待测离子浓度的关系满足能斯特方程式。该类电极具有选择性好,灵敏度高的特点,是目前发展较快和应用较广的指示电极。

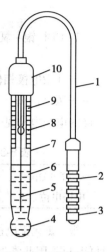

测定溶液 pH 的玻璃电极,是使用最早的一种离子选择性电极。玻璃电极的玻璃膜成分一般为 $Na_2O(22\%)$、$CaO(6\%)$、$SiO_2(72\%)$,它对溶液中的 H^+ 浓度有选择性响应,常用于测定或指示溶液的 pH。

(1)玻璃电极的构造:玻璃电极的构造如图 8-5 所示,电极的主要组成部分是电极下端的球形泡,泡的下半部是对 H^+ 有选择性响应的玻璃薄膜,球膜是由特殊成分的玻璃制成,膜厚约 0.05~0.1mm。泡内装有一定 pH 的内参比溶液(通常是由 0.1mol/L HCl 和 KCl 组成的缓冲溶液),溶液中插入一支 Ag-AgCl 电极作内参比电极。由于玻璃电极的内阻很高(约为 $100M\Omega$),因此导线及电极引出线都需要高度绝缘,并装有屏蔽罩,以免漏电和静电干扰。

图 8-5　玻璃电极
1. 绝缘屏蔽电缆;
2. 高绝缘电机插头;
3. 金属接头;4. 玻璃薄膜;5. 内参比电极;6. 内参比溶液;7. 外管;8. 支管圈;9. 屏蔽层;10. 塑料电极帽

(2)玻璃电极的响应原理:玻璃电极的内参比电极电位恒定,与被测溶液的 pH 无关,玻璃电极之所以能指示 H^+ 浓度的大小,是因为 H^+ 在膜上进行交换和扩散的结果。玻璃电极在使用前必须在水溶液中浸泡一定时间,由于玻璃膜的结构中存在着体积小、活动能力较强的 Na^+,当玻璃电极放入水中后,玻璃膜外表面的 Na^+ 与水中的 H^+ 发生如下的交换反应:

$$H^+ + Na^+Gl^- \rightleftharpoons Na^+ + H^+Gl^-$$
$$(溶液)\quad(玻璃)\quad\quad(溶液)\quad(玻璃)$$

在酸性和中性溶液中,膜表面的 Na^+ 点位几乎全部被 H^+ 所占据,使玻璃膜的表面形成一层很薄的水化凝胶层。由于内参比溶液的作用,玻璃膜的内表面形成了同样的水化凝胶层。

当浸泡好的玻璃电极浸入到待测溶液中时,水化凝胶层与溶液接触,由于外水化凝胶层与外部溶液的 H^+ 浓度不同,H^+ 会从浓度大的一侧向浓度小的一侧迁移,并建立如下平衡:

$$H^+_{胶层} \rightleftharpoons H^+_{溶液}$$

因而在胶层 - 溶液两相界面间形成了双电层,产生了外相界电位 $\varphi_{外}$;同样,玻璃电极膜内水化凝胶层与内参比溶液产生了内相界电位 $\varphi_{内}$,如图 8-6 所示。

在玻璃膜的内外固、液界面上由于 H^+ 浓度不同,使得膜的两侧具有一定的电位差,这个电位差称为膜电位 $\varphi_{膜}$。25℃时玻璃膜的膜电位可表示为:

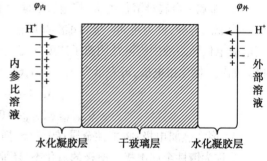

图 8-6　膜电位产生示意图

$$\varphi_{膜} = \varphi_{外} - \varphi_{内} = 0.0592\lg\frac{[H^+]_{外}}{[H^+]_{内}} \tag{8-3}$$

上式中,$[H^+]_{外}$ 为膜外待测溶液的 H^+ 浓度,$[H^+]_{内}$ 为膜内参比溶液的 H^+ 浓度,由于膜内装的内参比溶液的 H^+ 浓度是一定的,因此,膜电位 $\varphi_{膜}$ 的大小,主要由待测溶液中的 H^+ 浓度决定,计算式可简化为:

$$\varphi_{膜} = K + 0.0592\lg[H^+]_{外} \tag{8-4}$$

玻璃电极的电极电位大小由内参比电极的电位和膜电位决定。在一定条件下,内参比电极的电位是一定值,因此整个玻璃电极的电极电位为:

$$\varphi_{玻璃} = \varphi_{参比} + \varphi_{膜} = \varphi_{参比} + K + 0.0592\lg[H^+]_{外} = K_{玻} + 0.0592\lg[H^+]_{外}$$

上式中 $K_{玻}$ 表示玻璃电极的性质常数,大小由膜电位的性质常数和内参比电极的电位决定。

故 25℃时,玻璃电极的电极电位为:

$$\varphi_{玻璃} = K_{玻} - 0.0592pH \tag{8-5}$$

上式表明,只要确定了常数值 $K_{玻}$,即可由测得的玻璃电极的电极电位值求得待测溶液的 pH。

(3) 玻璃电极的性能:①当溶液的 pH 改变一个单位时,引起玻璃电极电位的变化值称为电极斜率,用 S 表示,其理论值为 $2.303RT/F$。由于玻璃电极长期使用会老化,因此玻璃电极的实际斜率均略小于理论值,在 25℃时,若玻璃电极的实际斜率小于 52mV/pH,就不宜再使用。②玻璃电极的 φ-pH 关系曲线只在一定 pH 范围内呈线性关系。当用普通玻璃电极测定 pH>9 的碱性溶液时,玻璃膜会对 H^+ 和 Na^+ 同时响应,使测得的 H^+ 浓度偏高,而 pH 测量值低于真实值而产生负误差,这种误差称为钠差,又称碱差。当用玻璃电极测定 pH<1 的酸性溶液时,由于外部溶液 $[H^+]$ 过高,部分 H^+ 会进入水化凝胶层,导致外部溶液的 H^+ 浓度较真实浓度偏低,pH 测量值高于真实值而产生正误差,这种误差称为酸差。③当玻璃电极膜内、外两侧溶液的 H^+ 浓度相等时,理论上讲膜电位 $\varphi_{膜}$ 应为零,但实际上 $\varphi_{膜}$ 并不等于零,有 1~30mV 的电位差存在,这个电位差称为不对称电位。它是由于玻璃膜内外表面性质的差异(如表面几何形状不同、结构存在微小差异、水化作用不同等)造成的。玻璃电极经过充分浸泡后,不对称电位可以降至最低,并趋于恒定。④玻璃电极一般只能在 5~60℃范围内使用,温度过低,玻璃电极的内阻会增大;温度过高,电极寿命会缩短。此外,在测定标准溶液和待测溶液 pH 时,温度必须相同。

(4) 使用玻璃电极的注意事项:①玻璃电极在使用前,必须在纯化水中浸泡 24 小时以上,以便形成稳定的水化凝胶层,降低不对称电位,使电极对 H^+ 有稳定的对应关系。经常使用的玻璃电极,短期可用 pH = 4.00 的缓冲溶液或纯化水浸泡存放;如果长期存放,则需用 pH=7.00 的缓冲溶液浸泡或套上橡皮帽放在盒中。②用钠玻璃制成的玻璃电极如"221"型玻璃电极,适合测定的溶液 pH 范围是 1~9;而用锂玻璃制成的玻璃电极如"231"型玻璃电极,适合测定的溶液 pH 范围是 1~13。③玻璃电极的玻璃球膜很薄,易于破碎损坏,使用时要格外小心。测定 pH 时,玻璃电极的球泡应稍高于甘汞电极的陶瓷芯端,并全部浸在溶液中,球泡不能与玻璃杯等硬物相碰。④待测溶液不能含有氟离子,以防腐蚀玻璃电极;不能用浓硫酸、无水乙醇、铬酸等来洗涤电极,以防破坏电极功能。⑤玻璃电极浸入溶液后应轻轻摇动溶液,促使电极反应尽快达到平衡。⑥测完某一样品,要立即洗净电极,并用滤纸吸干后,再测定下一个样品。电极清洗后切勿用织物擦干,以防损坏、污染电极,导致读数错误。

(三) pH 复合电极

目前,在实际测定中常以复合电极代替指示电极和参比电极。pH 复合电极通常是将玻璃电极与银 - 氯化银电极或玻璃电极与甘汞电极组合在一起的电极。复合电极具有结构简单、使用方便、测定值稳定、外壳的抗冲击能力较玻璃电极强等优点。

使用 pH 复合电极时,应注意以下事项:

(1) 电极不可用纯化水浸泡,否则会使电极的响应变慢、精度变差。不用时应浸泡在 pH=4 的 KCl 缓冲溶液中,新电极使用前应在 3mol/L KCl 溶液中浸泡 8~24 小时方可使用。

(2) 电极从浸泡瓶中取出后,应在纯化水中晃动并甩干,不要用纸巾擦拭球泡,否则由于静电感应电荷转移到玻璃膜上,会延长电势稳定的时间,更好的方法是使用被测溶液冲洗电极。

(3) 电极应避免在强酸、强碱或其他腐蚀性溶液中使用。pH 复合电极严禁在无水乙醇、重铬酸钾、浓硫酸等脱水性介质中使用,它们会损坏球泡表面的水化凝胶层。

(4) 安装前,应轻甩几下电极,以确保银 - 氯化银内参比电极浸入到球泡的内参比溶液中,防止出现测量过程中酸度计显示的数字乱跳现象。

(5) 电极插入被测溶液后,要搅拌晃动几下再静止放置,这样会加快电极的响应。尤其使用塑壳 pH 复合电极时,搅拌晃动要厉害一些,因为球泡和塑壳之间会有一个小小的空腔,电极浸入溶液后有时空腔中的气体来不及排除会产生气泡,使球泡或液接界与溶液接触不良,因此必须用力搅拌晃动以排除气泡。

(6) 在黏稠性试样中测试之后,电极必须用纯化水反复冲洗多次,以除去黏附在玻璃膜上的试样。有时还需先用其他溶剂洗去试样,再用水洗去溶剂,浸入浸泡液中活化。

二、直接电位法测定溶液的 pH

(一)测定原理

直接电位法测定溶液的 pH,常用饱和甘汞电极作参比电极,pH 玻璃电极作指示电极。将两个电极插入待测溶液中组成原电池。原电池符号可表示为:

(−)玻璃电极 | 待测溶液 ‖ 饱和甘汞电极(+)

25℃时,原电池的电动势为:

$$E=\varphi_+ - \varphi_- = \varphi_{SCE} - \varphi_{玻璃}$$

故 $$E=0.2412-(K_{玻}-0.0592pH)=K+0.0592pH \qquad (8\text{-}6)$$

该式表明,原电池的电动势与溶液的 pH 呈线性关系。公式中的常数 K 包括内、外参比电极的电位、不对称电位、玻璃电极的内膜电位等。温度一定时,数值 K 恒定,但不同玻璃电极的 K 不同,难以测定和计算。因此,直接电位法测定溶液的 pH 时,常用两次测定法,以消除玻璃电极的不对称电位和公式中的常数项。具体方法为:

首先测定 pH 为 pH_S 的标准缓冲溶液的电动势 E_S,再测量 pH 为 pH_X 的未知待测溶液的电动势 E_X,在 25℃时,电动势与 pH 之间的关系满足下式:

$$E_S=K+0.0592pH_S$$
$$E_X=K+0.0592pH_X$$

两式相减并整理得:

$$pH_X=pH_S+\frac{E_S-E_X}{0.0592} \qquad (8\text{-}7)$$

由上式可知,用两次测定法测定溶液的 pH,只要使用同一对玻璃电极和饱和甘汞电极,在相同条件下,无需确定常数 K,只要确定了 pH_S、E_S 和 E_X 值,就可求得待测溶液的 pH_X。由于饱和甘汞电极在标准缓冲溶液和待测溶液中产生的液接电位不同,会产生测定误差。但若两种溶液的 pH 接近,由液接电位不同而引起的误差就可忽略。因此,测量时选用的标准缓冲溶液的 pH_S 应该尽可能地与待测溶液的 pH_X 相接近。常用标准缓冲溶液的 pH 见表 8-4。

表 8-4 常用标准缓冲溶液的 pH

温度 ℃	0.05mol/L 草酸三氢钾	饱和 酒石酸氢钾	0.05mol/L 邻苯二甲酸氢钾	0.025mol/L KH₂PO₄ 和 0.025mol/L Na₂HPO₄
0	1.666	—	4.003	6.984
10	1.670	—	5.998	6.923
20	1.675	—	4.002	6.881
25	1.679	3.557	4.008	6.865
30	1.683	3.552	4.015	6.853
35	1.688	3.549	4.024	6.844
40	1.694	3.547	4.035	6.838

课堂互动

为什么用电位法测定溶液的 pH,需采用两次测定法?

（二）pH 计

pH 计又称酸度计，是一种用来测定溶液 pH 的精密仪器。pH 计因测量用途和精度不同而有多种不同的类型，但其结构均由两部分组成，即电极系统和高阻抗毫伏计。电极与待测溶液组成原电池，以毫伏计测量电极间的电位差，电位差经放大电路放大后，由电流表或数码管显示。目前常用的主要有雷兹 25 型、pHS-2 型和 pHS-3C 型等，它们的测量原理相同，结构稍有差别。这里介绍一下 pHS-3C 型酸度计（见图 8-7）。

1. pHS-3C 酸度计的主要调节旋钮及功能

（1）mV-pH 转换器　功能选择按钮，指向"pH"时，仪器用于测量 pH；指向"mV"时，仪器用于测量电池的电动势。

（2）"温度"补偿器　调节仪器温度与标准缓冲溶液或待测溶液的温度一致。

（3）"定位"调节器　使仪器所示的 pH 与标准缓冲溶液的 pH 保持一致。

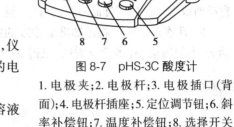

图 8-7　pHS-3C 酸度计

1. 电极夹；2. 电极杆；3. 电极插口（背面）；4. 电极杆插座；5. 定位调节钮；6. 斜率补偿钮；7. 温度补偿钮；8. 选择开关钮（pH，mV）；9. 电源插头；10. 显示屏；11. 面板

（4）"斜率"调节器（pHS-2、pHS-3 型酸度计设有）　调节电极系数，确保仪器能精密测量 pH。

2. 溶液 pH 的测量

（1）准备工作：打开仪器开关预热 30 分钟，将浸泡好的玻璃电极和饱和甘汞电极安装在电极夹中，将甘汞电极的引线连接在参比接线柱上。安装电极时玻璃电极球泡必须比甘汞电极陶瓷芯端稍高一些，以免球泡碰坏。甘汞电极在使用时应把上部的小橡皮塞及下端橡皮套除下。用纯化水清洗两电极需要插入溶液的部分，并用滤纸吸干电极外壁上的水。将仪器功能选择按钮调至"pH"位置。

（2）仪器的校正（以"二点校正法"为例）：选择二种缓冲溶液，被测溶液的 pH 应在该两种缓冲溶液的 pH 之间或接近，如 pH=4 和 7。把电极放入第一种缓冲溶液（pH=7）中，调节温度调节器，使 pH 计所指示的温度与溶液一致，待读数稳定后，该读数应为该缓冲溶液的 pH，否则调节定位调节器；将电极放入第二种缓冲溶液（pH=4）中，轻摇烧杯，使溶液均匀，待读数稳定后，该读数应为该缓冲溶液的 pH，否则，调节斜率调节器。经校正的仪器，各调节器不应再有变动。

（3）测量待测溶液的 pH：移去标准缓冲溶液，用纯化水清洗电极头部，并用滤纸吸干，插入待测溶液中，同样轻摇烧杯，待电极反应平衡后，读取被测溶液的 pH。

（4）测量完毕，关上"电源"开关，拔去电源。取下电极，用纯化水将电极清洗干净，浸入纯化水中备用。

三、直接电位法测定其他离子浓度

直接电位法不仅可以测定溶液的 pH，也可用于测定其他电解质溶液的离子浓度。应用直接电位法测定电解质溶液中的离子时，多采用离子选择电极作指示电极。

（一）测定原理

当离子选择电极的膜表面与待测溶液接触时，通过离子交换或扩散作用在膜两侧形成电位差。因为内参比溶液的浓度是恒定值，所以离子选择电极的电位与待测离子的浓度之间满足能斯特方程。因此，测得原电池的电动势，即可求得待测溶液的浓度。

对阳离子 M^{n+} 有响应的电极，其电极电位为：

$$\varphi = K + \frac{0.0592}{n} \lg c_{M^{n+}}$$

对阴离子 R^{n-} 有响应的电极,其电极电位为:

$$\varphi = K - \frac{0.0592}{n} \lg c_{R^{n-}}$$

（二）测定方法

由于不对称电位和液接电位难以确定等原因,直接电位法测定离子浓度时一般不采用能斯特方程式直接进行计算,而是采用以下方法:

1. 标准曲线法　在离子选择电极的线性范围内,按照浓度由小到大的顺序测定标准溶液的电动势,并作 E-$\lg c_i$ 或 E-pc_i 标准曲线,然后在相同条件下测量待测样品溶液的电动势 E_x,即可在标准曲线上查出待测样品对应的 $\lg c_x$。这种方法称为标准曲线法。

2. 两次测定法　将已知准确浓度的标准溶液和未知浓度的待测溶液在相同条件下测定电动势,类似溶液 pH 的测定方法,求得离子浓度。

视域拓展

离子选择电极分析在生物医学检验中的应用

离子选择电极分析是利用电极电位和离子浓度的关系来测定被测离子浓度的一种电化学分析法。这种方法具有很多优点,如选择性好,多数情况下共存离子的干扰小,组成复杂的试样往往不需分离处理即可直接测定;灵敏度高,可达 $10^{-5} \sim 10^{-8}$ mmol/L;溶血、脂血及黄疸不影响测定;分析速度快;易于自动化;标本用量少等。

离子选择电极分析被广泛用于生物医学检验中,如用微型电极测血液 pH 值,还可测量肾脏 pH、皮肤 CO_2 等常规临床检验。离子选择电极分析可以连续监测,最适合于血液中的电解质测定,特别在大型手术及重症监护时尤为重要,还可用于测定血液中的电解质离子浓度,如 K^+、Na^+、Ca^{2+}、Mg^{2+} 等。

第四节　电位滴定法

一、电位滴定法的方法原理及特点

电位滴定法(Potentiometric titration)是根据滴定过程中指示电极的电位发生突变确定终点的方法。

进行电位滴定时,在待测溶液中插入一支指示电极和一支参比电极组成一个原电池。装置如图 8-8 所示。随着滴定液的加入,滴定液和待测溶液发生化学反应,待测溶液离子浓度不断降低,指示电极的电位随之发生变化。在化学计量点附近,溶液中待测离子的浓度产生了滴定突跃,指示电极的电位也发生相应的突跃。因此,通过测量原电池的电动势变化,可以确定滴定终点。

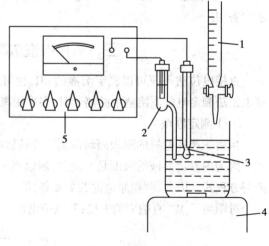

图 8-8　电位滴定装置

二、确定滴定终点的方法

将盛有样品溶液的烧杯置于电磁搅拌器上,插入指示电极和参比电极,在不断搅拌下自滴定管中滴入滴定液。在滴定开始时,可加入 5.00ml 滴定液记录一次滴定液的体积和相应的电动势;在化学计量点附近,减小滴定液的加入量,每加 0.05~0.10ml 滴定液记录一次数据,并保持每次滴定液的加入量相等。现以 0.1mol/L AgNO$_3$ 溶液滴定 NaCl 溶液时电位滴定的部分数据处理为例(表 8-5),介绍几种常用的确定滴定终点的方法。

表 8-5　0.1mol/L AgNO$_3$ 溶液滴定 NaCl 溶液的部分电势滴定数据

V_{AgNO_3}(ml)	E(mV)	ΔE(mV)	ΔV(ml)	$\dfrac{\Delta E}{\Delta V}$	$\dfrac{\Delta^2 E}{\Delta V^2}$
5.00	62				
15.00	85	23	10.00	2.3	
20.00	107	22	5.00	4.4	
22.00	123	16	2.00	8	
23.00	138	15	1.00	15	
23.50	146	8	0.50	16	
23.80	161	15	0.30	50	
24.00	174	13	0.20	65	
24.10	183	9	0.10	90	
24.20	194	11	0.10	110	+2800
24.30	233	39	0.10	390	+4400
24.40	316	83	0.10	830	−5900
24.50	340	24	0.10	240	−580
25.00	373	33	0.50	66	
26.00	396	23	1.00	23	
28.00	426	30	2.00	15	

（一）E-V 曲线法

以表 8-5 中滴定液的加入量体积 V 为横坐标,测得的电池电动势 E 为纵坐标作图,绘制图 8-9 (1)所示的 E-V 曲线。该曲线上的转折点(斜率最大处)所对应的滴定液体积即为滴定终点。此法应用方便,适用于滴定突跃内电动势变化明显的滴定曲线,对于滴定突跃不十分明显的体系,此法不是很准确。

（二）$\dfrac{\Delta E}{\Delta V}$-V 曲线法(一次微商法)

以表 8-5 中相邻两次电动势的差值与其对应的滴定液体积差值之比 $\dfrac{\Delta E}{\Delta V}$ 为纵坐标,滴定液的加入量体积 V 为横坐标,绘制 $\dfrac{\Delta E}{\Delta V}$-V 曲线,如图 8-9(2)所示。曲线尖峰所对应的滴定液体积即为滴定终点。此法较为准确,但方法繁琐。

（三）$\dfrac{\Delta^2 E}{\Delta V^2}$-V 曲线法(二次微商法)

以表 8-5 中的 $\dfrac{\Delta^2 E}{\Delta V^2}$ 为纵坐标,滴定液的加入量 V 为横坐标作图,得到一条具有两个极值的曲线,如图 8-9(3)所示。根据函数的微分性质,函数曲线的拐点在一阶微商图上是极值点,在二阶微商图上则是等于零的点,即 $\dfrac{\Delta^2 E}{\Delta V^2} = 0$ 时的横坐标为滴定终点。

随着科技的发展,通过绘制滴定曲线确定滴定终点的方法逐渐被自动电位滴定所代替。自

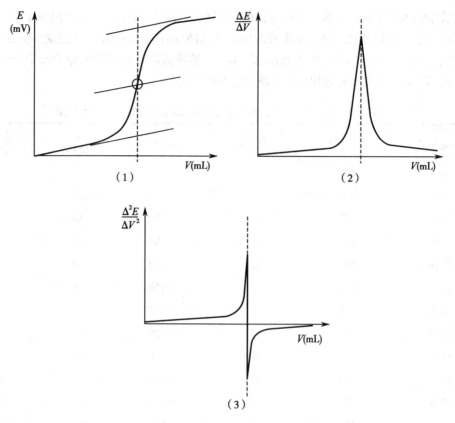

图 8-9 电位滴定曲线

动电位滴定能自动判断滴定终点,并能自动绘制 E-V 曲线、$\dfrac{\Delta E}{\Delta V}$-$V$ 曲线和 $\dfrac{\Delta^2 E}{\Delta V^2}$-$V$ 曲线,省去了复杂的计算,提高了测定的灵敏度和准确度。

电位滴定法可广泛用于酸碱滴定、氧化还原滴定、沉淀滴定、配位滴定等各类滴定分析中的终点确定。

第五节 永停滴定法

永停滴定法(Dead stop titration)属于电流滴定法,是根据滴定过程中双铂电极电流的突变来确定滴定终点的方法,测量时,将两个相同的铂电极插入待滴定的溶液中,在两个电极间外加一低电压(10~100mV),然后进行滴定,观察、记录滴定过程中电流的变化,根据电流变化的特点来确定滴定终点。

一、基本原理和实验装置

(一)基本原理

氧化还原电对中同时存在氧化态和还原态物质,如在 I_2/I^- 溶液中含有 I_2 和 I^-,此时若向含氧化还原电对的溶液中同时插入双铂电极,溶液和双铂电极即可组成原电池,因两支铂电极的电极电位相同,故原电池的电动势为零,电极间无电流通过。若在两电极间外加一低电压,在两支铂电极上发生如下电解反应:

在阳极发生氧化反应 $\qquad$ $2I^- - 2e \rightleftharpoons I_2$

在阴极发生还原反应 $\qquad$ $I_2 + 2e \rightleftharpoons 2I^-$

两个电极分别发生氧化、还原反应,有电子的得失,因此,两极间和外电路中有电流通过。

像 I_2/I^- 这样的电对,当外加一低电压时,一支电极发生氧化反应,另一支电极发生还原反应,同时发生电解,并有电流通过,这样的电对称为可逆电对。

若在 $S_4O_6^{2-}/S_2O_3^{2-}$ 电对的溶液中同时插入双铂电极,同样在两个电极间外加一低电压,则阳极上 $S_2O_3^{2-}$ 发生氧化反应,而阴极上 $S_4O_6^{2-}$ 不能发生还原反应,不能产生电解作用,没有电流通过,这样的电对称为不可逆电对。

永停滴定法就是利用滴定过程中可逆电对的形成或消失,造成两电极回路中电流突变来确定滴定终点的。

利用永停滴定法测定时,通过电流的大小取决于浓度较低的氧化态或还原态物质的浓度,当氧化态和还原态物质的浓度相等时,通过的电流最大。

（二）实验装置

永停滴定法的实验装置如图 8-10 所示。E 和 E′为两个铂电极;R 是 5000Ω 左右的电阻,R′ 为 500Ω 的绕线电阻器,S 为电流计的分流电阻,作调节电流计的灵敏度之用;G 为灵敏电流计,分度为 $10^{-7}\sim10^{-9}$A;B 为 1.5V 干电池,作为供给外加低电压的电源。与电位滴定一样,滴定过程中用电磁搅拌器对溶液进行搅拌。测量时,认真观察滴定过程中电流计的指针变化情况,当指针位置突变时即为滴定终点。

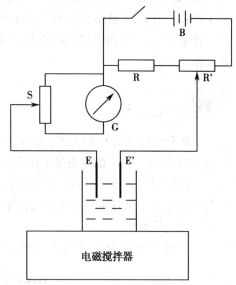

图 8-10　永停滴定装置示意图

二、滴 定 类 型

根据滴定过程中电流的变化情况,永停滴定法常分为以下三种类型:

1. 滴定液为可逆电对,被测物为不可逆电对　以 I_2 滴定液滴定 $Na_2S_2O_3$ 溶液为例。滴定开始至化学计量点前,溶液中只有 $S_4O_6^{2-}/S_2O_3^{2-}$ 不可逆电对,电极间无电流通过,电流计指针停在零点。当达到计量点时,溶液中的 I^- 和稍微过量的 I_2 就形成了 I_2/I^- 可逆电对,在两支铂电极上发生电解反应,电极间有电流通过,电流计指针会突然发生偏转,指示化学计量点的到达,如图 8-11（1）所示。

2. 滴定液为不可逆电对,被测物为可逆电对　以 $Na_2S_2O_3$ 滴定液滴定 I_2 液为例。滴定刚开始时,溶液中含有 I_2/I^- 可逆电对,$[I^-]<[I_2]$,电流计中有电流通过,电流随 $[I^-]$ 的增大而增大;当 $[I_2]=[I^-]$ 时,电流强度达到最大值;反应继续进行,$[I_2]<[I^-]$,电流随 $[I_2]$ 的减小而减小。当反应达到化学计量点时,溶液中只有 $S_4O_6^{2-}$ 和 I^-,无电解反应发生,电流计指针回到零点。化学计量点后,溶液中含有 $S_4O_6^{2-}/S_2O_3^{2-}$ 不可逆电对和 I^-,无电解反应发生,电流计指针停在零点不动,

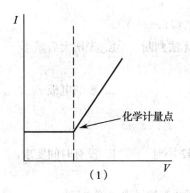

（1）

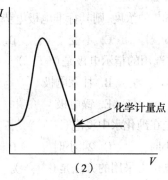

（2）

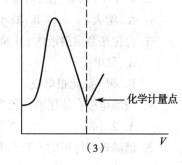

（3）

图 8-11　*I-V* 曲线图

101

即为滴定终点,如图 8-11(2)所示。

3. 滴定液与被测物均为可逆电对　以 $Ce(SO_4)_2$ 滴定液滴定 $FeSO_4$ 溶液为例。在滴定开始前,溶液中只有 Fe^{2+},因无可逆电对存在,两极间无电流通过。滴定开始后,可逆电对 Fe^{3+}/Fe^{2+} 形成,电流计中有电流通过,电流随 $[Fe^{3+}]$ 的增大而增大;当 $[Fe^{2+}]=[Fe^{3+}]$ 时,电流达最大值。继续滴加 Ce^{4+},$[Fe^{3+}]$ 不断增加,$[Fe^{2+}]$ 逐渐下降,电流也逐渐下降。达到化学计量点时,可逆电对 Fe^{3+}/Fe^{2+} 消失,溶液中只有 Fe^{3+},此时电流降至最低点。此时为滴定终点,如图 8-11(3)所示化学计量点后,加入的过量 Ce^{4+} 会与反应生成的 Ce^{3+} 形成可逆电对 Ce^{4+}/Ce^{3+},溶液中电流又开始逐渐变大。

 学习小结

　　将化学能转变为电能的装置称为原电池。在原电池中,电子流出的电极发生氧化反应,称为负极;电子流入的电极发生还原反应,称为正极。

　　规定温度为 25℃,组成电极的有关离子的浓度为 1mol/L(严格地讲是活度为 1),有关气体分压为 101.325kPa 时所测得的电极电位,称为该电极的标准电极电位。标准氢电极的电极电位为零。

　　电极在 25℃条件下的电极电位可用能斯特方程式计算求得,即:

$$\varphi_{Ox/Red}=\varphi_{Ox/Red}^{\theta}+\frac{0.0592}{n}\lg\frac{[Ox]}{[Red]}$$

　　直接电位法测定溶液的 pH 时,常用玻璃电极作指示电极,饱和甘汞电极作参比电极,将两个电极插入到被测溶液中组成原电池,通过测定原电池的电动势,求得溶液的 pH。

　　电位滴定法是借助于滴定过程中指示电极电位的突变来确定终点的间接电位法。

　　永停滴定法是在滴定溶液中插入两个铂电极,并外加一个小电压,通过观察滴定过程中电流计的指针变化,以判断滴定终点的分析方法。

达 标 练 习

一、选择题

(一) 单选题

1. 在 Fe^{2+}/Fe-Cu^{2+}/Cu 原电池中,其正极反应式及负极反应式正确的为(　　)
    A. $(+)Fe^{2+}+2e^-=Fe$　$(-)Cu-2e^-=Cu^{2+}$　　　　B. $(+)Fe-2e^-=Fe^{2+}$　$(-)Cu^{2+}+2e^-=Cu$
    C. $(+)Cu^{2+}+2e^-=Cu$　$(-)Fe^{2+}+2e^-=Fe$　　　　D. $(+)Cu^{2+}+2e^-=Cu$　$(-)Fe-2e^-=Fe^{2+}$
    E. $(+)Fe-2e^-=Fe^{2+}$　$(-)Cu-2e^-=Cu^{2+}$

2. 对于电对 Zn^{2+}/Zn,增大 Zn^{2+} 的浓度,则其标准电极电势值将(　　)
    A. 增大　　　　B. 减小　　　　C. 不变　　　　D. 无法判断　　　　E. 先增大后减小

3. 电位法测定溶液的 pH 常选用的指示电极是(　　)
    A. 氢电极　　　　　　　　　　　B. 甘汞电极　　　　　　　　　　C. 玻璃电极
    D. 银 - 氯化银电极　　　　　　　E. 锌电极

4. 玻璃电极在使用前应预先在纯化水中浸泡(　　)
    A. 2 小时　　　B. 12 小时　　　C. 24 小时　　　D. 42 小时　　　E. 没有时间要求

5. 消除玻璃电极的不对称电位常采用的方法是(　　)。
    A. 用纯化水浸泡玻璃电极　　　　　　　　　　B. 用标准缓冲溶液浸泡玻璃电极

    C. 定位补偿   D. 进行温度补偿

    E. 进行两次测量法

6. 用电位法测定溶液的 pH 应选择的方法是（   ）

    A. 永停滴定法   B. 电位滴定法   C. 直接电位法

    D. 电导法   E. 电流法

7. 电位滴定法中电极的组成为（   ）

    A. 两支不相同的参比电极   B. 两支相同的指示电极

    C. 两支不相同的指示电极   D. 一支参比电极,一支指示电极

    E. 两支铂电极

8. 永停滴定法用于（   ）

    A. 测定物质含量   B. 测量溶液的 pH 值

    C. 确定滴定终点   D. 控制测定条件

    E. 预测物质含量

（二）多选题

1. 离子选择性电极的组成有（   ）

    A. 电极膜   B. 电极管   C. 内参比溶液

    D. 内参比电极   E. 外参比电极

2. 电位法测定溶液的 pH 常选择的电极是（   ）

    A. 玻璃电极   B. 银 - 氯化银电极   C. 饱和甘汞电极

    D. 汞电极   E. 银电极

3. 常用的参比电极有（   ）

    A. 甘汞电极   B. 银 - 氯化银电极   C. 金电极

    D. 玻璃电极   E. 气敏电极

4. 电势滴定法确定终点的方法有（   ）

    A. E-V 曲线法   B. $\Delta E/\Delta V$-$\overline{V}$ 曲线法   C. $\Delta^2 E/\Delta V^2$-V 曲线法

    D. 自身指示剂法   E. 外指示剂法

5. 永停滴定曲线的类型有（   ）

    A. 滴定液为可逆电对,被测物为不可逆电对

    B. 滴定液为不可逆电对,被测物为可逆电对

    C. 滴定剂与被测物均为可逆电对

    D. 滴定液和被测物均为不可逆电对

    E. 滴定液和被测物均为难溶物质

二、填空题

1. 在原电池中,电子流出的电极称为负极,发生_____反应;电子流入的电极称为正极,发生_____反应。

2. 电极电位越大,说明电对中氧化态物质的_____能力越强;电极电位越小,说明电对中还原态物质的_____能力越强。

3. 测定溶液的 pH 时,常用的指示电极是_____,作原电池的_____极;参比电极电极是_____,作原电池的_____极。

4. 25℃时,玻璃电极的电极电位表达为_____。

5. 甘汞电极的电极电位与_____有关。25℃时,饱和甘汞电极的电极电位为_____。

6. "221" 型玻璃电极,适合测定的溶液 pH 范围是_____。

7. 电位滴定法中,在 E-V 曲线的_____点所对应的滴定液体积为滴定终点。

8. 永停滴定法中,在测量时,将两个相同的_____插入待滴定的溶液中,在两个电极间外加_____,然后进行滴定,观察电流的突然变化。

三、简答题

1. 什么是电极电位?什么是标准电极电位?二者之间有何关系?

2. 为什么在测定溶液的 pH 时要用两次测定法?

3. 电位滴定确定滴定终点的主要方法有哪些?

4. 永停滴定法与电位滴定法有何区别?

（马纪伟）

第九章

紫外 - 可见分光光度法

 学习目标

1. 掌握 Lambert-Beer 定律的物理意义、成立条件、影响因素及有关计算；吸光系数的意义及计算；紫外 - 可见分光光度计的基本部件、工作原理；紫外 - 可见分光光度法用于单组分定量的各种方法。

2. 熟悉紫外 - 可见吸收光谱的产生机制；偏离朗伯 - 比尔定律的主要因素和分析条件的选择。

3. 了解光谱法的分类；紫外吸收光谱的特征，电子跃迁类型、吸收带类型、特点及影响因素以及基本概念；紫外吸收光谱与有机化合物分子结构的关系；紫外 - 可见分光光度计的几种光路类型；紫外 - 可见分光光度计定性的方法；紫外 - 可见分光光度计用于多组分定量的方法。

4. 学会绘制吸收光谱曲线、标准曲线的操作技术和常见的紫外 - 可见分光光度计的使用方法。

紫外 - 可见分光光度法(ultraviolet-visible spectroscopy，uv-vis)，又称紫外 - 可见分子吸收光谱法(ultraviolet-visible molecular absorption spectrometry)，是用来研究物质在紫外可见光区(200~760nm)的分子吸收光谱法。紫外 - 可见吸收光谱产生于分子价电子在电子能级间的跃迁，是研究物质电子光谱的方法。由于电子光谱的强度大，故紫外 - 可见分光光度法灵敏度较高，一般可达 $10^{-4}\sim10^{-6}$g/ml，部分可达 10^{-7}g/ml，准确度可达 0.5%，可用于推断化合物结构，进行单组分及混合组分的含量测定等。

第一节 光谱分析法概述

一、电磁辐射与电磁波谱

(一)电磁辐射

电磁辐射又称电磁波，具有波动性和粒子性，即波粒二象性。所有电磁辐射在真空中的传播速度 c 都约为 2.9979×10^{10}cm/s。

电磁辐射在传播过程中能够发生反射、折射、衍射、干涉和偏振等现象，表现出的波动性，可用光速 c、波长 λ、频率 υ 和波数 σ 等描述，它们之间的相互关系为：

$$c=\lambda\upsilon \tag{9-1}$$

$$\sigma=\frac{1}{\lambda} \tag{9-2}$$

电磁辐射与物质发生作用，能够产生吸收、发射和光电效应等现象，表现出粒子性。每种电磁辐射都具有一定的能量,其能量 E 与光速 c、波长 λ、频率 υ 和波数 σ 之间的相互关系为:

$$E = h\upsilon = h\frac{c}{\lambda} = h\sigma c \qquad (9\text{-}3)$$

式中的 h 是普朗克(Planck)常数,其值等于 6.6262×10^{-34} J·s,其式表明:电磁辐射的波长越短,频率越高,其能量越大,反之亦然。

（二）电磁波谱

若把电磁辐射按照波长大小顺序排列起来,就称为电磁波谱(electromagnetic spectrum),如表 9-1 所示。

表 9-1　电磁波谱分区表

电磁辐射区段	波长范围	能级跃迁的类型
γ 射线	10^{-3}~0.1nm	原子核能级
X 射线	0.1~10nm	内层电子能级
远紫外辐射	10~200nm	内层电子能级
紫外辐射	200~400nm	价电子或成键电子能级
可见光区	400~760nm	价电子或成键电子能级
近红外辐射	0.76~2.5μm	涉及氢原子的振动能级
中红外辐射	2.5~50μm	原子或分子的振动能级
远红外辐射	50~500μm	分子的振动能级
微波区	0.3mm~1m	分子的振动能级
无线电波区	1~1000m	磁场诱导核自旋能级

从本质上讲,光是一种电磁辐射,不同电磁辐射之间的区别仅在于波长或频率不同。紫外线区和可见光区仅是电磁波谱中的一小部分。

可见光是人眼睛能感觉到的光,其波长在 400~760nm 之间。单一波长的光称为单色光,两种适当颜色的单色光按一定强度和比例混合成为白色光,这两种单色光称为互补色光。由不同波长的光混合而成的光称为复合光。白光是一种复合光,当透过棱镜时可色散为红、橙、黄、绿、青、蓝、紫七种颜色的光,这种现象称为光的色散。在白光的色散谱中,不同颜色的光有不同的波长,但是没有严格的界限而是由一种颜色逐渐过渡为另一种颜色。物质吸收白光中某种颜色的光之后,呈现其所吸收光的补色光的颜色。例如硫酸铜溶液因吸收白光中的黄色光而呈蓝色;高锰酸钾溶液因吸收了白光中的绿色光而呈紫色。

可见光区以外的电磁辐射,人的眼睛觉察不到,例如紫外分光光度法中常用的近紫外线,波长在 200~400nm 之间。

（三）电磁辐射与物质的相互作用

电磁辐射与物质的相互作用是普遍发生的复杂的物理现象,有的涉及物质内能变化,如光的吸收、产生荧光、磷光和拉曼散射等,有的不涉及物质内能变化,如透射、折射、非拉曼散射、衍射和旋光等。

二、光谱分析法的分类

在现代仪器分析法中,根据待测物质与电磁辐射的相互作用(发射、吸收电磁辐射或光的基本性质变化)而建立起来的定性、定量和结构分析方法,统称为光学分析法。光学分析法又可分为光谱法和非光谱法。

当待测物质与电磁辐射相互作用时,发生能量交换,待测物质内部发生能级跃迁,发射或吸收电磁辐射,根据辐射的强度随波长变化而建立的分析方法称为光谱分析法,简称光谱法

(spectrum method)。电磁波谱中各区段的波长范围不同,其电磁辐射的能量也不同,与物质相互作用所引起物质内部能级跃迁的类型也不同,由此建立了各种不同的光谱分析法。由气态原子或离子的外层电子在不同能级间跃迁而产生的光谱称为原子光谱(atomic spectrum)。由分子的外层电子的跃迁或分子内的振动或转动能级跃迁而产生的光谱称为分子光谱(molecular spectrum)。根据测量信号的特征性质,光谱分析法常分为如下两类:

（一）发射光谱法

物质的原子、分子或离子在辐射能的作用下,由低能态(基态)跃迁至高能态(激发态),再由高能态跃迁至低能态所发射电磁辐射,根据这种电磁辐射而建立的分析方法称为发射光谱法(emission spectrum)。

1. 原子发射光谱法 用火焰、电弧或火花等离子矩作为激发源,使气态原子或离子的外层电子受激发并发射特征光学光谱,利用这种光谱及谱线强度进行定性和定量分析。

2. 原子荧光光谱法 气态自由原子吸收特征波长的辐射后,跃迁到较高能级,然后又跃迁回到较低能级或基态,同时发射出比原激发波长更长的辐射,称为原子荧光,通常在激发源垂直的方向测定荧光的强度,可进行定量分析。

3. 分子荧光光谱法 某些物质被紫外 - 可见光照射后,物质分子吸收辐射成为激发态分子而发射出比入射光波更长的荧光,通过测定荧光的强度可以进行定量分析。

4. X 射线荧光光谱法 原子受到高能辐射激发,其内层电子跃迁,发出特征 X 射线,称为 X 射线荧光,测定这种荧光的强度可以进行定量分析。

（二）吸收光谱法

利用物质对电磁辐射的选择性吸收而建立的分析方法称为吸收光谱法(absorb spectrum)。

1. 原子吸收光谱法 利用待测元素气态原子对共振发射线的吸收所形成的吸收光谱,用于元素的定性、定量测定。

2. 紫外 - 可见分光光度法 利用待测物质对紫外 - 可见光(200~760nm)的选择性吸收而建立的分析方法称为紫外 - 可见分光光度法。

3. 红外分光光度法 利用待测物分子在红外光区的振动 - 转动吸收光谱来进行结构分析、定性和定量分析的光谱法。

4. 磁共振波谱法 在强磁场的作用下,核自旋磁矩与外磁场相互作用分裂为能量不同的核磁能级,核磁能级之间的跃迁吸收射频区的电磁波,形成的吸收光谱,利用这种吸收光谱可进行有机化合物的结构测定。

知识链接

　　光学分析法中的非光谱法,是利用电磁辐射与待测物质作用后改变电磁辐射传播方向、速度等物理性质而建立起来的分析方法,如旋光法、折光法、干涉法、衍射法和偏振法等,非光谱分析法在药物分析中有所应用。

三、紫外 - 可见分光光度法的特点

1. 灵敏度高 待测物质的浓度一般可达 $10^{-4} \sim 10^{-7}$ g/ml,非常适用于微量或痕量组分的分析。

2. 准确度与精密度比较高 在定量分析中相对误差一般为 1%~3%。

3. 选择性比较好 在多组分共存的溶液中,依据待测物质对电磁辐射的选择性吸收,可以对某一组分进行分析。在一定条件下,利用吸光度的加和性,可以同时测定溶液中两种或两种以上的组分。

4. **仪器设备简单**　仪器价格低廉,易于普及,操作简便,测定快速。

5. **适用范围广泛**　绝大多数无机离子或有机化合物,都可以直接或间接地用紫外-可见分光光度法进行测定。

第二节　紫外-可见分光光度法的基本原理

一、紫外-可见吸收光谱的有关概念

吸收光谱(absorption spectrum)又称吸收曲线,是以波长 λ (nm)为横坐标,吸光度(absorbance, A)或透光率(transmittance, T)为纵坐标所描绘的曲线,如图9-1。

吸收峰(absorption peak):吸收曲线上吸光度最大的地方,其对应的波长称为最大吸收波长 λ_{max}。

谷(valley):吸收峰与吸收峰之间吸光度最小的部位。

肩峰(shoulder peak):在一个吸收峰旁产生的一个曲折。

末端吸收(end absorption):只在图谱短波端呈现强吸收而不成峰形的部分。

生色团(chromophore):是有机化合物分子结构中含有能产生 $\pi \rightarrow \pi^*$ 跃迁或 $n \rightarrow \pi^*$ 跃迁的基团,以及能在紫外-可见光范围内产生吸收的原子基团,如 $>C=C<$、$>C=O$、$—N=N—$、$—C=S$ 等。

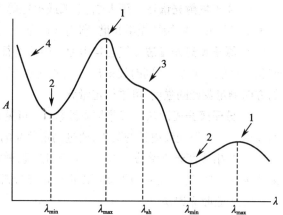

图9-1　吸收光谱示意图
1. 吸收峰;2. 谷;3. 肩峰;4. 末端吸收

助色团(auxochrome):指含有非键电子的杂原子饱和基团,当其与生色团或饱和烃相连时,能使该生色团或饱和烃的吸收峰向长波方向移动,并使吸收强度增加。如 $—OH$、$—NH_2$、$—SH$、$—SR$、$—Cl$、$—Br$、$—I$ 等。

红移(red shift)和蓝(紫)移(blue shift):在有机化合物中,因取代基或溶剂的改变,使其吸收带的最大吸收波长 λ_{max} 向长波方向移动的称为红移,亦称长移(bathochromic shift);向短波方向移动的称为蓝移或紫移,亦称短移(hypsochromic shift)。

增色效应或减色效应:由于化合物结构改变或其他原因,使吸收强度增加称增色效应(hyperchromic effect);使吸收强度减弱称减色效应(hypochromic effect)。

强带和弱带(strong band and weak band):化合物的紫外-可见吸收光谱中,摩尔吸光系数大于 10^4 的吸收峰称为强带;小于 10^2 的吸收峰称为弱带。

课堂互动

在相同条件下,用三种不同浓度的 $KMnO_4$ 溶液绘制出的三条吸收光谱曲线有何异同。

二、朗伯-比尔定律

(一) 透光率与吸光度

当一束平行单色光通过均匀的液体介质时,一部分光被吸收,另一部分透过溶液,还有一部分被吸收池表面反射。设：入射光强度为 I_0，吸收光强度为 I_a，透射光强度为 I，反射光强度为 I_r，则

$$I_0 = I_a + I + I_r \tag{9-4}$$

在紫外 - 可见分光光度法中，被测溶液和参比溶液分别置于同样材料和厚度的吸收池中，让强度为 I_0 的单色光分别通过两个吸收池，再测量透射光的强度，即可抵消反射光的影响，因此上式可简化为

$$I_0 = I_a + I \tag{9-5}$$

透射光的强度（I）与入射光强度（I_0）之比称为透光率，用 T 表示，则

$$T = \frac{I}{I_0} \tag{9-6}$$

透光率多以百分率表示，称为百分透光率（$T\%$）。

溶液的透光率越大，表明对光的吸收越小；反之，透光率越小，表明对光的吸收越大。也可用吸光度来表示物质对光的吸收程度，其表达式为

$$A = -\lg T = -\lg \frac{I}{I_0} \tag{9-7}$$

吸光度越大，表明物质对光的吸收越大。

透光率和吸光度均表示物质对光的吸收程度，两者可由式 9-7 相互换算。

（二）朗伯 - 比尔定律

朗伯（Lambert）于 1760 年研究了有色溶液对光的吸收度 A 与液层厚度 L 的关系，得出的结论是：当一束平行的单色光通过吸光性物质的溶液时，如果溶液的浓度保持恒定，在入射光的波长、强度及溶液的温度等不改变的条件下，则该溶液的吸光度 A 与液层厚度 L 成正比，即：

$$A = k_1 \cdot L \tag{9-8}$$

这一结论称为朗伯定律（Lambert law）。

比尔（Beer）于 1852 年研究了有色溶液对光的吸收度 A 与溶液浓度 c 的关系，得出的结论是：当一束平行的单色光通过吸光性物质的溶液时，如果溶液的液层厚度保持恒定，在入射光的波长、强度及溶液的温度等不改变的条件下，则该溶液的吸光度 A 与溶液的浓度 c 成正比，即：

$$A = k_2 \cdot c \tag{9-9}$$

这一结论称为比尔定律（Beer law）。

如果同时考虑溶液的液层厚度 l 和溶液的浓度 c 两个因素，上述的两个定律就合并为朗伯 - 比尔定律（Lambert-Beer Law），可以表述为：当一束平行的单色光通过均匀、无散射的含有吸光性物质的溶液时，在入射光的波长、强度及溶液的温度等条件不变的情况下，该溶液的吸光度 A 与溶液的浓度 c 及液层厚度 l 的乘积成正比，即：

$$A = E \cdot c \cdot L \tag{9-10}$$

式 9-10 中的 E 在一定条件下是常数，称为吸光系数（absorptivity）。

朗伯 - 比尔定律表明了物质对光的吸收程度与其浓度及液层厚度之间的数量关系，它不仅适用于可见光，而且也适用于紫外线和红外光；不仅适用于均匀、无散射的溶液，而且也适用于均匀、无散射的固体和气体。可见，朗伯 - 比尔定律是分光光度法进行定量分析的理论基础。

溶液的吸光度具有加和性。如果溶液中同时存在两种或两种以上的吸光性物质，则测得的吸光度等于各吸光性物质吸光度的总和，即：

$$A_{(a+b+c)} = A_a + A_b + A_c \tag{9-11}$$

这是分光光度法对多组分溶液进行定量分析的理论基础。

课堂互动

某化合物溶液遵守光的吸收定律,当浓度为 c 时,透光率为 T,试计算:当浓度为 0.5c、2c 时所对应的透光率。

(三) 吸光系数

如果待测溶液的浓度单位不同,则吸光系数的物理意义和表达方式也不同,通常有两种方法描述。

1. 摩尔吸光系数(molar absorptivity)在入射光波长一定时,溶液浓度为 1mol/L,液层厚度为 1cm 时所测得的吸光度称为摩尔吸光系数,常用 ε 表示,其量纲为 L/(mol·cm)。通常将 $\varepsilon \geqslant 10^4$ 时称为强吸收,$\varepsilon < 10^2$ 时称为弱吸收,ε 介于两者之间时称为中强吸收。

2. 比吸光系数(specific absorptivity)在入射光波长一定时,溶液浓度为 1%(W/V)、液层厚度为 1cm 时所测得的吸光度称为比吸光系数(也称百分吸光系数),常用 $E_{1cm}^{1\%}$ 表示,其量纲为 100ml/(g·cm)。

ε 和 $E_{1cm}^{1\%}$ 通常是通过测定已知准确浓度的稀溶液的吸光度,根据朗伯 - 比尔定律计算求得。摩尔吸光系数和比吸光系数之间的换算关系是:

$$\varepsilon = E_{1cm}^{1\%} \times \frac{M}{10} \tag{9-12}$$

式 9-12 中的 M 是吸光性物质的摩尔质量。当入射光的波长、溶剂的种类、溶液的温度和仪器的质量等因素确定时,ε 和 $E_{1cm}^{1\%}$ 只与物质的性质有关,是物质的特征常数之一,可以表明物质对某一特定波长光的吸收能力。不同物质对同一波长单色光可以有不同的吸光系数;同一物质对不同波长的单色光也会有不同的吸光系数。一般用物质的最大吸收波长 λ_{max} 处的吸光系数,作为一定条件下衡量灵敏度的特征常数。

ε 或 $E_{1cm}^{1\%}$ 愈大,表明相同浓度的溶液对某一波长的入射光愈容易吸收,测定的灵敏度愈高。一般 ε 值在 10^3 以上时,就可以进行分光光度法定量测定。

例 9-1 维生素 B_{12} 的水溶液在 361nm 处的 $E_{1cm}^{1\%}$ 值为 207,盛于 1cm 吸收池中,测得溶液的吸光度为 0.414,求溶液浓度。

解:

$$c = \frac{A}{E_{1cm}^{1\%} \times 1} = \frac{0.414}{207 \times 1} = 0.00200 \, (g/100ml)$$

例 9-2 用双硫腙测定 Cd^{2+} 溶液的吸光度 A 时,Cd^{2+}(Cd 的原子量为 112)的浓度为 140μg/ml,在 $\lambda_{max} = 525$nm 波长处,用 $L = 1$cm 的吸收池,测得吸光度 $A = 0.220$,试计算摩尔吸光系数。

解:

$$140μg/ml = 1.4 \times 10^{-5} g/100ml$$

$$E_{1cm}^{1\%} = \frac{A}{cl} = \frac{0.220}{1.4 \times 10^{-5} \times 1} = 15\,714.3$$

$$\varepsilon = E_{1cm}^{1\%} \times \frac{M}{10} = 15\,714.3 \times \frac{112}{10} = 1.76 \times 10^5$$

 课堂互动

两支相同规格、相同材质的试管,分别盛有颜色深浅不同的 $KMnO_4$ 溶液,您认为哪个试管的溶液浓度大?为什么?

请您解释为什么吸光系数与浓度的大小无关?

知识链接

摩尔吸光系数的性质

ε 值取决于入射光的波长和吸光物质的吸光特性,亦受溶剂和温度的影响。显然,显色反应产物的 ε 值越大,基于该显色反应的光度测定法的灵敏度就越高。待测物不同,则摩尔吸光系数也不同,所以,摩尔吸光系数可作为物质的特征常数,溶剂不同时,同一物质的摩尔吸光系数也不同,因此在说明摩尔吸光系数时,应注明溶剂。光的波长不同,其吸光系数也不同。单色光的纯度越高,摩尔吸光系数越大。

三、偏离朗伯 - 比尔定律的因素

按照朗伯 - 比尔定律,吸光度 A 与浓度 c 之间的关系应是一条通过原点的直线。但实际工作中却常出现偏离直线现象(一般以负偏离的情况居多),从而影响了测定的准确度。导致偏离的因素主要有化学因素和光学因素。

〔一〕化学因素

通常只有浓度小于 $0.01mol/L$ 的稀溶液中 Lambert-Beer 定律才能成立。随着溶液浓度的升高,其中的吸光物质可发生解离、缔合、溶剂化、生成配合物等变化,使吸光物质的存在形式发生变化,影响物质对光的吸收,导致偏离 Lambert-Beer 定律现象的发生。

如重铬酸钾的水溶液有以下平衡:

$$Cr_2O_7^{2-}+H_2O \Longrightarrow 2H^{+}+2CrO_4^{2-}$$

若溶液稀释 2 倍,受稀释影响,平衡向右移动程度增加,使得 $Cr_2O_7^{2-}$ 离子浓度的减少多于 2 倍,导致结果偏离 Lambert-Beer 定律而产生误差。但是若在强酸性溶液中测定 $Cr_2O_7^{2-}$ 或在强碱性溶液中测定 CrO_4^{2-} 则可避免偏离现象的发生。因此,由光学因素引起的偏离,有时可通过控制实验条件避免。

〔二〕光学因素

1. 非单色光 朗伯 - 比尔定律的一个重要前提是入射光为单色光,但事实上真正的单色光是难以得到的。当光源为连续光谱时,采用单色器分离出的光同时包含了所需波长及附近波长的光,即具有一定波长范围的光,仍是复合光,由于物质对不同波长的光有不同的吸光系数,可以使吸光度发生变化而偏离 Lambert-Beer 定律。

2. 杂散光(stray light) 由单色器得到的单色光中,还有一些不在谱带范围内,且与所需波长相隔甚远的光,称为杂散光。是由仪器光学系统的缺陷或光学元件受灰尘、霉蚀的影响而引起的。特别是在透光率很弱的情况下,杂散光会产生较大影响。随着仪器制造工艺的提高,绝大部分波长内杂散光的影响可忽略不计,但在接近紫外末端处,杂散光的比例相对较大,因而会干扰测定,有时还会出现假峰。

3. 散射光和反射光 吸光质点对入射光有散射作用,吸收池内外界面之间入射光通过时又有反射现象。散射光和反射光均由入射光谱带宽度内的光产生,将对透射光强度有直接影响。散射和反射作用致使透射光强度减弱。真溶液散射作用较弱,可用空白进行补偿。浑浊溶液散射作用较强,一般不易制备相同的空白溶液,常使测得的吸光度偏离直线。

4. 非平行光 通过吸收池的光一般不是真正的平行光,倾斜光通过吸收池的实际光程将比垂直照射的平行光的光程长,使液层厚度增大而影响测量值。这是同一物质用不同仪器测定吸光系数时,产生差异的主要原因之一。

四、分析条件的选择

选择适当的仪器测量条件、反应条件、参比溶液等,是保证分析方法有较高灵敏度和准确度的重要前提。

(一)仪器测量条件的选择

1. 检测波长的选择 因为溶液对光的吸收是有选择性的,所以测定时要根据吸收曲线选择被测物质的最大吸收波长 λ_{max} 作为测定波长,这样不仅保证测定的灵敏度高,而且此处曲线较为平坦,吸光系数变化不大,偏离 Lambert-Beer 定律的程度最小。

2. 读数范围的选择 在实际工作中读数范围应控制在吸光度为 0.2~0.7、透光率为 20%~65% 之间。当读数不在此范围时,可以通过改变溶液浓度或吸收池厚度控制读数范围。当透光率 $T=36.8\%$,即吸光度 $A=0.4343$ 时,测量误差最小。

 课堂互动

在分光光度法实验中某同学将某种试样的浓溶液加入比色皿中,在规定的波长处测定吸光度,则发现未显示出吸光度值,为什么会出现此现象?

(二)显色反应条件的选择

对在紫外 - 可见光区没有吸收的物质进行测定时,常利用显色反应将待测组分转变为在可见光区有较强吸收的有色物质。这种将待测组分转变为有色物质的反应,称为显色反应;与待测组分形成有色化合物的试剂,称为显色剂。

显色反应需满足以下要求:①有确定的定量关系;②选择性要好,干扰少;③灵敏度要高,摩尔吸光系数较大;④反应生成物的组成要恒定并具有足够的稳定性;⑤显色剂最好在测定波长处无吸收,若有吸收,一般要求有色物质和显色剂的最大吸收波长之差大于 60nm。

显色反应条件的选择:

1. 显色剂用量 为了使显色反应进行完全,常需加入过量的显色剂,但显色剂的用量并不是越多越好,需通过实验进行确定。方法是将被测组分浓度及其他条件固定后,加入不同量的显色剂,测定其吸光度,绘制吸光度(A)- 显色剂体积(V)曲线。常见的曲线形式如图 9-2 所示。

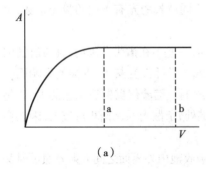
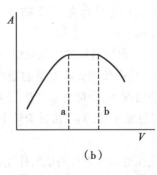
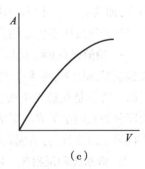

(a)   (b)   (c)

图 9-2 吸光度与显色剂加入量关系曲线

曲线(a)表明,在 a-b 范围内,曲线平坦,吸光度不随显色剂用量改变,可在这段范围内确定显色剂的用量。曲线(b)表明,必须严格控制显色剂的用量在 a-b 这一较窄的范围内时,才能进行被测组分的测定。曲线(c)与前两种情况完全不同,当显色剂的用量不断增大时,吸光度不断增大。对于这种情况,只有特别严格控制显色剂的用量,才能得到良好的结果,这种情况一般用于定性,不适用于定量。

2. 溶液酸度 很多显色剂是有机弱酸或弱碱,因此溶液的浓度会直接影响显色剂的存在形式和有色化合物的浓度,以致改变溶液的颜色。溶液的酸碱性对氧化还原反应、缩合反应等,也有重要的影响,常常需要用缓冲溶液保持溶液在一定 pH 值下进行显色反应。合适的 pH 可以通过绘制吸光度 - 溶液 pH 曲线来确定。

3. 显色时间　由于各种显色反应的反应速度不同,所以完成反应所需要的时间会有较大差异。显色产物在放置过程中也会发生变化,有些反应产物的颜色能保持较长时间,有的颜色会逐渐减退或加深,因此,必须在一定条件下进行实验,做出吸光度 - 时间关系曲线,才能确定适宜的显色时间和测定时间。

4. 温度　一般显色反应可以在室温下进行,也有的显色反应与温度有很大关系。如原花青素与盐酸亚铁铵在硫酸 - 丙酮溶剂中的显色反应在室温和煮沸状态下就有很大不同。在室温时显色产物吸光度极低,但在煮沸状态下显色产物颜色明显。

5. 溶剂　溶剂的性质可直接影响被测物对光的吸收,相同的物质溶解于不同的溶剂中,有时会出现不同颜色。例如,苦味酸在水溶液中呈黄色,而在三氯甲烷中无色。显色反应产物的稳定性也与溶剂有关,硫氰合铁红色配合物在丁醇中比在水溶液中稳定。在萃取比色中,应选用分配比较高的溶剂作为萃取溶剂。

（三）参比溶液的选择

在测定待测溶液的吸光度时,首先要用参比溶液(又称为空白溶液)调节透光率为 100%,以消除溶液中其他成分以及吸收池和溶剂对光的反射和吸收所带来的误差。参比溶液的组成根据试样溶液的性质而定,合理地选择参比溶液对提高准确度起着重要的作用。

1. 溶剂参比溶液　在测定波长下,溶液中只有被测组分对光有吸收,而显色剂或其他组分对光无吸收,或虽有少许吸收,但引起的测定误差在允许范围内,在此情况下可用溶剂作为参比溶液。

2. 试剂参比溶液　与测定试样相同条件下只是不加试样溶液,依次加入各种试剂和溶剂所得到的溶液称为试剂参比溶液。适用于在测定条件下,显色剂或其他试剂、溶剂等对待测组分的测定有干扰的情况。

3. 试样参比溶液　与显色反应同样的条件取同量试样溶液,不加显色剂所制备的溶液称为试样参比溶液。适用于试样基体有色并在测定条件下有吸收,而显色剂溶液无干扰吸收,也不与试样基体显色的情况。

4. 平行操作参比溶液　将不含被测组分的试样,在相同条件下与被测试样同时进行处理,由此得到平行操作参比溶液。如在进行某种药物监测时,取正常人的血样与待测血药浓度的血样进行平行操作处理,前者得到的溶液即为平行操作参比溶液。

（四）干扰及消除方法

待测溶液中存在的干扰物质的影响有以下几种情况:①干扰物质本身有颜色或与显色剂形成有色化合物,在测定波长下有吸收;②在显色条件下,干扰物质水解,析出沉淀使溶液浑浊,使吸光度的测定无法进行;③与待测离子或显色剂形成更稳定的配合物,使显色反应不能进行完全。

在实际测定中可采用以下方法消除上述干扰:

1. 控制酸度　根据生成配合物稳定性不同,利用控制酸度的方法提高反应的选择性,以保证主反应进行完全。如双硫腙能与 Hg^{2+}、Pb^{2+}、Cu^{2+}、Ni^{2+}、Cd^{2+} 等十多种金属离子形成有色配合物,其中与 Hg^{2+} 生成的配合物最稳定,在 0.5mol/L H_2SO_4 介质中仍能定量进行,而上述其他离子在此条件下不发生反应。

2. 选择适当的掩蔽剂　使用掩蔽剂是消除干扰最常用的方法,选择掩蔽剂的条件是其不与待测离子发生作用,掩蔽剂以及它与干扰物质形成的配合物的颜色不应干扰待测物质的测定。

3. 选择适当的测定波长　如在 $K_2Cr_2O_7$ 存在下测定 $KMnO_4$ 时,不应选 λ_{max}(525nm),而应选

545nm，在此波长下测定 $KMnO_4$ 溶液的吸光度，$K_2Cr_2O_7$ 就不干扰了。

4. 分离 若上述方法均不宜采用时，应使用预先分离的方法，如沉淀、萃取、离子交换、蒸发、蒸馏以及色谱分离法等。

此外，还可以利用计算分光光度法，将测量物与干扰物的响应信号分离，实现单组分测定或多组分同时测定。

第三节 紫外 - 可见分光光度计

一、主要组成部件

紫外 - 可见分光光度计（ultraviolet-visible spectrophotometer）是可在紫外 - 可见光区选择任意波长的光来测定吸光度的仪器。各种型号的紫外 - 可见分光光度计都是由光源、单色器、吸收池、检测器、信号处理与显示器五部分组成，如图 9-3 所示。

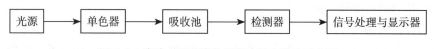

图 9-3 紫外 - 可见分光光度计基本结构示意图

(一) 光源

分光光度计对光源的要求是：能在仪器操作所需的光谱区域内，发射出连续的具有足够强度和稳定的辐射，且使用寿命长。紫外区和可见区通常分别使用钨灯和氢灯两种光源。

1. 钨灯和卤钨灯 钨灯是固体炽热发光光源，又称白炽灯。发射光谱的波长覆盖较宽，但紫外区很弱。通常取其波长大于 350nm 的光作为可见区光源。卤钨灯的发光强度比钨灯高，灯泡内含碘和溴的低压蒸气，可延长钨丝的寿命。白炽灯的发光强度与供电电压的 3~4 次方成正比，所以供电电压要稳定。

2. 氢灯和氘灯 氢灯是一种气体放电发光的光源，发射自 150nm 至约 400nm 左右的连续光谱。氘灯比氢灯昂贵，但发光强度和灯的寿命比氢灯增加 2~3 倍，因此，现在仪器多用氘灯。气体放电发光需先激发，同时应控制稳定的电流，所以都有专用的电源装置。

(二) 单色器

单色器的作用是将来自光源的连续光谱按波长顺序色散，并提供测量所需要的单色光，通常由进光狭缝、准直镜、色散元件、出光狭缝组成，如图 9-4。进光狭缝用于限制杂散光进入单色器，准直镜将入射光束变为平行光束进入色散元件。后者将复合光分解为单色光，再经与准直镜相同的聚光镜色散后的平行光聚集于出光狭缝上，形成按波长依序排列的光谱。转动色散元件或准直镜方位即可任意选择所需波长的光从出光狭缝分出。

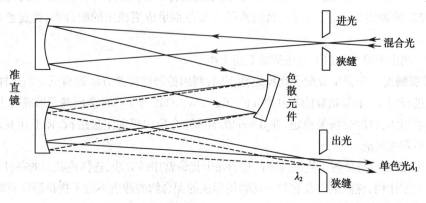

图 9-4 单色器光路示意图

1. 色散元件　色散元件有棱镜和光栅,早期生产的仪器多用棱镜。

(1) 棱镜:棱镜的色散作用是由于棱镜材料对不同的光有不同的折射率,因此可将复合光由长波到短波色散为一个连续光谱。折射率差别愈大,色散作用愈大。棱镜分光得到的光谱按波长排列是疏密不均的,长波长区密,短波长区疏,棱镜材料有玻璃和石英,因玻璃吸收紫外线,故紫外线区用石英材料的棱镜,如图 9-5。

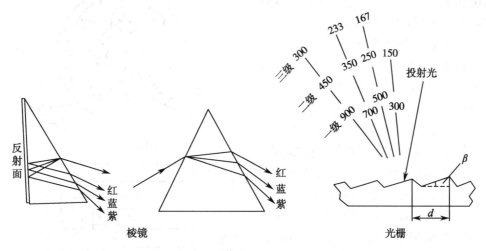

图 9-5　棱镜色散与光栅色散

(2) 光栅:光栅是利用光的衍射与干涉作用制成的,在整个波长区有良好的、几乎均匀一致的分辨能力,具有色散波长范围宽、分辨率高、成本低等优点。缺点是各级光谱重叠而产生干扰。实用的光栅是一种称为闪耀光栅的反射光栅,其刻痕是有一定角度(闪耀角 β)的斜面,刻痕的间距 d 称为光栅常数,d 愈小色散率愈大,但 d 不能小于辐射的波长。这种闪耀光栅可使特定波长的有效光强度集中于一级的衍射光谱上。用于紫外区的光栅以铝作反射面,在平滑玻璃表面上,每毫米刻槽一般为 600~1200 条(图 9-5)。

2. 准直镜　准直镜是以狭缝为焦点的聚光镜。可将进入单色器的发散光变成平行光,又用作聚光镜,将色散后的平行单色光聚集于出光狭缝。

3. 狭缝　狭缝宽度直接影响单色光的纯度,狭缝过宽,单色光不纯,狭缝过窄,光通量过小,灵敏度降低。所以狭缝宽度要适当,通常用于定量分析时,主要考虑光通量,宜采用较大的狭缝宽度,但以误差小为前提;用于定性分析时,更多地考虑光的单色性,宜采用较小的狭缝宽度。

(三) 吸收池

在紫外 - 可见分光光度法中,通常多测定液体试样,试样放在光束通过的液体池中。要求吸收池能透过相关辐射线。光学玻璃制成的吸收池,只能用于可见光区。用熔融石英(氧化硅)制成的吸收池,既适用于紫外线区,也可用于可见光区。

为减小反射光的损失,吸收池的窗口应完全垂直于光束。典型的可见光和紫外线吸收池的光程长度一般为 1cm,但变化范围可由几十毫米到 10cm 甚至更长。

由于测得的吸光度数据主要取决于吸收池的匹配情况和被污染的程度,因此在测定时应注意以下几点:①参比池和样品池应是一对经校正的匹配吸收池;②在使用前后都应将吸收池洗净,测量时不能用手接触吸收池的透光面;③已匹配好的吸收池不能用炉子或火焰干燥,以免引起光程长度的改变。

(四) 检测器

紫外 - 可见光区常用光电效应检测器,可将接收到的光信号转变为电信号,常用的有光电池、光电管、光电倍增管。近几年来采用了光多道检测器,在光谱检测技术中,出现了重大革新。

1. **光电池** 光电池是一种光敏半导体元件,光照产生的光电流,在一定范围内与照射强度成正比,可直接用微电流计测量。常用的光电池有硒光电池和硅光电池,硒光电池只适用于可见光区,硅光电池可同时适用于紫外线区和可见光区。光电池对光的响应速度较慢,不适用于测量弱光,且光电池内阻小,产生的电流不易放大,所以只适用于低级仪器,作为谱带较宽的透过光的检测器。此外,光电池受强光照射或连续使用时会产生疲劳,灵敏度降低,所以使用时应注意勿使强光长时间照射。

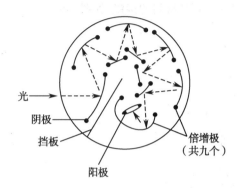

2. **光电管** 光电管的结构是以一弯成半圆柱形的金属片为阴极,阴极的内表面镀有碱金属或碱金属氧化物等光敏层,在圆柱形的中心置一金属丝为阳极,接受阴极释放出的电子。两电极密封于玻璃管或石英管内并抽成真空。目前国产光电管有紫敏光电管,为铯阴极,适用于 200~625nm;红敏光电管为银氧化铯阴极,适用于 625~1000nm。

3. **光电倍增管** 光电倍增管的原理和光电管相似,结构上的差别是光敏金属的阴极和阳极之间还有几个倍增级(一般是九个),各倍增级的电压依次增高 90V,见图 9-6。阴极遇光发射电子,此电子被高于阴极 90V 的第一倍增级加速吸引,当电子打击此倍增级时,每个电子使倍增极发射,然后电子再被电压高于第一倍增极 90V 的第二倍增极加速吸

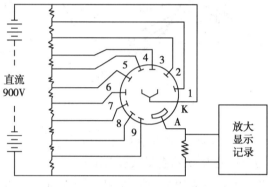

图 9-6 光电倍增管示意图

引,每个电子又使此倍增极发射出多个新的电子。这个过程一直重复到第九个倍增极,发射出的电子已比第一倍增极放出的电子数大大增加,然后被阳极收集,产生较强的电流,此电流可以进一步放大,提高了仪器测量的灵敏度。光电倍增管响应时间短,能检测弱光,灵敏度比光电管高得多,但不能用来测定强光(见图 9-6)。

4. **光二极管阵列检测器(photodiode array detector)** 光二极管阵列检测器属光学多道检测器,可在极短的时间获得吸收光谱。光二极管阵列是在晶体硅上紧密排列一系列光二级管检测器。如 HP8453 型光二极管阵列,由 1024 个二极管组成。当光透过晶体硅时,二极管输出的电讯号强度与光强度成正比。每一个二极管相当于一个单色器的出光狭缝,两个二极管中心距离的波长单位称为采样间隔,因此光二极管阵列分光光度计中,二极管数目愈多,分辨率愈高。HP8453 型紫外分光光度计可在 1/10 秒内获得 190~820nm 范围内的全光光谱。

(五) 信号处理与显示器

光电管输出的电讯号很弱,需经过放大才能以某种方式将测量结果显示出来,讯号处理过程也包含一些数学运算,如对数函数,浓度因素等运算乃至微分积分等处理。显示器可由电表指示,数字指示、荧光屏显示、结果打印及曲线扫描等。显示方式一般有透光率与吸光度两种,有的还可转换成浓度、吸光系数等。

 课堂互动

请您说出分光光度计的主要部件及其各部件的主要作用。

请说明为什么在紫外线区不能用光学材质的玻璃吸收池。

知识链接

　　酶标仪即酶联免疫检测仪,是酶联免疫吸附试验的专用仪器。酶标仪实际上就是一台变相的专用光电比色计或分光光度计,其基本工作原理与主要结构和光电比色计基本相同。光源灯发出的光波经过滤光片或单色器变成一束单色光,进入塑料微孔板中的待测标本。该单色光一部分被标本吸收,另一部分则透过标本照射到光电检测器上,光电检测器将这一待测标本不同而强弱不同的光信号转换成相应的电信号。电信号经前置放大,对数放大,模数转换等信号处理后送入微处理器进行数据处理和计算,最后由显示器和打印机显示结果。微处理机还通过控制电路控制机械驱动机构 X 方向和 Y 方向的运动来移动微孔板,从而实现自动进样检测过程。酶标仪应用于分析抗原或抗体的含量。

二、紫外 - 可见分光光度计的类型

(一) 单光束分光光度计

　　单光束分光光度计(single beam spectrophotometer)是指经单色器分光后的一束平行光,轮流通过参比溶液和试样溶液进行测量。这种简易型分光光度计结构简单,操作方便,维修容易,适用于常规分析。单光束分光光度计的缺点是测量结果受电源波动影响大,容易给定量结果带来较大误差,因此要求光源和检测系统稳定度高。

(二) 双光束分光光度计

　　双光束分光光度计(double beam spectrophotometer)是指经单色器分光后经反射镜(M₁)分解为强度相等的两束光,一束通过参比池,另一束通过样品池,如图9-7所示。光度计能自动比较两束光强的比值,即试样的透射比,将其转换成吸光度并作为波长的函数记录下来。由于两束光同时分别通过参比池和样品池,还能自动消除由光源强度变化所引起的误差。

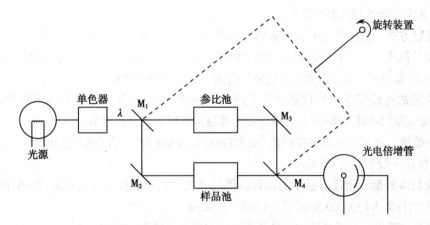

图 9-7　单波长双光束分光光度计光路示意图
M_1, M_2, M_3, M_4- 反射镜

(三) 双波长分光光度计

　　双波长分光光度计(double wavelength spectrophotometer)是由同一光源发出的光被分成两束,分别经过两个单色器,从而可以得到两个不同波长(λ_1 和 λ_2)的单色光。它们交替照射同一溶液,然后通过光电倍增管和电子控制系统,得到两波长处吸光度之差 ΔA($\Delta A = A_{\lambda_1} - A_{\lambda_2}$),双波长分光光度计原理如图9-8所示。

　　双波长分光光度计不仅可用来测定高浓度试样,多组分混合试样,而且还可测定浑浊试样。

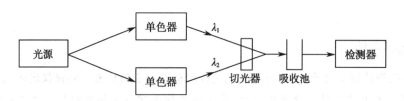

图 9-8　双波长分光光度计光路示意图

双波长法测定相互干扰的混合试样时,不仅操作比单波长法简单,而且精确度高。用双波长法测量时,两个波长的光通过同一吸收池可以消除由吸收池的参数、位置、污垢及参比溶液所造成的误差,使测量准确度显著提高。此外,双波长分光光度计是由同一光源得到的两束单色光,因此可降低因光源电压变化产生的影响,得到高灵敏度和低噪声的信号。

（四）多道分光光度计

多道分光光度计（multichannel spectrophotometer）是由光源发出的复合光通过样品池后再经全息光栅色散,色散得到的单色光由光二极管阵列中的光二极管接收,能同时检测 190~900nm 波长范围,因此能在极短的时间内给出整个光谱的全部信息,如图 9-9 所示。这种光度计特别适用于进行快速反应动力学研究和多组分混合物的分析,已被用作高效液相色谱和毛细管电泳仪的检测器。

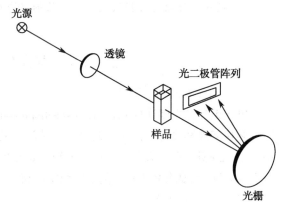

图 9-9　多道分光光度计光路示意图

三、分光光度计的光学性能

紫外 - 可见分光光度计型号很多,改进速度很快,每种分光光度计都有自己的光学性能,通常从以下几个方面进行考察和比较。

1. **测定方式**　指仪器显示的数据测定结果,如透光率、吸光度、浓度、吸光系数等。

2. **波长范围**　指仪器可以提供测量光波的波长范围。可见分光光度计的波长范围一般为 400~1000nm,紫外 - 可见分光光度计的波长范围一般为 190~1100nm。

3. **狭缝或光谱带宽**　是仪器单色光纯度指标之一,中档仪器的最小谱带宽度一般小于 1nm。棱镜仪器的狭缝连续可调,光栅仪器的狭缝常常固定或分档调节。

4. **杂散光**　通常以光强度较弱处（如 220nm 或 340nm 处）所含杂散光强度的百分比作为指标。中档仪器一般不超过 0.5%。

5. **波长准确度**　指仪器显示的波长数值与单色光实际波长之间的误差,高档仪器可低于 ±0.2nm,中档仪器大约为 ±0.5nm,低档仪器可达 ±5nm。

6. **吸光度范围**　指吸光度的测量范围。中档仪器一般为 –0.173~2.00。

7. **波长重复性**　指重复使用同一波长时,单色光实际波长的变动值。此值大约为波长准确度的 1/2。

8. **测光准确度**　常以透光率误差范围表示,高档仪器可低于 ±0.1%,中档仪器不超过 ±0.5%,低档仪器可达 ±1%。

9. **光度重复性**　指在相同测量条件下,重复测量吸光度值的变动性。此值大约为测光准确度的 1/2。

10. **分辨率**　指仪器能够分辨出最靠近的两条谱线间距的能力。高档仪器可低于 0.1nm,中档仪器一般小于 0.5nm。

四、分光光度计的校正

（一）波长的校正

氢灯或氘灯的发射谱线中有几根原子谱线可用作波长校正，常用的有 486.13nm（F 线）和 656.28nm（C 线）。

稀土玻璃（如镨钕玻璃、钬玻璃）在相当宽的波长范围内有特征吸收峰，可以用来检查和校正分光光度计的波长读数。某些元素辐射产生的强谱线也可以用于检查和校正波长，如汞灯的 546.1nm 是强绿色谱线，钾的 776.5nm，铷的 780.0nm 以及铯的 852.1nm 都可应用。在可见光区校正波长的最简便方法是绘制镨钕玻璃的吸收光谱。

苯蒸气在紫外线区有特征吸收峰，可用它来校正波长。只要在吸收池内滴一滴液体苯，盖上吸收池盖，待苯蒸气充满整个吸收池后，即可测绘苯蒸气的吸收光谱。

（二）吸光度的校正

硫酸铜、硫酸钴铵、铬酸钾等的标准溶液，可用来检查或校正分光光度计的吸光度标度。其中以铬酸钾溶液最普遍，《中国药典》（2010 年版）附录采用重铬酸钾的硫酸溶液（0.005mol/L）。

（三）吸收池的校正（配对）

在吸收池 A 内装入试样溶液，吸收池 B 内装入参比溶液，测量试液的吸光度，然后倾出吸收池内的溶液，洗净吸收池。再分别在吸收池 A 内装入参比液，在吸收池 B 内装入试样溶液，测量吸光度。要求前后两次测得的吸光度差值应小于 1%。在校正吸收池时，应选择多个波长测量吸光度，得到的校正值可供以后实验使用。

第四节　紫外 - 可见分光光度法的分析方法

一、定性分析

利用紫外 - 可见分光光度法对有机化合物进行定性鉴别的依据是多数有机化合物的吸收光谱形状、吸收峰数目、各吸收峰的波长位置、强度和相应的吸光系数值等是极具特点的。其中，最大吸收波长 λ_{max} 及相应的 ε_{max} 是定性鉴定的主要参数。因为有机化合物选择吸收的波长和强度，主要取决于分子中的生色团、助色团及其共轭情况，结构完全相同的化合物应有完全相同的吸收光谱，但吸收光谱相同的化合物却不一定是同一化合物。

下面介绍几种常用的定性方法。

（一）对比吸收光谱特征数据

光谱特征数据常用于鉴别的是吸收峰所在波长（λ_{max}）。若一个化合物中有多个吸收峰，并存在谷或肩峰，均应作为鉴定依据，以显示光谱特征的全面性。具有不同或相同吸收基团的不同化合物，可有相同的 λ_{max} 值，但它们的摩尔质量一般不同，因此它们的 ε 或 $E_{1cm}^{1\%}$ 值常有明显差异，所以吸光系数值也常用于化合物的定性鉴别。例如，甲羟孕酮和炔诺酮，分子中均存在 α、β 不饱和羰基的特征吸收结构，最大吸收波长相同，但吸收系数存在差别。

（二）对比吸光度（或吸光系数）的比值

不止一个吸收峰的化合物，可用不同吸收峰（或峰与谷）处测得的吸光度的比值作为鉴别的依据，因为用的是同一浓度的溶液和同一厚度的吸收池，取吸光度比值也就是吸光系数比值可消去浓度与厚度的影响。

知识链接

（三）对比吸收光谱的一致性

用上述方法进行鉴别,有时不能发现吸收光谱曲线中其他部分的差异。必要时,需将试样与已知标准品配制成相同浓度的溶液,在同一条件下分别描绘吸收光谱,核对其一致性,也可利用文献所载的标准图谱进行核对。只有在光谱曲线完全一致的情况下才有可能是同一物质。若光谱曲线有差异,则一定不是同一物质。

二、纯 度 检 查

（一）杂质检查

若化合物在紫外 - 可见光区无明显吸收,而所含杂质有较强吸收,那么含有少量杂质即可检查出来。例如,乙醇和环己烷中若含少量杂质苯,苯在 256nm 处有吸收峰,而乙醇和环己烷在此波长处无吸收,因此,即使乙醇中含苯量低达 0.001% 也可由光谱中检查出来。

（二）杂质限量检查

药物中的杂质常需制定一个允许其存在的限度,杂质的限量一般以两种方式表示。

1. 以某一波长的吸光度值表示 如肾上腺素在合成过程中生成的中间体肾上腺酮可影响肾上腺素疗效,因此,肾上腺酮的量必须有一限量。在 HCl 溶液(0.05mol/L)中于 310nm 处测定,发现肾上腺酮有吸收峰,而肾上腺素没有吸收。因此,可利用 310nm 检测肾上腺酮的混入量。

2. 以峰谷吸光度的比值表示 如碘解磷定有很多杂质,在碘解磷定的最大吸收波长 294nm 处,这些杂质几乎没有吸收,但在碘解磷定的吸收谷 262nm 处有吸收,因此可利用碘解磷定的峰谷吸光度之比作为杂质的限量检查指标。

三、定 量 分 析

根据朗伯 - 比尔定律,物质在一定波长下的吸光度与浓度呈线性关系。因此,只要选择一定波长测定溶液的吸光度,即可求出浓度。通常选被测物质吸收光谱中的吸收峰处,以提高灵敏度并减少测量误差。若被测物有多个吸收峰,应选无其他物质干扰且较高的吸收峰,一般不选末端吸收峰。许多溶剂本身在紫外线区有吸收,所以选用的溶剂应不干扰被测组分的测定。

（一）单组分定量方法

1. 标准曲线法 先配制一系列浓度不同的标准溶液(或称对照品溶液),以不含被测组分的空白溶液为参比,在相同条件下分别测定其吸光度,然后以标准溶液的浓度为横坐标,以对应的吸光度为纵坐标,绘制 A-c 关系图,若符合朗伯 - 比尔定律,可获得一条通过原点的直线,称为标准曲线(或校正曲线)。在相同条件下测出试样溶液的吸光度,就可由标准曲线中查出试样溶液的浓度。需要注意的是,应符合朗伯 - 比尔定律的浓度范围,即线性范围,定量测定应在线性范围内进行。也可用直线回归的方法,求出回归直线方程(方法:在 Excel 中选定表示样本的两个变量的所有数据,在插入菜单中找到"图表"选中"XY 散点图",勾选"平滑线散点图"得到工作曲线。右击工作曲线,弹出对话框,单击"添加趋势线"。单击"选项",选定"显示公式"和"显示 R 的平方值",最后单击"确定",得到直线回归方程和相关系数),再根据样品溶液所测得的吸光度,由回归方程求得样品溶液的浓度。

2. 吸光系数法　根据朗伯 - 比尔定律 $A=EcL$，若 L 和吸光系数 ε 或 $E_{1cm}^{1\%}$ 已知，即可根据测得的 A 求出被测物的浓度，通常 ε 和 $E_{1cm}^{1\%}$ 可以从手册或文献中查到。

$$c=\frac{A}{E \cdot L} \tag{9-13}$$

若用 $E_{1cm}^{1\%}$ 进行计算，则计算结果是每 100ml 溶液中所含溶质的克数；若用 ε 计算，则是每升溶液中所含溶质的物质的量。

3. 对照法　在相同条件下配制标准溶液和待测溶液，在选定波长处，分别测定吸光度 A_s 和 A_x，由标准溶液的浓度 c_s 可计算出试样中被测物的浓度 c_x。

根据朗伯 - 比尔定律：

$$A_s=Ec_sL$$

$$A_x=Ec_xL$$

因为是用同种物质、同台仪器及同一波长测定，故 L 和 E 相等，所以：

$$\frac{A_s}{A_x}=\frac{c_s}{c_x}$$

即：

$$c_x=\frac{A_x}{A_s} \cdot c_s \tag{9-14}$$

这种方法只有在测定的浓度范围内溶液完全符合朗伯 - 比尔定律，并且 c_s 和 c_x 很接近时，才能得到较为准确的结果。

课堂互动

请您回答：工作曲线不成直线的主要原因有哪些？

请您想一想：对照法与吸光系数法有何区别？

（二）多组分定量方法

在同一试样中若有两种或多种组分共存时，应根据各组分吸收光谱相互重叠的程度分别考虑测定方法。

最理想的情况是各组分的吸收峰所在波长处，其他组分没有吸收，如图 9-10(1)，则可按单组分的测定方法分别在 λ_1 处测定 a 组分的浓度，在 λ_2 处测定 b 组分的浓度。

若 a、b 两组分的吸收光谱有部分重叠，如图 9-10(2)，在 a 组分的吸收峰 λ_1 处 b 组分没有吸收，而在 b 的吸收峰 λ_2 处 a 组分却有吸收，则可先在 λ_1 处按照单组分定量方法测定混合物溶液中 a 组分的浓度 c_a，再在 λ_2 处测定混合物溶液的吸光度 A_2^{a+b}，即可根据吸光度的加和性计算出 b 组分的浓度 c_b。

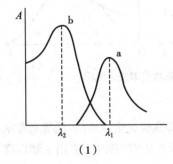 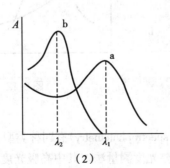 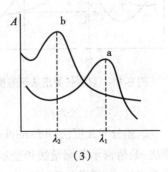

| （1） | （2） | （3） |

图 9-10　多组分的吸收光谱

由 $A_2^{a+b}=A_2^a+A_2^b=E_2^a \cdot c_aL+E_2^b \cdot c_bL$ 可得：

$$c_b = \frac{(A_2^{a+b} - E_2^a \cdot c_a L)}{E_2^b L} \qquad (9\text{-}15)$$

但在混合物测定中各组分的吸收光谱相互干扰是常遇到的情况,如图 9-10(3),两组分在最大吸收波长处互相有吸收。这时可根据测定目的和光谱重叠的不同情况,采取以下方法:

1. 解线性方程法　若先测得 λ_1 与 λ_2 处两组分各自的吸光系数 E 值,并在两波长处测得混合溶液吸光度 A,当 $L=1\text{cm}$ 时,则:

$$A_1^{a+b} = A_1^a + A_1^b = E_1^a c_a + E_1^b c_b$$

$$A_2^{a+b} = A_2^a + A_2^b = E_2^a c_a + E_2^b c_b$$

解上述方程组,可求出两组分的浓度:

$$c_a = \frac{A_1^{a+b} E_2^b - A_2^{a+b} E_1^b}{E_1^a E_2^b - E_2^a E_1^b} \qquad (9\text{-}16)$$

$$c_b = \frac{A_1^{a+b} E_1^a - A_2^{a+b} E_2^a}{E_1^a E_2^b - E_2^a E_1^b} \qquad (9\text{-}17)$$

2. 双波长消去法　吸收光谱重叠的 a、b 两组分混合物中,若要消除 b 的干扰以测定 a,可在 b 的吸收光谱上选择两个吸光度相等的波长 λ_1 和 λ_2,测定混合物的吸光度差值,然后根据 ΔA 值来计算 a 的含量。选择波长的原则:①干扰组分 b 在这两个波长应具有相同的吸光度;②被测组分在这两个波长处的吸光度差值应足够大。

如图 9-11,组分 b 的干扰可通过选择 b 组分等吸收的两个波长 λ_1 和 λ_2 加以消除。可选择 a 的吸收峰处所对应的波长作为测定波长 λ_1,选择与 b 组分在 λ_1 处具有相等吸光度的波长 λ_2 作为参比波长,对混合物溶液进行测定,可得到如下方程:

$$A_1 = A_1^a + A_1^b \quad A_2 = A_2^a + A_2^b \quad A_1^b = A_2^b$$

$$\Delta A = A_2 - A_1 = A_2^a - A_1^a = (E_2^a - E_1^a) c_a \cdot L \qquad (9\text{-}18)$$

被测组分 a 在两波长处的吸光度差值 ΔA 越大,越有利于测定。同样方法可消除 a 组分的干扰,测定 b 组分的含量。

3. 系数倍率法　当干扰组分不存在吸光度相等的两个波长(图 9-12),双波长法不能测量待测组分时,可用系数倍率法进行测定。设 A 组分在 λ_1 和 λ_2 处的吸光度分别为 $A_{\lambda_1}^A$ 和 $A_{\lambda_2}^A$,则倍率系数 $K = A_{\lambda_2}^A / A_{\lambda_1}^A$。若使用倍率系数仪将 $A_{\lambda_1}^A$ 的值扩大 K 倍,则有 $K A_{\lambda_1}^A = A_{\lambda_2}^A$,此时 $K A_{\lambda_1}^A - A_{\lambda_2}^A = 0$,与等吸收波长法类似,A 组分的干扰被消除。系数倍率法也可用于含有三种组分的混合试样。

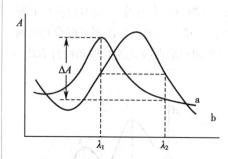

图 9-11　双波长测定法示意图

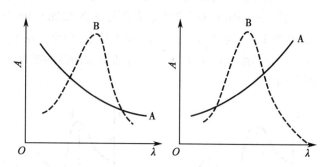

图 9-12　系数倍率法示意图

(三) 示差分光光度法

示差分光光度法(differential spectrophotometry)有四种类型,即高吸光度示差法、低吸光度示差法、最精密示差测量法和全示差光度测量法。其中高吸光度示差法应用较广,多用于测定高含量组分,下面将着重讨论。

高吸光度示差法是采用浓度比试样含量稍低的已知浓度的标准溶液作为参比溶液。设标准溶液浓度为 c_s,待测试样浓度为 c_x,且 $c_x > c_s$。根据朗伯 - 比尔定律:

$$A_x = Ec_xL$$
$$A_s = Ec_sL$$
$$A = \Delta A = A_x - A_s = E(c_x - c_s)L = E\Delta cL \tag{9-19}$$

测定时先用比试样浓度稍小的标准溶液,加入各种试剂后作为参比,调节其透光率为 100%,然后测量试样溶液的吸光度。这时的吸光度实际上是两者之差 ΔA,它与两者浓度差 Δc 成正比。以 ΔA 与 Δc 作标准曲线,根据测得的 ΔA 查得相应的 Δc,则 $c_x = c_s + \Delta c$。

第五节　紫外 - 可见吸收光谱与分子结构的关系

一、电子跃迁类型

紫外 - 可见吸收光谱是分子的价电子在不同的分子轨道之间跃迁而产生的。分子中的价电子包括形成单键的 σ 电子、双键的 π 电子和非成键的 n 电子。电子围绕分子或原子运动的概率分布叫作轨道。轨道不同,电子所具备的能量也不同。当两个原子结合成分子时,二者的原子轨道以线性组合生成两个分子轨道,其中一个分子轨道具有较低能量称为成键轨道,另一个分子轨道具有较高能量称为反键轨道。

在紫外 - 可见光区,有机化合物的吸收光谱主要由 σ→σ*、π→π*、n→σ*、n→π*、电荷迁移跃迁及配位场跃迁产生。电子跃迁类型不同,实现跃迁所需能量也不同,其中,σ→σ* 跃迁所需能量最大,n→π* 跃迁所需能量最小,见图 9-13。

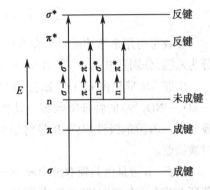

图 9-13　分子中价电子能级及跃迁类型

（一）σ→σ* 跃迁

由于分子中 σ 键较为牢固,故处于 σ 成键轨道上的电子吸收光能后跃迁到 σ* 反键轨道所需能量多。因此 σ→σ* 跃迁吸收峰在远紫外区,吸收峰波长一般小于 150nm。饱和烃类的—C—C—键是这类跃迁的典型例子,如乙烷的 λ_{max} 在 135nm。

（二）π→π* 跃迁

此类跃迁是由处于 π 成键轨道上的电子跃迁到 π* 反键轨道上形成的,跃迁所需能量比 σ→σ* 跃迁少,产生在有不饱和键的有机化合物中。π→π* 跃迁一般发生在波长 200nm 左右,吸光系数 ε 较大($10^3 \sim 10^4$),为强吸收。例如乙烯的 λ_{max} 在 165nm,ε 为 10^4。具有共轭双键的化合物,π→π* 跃迁所需能量较低,吸收较强,且共轭键越长所需能量越低,吸收越强,如丁二烯的 λ_{max} 在 217nm(ε 为 21 000)。

（三）n→π* 跃迁

产生 n→π* 跃迁的多为含有杂原子的不饱和基团(如 >C=O、>C=S、—N≡N—等)的化合物。其特点是吸收峰一般在紫外区(200~400nm),谱带强度弱,吸光系数小,一般小于 10^2。如丙酮的 $\lambda_{max} = 279$nm,ε 为 10~30。

（四）n→σ* 跃迁

n→σ* 跃迁发生在含有杂原子饱和基团(如—OH、—NH₂、—X、—S 等)的化合物中。可由 150~250nm 区域内的辐射引起,但吸收峰大多出现在低于 250nm 处。如 CH_3OH 和 CH_3NH_2 的 n→σ* 跃迁波长分别为 183nm 和 213nm。

（五）电荷迁移跃迁

是指化合物受到电磁辐射照射时,电子从给予体向接受体相联系的轨道跃迁的过程。因此,电荷迁移跃迁实际上是一个内氧化还原过程,而相应的吸收光谱称为电荷迁移吸收光谱。某些取代芳烃可产生这种分子内电荷迁移跃迁吸收带。此类跃迁的特点是谱带较宽,吸收强度大, ε_{max} 一般大于 10^4。

（六）配位场跃迁

配位场跃迁包括 f-f 跃迁和 d-d 跃迁。元素周期表中第四、五周期的过渡金属元素分别含有 3d 和 4d 轨道,镧系和锕系元素分别含有 4f 和 5f 轨道。在配体的存在下,过渡元素五个能量相等的 d 轨道及镧系和锕系元素七个能量相等的 f 轨道分别分裂成几组能量不等的 d 轨道及 f 轨道。当它们的离子吸收光能后,低能态的 d 电子或 f 电子分别跃迁至高能态的 d 或 f 轨道。这两类跃迁分别称为 d-d 跃迁和 f-f 跃迁。由于这两类跃迁必须在配体的配位场作用下才有可能产生,因此又称为配位场跃迁。

与电荷迁移跃迁比较,由于选择规则的限制,配位场跃迁吸收谱带的 ε_{max} 一般小于 10^2。这类光谱一般位于可见光区。配位场跃迁可用于研究配合物的结构,并为无机配合物键合理论的建立提供重要信息。

二、吸收带及其与分子结构的关系

吸收带可用来描述吸收峰在紫外 - 可见光谱中的位置。根据电子和轨道种类,可把吸收带分为六类,分别是 R 带、K 带、B 带、E 带、电荷转移吸收带及配位体场吸收带。

R 带　R 带是由 n→π* 跃迁引起的吸收带,是杂原子不饱和基团(如 >C=O、—N=N—、—NO、NO_2 等)的特征吸收带。其特点是处于较长波长范围(约 300nm), ε 一般在 100 以内,吸收弱。若溶剂极性增强,R 带将短移。此外,当有强吸收峰在附近时,R 带有时出现长移,有时被掩盖。

K 带　K 带是由共轭双键中 π→π* 跃迁所产生的吸收带,其特点是 ε 一般大于 10^4,为强带。苯环上若有发色团取代,并形成共轭,也会出现 K 带。

B 带　B 带是芳香族化合物的特征吸收带。苯蒸气在 230~270nm 处出现精细结构的吸收光谱,此为苯的多重吸收带。由于在蒸气状态下分子间彼此作用小,可反映出孤立分子振动、转动能级跃迁;在苯的异丙烷溶液中,因分子间作用加大,转动消失仅出现部分振动跃迁,因此谱带较宽(图 9-14);在极性溶剂中溶剂和溶质间相互作用更大,振动光谱表现不出来,因此精细结构消失,B 带出现一个宽峰,其重心在 256nm 附近, ε 在 200 左右。

E 带　同样是芳香族化合物特征吸收带,是由苯环结构中三个乙烯的环状共轭体系的 π→π* 跃迁所产生,分为 E_1 带和 E_2 带(图 9-14)。 E_1 带的吸收峰约在 180nm, ε 为 4.7×10^4; E_2 带的吸收峰在 200nm, ε 为 7000 左右,均属强吸收带。

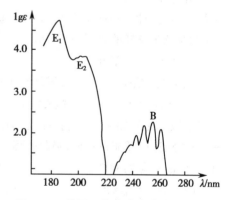

图 9-14　苯异丙烷溶液的紫外吸收光谱

电荷转移吸收带　是由许多无机物(如碱金属卤化物)与某些有机物混合而得的分子配合物,在外界辐射激发下强烈吸收紫外线或可见光,从而获得的紫外或可见吸收带。

配位体场吸收带　指过渡金属水合离子与显色剂(通常是有机化合物)所形成的配合物,吸收适当波长的可见光(或紫外线),从而获得的吸收带。

根据以上各种跃迁的特点,可以根据化合物的电子结构,判断有无紫外吸收;若有紫外吸收,还可进一步预测该化合物可能出现的吸收带类型及波长范围。一些化合物的电子结构,跃迁类型和吸收带的关系如表 9-2 所示。

表 9-2　一些化合物的电子结构、跃迁和吸收带

电子结构	化合物	跃迁	λ_{max} (nm)	ε_{max}	吸收带
σ	乙烷	$\sigma \to \sigma^*$	135	10 000	
n	1- 己硫醇	$n \to \sigma^*$	224	120	
	碘丁烷	$n \to \sigma^*$	257	486	
π	乙烯	$\pi \to \pi^*$	165	10 000	
	乙炔	$\pi \to \pi^*$	173	6000	
π 和 n	丙酮	$\pi \to \pi^*$	约 160	16 000	
		$n \to \sigma^*$	194	9000	
		$n \to \pi^*$	279	15	R
π-π	$CH_2{=}CH{-}CH{=}CH_2$	$\pi \to \pi^*$	217	21 000	K
	$CH_2{=}CH{-}CH{=}CH{-}CH{=}CH_2$	$\pi \to \pi^*$	258	35 000	K
π-π 和 n	$CH_2{=}CH{-}CHO$	$\pi \to \pi^*$	210	11 500	K
		$n \to \pi^*$	315	14	R
芳香族 π	苯	芳香族 $\pi \to \pi^*$	约 180	60 000	E_1
		同上	约 200	8000	E_2
		同上	255	215	B
芳香族 π-π	苯乙烯 $CH{=}CH_2$	芳香族 $\pi \to \pi^*$	244	12 000	K
		同上	282	450	B
芳香族 π-σ	甲苯 CH_3	芳香族 $\pi \to \pi^*$	208	2460	E_2
		同上	262	174	B
芳香族 π-π, n	苯乙酮 $C{-}CH_3$, O	芳香族 $\pi \to \pi^*$	240	13 000	K
		同上	278	1110	B
		$n \to \pi^*$	319	50	R
芳香族 π, n	苯酚 OH	芳香族 $\pi \to \pi^*$	210	6200	E_2
		同上	270	1450	B

三、影响紫外 - 可见光谱的因素

分子结构、测定条件等多种因素均可影响紫外 - 可见吸收光谱吸收带的位置,使其在较宽的波长范围内变动,其实质是影响分子中电子共轭结构。

(一) 位阻影响

空间位阻(steric hindrance)是指妨碍分子内共轭的生色团处于同一平面,使共轭效应减小甚至消失,从而影响吸收带波长的位置。例如二苯乙烯,因为顺式结构有立体阻碍,苯环不能与乙烯双键在同一平面上,不易产生共轭,因此,反式结构的 K 带 λ_{max} 比顺式明显长移,且吸光系数也增加,如图 9-15 所示。

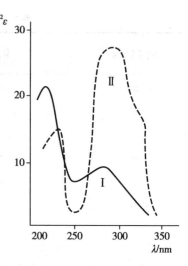

$\lambda_{max}280nm(10\,500)$　　$\lambda_{max}295.5nm(29\,000)$
顺式二苯乙烯　　　　反式二苯乙烯

（二）跨环效应

跨环效应（cross-ring effect）是指两生色团虽不共轭，但由于空间排列，使两者的电子云仍能相互影响，从而改变 λ_{max} 和 ε_{max}。例如 $H_2C=\square=O$，在 214nm 处出现一中等强度吸收带，且在 284nm 处出现 R 带。

（三）溶剂的影响

溶剂可影响吸收峰位置、吸收强度及光谱形状，因此，应注明所用溶剂。极性溶剂不但使光谱精细结构全部消失，且使 $\pi\to\pi^*$ 跃迁吸收峰向长波方向移动，使 $n\to\pi^*$ 跃迁吸收峰向短波方向移动，且后者移动程度一般比前者大。异丙叉丙酮的溶剂效应见表9-3。

图 9-15　二苯乙烯顺反异构体的紫外吸收光谱
Ⅰ - 顺式；Ⅱ - 反式

表 9-3　溶剂极性对异丙叉丙酮两种跃迁吸收峰的影响

跃迁类型	正己烷	氯仿	甲醇	水	迁移
$\pi\to\pi^*$	230nm	238nm	237nm	243nm	长移
$n\to\pi^*$	329nm	315nm	309nm	305nm	短移

在 $\pi\to\pi^*$ 跃迁中，激发态的极性比基态大，激发态与极性溶剂之间相互作用所降低的能量大，造成跃迁所需能量变小，使吸收峰长移。而在 $n\to\pi^*$ 跃迁中，基态极性大，非键电子与极性溶剂之间能形成较强的氢键，使基态能量降低大于反键轨道与极性溶剂间相互作用所降低的能量，因而跃迁所需能量变大，使吸收峰短移。

（四）体系 pH 的影响

体系的pH对酸性、碱性或中性物质的紫外吸收光谱都有明显的影响。由于体系的pH不同，导致其解离情况发生变化，从而产生不同的吸收光谱。

四、有机化合物的结构分析

（一）由吸收光谱初步推断基团

如果化合物在220~800nm 范围内无吸收（$\varepsilon<1$），则可能是脂肪族饱和碳氢化合物、胺、腈、醇、醚、氯代烃和氟代烃，不含直链或环状共轭体系，没有醛、酮等基团。如果在 210~250nm 有吸收带，可能含有两个共轭单元；在 260~300nm 有强吸收带，可能含有 3~5 个共轭单元；250~300nm 有弱吸收带表示羰基的存在；在 250~300nm 有中等强度吸收带，且含有振动结构，表示有苯环存在；若化合物有颜色，分子中一般含有 5 个以上的共轭生色团。

（二）异构体的推定

1. 结构异构体　许多结构异构体之间可利用其双键的位置不同，应用紫外吸收光谱推定结构。例如松香酸（Ⅰ）和左旋松香酸（Ⅱ）的 λ_{max} 分别为238nm 和273nm，相应 ε 值分别为 15 100 和7100。这是因为Ⅱ为同环双烯，共轭体系的共平面性好，因此Ⅱ的 λ_{max} 比 Ⅰ 的 λ_{max} 长；对于共轭体系而言，Ⅱ的立体障碍更严重，因此Ⅰ型的 ε 比Ⅱ型的 ε 大得多。

（Ⅰ）　　　　　　　　（Ⅱ）

2. 顺反异构体　顺式异构体一般都比反式的波长短,且 ε 小,这是由立体障碍造成的。如顺式和反式 1,2- 二苯乙烯(图 9-15)。

3. 化合物骨架的推定　未知化合物与已知化合物的紫外吸收光谱一致时,可以认为两者具有同样的生色团,根据这个原理可以推定未知化合物的骨架。例如维生素 K_1 有吸收带: λ_{max}249nm(lgε4.28)、260nm(lgε4.26)、325nm(lgε3.28)。查阅文献与 1,4- 萘醌的吸收带 λ_{max}250nm(lgε4.6)、λ_{max}330nm(lgε3.8)相似,因此将维生素 K_1 与几种已知 1,4- 萘醌的光谱进行比较,发现其与 2,3- 二烷基 -1,4 萘醌的吸收带很相近,由此推定了维生素 K_1 的骨架。

维生素 K_1

2,3- 二烷基 -1,4 萘醌

知识链接

　　有机化合物的紫外 - 可见吸收光谱属于电子光谱,是由待测物质的官能团选择性吸收电磁辐射、发生电子能级跃迁而产生的。具有简单官能团的化合物,在近紫外 - 可见光区仅有微弱的吸收或无吸收;主要官能团相同的化合物,往往会产生非常相似、甚至雷同的光谱。因此,谱图比较简单,特征性不强,在有机化合物的定性鉴定及结构分析中,紫外 - 可见吸收光谱用于初步判断化合物的结构,只有与红外光谱、磁共振谱和质谱等相互印证后,才能得出正确结论。

学习小结

　　学习本章知识,要深刻理解光的本质是电磁辐射。紫外线和可见光仅是电磁波谱中的一小部分,所有电磁辐射都具有波动性和粒子性,电磁辐射与物质相互作用时伴随有能量交换等,从而把握紫外 - 可见分光光度法概念的科学内涵,为学习其他光学分析法奠定基础。只有当光子的能量与吸光性物质发生电子能级跃迁前后的能量差恰好相等时,才能被吸收。掌握吸收光谱的意义、作用和绘制方法,才能够正确理解定性分析方法的基本原理。朗伯 - 比尔定律是各种分光光度法定量分析的理论依据,是本章的重点和难点。牢记透光率和吸光度的定义,深刻理解朗伯 - 比尔定律和吸光系数的意义,熟练利用 $A=EcL$ 和 $\varepsilon=\dfrac{M}{10}\cdot E_{1cm}^{1\%}$ 解决实际计算问题,对学好本章知识具有重要意义。学习紫外 - 可见分光光度计时,牢牢掌握其五个主要组成部件及其主要作用,能够轻松理解各种类型分光光度计的工作原理。熟悉偏离朗伯 - 比尔定律的主要因素和测量误差,能够选择合适的测定条件为提高分析结果的准确度和做好实际工作打下良好的基础。学习定性与定量分析方法时,把定性的依据和测定单组分溶液含量的三种方法作为学习重点。

达 标 练 习

一、选择题

(一) 单选题

1. 已知 h=6.63×10⁻³⁴J·s,则波长为 0.01nm 的光子能量为(　　　)

　　A. 12.4eV　　　　B. 124eV　　　　C. 12.4×10⁴eV　　　　D. 0.124eV　　　　E. 1240eV

2. 电子能级间隔越小,跃迁时吸收的光子的(　　　)

　　A. 能量越大　　B. 波长越长　　C. 波数越大　　D. 频率越高　　E. 数目越多

3. 紫外 - 可见光的波长范围是(　　　)

　　A. 200~400nm　　B. 400~760nm　　C. 200~760nm　　D. 360~800nm　　E. 200~360nm

4. 紫外 - 可见分光光度法属于(　　　)

　　A. 原子发射光谱　　　　　　B. 原子吸收光谱　　　　　　C. 分子发射光谱

　　D. 分子吸收光谱　　　　　　E. 振动 - 转动光谱

5. 分子吸收紫外 - 可见光后,可发生哪种类型的分子能级跃迁(　　　)

　　A. 转动能级跃迁　　　　　　B. 振动能级跃迁　　　　　　C. 电子能级跃迁

　　D. 振动 - 转动光谱　　　　　E. 以上都能发生

6. 1,3- 丁二烯有强紫外吸收,随着溶剂极性的降低,其 λ_{max} 将(　　　)

　　A. 长移　　　　　　　　　　B. 短移　　　　　　　　　　C. 不变化

　　D. 不变化,但 ε 增强　　　　E. 不能断定

7. 下列化合物中,同时有 $n\to\pi^*$、$\pi\to\pi^*$、$\sigma\to\sigma^*$ 跃迁的化合物是(　　　)

　　A. 一氯甲烷　　B. 丙酮　　C. 1,3- 丁二烯　　D. 甲醇　　E. 乙醇

8. 相同条件下,测定甲、乙两份同一有色物质溶液的吸光度。若甲溶液 1cm 吸收池,乙溶液 2cm 吸收池进行测定,结果吸光度相同,甲、乙两溶液浓度的关系(　　　)

　　A. $c_{甲}=c_{乙}$　　B. $4c_{甲}=c_{乙}$　　C. $c_{甲}=2c_{乙}$　　D. $2c_{甲}=c_{乙}$　　E. $c_{甲}=4c_{乙}$

9. 在符合光的吸收定律条件下,有色物质的浓度、最大吸收波长、吸光度三者的关系是(　　　)

　　A. 增加、增加、增加　　　　　B. 增加、减少、不变

　　C. 减少、增加、减少　　　　　D. 减少、不变、减少

　　E. 三者无关系

10. 吸收曲线是在一定条件下以入射光波长为横坐标、吸光度为纵坐标所描绘的曲线,又称为(　　　)

　　A. 工作曲线　　　　　　　　B. A-λ 曲线　　　　　　　　C. A-c 曲线

  D. 滴定曲线   E. 标准曲线

11. 标准曲线是在一定条件下以吸光度为横坐标，浓度为纵坐标所描绘的曲线，也可称为（ ）

  A. A-λ 曲线 B. A-c 曲线 C. 滴定曲线 D. E-V 曲线 E. 吸收曲线

12. 在紫外 - 可见分光光度计中常用的检测器为（ ）

  A. 二极管   B. 高莱池   C. 真空热电偶

  D. 光电倍增管   E. 热导检测器

13. 用等吸收双波长消去法测定 a 和 b 二组分的混合溶液，若只测定组分 a，消除 b 组分的干扰吸收，则 λ_1 和 λ_2 波长的选择应该是（ ）

  A. 在组分 a 的吸收光谱曲线上选择 $A_{\lambda 1}=A_{\lambda 2}$

  B. 在组分 b 的吸收光谱曲线上选择 $A_{\lambda 1}=A_{\lambda 2}$

  C. 分别在组分 a 和组分 b 的吸收光谱曲线上选择 A_{max}^{a} 和 A_{max}^{b} 作为 λ_1 和 λ_2

  D. 在组分 a 的吸收光谱曲线上选择 A_{max}^{a} 作为 λ_1，在组分 b 的吸收光谱曲线上选择 A_{min}^{b} 作为 λ_2

  E. λ_1 为 a 组分的最大吸收波长，λ_2 为 b 组分的最大吸收波长

14. 有色配位化合物的摩尔吸收系数与下述哪个因素有关（ ）

  A. 比色皿厚度   B. 有色物浓度   C. 吸收池材料

  D. 入射光波长   E. 入射光强度

15. 双光束分光光度法测定 Pb^{2+}（M=207.2），若 50ml 溶液中含有 0.1mg Pb^{2+}，用 1cm 比色皿在 520nm 测得透光率为 40%，则此有色物的摩尔吸光系数为（ ）

  A. 4.1×10^{2} B. 4.1×10^{3} C. 4.1×10^{4} D. 4.1×10^{5} E. 4.1×10^{6}

16. 紫外 - 可见分光光度法定量分析的理论依据是（ ）

  A. 吸收曲线   B. 吸光系数   C. 光的吸收定律

  D. 能斯特方程   E. 最大吸收波长

17. 紫外 - 可见分光光度法是基于被测物质对（ ）

  A. 光的发射 B. 光的散射 C. 光的衍射 D. 光的吸收 E. 光的折射

18. 下面有关显色剂的正确叙述是（ ）

  A. 本身必须是无色试剂并且不与待测物质反应

  B. 本身必须是有颜色的物质并且能吸收测定波长的辐射

  C. 能够与待测物质发生氧化还原反应并生成盐

  D. 在一定条件下能与待测物质发生反应并生成稳定的吸收性物质

  E. 本身是有颜色的物质且能与待测物质反应

19. 双光束分光光度计与单光束分光光度计的主要区别是（ ）

  A. 能将一束光分为两束光   B. 使用两个单色器

  C. 用两个光源获得两束光   D. 使用两个检测器

  E. 单色器性能不同

20. 下列说法错误的是（ ）

  A. 标准曲线与物质的性质无关 B. 吸收曲线的基本形状与溶液浓度无关

  C. 浓度越大，吸光系数越大   D. 从吸收曲线上可以找到最大吸收波长

  E. 液层厚度越大，吸光系数越大

（二）多选题

1. 光子的能量正比于电磁辐射的（ ）

  A. 频率   B. 波长   C. 波数   D. 光速   E. 以上都不正确

2. 在可见光区测定吸光度时,吸收池的材质可用(　　　　　)

  A. 彩色玻璃　　　B. 光学玻璃　　　C. 石英　　　D. 溴化钾　　　E. 以上均可

3. 在紫外 - 可见分光光度法中,影响吸光系数的因素是(　　　　　)

  A. 溶剂的种类和性质　　　　　B. 溶液的物质的量浓度

  C. 物质的本性和光的波长　　　D. 吸收池大小

  E. 待测物的分子结构

4. 紫外 - 可见分光光度法常用的定量分析方法有(　　　　　)

  A. 间接滴定法　　　　　B. 标准对比法　　　　　C. 标准曲线法

  D. 直接电位法　　　　　E. 吸光系数法

5. 紫外 - 可见分光光度计的主要部件是(　　　　　)

  A. 光源　　　B. 单色器　　　C. 吸收池　　　D. 检测器　　　E. 显示器

6. 分光光度计常用的色散元件是(　　　　　)

  A. 钨丝灯　　　　　B. 棱镜　　　　　C. 饱和甘汞电极

  D. 光栅　　　　　E. 光电管

7. 紫外 - 可见分光光度法可用于某些药物的(　　　　　)

  A. 定性鉴别　　　　　B. 纯度检查　　　　　C. 毒理实验

  D. 含量测定　　　　　E. 药理检查

8. 偏离朗伯 - 比尔定律的光学因素是(　　　　　)

  A. 杂散光　　　B. 散射光　　　C. 非平行光　　　D. 荧光　　　E. 反射光

9. 结构中存在 $n \rightarrow \pi^*$ 跃迁的分子是(　　　　　)

  A. 丙酮　　　B. 氯仿　　　C. 硝基苯　　　D. 甲醇　　　E. 乙烯

10. 紫外 - 可见分光光度法中,选用 λ_{max} 进行含量测定的原因是

  A. 与被测溶液的 pH 有关

  B. 可随意选用空白溶液

  C. 浓度的微小变化能引起吸光度的较大变化

  D. 仪器波长的微小变化不会引起吸光度的较大变化

  E. 与溶剂的性质有关

二、填空题

1. 紫外分光光度法中的增色效应指_____,减色效应指_____。

2. 紫外 - 可见分光光度法进行定量分析时,常选用_____作入射光,此时测定的_____最高。

3. 可见 - 紫外分光光度计的光源,可见光区用_____灯,吸收池可用_____材料的吸收池,紫外线区光源用_____灯,吸收池必须用_____材料的吸收池。

4. 测定吸光度时,当空白溶液置于光路时,应使 $T=$_____,此时 $A=$_____。

5. 为提高测定准确度,溶液的吸光度读数范围应调节在 0.2~0.7 为宜。可通过调节溶液的_____和_____来实现。

6. 分光光度法的定量原理是_____定律,它的适用条件是_____和_____,影响因素有主要有_____、_____。

7. 某物质相对分子量为 150,已知浓度为 0.01mg/ml 时,测其透光率为 50%,它的摩尔吸光系数为_____。

8. 吸光光度法中,吸收曲线描绘的是_____和_____间的关系,而工作曲线表示了_____和_____间的关系。

三、名词解释

1. 吸光度　2. 透过率　3. 摩尔吸光系数　4. 百分吸光系数　5. 色团　6. 助色团　7. 红移　8. 蓝移

四、简答题

1. 光学分析法有哪些类型？

2. 吸收光谱法和发射光谱法有何异同？

3. 什么是分子光谱法？什么是原子光谱法？

4. 紫外吸收光谱有何特征？什么样结构的化合物能产生紫外吸收光谱？

5. 电子跃迁有哪些类型？各种跃迁需要能量的大小顺序是什么？

6. 朗伯 - 比尔定律的物理意义是什么？

7. 简述紫外 - 可见分光光度计的主要部件、类型及分类。

8. 简述用紫外可见分光光度法鉴定未知物的方法。

9. 为什么最好在 λ_{max} 处测定化合物的含量？

10. 简述各种类型的吸收带在紫外 - 可见吸收光谱中的位置及各吸收带的特征。

11. 某化合物的 λ_{max}(乙烷)=305nm，其中 λ_{max}(乙醇)=307nm，该吸收是由 n→π* 还是 π→π* 跃迁引起？

五、实例分析题

1. 钯(Pd)与硫代米蚩酮反应生成 1：4 的有色配位化合物，用 1cm 吸收池在 520nm 处测得浓度为 0.200×10^{-6}g/ml 的 Pd 溶液的吸光度为 0.390，试求钯 - 硫代米蚩酮配合物的 $E_{1cm}^{1\%}$ 及 ε 值（钯 - 硫代米蚩酮配合物的相对分子量为 106.4）。

2. 取 1.000g 钢样溶解于 HNO_3 中，其中的 Mn 用 KIO_3 氧化成 $KMnO_4$ 并稀释至 100ml，用 1cm 吸收池在波长 545nm 测得此溶液的吸光度为 0.700。用 1.52×10^{-4}mol/L $KMnO_4$ 作为标准，在同样条件下测得的吸光度为 0.350，计算钢样中 Mn 的百分含量。

3. 取咖啡酸，在 105℃干燥至恒重，精密称取 10.00mg，加少量乙醇溶解，转移至 200ml 量瓶中，加水至刻度，取出 5.00ml，置于 50ml 量瓶中，加 6mol/L HCl 4ml，加水至刻度。取此溶液于 1cm 石英吸收池中，在 323nm 处测得吸光度为 0.463，已知咖啡酸 $E_{1cm}^{1\%}$=927.9，求咖啡酸的质量分数。

4. 一化合物在醇溶液中的 λ_{max} 为 240nm，其 ε 为 1.70×10^4，摩尔质量为 314.47，试计算配制什么浓度（g/100ml）测定含量最合适。

5. K_2CrO_4 的碱性溶液 λ_{max}372nm 有最大吸收，已知浓度为 3.00×10^{-5}mol/L 的 K_2CrO_4 碱性溶液，于 1cm 吸收池中，在 372nm 处测得 T=71.6%。试求该溶液吸光度，K_2CrO_4 溶液的 ε_{max}，及当吸收池为 3cm 时该溶液的 T%。

6. 有一浓度为 2.00×10^3mol/L 的有色溶液，在一定波长下于 0.5cm 的吸收池中测得其吸光度为 0.300，如果在同一吸收波长处，于相同吸收池中测得该物质的另一溶液的百分透光率为 20%，则此溶液的浓度为多少？

7. 含有 Fe^{3+} 的某药物溶解后，加入显色剂 KSCN 溶液，生成红色配合物，用 1cm 吸收池在分光光度计 420nm 波长处测定，已知该配合物在上述条件下 ε 值为 1.8×10^4，如该药含 Fe^{3+} 约 0.5%，现欲配制 50ml 试液，为使测定相对误差最小，应称取该药多少克？

8. 精密称取试样 0.0500g，置 250ml 量瓶中，加入 0.02mol/L HCl 溶解，稀释至刻度。准确吸取 2ml，稀释至 100ml，以 0.02mol/L HCl 为空白，在 263nm 处用 1cm 吸收池测得透光率为 41.7%，其摩尔吸光系数为 12 000，被测物摩尔质量为 100.0，试计算 $E_{1cm}^{1\%}$(263nm) 和试样的质量分数。

（陈建平）

第十章

荧光分析法

学习目标

1. 掌握荧光分析法的基本原理,包括分子荧光的发生过程,激发光谱和发射光谱,分子结构与荧光的关系,影响荧光强度的外界因素。
2. 熟悉荧光强度与物质浓度之间的关系,荧光定量分析方法。
3. 了解荧光分光光度计的结构及荧光分析法的应用。
4. 学会荧光分光光度计的使用。

第一节 概　　述

有些物质受到光照射时,除吸收某种波长的光之外还会发射出比原来所吸收光的波长更长的光,这种现象称为光致发光,常见的光致发光现象是荧光和磷光。荧光(fluorescence)是物质分子吸收光子能量被激发后,从激发态的最低振动能级返回到基态时发射出的比原来吸收波长更长的光。根据荧光谱线位置及强度对物质进行定量和定性分析的方法称为荧光分析法(fluorometry)。荧光分析法的主要优点是测定灵敏度高、选择性好。一般紫外 - 可见分光光度法的检出限约为 $10^{-7}g/ml$,而荧光分析法的检出限可达到 $10^{-10} \sim 10^{-12}g/ml$,可以测定许多痕量无机或有机成分。在临床医学检验、生化测定、免疫测定、药品检验、环境监测等领域,荧光分析法的应用日益增多。

知识链接

绿色荧光蛋白

绿色荧光蛋白是在水母中发现的一种生物发光蛋白,具有自发荧光特性,发光不需要其他的协助因子,且荧光性质稳定,因而在分子生物学和细胞生物学领域得到广泛应用。作为一种报告分子,绿色荧光蛋白在特定蛋白的标记定位、活体内的肿瘤检测、药物筛选等方面起到了重要的作用,极大地促进了生命科学和医药科学的发展。

第二节　基　本　原　理

一、荧光的产生

(一) 分子的激发

物质分子通常含有偶数个电子,在基态时电子都成对的在各自的原子轨道或分子轨道上运动。根据 Pauli 不相容原理,在同一轨道中的两个电子必须自旋相反(自旋配对)。在基态时,所有电子都自旋配对的分子的电子态称基态单重态,用符号 S_0 表示,如图 10-1(A)所示。

处于基态的分子在光照下,其配对电子的一个电子吸收光辐射被激发而跃迁到较高的电子能态,在这个过程中,电子的自旋方向通常不变,与处于基态的电子自旋方向仍相反,则激发态称为激发单重态,用符号 S 表示(如 S_1、S_2 等),如图 10-1(B)所示。如果电子被激发后自旋方向也发生改变,与处于

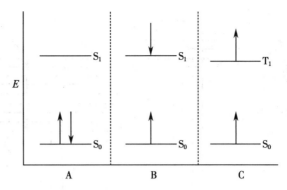

图 10-1 单重态与三重态的激发示意图
A. 基态单重态(S_0);B. 激发单重态(S);C. 激发三重态(T)

基态的电子自旋方向相同,则激发态称为激发三重态,用符号 T 表示(如 T_1、T_2 等),如图 10-1(C)所示。激发单重态与相应的三重态的区别在于电子自旋方向不同及三重态的能级稍低一些。

当吸收了紫外 - 可见光后,基态分子中的电子只能跃迁到激发单重态的各个不同振动 - 转动能级,根据自旋禁阻规律,不能直接跃迁到激发三重态的各个不同振动 - 转动能级。

(二) 荧光的产生

处于激发态的分子不稳定,要释放多余的能量而返回基态,释放能量的方式有两种:无辐射跃迁和辐射跃迁。无辐射跃迁是指以热能形式释放其多余能量,它包括振动弛豫、内部能量转换、体系间跨越、外部能量转换等;辐射跃迁主要是发射荧光或磷光。不同跃迁方式发生的可能性与程度与荧光物质本身的结构及激发时的物理和化学环境有关,发射荧光是其中一条途径。这些途径如下所述,相应的示意图见图 10-2,图中 S_0、S_1 和 S_2 分别表示分子的基态、第一和第二电子激发的单重态,T_1 表示第一电子激发的三重态。

1. 振动弛豫 处于基态(S_0)的分子吸收不同波长的光被激发到不同电子激发态(S_1、S_2)的不同振动能级上,如图 10-2 所示,电子很快(10^{-14}~10^{-12}s)由较高振动能级返回到较低振动能级,这个过程通常以分子之间相互碰撞的方式消耗掉相应的一部分能量,此过程称为振动弛豫(vibrational relaxation)。由于能量不是以光辐射的形式放出,因此振动弛豫属于无辐射跃迁。在溶液中,溶质分子与溶剂分子间的碰撞概率很高,通过碰撞,溶质分子将多余的能量传递给溶剂。

2. 内转换 当两个电子激发态之间能量相差较小,以致其振动能级有重叠时,常发生电子由高电子能级以无辐射方式转移至低能级,此过程称为内转换(internal conversion)。在内转换过程中,体系过剩的能量通过分子碰撞以热的形式在溶剂中传导损失。如图 10-2 所示,S_1 的较高振动能级与 S_2 的较低振动能级的能量非常接近,内转换过程($S_2 \rightarrow S_1$)很容易发生。

3. 荧光发射 当激发态分子通过内转换和振动弛豫到达第一激发单重态 S_1 的最低振动能级后,以辐射的形式发射光量子回到基态 S_0 的各个振动能级,这一过程称为荧光发射(fluorescence emission),这时发射的光量子即为荧光。如图 10-2 所示,由于振动弛豫和内转换损失了部分能量,因此荧光波长总比吸收波长要长。发射荧光的过程约为 10^{-9} 秒~10^{-7} 秒,这个时间与单重态的平均寿命一致,也代表荧光的寿命。由于电子返回基态时可以停留在基态的任一振动能级上,因此得到的荧光谱线有时呈现几个非常靠近的峰。通过进一步的振动弛豫,这些电子都很快地回到基态的最低振动能级。

4. 外转换 激发态分子与溶剂分子或其他溶质分子之间相互作用(如碰撞)以热能的形式释放出多余能量返回基态的过程称为外转换(external conversion)。如图 10-2,外转换常发生在第一激发单重态(S_1)或激发三重态(T_1)的最低振动能级向基态转换的过程中。外转换会使荧

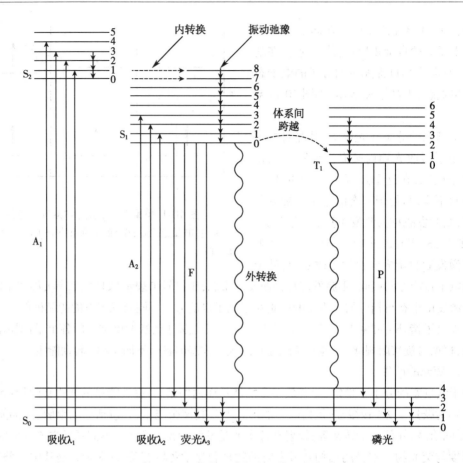

图 10-2　荧光和磷光产生的示意图

A- 吸收;F- 荧光;P- 磷光

→振动弛豫　------→体系间跨越　〜〜〜→外转换　------→内转换

光强度减弱甚至消失。

5. 体系间跨越　处于激发态分子的电子发生自旋反转而使分子的多重性发生变化的过程称为体系间跨越(intersystem crossing)。它是不同多重态间的无辐射跃迁,和内转换一样,若两电子能态的振动能级重叠,将会使这一跃迁概率增大。如图 10-2 所示,S_1 的最低振动能级同 T_1 的最高振动能级重叠,则有可能发生体系间跨越($S_1 \rightarrow T_1$)。分子由激发单重态跨越到激发三重态后,荧光强度减弱甚至熄灭。

6. 磷光发射　由第一激发三重态 T_1 的最低振动能级返回至基态 S_0 的各个振动能级上所发出的光辐射就是磷光(phosphorescence)。磷光的波长比荧光更长。由于荧光物质分子与溶剂分子间相互碰撞等因素的影响,处于激发三重态的分子常通过无辐射过程回到基态,因此在室温下很少呈现磷光,只有通过冷冻或固定化而减少外转换才能检测到磷光,所以磷光法不如荧光分析法应用普遍。

　　正因为在激发态分子回到基态的过程中存在外转换、内转换和振动弛豫,所以大多数化合物没有荧光。

课堂互动

　　想一想,荧光发射和磷光发射过程有何不同?如何区别荧光和磷光?

二、激发光谱和发射光谱

任何发射荧光的物质分子都具有两个特征光谱,即激发光谱(excitation spectrum)和发射光谱(emission spectrum)或称荧光光谱(fluorescence spectrum)。

1. 激发光谱 表示不同激发波长的辐射引起物质发射某一波长荧光的相对效率。绘制激发光谱时,固定发射单色器在某一波长,通过激发单色器扫描,以不同波长的入射光激发荧光物质,记录荧光强度(F)对激发波长(λ_{ex})的关系曲线即为激发光谱。激发光谱的形状与测量时选择的发射波长无关,但其相对强度与所选择的发射波长有关,当发射波长固定在样品发射光谱中最强的波峰时,所得的激发光谱强度最大。

2. 荧光光谱 又称为发射光谱。荧光光谱表示物质在所发射的荧光中各波长的相对强度。绘制荧光光谱时,使激发光的波长和强度保持不变,通过发射单色器扫描以检测不同发射波长下的荧光强度,记录荧光强度(F)对发射波长(λ_{em})的关系曲线即为荧光光谱。

在荧光的产生过程中,由于存在各种形式的无辐射跃迁,损失了一部分能量,所以荧光分子的发射波长总是大于激发波长。一般来说,荧光光谱的形状与激发波长的选择无关,但当激发波长固定在激发光谱中最强的波峰时,所得的发射光谱强度最大。

激发光谱和荧光光谱可用来鉴别荧光物质,也是选择测定波长的依据。荧光物质的最大激发波长和最大发射波长是鉴定物质的依据,也是定量测定时最灵敏的光谱条件。图 10-3 是硫酸奎宁的激发光谱和荧光光谱。

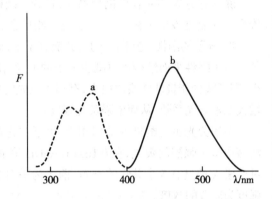

图 10-3 硫酸奎宁的激发光谱(虚线)和荧光光谱(实线)

三、荧光与分子结构

(一)荧光物质的必要条件

1. 荧光效率 荧光效率(fluorescence efficiency),又称荧光量子产率,是指激发态分子发射荧光的光子数与基态分子吸收激发光的光子数之比,常用 φ_f 表示:

$$\varphi_f = \frac{发射荧光的光子数}{吸收激发光的光子数}$$

2. 必要条件 已知大量的有机和无机物中,仅有小部分会发射强的荧光,它们的激发光谱、荧光光谱和荧光强度都与它们的结构有密切关系。荧光物质应同时具备两个条件:①物质分子必须有强的紫外 - 可见吸收,即具有 K 带强吸收;②物质分子必须有一定的荧光效率。

如果在受激分子回到基态的过程中没有其他去活化过程与发射荧光过程竞争,那么在这一段时间内所有激发态分子都将以发射荧光的方式回到基态,这一体系的荧光效率就等于1。一般物质的荧光效率在0~1之间。例如荧光素钠在水中 $\varphi_f = 0.92$;荧光素在水中 $\varphi_f = 0.65$;蒽在乙醇中 $\varphi_f = 0.30$;菲在乙醇中 $\varphi_f = 0.10$。荧光效率低的物质虽然有较强紫外吸收,但所吸收的能量都以无辐射跃迁形式释放,内转换和外转换的速度很快,所以没有荧光发射。

 课堂互动

想一想,为什么有的物质分子能够发射荧光,有的不能?荧光物质的分子结构有什么特点?

（二）分子结构与荧光的关系

一般来说,长共轭分子具有 π → π* 跃迁的较强紫外吸收带(K 带),刚性平面结构分子具有较高的荧光效率,而在共轭体系上的取代基对荧光光谱和荧光强度也有很大影响。

1. 长共轭结构　绝大多数能产生荧光的物质都含有芳香环或杂环,因为芳香环和杂环分子具有长共轭的 π → π* 跃迁。π 电子共轭程度越大,荧光强度(荧光效率)越大,而荧光波长也长移。如下面三个化合物的共轭结构与荧光的关系:

	苯	萘	蒽
λ_{ex}	205nm	286nm	356nm
λ_{em}	287nm	321nm	404nm
φ_f	0.11	0.29	0.36

除含有芳香环的有机化合物外,若分子结构中含有长共轭双键的脂肪链也可能有荧光,如维生素 A 就能发射荧光,但这一类化合物的数目不多。

2. 分子的刚性　在同样的长共轭分子中,分子的刚性越强,荧光效率越大,发射荧光波长越长。由于刚性平面结构可以减少分子的振动,使分子与溶剂或其他溶质分子之间的相互作用减少,即可减少能量外转换的损失,有利于荧光的发射。同时,平面结构可以增大分子的吸光截面,增大摩尔吸光系数,从而增强荧光强度。

例如荧光黄与酚酞的结构相近,由于荧光黄分子中的氧桥使其具有刚性平面结构,因而在溶液中呈现强烈的荧光,在 0.1mol/L NaOH 溶液中,荧光效率达 0.92,而酚酞却没有荧光。萘与维生素 A 都具有 5 个共轭的 π 键,前者为平面刚性结构,而后者为非刚性结构,因而前者的荧光强度为后者的数倍。

本来不发生荧光或荧光较弱的物质与金属离子形成配位化合物后,如果刚性和共平面性增加,那么就可以发射荧光或增强荧光。例如,2,2′- 二羟基偶氮苯本身无荧光,但与 Al^{3+} 形成配合物后,便能发射荧光;8- 羟基喹啉是弱荧光物质,与 Mg^{2+}、Al^{3+} 形成配合物后,荧光增强。

相反,如果原来结构中共平面性较好,但由于位阻效应使分子共平面性下降后,则荧光减弱。例如,1- 二甲氨基萘 -7- 磺酸盐的 $\varphi_f = 0.75$,1- 二甲氨基萘 -8- 磺酸盐的 $\varphi_f = 0.03$,这是因为后者的二甲氨基与磺酸盐之间的位阻效应,使分子发生了扭转,两个环不能共平面,因而使荧光大大减弱。

对于顺反异构体,顺式分子的两个基团在同一侧,由于位阻效应使分子不能共平面而没有荧光。例如,1,2-二苯乙烯的反式异构体有强烈荧光,而其顺式异构体没有荧光。

3. 取代基　取代基的性质对荧光体的荧光特性和强度均有强烈的影响。芳香族化合物具有不同取代基时,其荧光强度和荧光光谱有很大不同。按照影响规律不同可将取代基分为三类:第一类为给电子取代基,使荧光加强。属于这类基团的有—NH_2、—OH、—OCH_3、—NHR、—NR_2、—CN 等。这类基团能增加分子的 π 电子共轭程度,常使荧光效率提高,荧光波长长移;第二类为吸电子基,使荧光减弱。属于这类基团的有—$COOH$、—CHO、—NO_2、—SH、—$NHCOCH_3$、—Cl、—Br、—I 等。这类基团能减弱分子的 π 电子共轭程度,使荧光减弱甚至熄灭;第三类取代基对 π 电子共轭体系作用较小,如:—R、—SO_3H、—NH_3^+ 等,对荧光的影响也不明显。

四、影响荧光强度的外部因素

影响荧光强度的因素除了荧光物质的本身结构及其浓度以外,物质分子所处的外界环境也是一个很重要的因素,如温度、溶剂、酸度、荧光淬灭剂等都会影响荧光效率,甚至影响分子结构及立体构象,从而影响荧光光谱的形状和强度。了解和利用这些因素的影响,可以提高荧光分析的灵敏度和选择性。

1. 溶剂的影响　同一物质在不同溶剂中,其荧光光谱的形状和强度都有差别。一般情况下,荧光波长随着溶剂极性的增大而长移,荧光强度也有增强。

溶剂黏度降低时,分子间碰撞机会增加,使无辐射跃迁增加,而荧光减弱。故荧光强度随溶剂黏度的降低而减弱。

2. 温度的影响　温度对于物质的荧光强度有显著的影响。在一般情况下,随着温度的升高,溶液中荧光物质的荧光效率和荧光强度降低。这是因为温度升高时,分子运动速率加快,分子间碰撞概率增加,使无辐射跃迁增加,从而降低了荧光效率。例如,荧光素钠的乙醇溶液,在 0℃以下,温度每降低 10℃,φ_f 增加 3%,在 −80℃时 φ_f 为 1。

3. 溶液酸度的影响　当荧光物质本身是弱酸或弱碱时,溶液的酸度对其荧光强度有较大影响。这主要是因为在不同酸度中分子和离子间的平衡改变,荧光光谱和荧光强度都可能发生变化,所以在荧光分析中一般都要严格控制溶液的酸度。

每一种荧光物质都有它最适宜的发射荧光的存在形式,也就是有它最适宜的 pH 范围。例如,苯胺分子和离子有下列平衡关系:

$$\underset{\text{pH<2}}{\boxed{}—NH_3^+} \underset{H^+}{\overset{OH^-}{\rightleftharpoons}} \underset{\text{pH 7~12}}{\boxed{}—NH_2} \underset{H^+}{\overset{OH^-}{\rightleftharpoons}} \underset{\text{pH>13}}{\boxed{}—NH^-}$$

在 pH 7~12 的溶液中,苯胺主要以分子形式存在,由于—NH_2 是提高荧光效率的取代基,故苯胺分子能产生蓝色荧光;但在 pH<2 和 pH>13 的溶液中,苯胺均以离子形式存在,不能发射荧光,因此荧光分析中通常要求严格控制溶液的酸度。

4. 荧光淬灭剂的影响　荧光物质分子与溶剂分子或其他溶质分子相互作用引起荧光强度降低的现象称为荧光淬灭或荧光熄灭。引起荧光淬灭的物质叫荧光淬灭剂(quenching medium),常见的荧光淬灭剂有卤素离子、重金属离子、氧分子、硝基化合物、重氮化合物、羰基和羧基化合物等。

引起溶液中荧光淬灭的原因很多,机制也很复杂,主要类型包括:①荧光物质分子与淬灭剂分子碰撞而损失能量;②荧光物质分子与淬灭剂分子作用生成了本身不发光的配合物;③溶解氧的存在,使荧光物质氧化,或是由于氧分子的顺磁性,促进了体系间跨越,使激发单重态的荧光分子转变至三重态;④当荧光物质的浓度较大(超过 1g/L)时,由于荧光物质分子间碰撞的概率增加,还会发生自熄灭现象,溶液的浓度越高,这种现象越严重。

荧光淬灭在荧光分析中是个不利因素,在荧光物质中引入荧光淬灭剂会使荧光分析产生误差。但是,如果一个荧光物质在加入某种淬灭剂后,荧光强度的减弱和荧光淬灭剂的浓度呈线性关系,则可利用这一性质测定荧光淬灭剂的含量,这种方法称为荧光淬灭法或荧光熄灭法(fluorescence quenching method)。如利用氧分子对硼酸根-二苯乙醇酮配合物的荧光淬灭效应,可进行微量氧的测定。

5. 散射光 当一束平行单色光照射在液体样品上时,大部分光线透过溶液,小部分由于光子和物质分子相碰撞,使光子的运动方向发生改变而向不同角度散射,这种光称为散射光(scattering light)。

光子与物质分子发生弹性碰撞时,不发生能量的交换,仅仅是光子运动的方向发生了改变,这种散射光称为瑞利光(Rayleigh scattering light),其波长与入射波长相同。光子与物质分子发生非弹性碰撞时,在光子运动方向发生改变的同时,光子与物质分子发生能量的交换,光子把部分能量转移给物质分子或从物质分子获得部分能量,而发射出比入射光稍长或稍短的光,这种散射光称为拉曼光(Raman scattering light)。

散射光对荧光测定有干扰,尤其是波长比入射波长更长的拉曼光,因其波长与荧光波长接近,对荧光测定的干扰更大,必须采取措施消除。

选择适当的激发波长可消除拉曼光的干扰。拉曼光波长随着激发波长的变化而变化,荧光波长却与激发光的选择无关,利用这一点可以在荧光测定时,选择合适的激发波长以消除拉曼光的干扰。以硫酸奎宁为例,从图10-4a可见,无论选择320nm或350nm为激发光,荧光峰总是在448nm。将空白溶剂分别在320nm及350nm激发光照射下进行测定,从图10-4b可见,当激发波长为320nm时,溶剂的拉曼光波长是360nm,对荧光测定无干扰;当激发波长为350nm时,溶剂的拉曼光波长是400nm,对荧光测定有干扰,因而应选择320nm为激发波长。

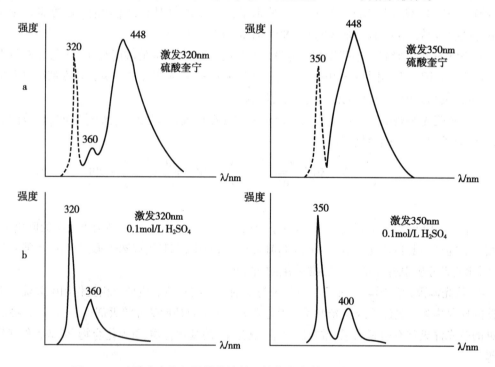

图 10-4 硫酸奎宁在不同激发波长下的荧光光谱(a)与散射光谱(b)

第三节 荧光定量分析方法

一、荧光强度与物质浓度的关系

荧光物质吸收光能后被激发而发射荧光,因此溶液的荧光强度与该溶液中荧光物质吸收光能的程度以及荧光效率有关。溶液中荧光物质被入射光(I_0)激发后发射的荧光，可以在溶液的各个方向观察荧光强度(F)。但由于激发光的一部分被透过，透射光(I)和入射光在同一个方向，因此在激发光的方向观察荧光是不适宜的，一般是在与激发光源垂直的方向上观测，如图10-5所示。

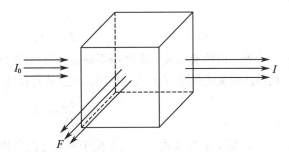

图10-5 溶液的荧光测定

设溶液中荧光物质浓度为c，液层厚度为L。由于荧光强度F正比于被荧光物质吸收的光强度，即：$F \propto (I_0 - I)$，用线性方程可表示为：

$$F = K'(I_0 - I) \tag{10-1}$$

其中，K'为常数，其值取决于荧光效率。根据Beer定律：

$$I = I_0 10^{-EcL} \tag{10-2}$$

将式(10-2)带入式(10-1)得到：

$$F = K' I_0 (1 - 10^{-EcL}) = K' I_0 (1 - e^{-2.3EcL}) \tag{10-3}$$

即 $F = K' I_0 \left\{ 1 - \left[1 + \frac{(-2.3EcL)}{1!} + \frac{(-2.3EcL)^2}{2!} + \frac{(-2.3EcL)^3}{3!} + \cdots \right] \right\}$

$$= K' I_0 \left[2.3EcL - \frac{(-2.3EcL)^2}{2!} - \frac{(-2.3EcL)^3}{3!} + \cdots \right] \tag{10-4}$$

当浓度c很小时，EcL也很小，当$EcL \leqslant 0.05$时，式(10-4)括号中第二项以后的各项可以忽略。则：

$$F = 2.3 K' I_0 EcL = Kc \tag{10-5}$$

式(10-5)说明，在低浓度时，溶液的荧光强度与溶液中荧光物质的浓度呈线性关系；但是当$EcL \geqslant 0.05$时，式(10-4)括号中第二项以后各项的数值就不能忽略，此时荧光强度与溶液浓度之间不呈线性关系。

式(10-5)是荧光定量分析的依据。荧光分析测定的是在很弱背景上的荧光强度，且其测定的灵敏度取决于检测器的灵敏度和激发光的强度。所以改进光电倍增管和放大系统，使极微弱的荧光也能被检测到，就可以测定很稀的溶液；同时增加入射光的强度，荧光的强度也会相应增大，因此荧光分析法的灵敏度很高。而在紫外-可见分光光度法测定的是透过光强和入射光强的比值，即I/I_0，当浓度很低时，检测器难以检测两个大讯号(I和I_0)之间的微小差别，而且即使将光强信号放大，由于透过光强和入射光强都被放大，比值仍然不变，对提高检测灵敏度不起作用，故紫外-可见分光光度法的灵敏度不如荧光分析法高。

二、定量分析方法

1. 标准曲线法 标准曲线法是荧光分析中最常用的分析方法，即用已知量的对照品经过和试样相同的处理之后，配成一系列标准溶液。测定这些溶液的荧光强度F，以荧光强度为纵坐标，标准溶液的浓度为横坐标，绘制F-c标准曲线。然后在同样条件下测定试样溶液的荧光强度，从标准曲线求出试样溶液中荧光物质的含量。

2. 比例法 当荧光物质的标准曲线经过原点时，可在其线性范围内，用比例法进行直接测定。取已知量的对照品，配制一标准溶液，并使其浓度(c_s)在线性范围之内，测定荧光强度(F_s)，然后在同样条件下测定试样溶液的荧光强度(F_x)。按比例关系计算试样中荧光物质的含量(c_s)。利用比例法进行计算时，应注意使试样溶液的荧光强度控制在线性范围所对应的荧光强度范围之内。

$$\frac{F_s}{F_x} = \frac{c_s}{c_x} \qquad c_x = \frac{F_s}{F_x} c_s$$

当空白溶液的荧光强度调不到零,即标准曲线不经过原点时,必须从 F_x 和 F_s 值中扣除空白溶液的荧光强度(F_0),然后利用比例法进行计算。

$$\frac{F_s - F_0}{F_x - F_0} = \frac{c_s}{c_x} \qquad c_x = \frac{F_s - F_0}{F_x - F_0} c_s$$

3. 联立方程式法　此法常用于多组分混合物的荧光分析。荧光分析也可像紫外 - 可见分光光度法一样,不经分离就可测得混合物中被测组分含量。

如果混合物中各组分荧光峰相距较远,而且相互之间无显著干扰,则可分别在不同波长处测定各个组分的荧光强度,从而直接求出各个组分的浓度。如果不同组分的荧光光谱相互重叠,则可利用荧光强度的加和性质,在适宜的荧光波长处,测定混合物的荧光强度,再根据各组分在该荧光波长处的荧光强度,列出联立方程式,分别求出它们各自的含量。

第四节　荧光分光光度计和荧光分析新技术

一、荧光分光光度计

用于测量荧光强度的仪器有滤光片荧光计、滤光片 - 单色器荧光计和荧光分光光度计三类。滤光片荧光计和滤光片 - 单色器荧光计结构简单,测定的灵敏度和选择性远不如荧光分光光度计,应用也不如后者广泛。荧光分光光度计主要由激发光源、激发单色器(置于样品池前)和发射单色器(置于样品池后)、样品池及检测器组成。其结构如图 10-6 所示。

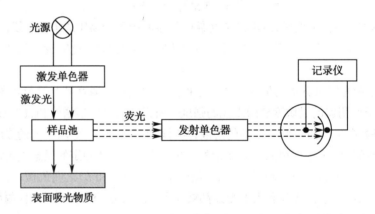

图 10-6　荧光分光光度计结构示意图

1. 激发光源　荧光分光光度计所用光源应具有强度大、适用波长范围宽的特点,常用的有高压汞灯或氙灯。氙灯所发射的谱线强度大,而且是连续光源,连续分布在 250~700nm 波长范围内,并且在 300~400nm 波长之间的谱线强度几乎相等。高压汞灯发射 365nm、405nm、436nm、546nm、579nm、690nm 和 734nm 的线状谱线,测量中常用 365nm、405nm 和 436nm 三条谱线。目前大部分荧光分光光度计都采用氙灯作光源。

2. 单色器　荧光分光光度计有两个单色器,激发单色器(第一单色器)和发射单色器(第二单色器),可以分别扫描激发光谱和荧光光谱。如图 10-6 所示,置于激发光源和样品池之间的单色器称为激发单色器,用于获得单色性较好的激发光;置于样品池后和检测器之间的单色器称为发射单色器,用于分出某一波长的荧光,消除其他杂散光的干扰。荧光分光光度计常用光栅单色器。

3. 样品池　测定荧光用的样品池须用低荧光材料制成,通常用石英,常用散射光较少的正方形样品池,并且四面均透光,适用于 90° 测量,以消除入射光的背景干扰。

4. 检测器　荧光的强度很弱,因此要求检测器有较高的灵敏度。荧光分光光度计一般采用光电倍增管作检测器。为了消除激发光对荧光测量的干扰,在仪器中,检测光路与激发光路是垂直的。为了提高信噪比,常用冷却检测器的方法。

课堂互动

想一想,紫外 - 可见分光光度计和荧光分光光度计有何不同? 为什么荧光分析法的灵敏度比紫外 - 可见分光光度法的灵敏度高?

二、荧光分析新技术简介

随着仪器分析的日趋发展,许多新的荧光分析技术的不断地出现和应用,这些荧光分析新技术具有灵敏度高、选择性好、取样量少、方法快速简便等特点,已成为多种研究领域中进行痕量和超痕量甚至分子水平上分析的一种重要工具。下面简单介绍几种目前应用较多的方法。

1. 激光荧光分析　激光荧光法与一般荧光法的主要区别在于使用了单色性极好、强度更大的激光作为光源,大大提高了荧光分析法的灵敏度和选择性。氙灯在紫外区输出功率较小,只有用大功率氙灯才有显著输出,但目前大功率氙灯在稳定性和热效应方面还存在不少问题。激光光源可以克服上述缺点,特别是可调谐激光器用于分子荧光具有很突出的优点。另外,普通荧光分光光度计一般需用两个单色器,而以激光作为光源仅用一个单色器即可。目前,激光分子荧光分析法已成为分析超低浓度物质的灵敏而有效地方法。

2. 时间分辨荧光分析　是利用不同物质的荧光寿命不同,在激发和检测之间延缓的时间不同,以实现分别检测的目的。时间分辨荧光分析采用脉冲激光作为光源。如果选择合适的延缓时间,可测定被测组分的荧光而不受其他组分、杂质的荧光及噪声的干扰。目前已将时间分辨荧光法应用于免疫分析,发展成为时间分辨荧光免疫分析法。

3. 同步荧光分析　同步荧光分析是在荧光物质的激发光谱和荧光光谱中选择一适宜的波长差值 $\Delta\lambda$(通常选最大激发波长和最大发射波长之差),同时扫描激发波长和发射波长,得到同步荧光光谱。荧光物质的浓度与同步荧光峰的峰高呈线性关系,因此可用于定量分析。

同步荧光光谱的信号 $F_{sp}(\lambda_{ex}, \lambda_{em})$ 与激发光信号 F_{ex} 及荧光发射信号 F_{em} 之间的关系为:

$$F_{sp}(\lambda_{ex}, \lambda_{em}) = KcF_{ex}F_{em}$$

其中 K 为常数。可见当物质浓度 c 一定时,同步荧光信号与所用激发波长信号及发射波长信号的乘积成正比,所以此法的灵敏度较高。

随着激光、计算机和电子学等领域的新成就和新技术的引入,促进了荧光分析技术的不断发展,加速了各种新型荧光分析仪器的问世,使荧光分析法不断朝着高效、痕量、微观和自动化的方向发展,其灵敏度、准确度和选择性日益提高。如今,荧光分析法已经发展成为一种重要而有效的光谱分析技术。

第五节　应用与示例

一、无机离子的测定

无机离子能直接产生荧光并用于测定的不多,但与有机试剂形成配合物进行荧光分析的达到 60 余种,其中铝、铍、镓、硒、钙、镁及某些稀土元素可用荧光分析法测定。

用荧光分析法测定溶液中的无机离子,常采用直接荧光法和荧光熄灭法。直接荧光法是将无机离子溶液加适当的无机试剂,直接检测离子的化学荧光;或与一种无荧光的有机配体生成高荧光的金属配合物,再进行测定。常用的有机配体荧光试剂有:8-羟基喹啉(用于 Al、Zn、Be 等)、茜素紫酱 R(用于 Al、F 等)、二苯乙醇酮(用于 B、Zn、Ge、Si 等)。荧光熄灭法采用本身有荧光的有机配体与金属离子配位,使荧光强度减弱,测量荧光减弱的程度,间接测出离子浓度。如 2,3-萘氮杂茂的水溶液有强烈紫色荧光,但荧光强度可随溶液中银离子含量的增大而减弱,据此可进行银离子的荧光分析。

二、有机化合物的测定

具有高度共轭体系的有机化合物(芳香族和杂环化合物等),大多数能发射荧光,可以直接进行荧光测定。如:多环胺类、萘酚类、嘌呤类、吲哚类、多环芳烃类化合物和具有芳环或芳杂环结构的氨基酸及蛋白质等,约有 200 多种。 为了提高测定方法的灵敏度和选择性,常使某些弱荧光物质与某些荧光试剂反应生成强荧光的产物进行测定。常用的几种重要的荧光试剂有:

1. **荧胺试剂** 能与脂肪族或芳香族伯胺形成强荧光衍生物。荧胺及其水解产物本身不显荧光。

2. **1,2-萘醌 -4- 磺酸钠(NAS)** 与含伯胺或仲胺的化合物作用后,在 $NaBH_4$ 的还原下生成氢醌类荧光物。常用来测定脂肪族及芳香族胺类、氨基酸及磺胺等药物。

3. **1- 二甲氨基 -5- 氯化磺酰萘** 与含有伯胺、仲胺及酚基的生物碱反应生成荧光性产物。

4. **邻苯二甲醛** 在 2- 巯基乙醇存下,在 pH=9~10 的缓冲溶液中能与伯胺类,特别是大多数的 α- 氨基酸产生灵敏的荧光。

三、基因研究与检测

荧光分析法是基因研究与检测技术中最常用的分析方法。生物遗传分子脱氧核糖核酸(DNA)自身的荧光效率很低,一般条件下几乎检测不到 DNA 的荧光,因此常采用某些荧光分子作为探针,通过检测探针标记分子的荧光变化来研究 DNA 与小分子及药物的作用机制,从而探讨致病原因及筛选和设计新的高效低毒药物。

目前,荧光分析法在生物化学分析、生理医学研究和临床、药物分析等领域均有广泛的应用。许多重要的分析对象,如维生素、氨基酸和蛋白质、胺类和甾族化合物、酶和辅酶等,均可用荧光分析法检测。由于荧光分析法的高灵敏度,它还用于生理过程中生物活性物质之间的相互作用,生化物质的变化以及反应动力学过程的研究和监测。

知识链接

荧光分析法检测酶

酶是细胞新陈代谢的基础,酶的检测在生物技术、疾病诊断及药物开发等领域都具有十分重要的意义。在检测酶的诸多方法中,荧光分析法在酶活性检测中发挥着重要的作用。在成分复杂的反应体系中,酶活性较低时,可以充分利用荧光法高灵敏度的独到优势来检测酶。如用修饰后的酶底物作为荧光探针,通过检测催化前后底物的荧光信号变化即可实现酶活性检测。借助荧光显微镜,可以实现用荧光探针在活细胞或生物体内定位有活性的酶,认识细胞内酶的作用及功能,从而揭示生理和病理条件下细胞内酶作用变化机制,阐明生命作用的机制。同时,由于荧光法操作简便、需样量少,在酶的高通量筛选方面也有重要应用。

学习小结

　　物质分子吸收紫外或可见光后,从激发态的最低振动能级返回到基态时所发出的光称为荧光。物质产生荧光必须具备两个条件:①物质分子必须有强的紫外 - 可见吸收;②物质分子必须有一定的荧光效率。影响物质荧光强度的主要因素有物质分子的结构(共轭结构、刚性、取代基)和外部因素(溶剂、温度、酸度、荧光淬灭剂、散射光)。激发光谱是荧光强度(F)对激发波长(λ_{ex})的关系曲线,荧光光谱是荧光强度(F)对发射波长(λ_{em})的关系曲线。荧光物质的最大激发波长和最大发射波长是鉴定物质的依据,也是定量测定时最灵敏的光谱条件。

　　荧光分析法常被用于定性和定量分析,其中定量分析应用更为广泛。荧光分析法定量的依据是荧光强度与荧光物质浓度的线性关系,即在低浓度时 $F=Kc$。可采用的定量分析方法有:标准曲线法、比例法、联立方程式法。荧光分析的仪器是荧光分光光度计,包括激发光源、激发单色器和发射单色器、样品池及检测器等部分。

达 标 练 习

一、选择题

(一)单选题

1. 下列(　　)去激发过程属于辐射跃迁

　　A. 振动弛豫　　　B. 体系间跨越　　　C. 内转移　　　D. 荧光发射　　　E. 外转移

2. 一种物质能否发射荧光,主要取决于(　　　)

　　A. 分子结构　　　B. 激发光的波长　　　C. 温度　　　D. 溶剂的极性　　　E. 物质的浓度

3. 激发光波长对分子荧光的影响,下列说法正确的是(　　　)

　　A. 影响荧光光谱的形状和荧光强度

　　B. 影响荧光光谱的形状,但不影响荧光强度

　　C. 不影响荧光光谱的形状和荧光强度

　　D. 激发光波长变化时,荧光强度不变

　　E. 不影响荧光光谱的形状,但影响荧光强度

4. 苯胺在(　　　)条件下荧光强度最强

　　A. pH = 1　　　B. pH = 3　　　C. pH = 9　　　D. pH = 13　　　E. pH = 2

5. 荧光素钠的乙醇溶液在(　　　)条件下荧光强度最强

　　A. 0℃　　　B. –10℃　　　C. –20℃　　　D. –30℃　　　E 10℃

6. 下列物质中荧光强度最强的是(　　　)

A. 　　　　　　　B.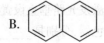

C. 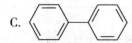　　　　　　　D. ⬡—COOH

E. ⬡—NO₂

7. 荧光分光光度计常用的光源是（　　　　）

    A. 空心阴极灯　　　　B. 氘灯　　　　　C. 氙灯　　　　　　　D. 硅碳棒　　　　　E. 卤钨灯

8. 荧光分光光度计中激发单色器的作用是（　　　　）

    A. 消除杂质荧光　　　　　　　　　　B. 分出某一波长的荧光

    C. 消除激发光产生的反射光　　　　　D. 消除瑞利、拉曼散射

    E. 获得单色性较好的激发光

（二）多选题

1. 荧光物质的荧光强度与浓度呈线性关系，要求哪些条件（　　　　　　）

    A. 酸性溶液　　　　　　　　　　B. $EcL \leq 0.05$

    C. 激发光强度 I_0 一定　　　　　D. 样品池厚度一定

    E. 散射光强度一定

2. 下列说法正确的是（　　　　　　）

    A. 分子的刚性平面有利于荧光的产生

    B. 荧光的波长比磷光短

    C. 物质有较强的紫外吸收一定能发射荧光

    D. 外转换会使荧光强度减弱

    E. 最大激发波长和最大发射波长是定量测定最灵敏的光谱条件

3. 下列因素，对荧光强度有影响的是（　　　　　　）

    A. 温度　　　　　B. 溶剂　　　　　C. 溶液的酸度　　　　D. 荧光淬灭剂　　　E. 显示器

4. 下列取代基可使荧光体的荧光增强的是（　　　　　　）

    A. —NH_2　　　　　B. —COOH　　　　C. —NO_2　　　　D. —OH　　　　　E. —OCH_3

5. 可提高荧光分析灵敏度的方法是（　　　　　　）

    A. 增加入射光的强度

    B. 提高荧光信号放大倍数

    C. 升高测定温度

    D. 增大荧光物质的摩尔吸光系数

    E. 在高于最大发射波长处测定荧光强度

二、填空题

    1. 分子 π 电子共轭程度越大，则荧光强度越大，荧光波长向_____波长方向移动；吸电子取代基将使分子的荧光强度_____（加强或减弱）。

    2. 荧光分析法是根据_____对物质进行定量和定性分析的方法。

    3. 荧光物质的_____和_____是鉴定物质的依据，也是定量测定时最灵敏的条件。

    4. 能够发射荧光的物质应具备的两个条件是：物质分子有强的_____；物质分子有一定的_____。

    5. 在荧光分析法中，增加入射光的强度，测量灵敏度_____，原因是_____。

    6. 荧光分光光度计检测器与激发光路垂直设置的原因是_____。

    7. 荧光分光光度计有两个单色器，分别是_____和_____。

    8. 影响荧光强度的外部因素有_____、_____、_____、_____、_____。

三、简答题

    1. 请设计两种方法测定溶液中 Al^{3+} 的含量（化学分析法和仪器分析法各一种）。

    2. 为什么荧光分析法的灵敏度高于紫外 - 可见分光光度法？

四、计算题

    用荧光法测定复方炔诺酮片中炔雌醇的含量时，取本品 20 片（每片含炔诺酮应为 0.54~

0.66mg，含炔雌醇应为 31.5~38.5μg），研细溶于无水乙醇中，稀释至 250ml，过滤，取滤液 5ml，稀释至 10ml，在激发波长 285nm 和发射波长 307nm 处测定荧光强度。如果炔雌醇对照品的乙醇溶液（1.4μg/ml）在同样测定条件下荧光强度为 65，问：合格片的荧光强度应在什么范围之间？

（张学东）

第十一章

原子吸收分光光度法

 学习目标

1. 掌握原子吸收分光光度法的基本原理和有关仪器的主要部件。
2. 熟悉原子吸收分光光度法的分析过程和定量方法。
3. 了解原子吸收分光光度法在医学检验中的应用和分析条件的选择。

第一节 概　述

一、原子吸收分光光度法

原子吸收分光光度法(atomic absorption spectrophotometry, AAS)(又称为原子吸收光谱法,简称原子吸收法),它是通过测定试样中待测元素以火焰或非火焰等原子化方式变成的元素基态原子蒸气吸收锐线光源或连续光源所发出的待测元素特征谱线强弱而来进行定量分析的方法。

以火焰原子吸收光谱法测定血清中的铜为例,原子吸收分光光度法基本过程如图 11-1 所示。

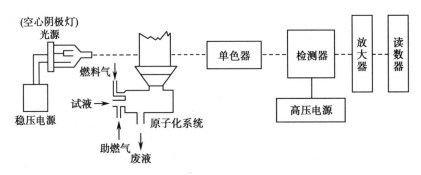

图 11-1　火焰原子吸收分光光度法流程示意图

含待测元素铜的试样溶液喷射成雾状进入燃烧火焰中,铜盐雾滴在火焰中挥发并离解成铜原子蒸气,以铜空心阴极灯为光源,发射出一定强度的 324.8nm 铜的特征谱线的光,当它通过一定厚度的含铜原子蒸气的火焰时,其中一部分特征谱线的光被蒸气中基态铜原子吸收,而未被吸收的光经单色器照射到检测器上被检测,根据该特征谱线光强度被吸收的程度,即可测得试样中铜的含量。

原子吸收分光光度法和紫外 - 可见分光光度法都属于吸收光谱分析,但两者吸光物质的状态不同、吸收光谱不同、使用的光源也不同。前者是基态原子蒸气对光的吸收,是原子吸收光谱,为线状光谱,使用的是锐线光源;后者是溶液中分子或离子对光的吸收,是分子吸收光谱,为带状光谱,使用的是连续光源。

原子吸收分光光度法是痕量金属元素分析的主要方法,具有以下优点:①灵敏度高,检测限低。火焰原子吸收分光光度法对多数元素检测限可达 10^{-9}g/ml,相对误差小于1%,石墨炉原子吸收分光光度法得检测限可达 10^{-13}g/ml。②准确度高。火焰原子吸收分光光度法的相对误差小于1%,石墨炉原子吸收分光光度法的相对误差约为3%~5%。③选择性好,干扰少。大多数情况下共存元素对测定元素不产生干扰。④分析速度快、应用范围广。采用原子吸收分光光度法测定的元素可达 70 多种,既可直接测定金属元素,又可间接测定非金属元素和有机化合物。

二、原子吸收分光光度法的基本原理

当用很窄的锐线光源时,蒸气中元素基态原子能吸收一定能量的特征光谱线(灵敏线)产生具有一定宽度的吸收光谱曲线,谱线积分吸收或峰值吸收系数与蒸气中基态原子总数成简单线性关系;而在给定实验条件下,溶液中待测元素含量与蒸气相中总原子数保持一稳定的比例关系,蒸气相中基态原子数近似等于总原子数,根据朗伯 - 比尔定律,无论采用积分吸收法还是峰值吸收系数法测得的吸光度均与蒸气相中待测元素的基态原子数成简单线性关系,具体阐述如下:

（一）共振线与吸收线

近代光谱学认为原子核外电子可在核外不同轨道上运动,电子运动时具有一定的能量,一个原子可具有多种能级状态如图 11-2 所示。

能量最低的称为基态(E_0),其余的称为激发态(E_j),能量最低状态也是最稳定的状态。通常情况下,元素原子总是处于能量最低状态(E_0),处于能量最低状态的原子称为基态原子(N_0)。当基态原子受到外界能量激发时,最外层电子可跃迁到能量较高的能级,处于较高能级状态的原子称为激发态原子(N_j)。原子基态只有一种,而根据受到激发后吸收能量不同可跃迁到不同的较高能级而可能具有多种激发态,显然,原子处于激发态是一种很不稳定的状态,在很短时间内可能会跃迁回到低能级直至最稳态(即基态),此过程中会辐射出一定频率的光子。

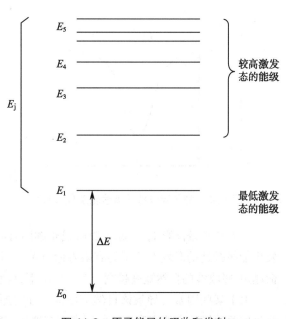

图 11-2 原子能量的吸收和发射

该辐射出的光子频率与基态原子跃迁到一定激发态时吸收的辐射光子频率相同,辐射或吸收的光子频率与两能级之间能量差符合以下关系:

$$\Delta E=E_j-E_0=h\nu \tag{11-1}$$

也就是说每种元素的特定原子只能在特定的能级之间跃迁。原子吸收一定频率的辐射从基态跃迁至激发态,所产生的吸收线称为共振吸收线,当原子从激发态再跃迁直接回到基态时,发射相同频率的辐射,称为共振发射线,由于电子可在基态和第一激发态及其他能量较高的激发态之间跃迁,相应的就有许多的发射线和吸收线,使电子从基态跃迁至第一激发态时,所产生的吸收谱线称为主共振线简称共振线。当电子从第一激发态跃迁回到基态时,发射同样频率光辐射,称为共振发射线也简称为共振线,由于第一激发态的能量最低,电子在第一激发态和基态间的跃迁最容易,相应的吸收线和发射线也是最强的,对大多数元素来说,这条共振线也就是最灵敏的谱线(简称灵敏线),原子吸收分光光度法一般使用最强的灵敏线进行测定。各种元素的原子结构和外层电子的分布不同,相应的基态和各激发态之间的能量差不同,电子在基态和激发态之间跃迁时吸收或发射的光辐射也不同,各元素的共振线波长都不相同,每种原子特有的吸收线或发射线就成为该元素特征的光谱线。原子吸收分析就是利用待测元素原子的特征吸收线进行分析的,因此原子吸收分光光度法具有很强的选择性。

（二）谱线轮廓与谱线变宽

原子吸收光谱是由元素原子最外层电子能级的跃迁产生的仅有 10^{-3}nm 数量级吸收宽度(或频率范围)的窄带吸收谱线,具有一定的轮廓,原子吸收光谱特征可以用吸收线的频率、谱线宽度和强度(两能级之间的跃迁概率决定)来表征。谱线轮廓就是指谱线强度随频率的变化曲线,可用 I_ν-ν 或 K_ν-ν 曲线表示。以透过光强(I_ν)对频率 ν 作图,得 I_ν-ν 曲线如图 11-3 所示,图中 ν_0 称为中心频率,中心频率由原子能级决定,ν_0 处透过光强最小、吸收最大。

若以吸收系数 K_ν 对频率 ν 作图,得 K_ν-ν 曲线如图 11-4 所示,图中 K_ν 为元素原子对频率为 ν 的辐射吸收系数,中心频率 ν_0 处吸收系数有极大值,称为峰值吸收系数(K_0),吸收线的半宽度($\Delta\nu$)是 $K_0/2$ 处对应谱线轮廓上两点间频率差,因此,可用 ν_0 和 $\Delta\nu$ 表征原子吸收线的轮廓。

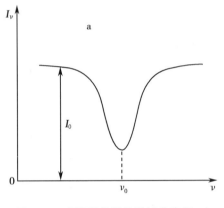

图 11-3 原子吸收线的谱线轮廓(I_ν-ν)

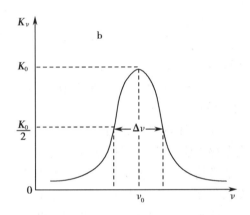

图 11-4 原子吸收线的谱线轮廓(K_ν-ν)

在无外界条件影响下,原子吸收线轮廓固有的宽度称为自然宽度(natural width),它与原子发生能级跃迁的激发态原子的有限寿命有关。不同谱线有不同的自然宽度。激发态原子的寿命越短,吸收线的自然宽度越宽。多数情况下,自然宽度约为 10^{-5}nm 数量级。

由于某些因素可导致该自然宽度变宽使得原子吸收线的 $\Delta\nu$ 通常在 0.001~0.005nm 之间。常见的两种导致自然宽度变宽的因素有多普勒变宽(Doppler broadening)和碰撞变宽(collisional broadening)。

多普勒变宽是由于基态原子处于高温环境下的无规则热运动产生的,又称为热变宽,通常热变宽($\Delta\nu_D$)为 10^{-3}nm 数量级,是谱线变宽的主要因素,其原理如下:当一些粒子向着检测器运动时,呈现出比原来更高的频率;当粒子背向检测器运动时,呈现出比原来更低的频率,这就是多普勒效应;对于检测器而言,接收到的则是频率或波长略有不同的光,表现出原子吸收线的变宽。测定温度越高,待测元素原子质量越小,原子的相对热运动越剧烈,热变宽越大。

碰撞变宽是由于吸光原子与蒸气中其他粒子间相互碰撞而引起能级的微小变化,使得发射或吸收的光子频率改变而导致变宽。碰撞变宽与吸收区气体的压力有关,压力升高时,粒子间相互碰撞概率增大,谱线变宽严重。根据与吸光原子碰撞的粒子不同,又可分为共振变宽(resonance broadening)和劳伦兹变宽(Lorentz broadening)两类,由被测元素原子基态与激发态原子间碰撞引起的谱线变宽称为共振变宽或赫鲁兹马克变宽(Holtsmark broadening),它随试样原子蒸气浓度的增加而增加;由被测元素原子与其他外来粒子碰撞而引起的变宽称为劳伦兹变宽,它不仅随原子区内气体压力增加和温度升高而增大,也随其他元素性质的不同而不同。此外,影响谱线变宽的因素还有电场变宽、磁场变宽、自吸变宽等,通常条件下,吸收线轮廓主要受多普勒变宽和劳伦兹变宽的影响。谱线变宽往往会导致测定的灵敏度下降。

（三）原子吸收值与原子浓度的关系

1. 积分吸收（integrated absorption）　原子吸收光谱是由基态原子蒸气对共振线的吸收产生的,而原子吸收谱线具有一定的轮廓。吸收谱线轮廓内吸收系数 K_ν 的积分面积代表了基态原子蒸气所吸收的全部辐射能量,称为"积分吸收"。谱线积分吸收与气态基态原子数成正比,数学表达式为:

$$\int K_\nu d\nu = \frac{\pi e^2}{mc} f \cdot N_0 \tag{11-2}$$

式中:e 为电子电荷;m 为电子质量;c 为光速;N_0 为单位体积原子蒸汽中吸收辐射的基态原子数;f 为振子强度,表示能被入射辐射激发的每个原子的电子平均数,用来估计谱线强度,对于一定元素而言,在一定条件下 f 可视为一定值。当分析线确定后,$\frac{\pi e^2}{mc} f$ 是常数,可用 K 表示,因此式 11-2 可简化为:

$$\int K_\nu d\nu = K \cdot N_0 \tag{11-3}$$

式 11-3 是原子吸收分析的重要理论基础。因激发态原子数可忽略不计,气态基态原子数 N_0 约等于待测元素气态原子总数 N,因此积分吸收与被测元素气态原子总数 N 成正比,而给定条件下,溶液中待测元素浓度与被测元素气态原子总数保持一定的比例关系,所以,如能准确测量积分吸收即可求算待测元素含量。

知识链接

积分吸收的局限性

由于原子产生的吸收不超过总入射光强的 0.5%,吸收前后光强变化极小,目前还没有能够检测出如此微小变化的高灵敏度检测器。又由于目前的高分辨率色散仪还不能精确扫描半峰宽仅有 10^{-3}nm 数量级的窄吸收谱线轮廓,因此积分吸收测定是非常困难的。

2. 峰值吸收（peak absorption）　澳大利亚物理学家瓦尔什（Walsh）1955 年提出用峰值吸收系数 K_0 代替积分吸收,成功地解决了原子吸收分析的测量问题。为了实现峰值吸收,必须满足以下条件:①光源发射线的半宽度必须小于吸收线的半宽度,一般为吸收线的半宽度的 1/10~1/5;②光源发射线的中心频率与原子吸收的中心频率完全一致。

在温度不太高的稳定火焰条件下,峰值吸收系数 K_0（吸收线中心频率处的峰值吸收系数）与火焰中待测元素的基态原子数 N_0 之间存在着简单线性关系,该法被称为峰值吸收法,即测定 K_0 可求算 N_0 值。

从图 11-4 原子吸收轮廓可以看出,峰值吸收系数与积分吸收成正比,与吸收线半宽度成反比,其数学表达式为:

$$K_0 = \frac{2b}{\Delta \nu} \int K_\nu d\nu \tag{11-4}$$

式中 b 取决于谱线变宽。将式（11-2）代入式（11-4）得:

$$K_0 = \frac{2b}{\Delta \nu} \cdot \frac{\pi e^2}{mc} f \cdot N_0 \tag{11-5}$$

一定条件下,式11-5中b、$\dfrac{\pi e^2}{mc}f$均为常数,K_0与原子化器中气态基态原子数N_0成线性关系,忽略激发态原子数不计,气态基态原子数N_0约等于待测元素气态原子总数N,则峰值吸收系数K_0与被测元素气态原子总数N成正比,给定条件下,溶液中待测元素浓度与被测元素气态原子总数保持一定的比例关系,所以准确测量中心频率处吸收的峰值吸收系数即可求算待测元素含量。吸光度与待测元素吸收辐射的原子总数成正比。

$$A = K_0 N_0 b = K'c \tag{11-6}$$

式(11-6)中,K'为与实验条件有关的常数。式(11-6)表明,吸光度与试样中被测元素的浓度呈线性关系,这是原子吸收分光光度法定量分析的依据。

第二节　原子吸收分光光度计

一、原子吸收分光光度计的结构

原子吸收分光光度计又称为原子吸收光谱仪,是应用原子吸收分光光度法对物质的化学组成进行定量分析的仪器,主要由锐线光源、原子化系统、分光系统、检测系统四部分组成,有些仪器还配有背景校正系统和自动进样系统。

（一）锐线光源

锐线光源的作用是发射被测元素基态原子所吸收的特征共振线。原子吸收分光光度计光源应满足以下要求:发射线与吸收线的中心频率一致,发射的共振辐射的半宽度要明显小于吸收线的半宽度,以利于提高分析的灵敏度;辐射的强度大且发射背景小,辐射光强稳定,使用寿命长等要求。空心阴极灯、无极放电灯等光源能满足以上要求,其中,空心阴极灯应用最广。

空心阴极灯在高压电场作用下,电子由阴极高速射向阳极并与管内气体原子碰撞使之电离成正离子,正离子向阴极运动并轰击阴极表面使阴极表面物质溅射,溅射出的阴极元素的原子,与灯内的电子、惰性气体分子、离子等相互碰撞而被激发,激发态原子返回基态时发射阴极元素的特征共振线。

空心阴极灯发射的光谱主要是阴极元素的光谱,用不同的被测元素作为阴极材料可制成各种被测元素的空心阴极灯;用含多种元素阴极物质可制成多元素空心阴极灯,目前可多达7种元素。单元素灯缺点是使用不便,测定一种元素换一个灯,多元素灯缺点是发光强度、灵敏度、使用寿命一般较单元素灯弱,容易产生谱线干扰。

（二）原子化系统

原子化系统的作用是提供能量,使试样干燥、蒸发并使被测元素转化为气态的基态原子。原子吸收分光光度计原子化器应满足以下要求:足够高的原子化效率、记忆效应小、噪声低、良好的稳定性和重现性、操作简单。常用的原子化系统有火焰原子化系统和非火焰原子化系统两种类型,非火焰原子化系统中最常用的是石墨炉原子化系统。

1. 火焰原子化系统　由化学火焰提供能量使被测元素原子化,常用火焰原子化系统是预混合型原子化系统,它由雾化器、雾化室和燃烧器三部分组成,作为提供能量使待测物质分解为基态原子的火焰是火焰原子化系统不可分割的重要组成部分。

雾化器的作用是吸入试样溶液并将其雾化,雾滴越小越细越有利于基态原子生成,雾化器效率是影响火焰原子化系统原子吸收分光光度计灵敏度和检出限的主要因素,气动同心型喷雾器是目前应用较广的雾化器。

雾化室的作用是细化和均匀化试液雾滴,使较小雾粒与燃气、助燃气充分混合,同时起着使较大雾粒沉降排出和缓冲稳定混合气压,以便使燃烧器产生稳定火焰的作用。雾化室要求记忆效应小且排出废液快。

燃烧器的作用是将试液雾粒、助燃气、燃气的混合气体喷出并燃烧产生火焰,单缝燃烧器为目前最常用的燃烧器。

火焰的是作用是提供能量使待测物质分解为基态自由原子,它由燃气(还原剂)和助燃气(氧化剂)在一起发生燃烧而形成的,也称为化学火焰,乙炔-空气火焰是最常用的火焰。试液雾粒在火焰中经历蒸发、干燥、熔化、离解、激发和化合等复杂的物理化学过程,为使试液尽可能多地转化为基态自由原子,同时又避免产生很少量的激发态原子、离子和分子等不吸收辐射的粒子,应正确地选择和使用火焰。按照助燃比(助燃气与燃料气的物质的量之比)的不同,可将火焰分为三类:化学计量焰,即助燃气和燃气的比例与它们之间化学计量关系很近,亦称为正常焰或中性火焰,它具有温度高、干扰少、背景低及稳定性好等特点,适合于许多元素的测定;富燃性火焰,又称为还原性火焰,即助燃比小于化学计量的火焰,火焰呈黄色,层次模糊,温度稍低,火焰还原性较强,适合于易形成难解离氧化物元素的测定;贫燃性火焰,又称为氧化性火焰,即助燃比大于化学计量的火焰,火焰呈蓝色,温度较低,火焰氧化性较强,适合于易离解、易电离、不易生成氧化物的元素分析。

2. 石墨炉原子化系统 石墨炉原子化系统的基本原理是利用高达数百安培大电流通过高阻值石墨管时产生高温,使置于石墨管中的少量试液或固体试样蒸发和原子化。石墨炉原子化系统主要由炉体、石墨管和电、水、气供给系统组成。

火焰原子化系统结构简单、火焰稳定、重现性好、记忆效应小,操作方便应用广泛,但雾化效率低、灵敏度低,不能直接测定固体试样,火焰中各类化学反应影响火焰温度及待测元素原子化效率;石墨炉原子化系统原子化过程在惰性气氛中进行,较少被稀释,具有较高且随意可控温度,原子化效率高、灵敏度高、试样消耗小,可测定黏稠试样或固体试样,尤其适合于难挥发、难原子化元素和微量试样的分析,缺点是分析结果精密度比火焰法差、重现性差、背景干扰较大,有时记忆效应比较严重。

（三）分光系统

分光系统的作用是将待测元素的共振线与邻近谱线分开,只允许待测元素共振线通过,又称为单色器,主要部件包括色散元件、入射和出射狭缝、反射镜等,通常配置在原子化系统后。色散元件是分光系统关键部件,通常采用适当的光栅和适合的狭缝相配合,这样既能满足光强度的要求,又能满足阻止干扰光谱进入的要求。

（四）检测系统

检测系统的作用是将经过原子蒸气吸收和单色器分光后的被测元素的共振线的光强度信号转换为电信号,并有不同程度的放大作用,常用光电倍增管作光电转换元件,检测系统主要由检测器、放大器、读数和记录系统等组成。

二、原子吸收分光光度计的分类

按照光学系统原子吸收分光光度计可分为单道单光束、单道双光束、双道单光束和双道双光束等类型,常用的有单道单光束型和单道双光束型。

单道单光束原子吸收分光光度计是指仪器只有一个单色器和一个检测器,一次分析只能测定一种元素,这种仪器结构简单,灵敏度较高,操作方便,应用最多。但缺点是光源辐射不稳定引致基线漂移,影响测定的精密度和准确度,因此在测定过程中,空心阴极灯需预热,还需校正零点,以补偿基线不稳。

单道双光束原子吸收分光光度计是指一个光源发射出的光被旋转切光器切成强度相等的反射试样光束和透射参比光束,试样光束、参比光束分别通过火焰、绕过火焰,之后汇合交替通过光栅单色器被色散,检测系统先后得到参比信号和试样信号,光源的波动可由参比光束的作用得到补偿给出一稳定的输出信号,一定程度上消除光源波动造成的影响,稳定性好,可降低检测限。

双道单光束原子吸收分光光度计是指仪器有两个不同光源、两个单色器、两个检测显示系统而光束只有一路,两种不同元素的空心阴极灯发射出不同波长的共振发射线,两条谱线同时通过原子化器被两种不同元素的基态原子蒸气吸收,利用两套各自独立的单色器和检测器对两路光进行分光和检测,同时给出两种元素检测结果,一次可测定两种元素并可进行背景吸收扣除。

双道双光束原子吸收分光光度计采用两套独立的单色器和检测显示系统,每一光源发射出的光都分为两个光束,一束为通过原子化器的试样光束,一束为不通过原子化器的参比光束,两个光源发射的辐射同时通过原子化器被不同元素的原子所吸收,仪器可同时测定两种元素,准确度高、稳定性好、能消除光源强度波动的影响和原子化系统的干扰。

第三节　原子吸收分光光度法的分析方法

一、测量条件的选择

1. 分析线　通常选用被测元素的共振线作为分析线。以下两种情况宜选用合适的非共振线作分析线:待测物含量高,为避免试样浓度稀释和减少污染等;如 As、Se、Hg 等共振线位于 200nm 以下远紫外区的元素,因火焰组分对其有明显吸收。最适宜的分析线应通过实验确定。

2. 光谱通带　以能将待测元素的共振线与邻近的其他谱线分开为原则来选择光谱通带带宽,通常只需要改变狭缝宽度即可选择光谱通带带宽。如共振线附近没有干扰谱线及连续背景也很小时,选较宽的狭缝宽度;反之,则选择较窄的狭缝宽度。实际工作中,可调节不同的狭缝宽度测定吸光度随狭缝宽度的变化,选取不引起吸光度减小的最大狭缝宽度。

3. 空心阴极灯工作电流　选用空心阴极灯工作电流的原则是在保证发光强度稳定、强度合适的情况下,尽量选用较低的工作电流,以减少多普勒变宽和自吸效应,通常以空心阴极灯上标明额定电流的 1/2~2/3 为工作电流。空心阴极灯电流过小放电不稳定,空心阴极灯电流过大溅射作用增强,甚至引起自吸发射谱线变宽,导致灯寿命缩短、灵敏度下降。空心阴极灯一般需要预热 10~30 分钟才能达到稳定输出。

4. 火焰　应依据待测元素的性质和火焰本身的性质选择火焰种类、燃助比和火焰高度(燃烧器高度)。首先,以根据恰能使待测元素分解成基态自由原子的火焰温度和在分析线波谱区具有较好透射性能为原则选择火焰种类,之后,以试验确定燃助比和火焰高度:在固定助燃气流量条件下不断改变燃气流量,将配制的一标准溶液喷入火焰,测出吸光度值,吸光度最大时的燃气流量即为最佳燃气流量;将配制的一标准溶液喷入火焰,上下调节燃烧器高度,测出吸光度值,吸光度最大时的燃烧器高度即为最佳火焰高度。

5. 进样量　在保证燃气和助燃气之间一定比例和一定总气流量的条件下,测定吸光度随进样量的变化达到最大吸光度的试样喷雾量即为最合适进样量。在一定范围内,进样量增加原子蒸气的吸光度随之增大;但超过一定范围,对火焰会产生冷却效应吸光度反而下降,在石墨炉原子化法中也会增加除残的困难。

课堂互动

试述如何以试验方法选定原子吸收分光光度法光谱通带、火焰和进样量?

二、测定中的干扰及消除

原子吸收分光光度法中光谱干扰较小，但是测定过程中其他干扰依然不可忽视，按照干扰效应性质和产生的原因可以分为化学干扰、物理干扰、电离干扰和光谱干扰。

1. 化学干扰 化学干扰是指待测元素的原子与其他组分发生化学反应，生成热力学更稳定化合物，减少了基态原子数目而引起的干扰。可以通过改变火焰温度、加入保护剂、加入释放剂、加入缓冲剂或适度分离等措施消除化学干扰。

2. 物理干扰 物理干扰是由于试液的物理性质（如表面张力、黏度、密度及温度等）的变化而引起的吸光度变化，属于非选择性干扰。可采用配制与待测试样基体效应相似的标准溶液或采用标准加入法等措施消除物理干扰。

3. 电离干扰 电离干扰是指某些易电离的元素在火焰中发生电离，使参与原子吸收的基态原子数目减少，引起原子吸收信号降低。可采取加入更易电离的元素即消电离剂或采用低温火焰等措施减少电离干扰。

4. 光谱干扰 光谱干扰是指与光谱发射及吸收有关的干扰，包括谱线干扰和背景吸收。可采用减小狭缝宽度、降低灯电流、采用次灵敏线等消除谱线干扰；背景吸收可能由分子吸收或光散射引起，由分子吸收引起的背景干扰可采用高温火焰使分子离解消除；配制与待测溶液背景相同的空白溶液，从待测溶液的吸光度中减去空白溶液的吸光度可扣除背景吸收；利用氘灯或氢灯校正背景吸收。

三、定 量 分 析

（一）标准曲线法

标准曲线法是最常用的定量分析方法，具有简便、快速的特点，适合于组分比较简单的试样的分析。用对照品配制一组浓度合适的待测元素的标准溶液及试样溶液（浓度未知），浓度为 c_1、c_2、c_3、……浓度依次从小到大或从大到小（至少 5 个浓度），在选定的条件下，依次将试剂空白溶液、低浓度到高浓度标准溶液喷入火焰或注入石墨炉中，分别测定其吸光度为 A_1、A_2、A_3……以 A 为纵坐标，c 为横坐标，绘制吸光度 - 浓度（A-c）曲线，吸光度 - 浓度曲线相关系数不小于 97.5% 才符合要求；之后在相同条件下，喷入或注入待测的试样溶液测定其吸光度 Ax，从标准曲线上查找求得待测元素的浓度或含量。

标准曲线法使用时应注意以下事项：所配标准溶液浓度应在吸光度与浓度呈直线关系的范围内，待测试样浓度应处于标准溶液系列浓度中间，一般应使吸光度在 0.15~0.70 之间为宜；标准系列与待测试样的基体应尽可能一致，且标准溶液与试样溶液应用相同的试剂处理；操作条件在整个分析过程中保持不变；标准曲线会随喷雾效率和火焰状态变动而改变，每次测定前应用标准溶液对吸光度进行检查和校正。

（二）标准加入法

标准加入法适用于待测试样的组成不完全确知，难以配制与试样基体相似的标准溶液时的试样元素定量分析。取体积相同的试样溶液若干份，从第二份开始分别按比例加入浓度为 c_s、$2c_s$、$3c_s$……的待测元素的标准溶液，然后用溶剂定容至一定体积，在选定条件下分别测定它们的吸光度 A_0、A_1、A_2、A_3、……绘制吸光度 - 被测元素加入量（A-c）的曲线，外延曲线与横坐标相交，交点至原点的距离所相应的浓度 c_x 即为被测元素的含量。

课堂互动

请回答哪种情况下选用标准曲线法？哪种情况下选用标准加入法？

四、灵敏度和检测限

影响原子吸收分光光度计测定准确度的性能技术指标通常包括波长准确度、光谱通带、特征浓度、特征质量、噪声、检测限、精密度和基线漂移等,性能技术指标在安装及使用一定周期后要由有资质的计量测试院所定期检定方能用于测试。特征浓度、特征质量、检测限同时也是原子吸收测定方法的性能指标,现简介如下。

(一)灵敏度

国际纯粹化学与应用化学协会(IUPAC)规定:灵敏度是在一定条件下,被测物质浓度或含量改变一个单位时所引起测量信号的变化程度。

1. 在火焰原子化法中,常用特征浓度 ρ_c 表征灵敏度。特征浓度的含义:产生 1% 吸收或 0.0044 吸光度时所对应的被测元素的质量浓度,单位为 $\mu g/(ml \cdot 1\%)$。

$$\rho_c = \frac{0.0044\rho_B}{A}$$

ρ_B:待测试液的质量浓度($\mu g/mL$)

A:待测试液的吸光度

特征浓度越小,元素测定的灵敏度越高。

2. 在石墨炉原子吸收法中,用特征质量 m_c 表征灵敏度。特征质量的含义:产生 1% 吸收或 0.0044 吸光度时所对应的被测元素的质量。单位为 $g/1\%$。

$$m_c = \frac{0.0044\rho_B V}{A}$$

特征质量越小,元素测定的灵敏度越高。

(二)检测限

检测限又称检出限,是指能被仪器检出的元素的最低浓度或最低质量。通常以给出信号为至少 10 次空白溶液信号的标准偏差(σ)的 3 倍时所对应的被测元素的浓度($\mu g/ml$)或质量(g 或 μg)表示。检出限不但与仪器的灵敏度有关,而且与仪器的稳定性有关。

五、原子吸收分光光度法在医学检验中的应用

原子吸收分光光度法在医学检验中应用较为广泛,测定的标本包括尿、血(全血、血清、血浆)、软组织、头发等;测定的元素通常包括微量元素如钙、镁、锌、铜、铁等和一些有毒金属元素如铅等,并常作为评估其他方法的参考方法,如镁元素测定的参考方法是原子吸收分光光度法;原子吸收分光光度计采用火焰原子发射还可以测定钾、钠等碱金属元素。

学习小结

原子吸收分光光度法是基于蒸气中基态原子吸收其特征谱线来测定试样中元素含量的分析方法。原子吸收分光光度计主要部件包括锐线光源、原子化系统、分光系统和检测系统。

原子核外电子从基态跃迁到能量较低的第一激发态时吸收一定频率的辐射光称为共振吸收,所产生的吸收轮廓称为共振吸收线,由激发态再跃迁回到基态时发射出同样频率的谱线称为共振发射线,统称为共振线。每种原子特有的发射线或吸收线称为该元素的特征光谱线。原子吸收分析就是利用待测元素的特征吸收线进行分析,具有较强的选择性。

原子吸收分光光度法定量的基础是朗伯比尔定律,常用的定量方法是标准曲线法和标准加入法。

达 标 练 习

一、选择题

（一）单选题

1. 在原子吸收光谱分析中,若组分较复杂且被测组分含量较低时,为了简便准确地进行分析,最好选择何种方法进行分析（　　　）

    A. 工作曲线法   B. 内标法   C. 标准加入法

    D. 间接测定法   E. 标准曲线法

2. 原子化器的主要作用是（　　　）

    A. 将试样中待测元素转化为基态原子

    B. 将试样中待测元素转化为激发态原子

    C. 将试样中待测元素转化为中性分子

    D. 将试样中待测元素转化为离子

    E. 将试样中待测元素转化为气态原子

3. 在原子吸收分光光度计中,目前常用的光源是（　　　）

    A. 火焰   B. 空心阴极灯   C. 氙灯

    D. 交流电弧   E. 无极放电灯

4. 空心阴极灯的主要操作参数是（　　　）

    A. 灯电流   B. 灯电压   C. 阴极温度

    D. 内充气体压力   E. 其他

5. 原子吸收分析法中待测元素的灵敏度、准确度在很大程度上取决于（　　　）

    A. 空心阴极灯   B. 火焰   C. 原子化系统

    D. 分光系统   E. 检测系统

6. 原子吸收光谱是（　　　）

    A. 分子的振动、转动能级跃迁时对光的选择吸收产生的

    B. 基态原子吸收了特征辐射跃迁到激发态后又回到基态时所产生的

    C. 分子的电子吸收特征辐射后跃迁到激发态所产生的

    D. 基态原子吸收特征辐射后跃迁到激发态所产生的

    E. 连续光谱

7. 原子吸收基本原理中,峰值吸收代替积分吸收的基本条件之一是（　　　）

    A. 光源发射线的半宽度要比吸收线的半宽度小得多

    B. 光源发射线的半宽度要与吸收线的半宽度相当

    C. 吸收线的半宽度要比光源发射线的半宽度小得多

    D. 单色器能分辨出发射谱线,即单色器必须有很高的分辨率

    E. 吸收线半宽度与发射线半宽度一致

8. 与火焰原子吸收法相比,无火焰原子吸收法的重要优点为（　　　）

    A. 谱线干扰小   B. 试样用量少   C. 背景干扰小

    D. 重现性好   E. 选择性好

（二）多选题

1. 影响原子吸收线宽度的因素有（　　　）

    A. 自然宽度   B. 赫鲁兹马克变宽   C. 劳伦茨变宽

    D. 多普勒变宽   E. 自吸变宽

2. 下列哪些属于碰撞变宽（　　　　　）

A. 自然宽度　　　、　　B. 赫鲁兹马克变宽　　　C. 劳伦茨变宽

D. 多普勒变宽　　　　　E. 电场变宽

3. 火焰原子化系统通常包括的组成部分（　　　　　）

A. 雾化器　　　　　　　B. 雾化室　　　　　　　C. 燃烧器

D. 火焰　　　　　　　　E. 石墨管

4. 原子吸收分光光度法,常见的干扰有（　　　　　）

A. 化学干扰　　　　　　B. 物理干扰　　　　　　C. 电离干扰

D. 光谱干扰　　　　　　E. 谱线干扰

5. 通常可采取以下哪些措施消除谱线干扰（　　　　　）

A. 降低灯电流　　　　　B. 减小狭缝宽度　　　　C. 采用次灵敏线

D. 减少光谱通带　　　　E. 以上都不对

二、填空题

1. 在原子吸收法中,＿＿＿＿＿＿＿的火焰称之为富燃火焰,＿＿＿＿＿＿＿的火焰称之为贫燃火焰。其中,＿＿＿＿＿火焰具有较强的还原性,＿＿＿＿＿＿火焰具有较强的氧化性。

2. 原子吸收分析法分析特点有:＿＿＿＿＿＿＿＿＿＿＿、＿＿＿＿＿＿＿＿＿＿＿＿、＿＿＿＿＿＿＿＿＿＿＿和＿＿＿＿＿＿＿＿＿＿＿＿＿＿＿等。

3. 火焰原子吸收法与分光光度法,其共同点都是利用＿＿＿＿＿＿原理进行分析的方法,但二者有本质区别,前者是＿＿＿＿＿＿,后者是＿＿＿＿＿＿,所用的光源,前者是＿＿＿＿＿＿,后者是＿＿＿＿＿＿。

4. 原子吸收法测量时,要求发射线与吸收线的＿＿＿＿＿＿＿＿＿一致,且发射线与吸收线相比,＿＿＿＿＿＿＿＿＿要窄得多。产生这种发射线的光源,通常是＿＿＿＿＿＿＿＿＿＿。

三、简答题

1. 原子吸收分光光度计由哪几部分组成? 各部分的作用是什么?

2. 原子吸收分光光度法中如何选择分析线?

3. 火焰原子吸收分光光度法如何选择燃烧器高度?

四、计算题

原子吸收分光光度法分析血清中铜,选择 324.8nm 分析线,采用标准加入法,测得数据如下表所示,求试样中铜的浓度?

加入铜的浓度 μg/ml	0	2.0	4.0	6.0	8.0
吸光度 A	0.275	0.435	0.587	0.760	0.910

（肖忠华）

156

第十二章

经典液相色谱法

学习目标

1. 掌握液 - 固吸附色谱法和液 - 液分配色谱法的分离机制,选择固定相、流动相的基本原则。
2. 熟悉色谱法的分类。
3. 了解离子交换色谱法和空间排阻色谱法的分离机制。
4. 学会柱色谱、薄层色谱、纸色谱的基本操作。

色谱法(chromatography)是一种依据物质的物理或物理化学性质(如溶解性、极性、离子交换能力、分子大小等)不同而进行分离分析的方法。它具有分离能力强、灵敏度高、选择性好、分析速度快、应用范围广等特点。因此,在分离、分析复杂的多组分混合物方面,色谱法比其他方法更加有效,被广泛用于石油化工、医药卫生、生理生化检验等领域。

第一节　色谱法的由来与分类

一、色谱法的由来

1901 年,俄国植物学家茨维特(Tsweet)在研究植物色素时,将石油醚提取液注入装有碳酸钙的直立玻璃管顶端,让提取液慢慢流下,并不断添加石油醚由上而下冲洗,各种色素随石油醚不断向下移动,由于各种色素成分的化学结构和性质不同,向下移动的速度各不相同,经过一段时间后,各种色素成分被分离开来,玻璃管便呈现一层层不同颜色的色带,依据色带的颜色及其深浅,可以进行定性定量分析。1903 年,茨维特在华沙大学的一次学术会议上作报告时提出"色谱"一词,标志着色谱的诞生。1906 年,茨维特在发表论文时正式将这种现象命名为色谱。之后的学者称这种分离分析方法为柱色谱法或柱层析法,称这种实验装置为色谱柱。

在化学上,把物质组成及其理化性质均一的体系称为"相",相与相之间都有一定的界面相互分开,如互不相溶的液 - 固界面、液 - 液界面、气 - 固界面、气 - 液界面等。在上述茨维特的实验装置中,玻璃管内填充的碳酸钙就是一相,色谱过程中,其位置固定不变,对样品起滞留作用,称为固定相(stationary phase);冲洗色谱柱所用的石油醚也是一相,色谱过程中,其位置自上而下不断改变,携带待测组分向前移动,称为流动相(mobile phase)。通常把溶解试样的物质称为溶剂(solvent),把冲洗色谱柱的物质(气体、液体、超临界流体等)称为流动相。溶剂和流动相可以用相同物质,也可以用不同物质。

柱色谱法问世之后,仅限于对有色试样的分离分析,所以没有引起人们的足够重视,直到1931 年之后,相继出现了薄层色谱法和纸色谱法,其应用范围进一步扩大,人们才重新审视色谱法,有关的研究成果为随后创立的色谱新技术奠定了基础,所以被称为经典液相色谱法,简称经典色谱法。

20 世纪 50 年代,采用气体作流动相,创立了气相色谱法(GC),并通过这种技术提出了色谱理论。60 年代推出了气相色谱 - 质谱联用技术;70 年代出现了高效液相色谱法(HPLC),弥补了气相色谱法的不足;80 年代末出现了超临界流体色谱和高效毛细管电泳色谱等现代色谱技术,大大拓宽了色谱法的应用范围,这些方法通常称为现代色谱法。目前,色谱法正朝着色谱 - 光谱(或质谱)联用、多维色谱和智能色谱方向快速发展。

 知识链接

历史上曾经有两项诺贝尔化学奖直接与色谱法有关。一是瑞典科学家梯塞留斯(Tiselius)在研究电泳和吸附分析方面的成果卓著,于 1948 年获奖。二是英国科学家马丁(Martin)和辛格(Synge)在研究分配色谱理论方面作出了突出贡献,于 1952 年获奖。

二、色谱法的分类

色谱法的种类比较多,通常从不同角度进行分类。

(一)按色谱法出现的先后顺序分类

1. 经典液相色谱法 包括早期出现的柱色谱法、纸色谱法和薄层色谱法等。

2. 现代色谱法 通常指 20 世纪 50 年代以后出现的气相色谱法、高效液相色谱法、高效毛细管电泳色谱法和色谱联用技术等。

经典液相色谱法和现代色谱法之间没有绝对的界限。

(二)按流动相和固定相的状态分类

1. 液相色谱法(liquid chromatography,LC) 用液体作流动相的色谱法。又可细分为:

(1)液 - 固色谱法(LSC):固定相为固体吸附剂。

(2)液 - 液色谱法(LLC):固定相为涂在固体(称为担体或载体)上的液体。

2. 气相色谱法(gas chromatography,GC) 用气体作流动相的色谱法。又可细分为:

(1)气 - 固色谱法(GSC):固定相为固体吸附剂。

(2)气 - 液色谱法(GLC):固定相为涂在固体(称为担体或载体)或毛细管壁上的液体。

3. 超临界流体色谱法(supercritical fluid chromatography,SFC) 用超临界状态的流体作流动相的色谱法。

超临界状态的流体不是一般的气体或流体,而是临界压力和临界温度以上高度压缩的气体,其密度比一般气体大得多而与液体相似,故又称为"高密度气相色谱法"。

(三)按操作形式分类

1. 柱色谱法(column chromatography) 将固定相装在柱管中,使试样沿着一个方向移动而进行分离的色谱法。根据管柱的粗细及固定相填充方式,可分为填充柱色谱法和毛细管柱色谱法等。

柱色谱法的流动相称为洗脱剂或淋洗剂,其操作步骤可分为装柱、加样和洗脱等。试样被分离后,一般需要借助其他分析方法才能进行定性定量分析。

2. 平面色谱法(planer chromatography) 将固定相涂铺或结合在平面载体上而进行分离分析的液相色谱法。又可细分为:

(1)纸色谱法(PC):在滤纸上对试样进行分离分析的色谱法。

(2)薄层色谱法(TLC):将固定相涂铺在平面载体上对试样进行分离分析的色谱法。

平面色谱法所用的仪器设备简单、操作方便、所需试样量少,其流动相也称为展开剂,其操作步骤可分选择色谱滤纸（或制版）、点样、展开、斑点定位（显色）、定性与定量分析等。

（四）按分离机制分类

1. 吸附色谱法（adsorption chromatography）　以吸附剂作固定相，根据不同组分在两相被吸附、解吸附能力的差异而进行分离的色谱法。如气 - 固色谱法、液 - 固色谱法。

2. 分配色谱法（partition chromatography）　在分离条件下，固定相为液态，根据不同组分在两相之间分配系数的差异进行分离的色谱法。如液 - 液色谱法、气 - 液色谱法。

3. 离子交换色谱法（ion exchange chromatography）　以离子交换树脂为固定相，根据不同组分离子对固定相离子交换能力的差异进行分离的色谱法。

4. 空间排阻色谱法（size exclusion chromatography）　以多孔性凝胶作固定相，根据不同组分的分子体积大小的差异进行分离的方法，又称凝胶色谱法。

其中，以水溶液作流动相的称为凝胶过滤色谱法，以有机溶剂作流动相的称为凝胶渗透色谱法。

5. 亲和色谱法（affinity chromatography）　在生物体内，许多大分子与某些分子具有专一可逆性结合的特性。例如，抗原和抗体、酶和底物及辅酶、激素和受体、RNA 和其互补的 DNA 等都具有这种特性。这种生物分子之间特异的结合能力称为亲和力，根据生物分子间的亲和性原理建立起来的色谱法称为亲和色谱法。

第二节　柱色谱法

柱色谱法是将固定相填入玻璃管或不锈钢管柱中进行分离分析的色谱法。按流动相不同可分为液相柱色谱法和气相柱色谱法。气相柱色谱法将在气相色谱法中介绍。按分离机制不同（固定相不同），液相柱色谱法可分为吸附柱色谱法、分配柱色谱法、离子交换柱色谱法和分子排阻柱色谱法等。柱色谱法的流动相也称为洗脱剂或淋洗剂。

一、吸附柱色谱法

以适当的固体吸附剂作固定相，制成色谱柱，以适当的溶剂作流动相来分离混合物的分离方法称为吸附柱色谱法。从两相状态看，属于液 - 固色谱法；从分离机制看，属于吸附色谱法；从操作形式看，属于柱色谱法。这是最早应用的色谱法。

（一）吸附色谱法的分离机制

例如，将含 A、B 两组分的试样溶液加到以氧化铝（吸附剂）为固定相的色谱柱顶端，A、B 均被固定相吸附，呈现 A、B 混合色带，如图 12-1a 所示。当用流动相洗脱（也称为淋洗）色谱柱时，组分 A、B 被流动相解吸重新溶解而随流动相前移；当遇到新的吸附剂再被吸附滞留，新的流动相流过时再被解吸。流动相不断流动，组分 A、B 反复被吸附、解吸。若 B 被固定相吸附的能力弱，被流动相解吸的能力强，则 B 移动速度快；若 A 被固定相吸附的能力强，被流动相解吸的能力弱，则 A 移动速度慢。随着洗脱的进行，B、A 各自所形成的色带逐渐分开且距离越来越远，如图 12-1b 所示，最终依次流出色谱柱，如图 12-1c 所示。

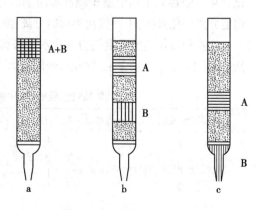

图 12-1　液相柱色谱示意图

当达到吸附平衡时，组分在固定相中的浓度 c_s 与流动相中的浓度 c_m 之比称为吸附系数，即：

$$K = \frac{c_s}{c_m} \tag{12-1}$$

组分的 K 值越大,组分被吸附的能力越大,移动速度越慢,则该组分后流出色谱柱;K 值越小,组分被解吸的能力越大,移动速度越快,则该组分先流出色谱柱。

可见,在吸附色谱法的分离机制是:在色谱过程中,试样各组分在固定相和流动相之间反复进行吸附、解吸、再吸附、再解吸……,由于各组分存在结构和性质差异,被两相吸附、解吸的能力有所不同,从而产生差速迁移,实现分离。

(二) 吸附剂及其选择

1. 对吸附剂的要求　吸附剂用作固定相,是色谱分离的一个重要因素,应该满足下列要求。

(1) 吸附剂应有较大的表面积和足够的吸附能力。

(2) 对不同组分有不同的吸附能力。

(3) 不溶于流动相,不与试样组分和流动相发生化学反应。

(4) 粒度均匀,不易破碎,具有一定的机械强度。

2. 常用的吸附剂　主要有硅胶、氧化铝、活性炭、聚酰胺等。

(1) 硅胶:色谱用的硅胶具有硅氧烷交联结构,表面孔穴的硅醇基(Si—OH)可与极性化合物形成氢键而具有吸附活性。硅胶是带有微弱酸性的极性吸附剂,其性能稳定,具有很好的惰性,吸附容量大,容易制成各种不同尺寸的颗粒。

硅胶可用于分离酸性和中性物质,如有机酸、氨基酸、萜类和甾体等。

硅醇基与水分子形成水合硅醇基后,不再具有吸附其他物质的能力。硅胶的含水量大于 17% 时,其吸附能力变得极低或失去吸附活性,称为失活。如果将失活的硅胶加热到 105~110℃,则硅胶表面吸附的水分子能被可逆地除去,使硅胶恢复吸附能力,这一过程称为活化。如果加热温度超过 500℃,则硅醇基会不可逆地失去水分子变为硅氧烷结构,彻底失去吸附活性。

(2) 氧化铝:由氢氧化铝在 300~400℃ 时脱水制得,吸附能力比硅胶强,有碱性氧化铝、中性氧化铝和酸性氧化铝之分。①碱性氧化铝(pH 9~10),因其中混有碳酸钠等成分而带有碱性,用于分离某些碱性成分,如分离生物碱类颇为理想。碱性氧化铝不宜用于分离醛、酮、酯、内酯等类型的化合物,因为碱性氧化铝可与上述成分发生次级反应,如异构化、氧化、消除反应等;②酸性氧化铝(pH 4~5),是氧化铝用稀硝酸或稀盐酸处理得到的产物,不仅中和了氧化铝中的碱性杂质,而且使氧化铝颗粒表面带有 NO_3^- 或 Cl^-,从而具有离子交换剂的性质,适用于分离酸性化合物,如氨基酸、酸性多肽类、某些酯类、酸性色素等;③中性氧化铝,由碱性氧化铝除去氧化铝中碱性杂质后,再用水冲洗至中性而得到的产物,用于分离挥发油、萜类、油脂、皂苷类、酯类等化合物。中性氧化铝仍属于碱性吸附剂的范畴,不宜用于分离酸性成分。凡是酸性、碱性氧化铝能分离的化合物,中性氧化铝均能分离,所以中性氧化铝最为常用。

硅胶和氧化铝的吸附能力与含水量密切相关,将硅胶和氧化铝的吸附能力(活性)分为五个活性级(Ⅰ~Ⅴ)。Ⅰ级含水量最小,吸附能力最大;Ⅴ级含水量最大,吸附能力最小,详见表 12-1。

表 12-1　硅胶、氧化铝的含水量与吸附能力的关系

活性级别	吸附能力	硅胶含水量 %	氧化铝含水量 %
Ⅰ	大	0	0
Ⅱ	↑	5	3
Ⅲ		15	6
Ⅳ		25	10
Ⅴ	小	38	15

新购买或失活的硅胶和氧化铝在使用前必须进行活化,即在适当温度下加热,除去水分。硅胶活化时,应置于105~110℃恒温2小时,转置于干燥器冷却、备用。氧化铝活化时,应置于400℃左右恒温6小时,转置于干燥器冷却、备用。这样活化后,硅胶和氧化铝的活性可达Ⅰ~Ⅱ级。

如果硅胶和氧化铝的活性太高,则可加入一定量水分,使其活性降低。

(3)活性炭:是使用较多的一种非极性吸附剂,对非极性物质具有较强的吸附能力,其吸附作用与硅胶和氧化铝相反,在水溶液中吸附力较强,在有机溶剂中较弱,主要用于分离水溶性成分,如氨基酸、糖、苷等。

(4)聚酰胺:是一种高分子聚合物,不溶于水、甲醇、乙醇、乙醚、氯仿及丙酮等常用有机溶剂,对碱较稳定,对酸尤其是无机酸稳定性较差,可溶于浓盐酸、冰醋酸及甲酸。聚酰胺对有机物质的吸附属于氢键吸附,主要用于分离黄酮类、蒽醌类、酚类、有机酸类、鞣质类等成分。

3. 吸附剂的选择 分离弱极性化合物,一般选择吸附活性较大的吸附剂,以免吸附作用太小、组分流出太快,难以分离;分离极性较强的化合物时,一般选用活性较小的吸附剂,以免吸附过于牢固,产生不可逆吸附。分离酸性物质时,一般选择酸性吸附剂;分离碱性物质时,一般选择碱性吸附剂。

(三)流动相及其选择

在液-固吸附色谱法中,可供选择的吸附剂种类不多,选择合适的流动相是分离成败的关键。

1. 对流动相的要求 流动相应该满足下列要求。

(1)流动相的纯度高,化学性质稳定。

(2)对试样各组分有一定溶解度,不与试样及固定相发生化学反应。

(3)黏度小,易流动,有一定挥发性,便于组分的回收。

2. 流动相的选择 流动相洗脱作用的实质是流动相分子与试样组分分子对吸附剂表面吸附点位的竞争。因此,流动相分子的极性越强,占据吸附点位的能力和洗脱能力也越强,组分在固定相滞留的时间则越短。常用溶剂的极性强弱顺序为:

石油醚 < 环己烷 < 四氯化碳 < 苯 < 甲苯 < 乙醚 < 三氯甲烷 < 乙酸乙酯 < 正丁醇 < 丙酮 < 乙醇 < 水

选择某种溶剂作流动相时,一般遵循"相似相溶"原理。对极性大的试样选用极性较强的流动相;对极性小的试样选用极性较弱的流动相。

对于难分离的复杂混合物,可以选择两种或两种以上的溶剂组成混合流动相,通过改变其组成和配比达到较好的分离效果。

综上所述,选择吸附色谱的分离条件时,应综合考虑试样、吸附剂和流动相三方面因素。根据试样的极性,选择固定相和流动相的一般原则是:如果试样极性较大,则应选用吸附能力较弱(活性较低)的吸附剂作固定相,选用极性较大的溶剂作流动相。如果试样极性较小,则应选用吸附能力较强(活性较高)的吸附剂作固定相,用极性较小的溶剂作流动相。

(四)吸附柱色谱的操作步骤

液-固吸附柱色谱的操作可分为装柱、加样和洗脱等几个步骤。

1. 装柱 是将所选的固定相(吸附剂)装入色谱柱管的操作过程。选择长度与直径比约为20:1的玻璃管(或用滴定管代替),垂直固定于支架上,在下端管口处垫以少许脱脂棉或玻璃棉,装入固定相,装柱方法有以下两种。

(1)干法装柱:将已过筛(80目~120目)活化后的吸附剂经漏斗慢慢地均匀加入柱管内,中间不要间断,装完后轻轻敲打色谱柱,使填充均匀,然后沿管壁慢慢倒入洗脱剂,使吸附剂中空气全部排出。

（2）湿法装柱：将吸附剂与适当的洗脱剂调成糊状，然后慢慢地连续不断地加入柱内，让吸附剂自由沉降而填实，放出多余的洗脱剂。这是目前常用的装柱方法。

装柱之后，再加一层（厚约 5mm）洁净砂子或加一张与柱管内径相符的圆形滤纸，以保持固定相的表面平整，加强分离效果。

2. 加样　是将试样添加到色谱柱顶端是操作过程。先将试样溶于适当的溶剂中制成溶液或制备试样的提取液，备用；再将试样溶液小心地加到柱子的顶部。加到柱子上的试样溶液应浓度高、体积小。加样方法有下列三种。

（1）用吸管将试样浓溶液沿柱子管壁加到固定相上端。

（2）取少量吸附剂与试样浓溶液混合，充分吸附，待溶剂挥发后，加到柱子的顶部。

（3）取一块比柱子内径略小的滤纸浸入试样浓溶液，充分吸附，待溶剂挥发后，将滤纸放到固定相上端。

3. 洗脱　是用一种溶剂或几种溶剂组成混合溶剂为流动相（洗脱剂）淋洗色谱柱、使试样各组分分离的操作过程。在洗脱过程中，各组分因被吸附和解吸附的能力不同而逐渐分离，依次流出色谱柱，用不同的容器承接不同的组分，然后用其他方法对各组分进行定性或定量分析。

洗脱时应不断添加流动相，保持一定高度的液面，控制流动相的流速不可过快，否则，试样各组分在两项之间达不到吸附、解吸平衡，影响分离效果。

二、分配柱色谱法

将一种液体涂于某种固体（称为载体或担体）颗粒的表面，形成液膜，作为固定相，将这种固定相装入柱管中制成色谱柱，以另一种互不相容的液体作流动相来分离混合物的分离方法称为分配柱色谱法。从两相状态和分离机制看，这种方法是液 - 液分配色谱法。

（一）分配色谱法的分离机制

当含 A、B 两组分的试样溶液加到色谱柱上之后，各组分都会有一部分溶解于固定相中，另一部分溶解于流动相中。在低浓度和一定温度下，达到溶解平衡状态时，组分在固定相（s）与流动相（m）中的浓度（c）之比称为分配系数，以 K 表示：

$$K = \frac{c_s}{c_m}$$

(12-2)

当流动相携带试样流经固定相时，各组分在两相之间不断进行分配、再分配……，相当于进行连续萃取。由于不同组分的分配系数不同，所以会产生差速迁移，最终实现分离。

试样中分配系数小的组分，在流动相中浓度大，洗脱时移动速度快，先从柱中流出；分配系数大的组分，在固定相中浓度大，洗脱时移动速度慢，后从柱中流出。因此，各组分之间的分配系数相差越大，越易分离。当各组分的分配系数相差较小时，可通过增加柱长来达到较好的分离效果。

（二）载体和固定相

载体又称担体，是能够对固定相（又称固定液）起支撑作用的固体颗粒。因为液体不能直接装于柱管中，必须涂布在固体颗粒的表面上，才能用作固定相、制备色谱柱。载体本身应是惰性的，对试样各组分不产生任何作用。要求载体必须纯净，颗粒大小适宜，具有较大的表面积，能附着足量的固定液。常用的载体有吸水硅胶、多孔硅藻土、纤维素以及微孔聚乙烯小球等。

固定液应该能够溶解试样的各组分，且各组分的溶解度有所不同，不溶或难溶于流动相。为避免固定液因"相互溶解"而被流动相带走，流动相在使用前应事先用固定液饱和。常用的固定液有水、甲醇、甲酰胺、聚乙二醇、辛烷、硅油和角鲨烷等。

（三）流动相

分配柱色谱法要求流动相纯度高、黏度小、不与固定液互溶。流动相与固定相的极性相差较大时,才能互不相溶。流动相极性的微小变化能使试样组分的分配系数出现较大的改变,因此,可通过选择适当的流动相来达到预期的分离效果。

常用的流动相有石油醚,醇类、酮类、酯类、卤代烷及苯或它们的混合物。

选择流动相的一般原则是:根据色谱方法、组分性质和固定相的极性,首先选用对各组分溶解度稍大的单一溶剂作流动相,如分离效果不理想,再改变流动相组成,即用混合溶剂作流动相,以改善分离效果。

由此可见,固定相和流动相的选择范围比较宽,所以分配色谱法的适用范围更广。例如,强极性的化合物能被吸附剂强烈吸附,不易洗脱,不宜用吸附色谱法分离,但可以用分配色谱法。

知识链接

根据固定相和流动相极性的不同,分配色谱法可分为正相色谱法和反相色谱法。

如果固定相的极性强于流动相的极性,称为正相色谱法。固定相常用水以及各种水溶液(酸、碱,以及缓冲液)或甲酰胺、低级醇等强极性溶剂;流动相常用石油醚、醇类、酮类、酯类、卤代烃类及苯或它们的混合物。

如果流动相的极性强于固定相的极性,称为反相色谱法。固定相常用石蜡油等非极性或弱极性液体;流动相常用水、醇等或它们的混合物。

（四）分配柱色谱的操作步骤

分配柱色谱的操作步骤与吸附柱色谱基本相同,只是在装柱之前需要将固定液涂布于在体表面,其方法是将固定液与载体充分混合,然后沥干固定液,采用湿法装柱。

加样、洗脱及洗脱剂的收集与处理均与吸附柱色谱相同。

三、离子交换柱色谱法

以离子交换树脂作固定相,以水、酸或碱的水溶液或具有一定 pH 和离子强度的缓冲溶液作流动相,用于分离和提纯离子型化合物的色谱法称为离子交换柱色谱法。

离子交换树脂是一种高分子聚合物。最常用的是聚苯乙烯型离子交换树脂,它以苯乙烯为单体,二乙烯苯为交联剂聚合而成,具有立体网状结构。在其网状结构的骨架上,可以引入不同的活性基团,如磺酸基、季铵基等。有磺酸基的离子交换树脂经活化后,磺酸基中的氢可以与阳离子交换位置,称为阳离子交换树脂;有季铵基的离子交换树脂经活化后,季铵基结合的氢氧根可以与阴离子交换位置,称为阴离子交换树脂。

（一）离子交换色谱法的分离机制

当流动相携带被分离的离子型化合物(阴离子和阳离子)经过固定相时,试样中的阴、阳离子分别与阴、阳离子交换树脂发生离子交换。举例如下。

阴离子交换树脂与阴离子的交换反应可用通式表示为:

$$RN^+(CH)_3OH^- + X^- \rightleftharpoons RN^+(CH)_3X^- + OH^-$$

反应式中,X^- 为阴离子,当试样溶液经过色谱柱时,阴离子与树脂中的氢氧根离子发生交换反应,阴离子进入树脂网状结构中,氢氧根离子进入溶液。由于交换反应是可逆过程,所以,如果用适当的碱溶液处理已经使用过的树脂,树脂就会恢复原状,这一过程称为再生。经再生的树脂可重复使用。

阴离子的种类不同,与阴离子交换树脂的交换能力也不同。交换能力弱的移动速度快,交换能力强的移动速度慢,不同的阴离子会产生差速迁移。从而实现分离。

阴离子交换树脂的稳定性不及阳离子树脂高。

阳离子交换树脂与阳离子的交换反应可用通式表示为：

$$RSO_3H+M^+ \rightleftharpoons RSO_3M+H^+$$

反应式中，M^+ 为阳离子，当试样溶液经过色谱柱时，阳离子与树脂中的氢离子发生交换反应，阳离子进入树脂网状结构中，氢离子进入溶液。由于交换反应是可逆过程，所以已经使用过的树脂可以用适当的酸溶液再生，重复使用。

与阴离子的分离机制类似，不同种类的阳离子与阳离子交换树脂的交换能力也不同，也会产生差速迁移，从而实现分离。

课堂互动

能否用离子交换树脂除去水中存在的少量可溶性卤化物？

（二）离子交换树脂的主要性能指标

1. 交联度　离子交换树脂中交联剂的含量称为交联度，以质量百分数表示。若交联度大，表明树脂网状结构紧密，网孔小，选择性好，适用于分子量较小的离子性物质分离；若交联度小，则树脂网孔大，选择性差，适用于分子量较大的离子性物质分离。一般选用 8% 交联度的阳离子交换树脂或 4% 交联度的阴离子交换树脂为宜。

2. 交换容量　指单位质量的干树脂或单位体积的湿树脂所能交换的离子相当于一价离子的物质的量，其单位为 mmol/g（干树脂）或 mmol/ml（湿树脂）。以此表示树脂交换反应的能力，一般选用离子交换容量为 1~10mmol/g 为宜。

（三）离子交换柱色谱法的操作步骤

离子交换柱色谱法的操作步骤也与吸附柱色谱基本相同，只是在装柱之前需要对树脂进行预处理。商品阴离子交换树脂一般用氢氧化钠溶液浸泡，使之转变为 OH 型，再采用湿法装柱。商品阳离子交换树脂为 Na 型，一般用盐酸浸泡，使之转为 H 型，再采用湿法装柱。

加样、洗脱及洗脱剂的收集与处理均与吸附柱色谱相同。

四、空间排阻柱色谱法

以葡聚糖凝胶为固定相，以有机溶剂为流动相，用于分离大分子物质的色谱法称为空间排阻柱色谱法，又称分子排阻色谱法或凝胶色谱法。

（一）空间排阻柱色谱法的分离机制

凝胶表面有很多孔穴，孔径一般为数纳米到数百纳米。当流动相携带试样经过固定相时，不同粒径的组分向凝胶孔穴渗透的能力不同，粒径小的组分能够渗透到凝胶孔穴深处，在固定相滞留的时间长，随流动相移动的速度慢，而粒径大的组分则恰恰相反，从而产生差速迁移，实现分离。

试样各组分在两相之间不是靠其相互作用力的不同进行分离，而是按分子大小进行分离。因此，在凝胶色谱中会有三种情况，一是分子很小，能进入凝胶的所有孔穴；二是分子很大，完全不能进入凝胶的任何孔穴；三是分子大小适中，能进入凝胶的孔穴中孔径大小相应的部分。可见，空间排阻色谱法中，组分的粒径越大，其移动的速度越快。凝胶色谱法主要用于分离蛋白质等大分子物质。

（二）空间排阻柱色谱法的操作步骤

空间排阻柱色谱法的操作步骤也与吸附柱色谱法基本相同，此不赘述。

知识链接

　　从分离机制讲,还有一种色谱法是亲和色谱法。在不同基体上键合多种不同特征的配体,作为固定相,用不同 pH 值的缓冲溶液作流动相,依据生物分子(氨基酸、肽、蛋白质、核酸、核苷酸、核酸、酶等)与基体上键合的配位体之间的特异性亲和作用的差别,实现对具有生物活性的分子进行分离。亲和色谱法还可用于分离活体高分子物质、过滤病毒及细胞,或用于研究特异性的相互作用。

第三节　纸色谱法

一、纸色谱法的分离机制

　　纸色谱法是在滤纸上对试样进行分离分析的色谱法。纸纤维上吸附的水作固定相,纸纤维也可吸留其他物质作固定相,如甲酰胺、各种缓冲液。纸纤维相当于载体,对固定相起支撑作用。用不能与"水"混溶有机溶剂作流动相。由于纸色谱法的固定相和流动相均为液体,所以,其分离机制与液 - 液分配柱色谱相同,即利用试样各组分在两相之间的分配系数不同而实现分离。

二、固定相和流动相的选择

　　选择纸色谱法流动相的基本原则与前面介绍的分配色谱法相同。事实上,滤纸纤维能够吸附 20%~60% 的水分,其中有 6%~7% 通过氢键与纤维上的烃基结合成复合物,这一部分"水"能与丙酮、乙醇、丙醇、正丁醇、醋酸等仍能形成类似不相混溶的两相,所以,在实际工作中也可选用此类极性溶剂作流动相。

　　如果分离非极性物质,如芳香油等,可采用反相纸色谱,即用纸纤维吸附极性很小的液状石蜡或硅油作固定相,用水或极性有机溶剂作为流动相。

三、纸色谱法的操作步骤

纸色谱的操作步骤为选择色谱滤纸、点样、展开、定性与定量分析等。

（一）选择色谱滤纸

色谱滤纸应符合下列基本要求。

1. 纸纤维松紧适宜,质地均匀,平整无折痕。

2. 滤纸有一定的机械强度,被溶剂润湿后,仍保持原状。

3. 纸面纯净,大小合适,边缘整齐。

4. 用于定性鉴别,应选用薄型滤纸;用于定量或制备,则选用厚型滤纸。

（二）点样

　　首先用铅笔在距滤纸一端 1.5~2cm 处轻轻画一条起始线,然后在起始线上每隔 2cm 画一"×"号表示点样位置,再用内径为 0.5mm 的平头毛细管或微量注射器吸取 1~2μl 试样溶液(含试样几到几十微克),轻轻接触点样记号,点样后所形成的斑点直径越小越好,一般不宜超过 3mm。如果想增加试样用量,可待溶剂挥干后再次点样。

（三）展开

　　首先将展开剂放入密封容器,使容器内被展开剂的蒸气饱和,然后将点有试样的色谱纸一端与展开剂接触(点样处不能接触展开剂)。由于纸纤维的毛细作用,展开剂携带试样组分从滤

纸的一端向另一端移动,这一过程称为展开。待溶剂前沿线到达适当位置时,取出滤纸,迅速画出溶剂前沿线的位置。

(四) 斑点定位

若待测组分有颜色,则可直接确定斑点位置,用于定性定量分析;若待测组分无色,则可以喷洒适当的显色剂显示其位置。

(五) 定性分析

试样展开分离后,根据斑点的位置,测算各组分的比移值或相对比移值,并与标准品的比移值或相对比移值作对比。

1. 比移值(R_f)　原点到斑点中心的距离与起始线到溶剂前沿线的距离之比,称为比移值,用 R_f 表示。

$$R_f = \frac{原点到斑点中心的距离}{原点到溶剂前沿的距离} \tag{12-3}$$

当色谱条件一定时,同一物质的 R_f 值是一常数;物质不同,其结构和极性不同,其 R_f 值也不同。因此,R_f 值是纸色谱法的基本定性参数。

可以看出,R_f 的数值在 0~1 之间。一般控制在 0.2~0.8,相邻两个组分的 R_f 应相差 0.05 以上。

2. 相对比移值(R_s)　让试样与对照品在相同条件下展开,试样中某组分移动的距离与对照品移动的距离之比,称为相对比移值,用 R_s 表示。

$$R_s = \frac{原点到样品斑点中心的距离}{原点到对照品斑点中心的距离} \tag{12-4}$$

对照品可以选用某一组分,也可以另选。当对照品和色谱条件一定时,同一物质的相对比移值是一常数,因此,R_s 值也是纸色谱法的基本定性参数。

可以看出,R_s 值可能大于1,也可能小于1。$R_s=1$ 时,说明该组分与对照品一致。测定 R_s 值时,对照品与试样在同一张滤纸上展开,确保在同一条件下进行操作,消除实验条件的影响,减小误差。

例 12-1　将含有 A、B 两组分的试样和对照品 C 的溶液点在同一张滤纸上,用适当的展开剂(流动相)展开后,样点、各组分和对照品的斑点中心、溶剂前沿线的位置如图 12-2 所示,a、b、c、d 表示测量的距离,试列出计算比移值 R_f 和相对比移值 R_s 的关系式。

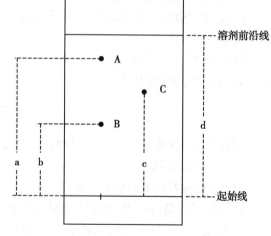

图 12-2　纸色谱示意图

解:根据 R_f 和 R_s 的定义可得:

$$R_{f(A)} = \frac{a}{d}, \quad R_{f(B)} = \frac{b}{d}, \quad R_{s(A)} = \frac{a}{c}, \quad R_{s(B)} = \frac{b}{c}$$

　课堂互动

试谈谈比移值 R_f 与相对比移值 R_s 的异同。

(六) 定量分析

纸色谱的定量分析方法有下列几种。

1. **目测法**　将标准系列溶液和样品溶液同时点在同一张滤纸上,经展开和显色后,用肉眼直接观察试样斑点的颜色深浅和面积大小,并与标准系列斑点相比较。在点样量相同时,若试样斑点与标准系列的某斑点相同,则二者的浓度相同;若试样斑点介于标准系列的两个斑点之间,则试样浓度等于标准系列两个斑点对应浓度的平均值。

2. **剪洗法**　先将试样色斑剪下,用适当溶剂浸泡、洗脱,再用比色法或分光光度法定量。

3. **吸光度测定法**　用色谱斑点扫描仪分别测定试样斑点和标准品斑点的吸光度,将二者进行比较,根据朗伯 - 比尔定律,即可求算待测组分的含量。

知识链接

在生化检验中,纸色谱法用于氨基酸、蛋白质、酶等的分离鉴别。

在水溶性成分分析中,纸色谱对糖类、氨基酸类、无机离子等物质的分离效果优于薄层色谱。

第四节　薄层色谱法

将固定相均匀地涂铺在光洁的玻璃板、塑料板或金属板表面上,形成一定厚度的薄层,在薄层上对试样进行分离分析的色谱法称为薄层色谱法。它是在纸色谱法之后发展起来的,但发展速度比纸色谱更快,应用更广。有人称薄层色谱法是敞开的柱色谱,可作为柱色谱选择分离条件的预备方法。

一、薄层色谱法的分离机制

薄层色谱法与柱色谱法类似,选用不同的固定相时,其分离机制也不同,可分为吸附、分配、离子交换或空间排阻色谱法,其分离机制与对应的柱色谱法的分离机制完全相同。其中,最常用的是以吸附剂为固定相的液 - 固吸附薄层色谱法,其分离机制与前面介绍的吸附色谱法完全相同。

二、固定相的选择

液 - 固吸附薄层色谱法的固定相是吸附剂,常用的吸附剂有硅胶和氧化铝等。与液 - 固吸附柱色谱用的吸附剂相比,吸附剂的颗粒应更小(200 目以上),粒度更均匀,所以分离效能更高。选择固定相的基本原则与液 - 固吸附柱色谱法完全相同。

在吸附剂中加入一定量的黏合剂,可以增加薄层的机械强度。常用的黏合剂有煅石膏(G)、羧甲基纤维素钠(CMC-Na)等。

三、流动相的选择

在液 - 固吸附薄层色谱法中,选择流动相(展开剂)时,同样遵循"相似相溶"的一般原则。选择分离条件时,应遵循的基本原则与液 - 固吸附柱色谱法完全相同,即综合考虑试样、吸附剂和流动相三方面因素:如果试样极性较大,则应选用吸附能力较弱(活性较低)的吸附剂作固定相,选用极性较大的溶剂作流动相。如果试样极性较小,则应选用吸附能力较强(活性较高)的吸附剂作固定相,用极性较小的溶剂作流动相。

四、薄层色谱法的操作步骤

液 - 固吸附薄层色谱法的操作步骤分为制板、点样、展开、斑点定位、定性与定量分析等。

（一）制板

将吸附剂涂铺在洁净的玻璃板、塑料板或金属板上使成为厚度均匀的薄层称为制板。制板所用的玻璃板等必须表面光滑、平整清洁，其大小与纸色谱相同。常用的有软板和硬板两种。

1. 软板的制备　吸附剂中不加黏合剂制成的薄板叫软板。首先将吸附剂均匀地撒在洁净的板子上。然后取一根比玻板宽度稍长的玻璃棒，在两端包裹上适当厚度的橡皮膏，双手持玻璃棒从撒有吸附剂的板子一端均匀推向另一端。推动速度不宜太快，中途不应停顿，以免薄层厚度不匀，影响分离效果。所铺薄层厚度视分离要求而定，一般应控制在 0.25~0.5mm。制备软板的方法称为干法制板，如图 12-3 所示。

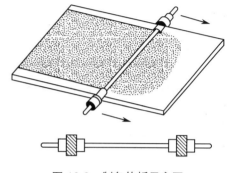

图 12-3　制备软板示意图

软板的制备方法简便、快速、随铺随用，展开速度快，但制备的薄层不牢固，吸附剂易被吹散，只能近水平展开，操作时须小心谨慎，分离效果差。

2. 硬板的制备　吸附剂中加入黏合剂所制成的薄板叫硬板。常用的黏合剂有煅石膏（$CaSO_4 \cdot 1/2H_2O$）和羧甲基纤维素钠等，分别用代号 G 和 CMC-Na 表示。硬板的厚度一般控制在 0.5mm 左右。

商品吸附剂有氧化铝 H、氧化铝 G、氧化铝 HF_{254}、硅胶 H、硅胶 G、硅胶 HF_{254} 等。H 表示不含黏合剂，制板时需另加黏合剂；G 表示吸附剂中含有煅石膏；HF_{254} 表示不含黏合剂而含有一种荧光剂，在 254nm 紫外线下呈强烈黄绿色荧光背景；GF_{254} 表示吸附剂中含有煅石膏和荧光剂。荧光薄层板可用于分离和研究本身不发光且不易显色的物质。

如果吸附剂是氧化铝 G 或硅胶 G，则可直接加水调成糊状进行铺板。用煅石膏作黏合剂制成的硬板，机械强度较差，易脱落，但耐腐蚀，可用浓硫酸试液显色。如果吸附剂是氧化铝 H 或硅胶 H，需要用羧甲基纤维素钠（CMC-Na）作黏合剂制备硬板，可取一定量的吸附剂，按一定比例加入 0.5%~1% 的 CMC-Na 溶液，调成糊状物，然后铺板。这种薄板的机械强度好，能用铅笔在上面作记号，但在使用强腐蚀性显色剂时，要注意显色温度和时间。

这种制备硬板的方法称为湿法制板，常用倾注法、平铺法和机械涂铺法。

倾注法是将糊状物直接倾倒在板子上，用玻棒均匀摊开，轻轻敲击板子，使薄层均匀，置于水平台上晾干。

平铺法是先在适当大的板子两边放置两个玻璃条（厚度为 0.25~1mm），将吸附剂糊状物倾倒在两个玻璃条中间的板子上，再用有机玻璃板或玻璃棒将糊状物刮平，再轻轻敲击板子，使薄层均匀，置于水平台上晾干。

机械涂铺法是用涂铺器制板，操作简单，得到的薄板厚度均匀一致，适于定量分析，是目前广为应用的方法。由于涂铺器的种类较多，型号各不相同，使用时，应按仪器的说明书操作。

为了提高薄层板的活性、选择性和分离效果，需要对晾干后的薄板进行活化，即放入 105~110℃ 的烘箱中活化 1 小时左右，存入干燥器冷却备用。

（二）点样

将试样溶液或对照品溶液点到薄层上称为点样。点样方法与纸色谱的相同，注意避免划破薄层，还应注意以下两个问题。

1. 试样溶液的制备　尽量避免以水为溶剂溶解试样，因为水溶液点样时，水不易挥发，易使斑点扩散。可用甲醇、乙醇、丙酮、氯仿等挥发性有机溶剂,最好使用与展开剂相似的溶剂。若试样为水溶液,但受热不易破坏,则可边点样边用电吹风加热,促其迅速干燥。

2. 点样量　点样量的多少对分离效果有很大影响。分析型薄层,点样量为几至几十微克;制备型薄层可以点到数毫克。点样量太少,展开后斑点模糊,甚至看不出来;点样量太多,则展开后往往出现斑点过大或拖尾等现象,甚至不能完全分离。

（三）展开

流动相从薄板一端向另一端移动、将混合物分离的过程称为展开。与纸色谱法一样,必须在密闭的容器内进行,但展开方式更多,有近水平展开法、上行展开法、下行展开法、多次展开法、双向展开法等。最常用的是近水平展开法和上行法。待展开距离达薄板长度的 4/5 或 9/10 时,取出薄板,画出溶剂前沿,待溶剂挥干后进行斑点定位。

1. 近水平展开法　应在长方形展开槽内进行。将点好试样的薄板一端垫高,使薄板与水平角度适当,约为 15°~30°,密闭饱和后,另一端浸入展开剂约 0.5cm（试样原点不能浸入展开剂中）。展开剂借助毛细作用自下端向上端扩展,如图 12-4a 所示。该方式展开速度快,适合于软板和硬板。

2. 上行展开法　应在色谱缸内进行。将点好试样的薄板直立于色谱缸中,斜靠于色谱缸侧壁,密闭饱和后,薄板下端浸入展开剂约 0.5cm。展开剂借助毛细作用自下而上扩展,如图 12-4b 所示。

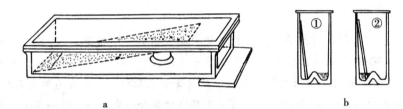

图 12-4　展开方式示意图
a. 近水平展开法;b. 上行展开法

3. 多次展开法　薄板经过一次展开后,让溶剂挥干,再用同一种展开剂或改用其他展开剂按同样的方法进行第二次,第三次……展开,以达到增加分离度的目的。

4. 双向展开法　薄板经过一次展开后,让溶剂挥干,将薄板旋转 90° 后,改用另一种展开剂展开。双向展开所用的薄板规格一般为 20cm×20cm。这种方法常用于分离成分较多、性质接近的复杂试样。

（四）斑点定位

若待测组分有颜色,其斑点可在日光下直接定位测定。若待测组分没有颜色,必须采用以下方法定位测定。

1. 荧光检出法　在紫外线灯下观察薄板上有无荧光斑点或暗斑。如果被测物质本身在紫外线灯下观察无荧光斑点,则可以借助 F 型薄板来进行检出。荧光薄板在紫外线灯照射下,整个薄板背景呈现黄-绿色荧光,而待测物质由于吸收了 254nm 或 365nm 的紫外线而呈现出暗斑。

2. 化学检出法　是利用化学试剂（显色剂）与被测物质反应,使斑点产生颜色而定位。这是常用的斑点定位方法。显色剂可分为通用型显色剂和专属型显色剂两种。通用显色剂有碘、硫酸溶液、荧光黄溶液、氨蒸气等。碘对许多有机化合物都可显色,如生物碱、氨基酸等衍生物;硫酸乙醇溶液对大多数有机化合物也能显出不同颜色的斑点;0.05% 的荧光黄甲醇溶液是芳香族与杂环化合物的通用显色剂。专属性显色剂是利用物质的特性反应显色,例如,茚三酮是氨基酸的专用显色剂,三氯化铁-铁氰化钾试剂是含酚羟基物质的显色剂,溴甲酚绿是酸性化合物的显色剂。

显色剂的显色方式,通常采用直接喷雾法或浸渍显色法。硬板可将显色剂直接喷洒在薄板上,喷洒的雾点必须微小、致密和均匀。软板则采用浸渍法显色,是将薄板的一端浸入到显色剂中,待显色剂扩散到整个薄层后,取出,晾干或吹干,即可呈现斑点的颜色。

在实际工作中,应根据被分离组分的性质及薄板的状况来选择合适的显色剂及显色方法。各类组分所用的显色剂可从有关手册或色谱法专著中查阅。

（五）定性分析

确定试样各组分斑点位置之后,用纸色谱类似的方法,计算比移值 R_f 或相对比移值 R_s,与标准品对比进行定性分析。

（六）定量分析

薄层色谱法的定量分析方法与纸色谱类似,具体方法如下。

1. 目视比较法 与纸色谱的目测定量法相同。

2. 斑点洗脱法 与纸色谱的剪洗定量法类似,即薄板经过展开、定位之后,将待测组分斑点处的吸附剂定量取下,用合适的溶剂将待测组分定量洗脱,再用其他分析方法测定其含量。

3. 薄层扫描法 将点有试样的薄板展开、定位之后,用薄层色谱扫描仪检测试样斑点和标准品斑点对光的吸收强弱来确定待测组分的含量。这种方法与纸色谱的光密度扫描法相同。

知识链接

薄层色谱扫描仪是对薄层色谱进行定量检测分析的专用仪器,当前市场上有两个类型,一类是传统扫描仪,类似于紫外可见分光光度计,能提供 200~800nm 波长范围的可选波长,通过检测试样对光的吸收强弱来确定物质含量。其扫描方式分为单光束扫描、双光束扫描和双波长扫描,每种扫描方式又可分为直线扫描和锯齿扫描。另一类是薄层数码成像分析仪,从技术上可理解为单光源密集扫描,是利用数码成像设备获得薄层板上各斑点的光强度信息,并对获得图像进行分析的薄层分析仪器。

上述的两类薄层色谱扫描仪均可以检测 254nm 或 365nm 紫外照射产生的荧光强度,从而进行特异性检测。

学习小结

色谱法是依据物质的物理或物理化学性质不同而建立的分离分析方法。各种色谱法都是根据试样各组分在两相之间存在差速迁移而进行分离的。根据色谱法出现的先后顺序和技术特征不同,可分为经典液相色谱法和现代色谱法,但二者之间没有绝对的界限。

本章按照经典液相色谱法的不同操作形式,分别介绍了柱色谱法、纸色谱法和薄层色谱法。柱色谱法的操作步骤一般分为装柱、加样和洗脱等。纸色谱法和薄层色谱法的操作步骤几乎相同,一般分为选择色谱滤纸(或制版)、点样、展开、定性与定量分析等。以色谱法的操作形式为主线,依据对应色谱法出现的先后顺序,介绍了吸附色谱、分配色谱、离子交换色谱、空间排阻色谱和亲和色谱的分离机制。色谱法的固定相和流动相不同,其分离机制也不同。

现代色谱法是在经典液相色谱法的基础上建立和发展起来的,广泛用于医学检验、卫生检验、药品分析、食品分析、环境监测等领域。

达 标 练 习

一、选择题

（一）单选题

1. 按分离机制不同,色谱法可分为（　　　）

   A. 气 - 液色谱、气 - 固色谱、液 - 液色谱、液 - 固色谱

   B. 柱色谱、薄层色谱、纸色谱、平面色谱

   C. 吸附色谱、分配色谱、离子交换色谱、分子排阻色谱、亲和色谱

   D. 硅胶柱色谱、纸色谱、离子交换色谱、亲和色谱

   E. 液 - 液分配柱色谱、纸色谱、气 - 固色谱

2. 不能作吸附剂的物质是（　　　）

   A. 硅胶　　　　　B. 氧化铝　　　　C. 氯化钠　　　　D. 活性碳　　　　E. 活性炭

3. 吸附能力最小的活性级别是（　　　）

   A. 五级　　　　　B. 四级　　　　　C. 三级　　　　　D. 二级　　　　　E. 一级

4. 在吸附柱色谱法中,被分离组分的极性越强,则（　　　）

   A. 被流动相解吸的能力越强

   B. 被吸附剂吸附的越不牢固

   C. 在柱中移动的速度越快

   D. 在柱内滞留的时间越短

   E. 在柱内滞留的时间越长

5. 下列各组溶剂极性从大到小排列的正确顺序是（　　　）

   A. 石油醚 < 氯仿 < 苯 < 正丁醇 < 乙酸乙酯

   B. CCl_4 < $CHCl_3$ < 苯 < 丙酮 < 乙醇

   C. $CHCl_3$ > CCl_4 > 苯 > 乙醚 > 石油醚

   D. 丙酮 > 乙酸乙酯 > $CHCl_3$ > 甲醇 > 苯

   E. CCl_4 > 苯 > 乙醚 > 石油醚 > H_2O

6. 平面色谱法对待测组分定性时,最适宜的参数是（　　　）

   A. 比移值　　　　　　　　　　B. 相对比移值

   C. 斑点至原点的距离　　　　　D. 溶剂前沿至原点的距离

   E. 试样斑点至标准品的距离

7. 平面色谱法点样线一般距离滤纸或薄板一端（　　　）

   A. 0.2~0.3cm　　B. 1.5~2cm　　C. 1~4cm　　D. 2~3cm　　E. 0.5cm

8. 平面色谱法中,相邻两组分的比移值相差（ΔR_f）越大,则两组分斑点（　　　）

   A. 离开原点越近　　　　　　　B. 离开原点越远

   C. 距离前沿线越远　　　　　　D. 距离越近

   E. 距离越远

9. 硅胶 G 板和硅胶 CMC-Na 板属于（　　　）

   A. 干板　　　　　B. 软板　　　　　C. 硬板　　　　　D. 湿板　　　　　E. 无法确定

10. 若某组分在薄层色谱中展开后,起始线到溶剂前沿的距离为 X,斑点中心到原点的距离为 Y,则该斑点的 R_f 值为（　　　）

   A. $\dfrac{X}{Y}$　　　　B. $\dfrac{Y}{X}$　　　　C. $\dfrac{X}{X+Y}$　　　　D. $\dfrac{Y}{X+Y}$　　　　E. $\dfrac{X+Y}{Y}$

（二）多选题

1. 按照操作形式的不同,液相色谱法可分为（　　　　　）
   A. 柱色谱法　　　　　　B. 纸色谱法　　　　　　C. 薄层色谱法
   D. 离子交换色谱法　　　E. 超临界流体色谱法

2. 在平面色谱法中,可用下列参数对试样进行定性分析（　　　　　）
   A. 分配系数　　　　　　B. 比移值　　　　　　　C. 相对比移值
   D. 交换容量　　　　　　E. 交联度

3. 吸附柱色谱法常用的吸附剂有（　　　　）
   A. 氧化铝　　　　　　　B. 硅胶　　　　　　　　C. 大孔吸附树脂
   D. 活性炭　　　　　　　E. 离子交换树脂

4. 下列有关薄层色谱法叙述正确的是（　　　　　）
   A. 薄层色谱法具有快速、灵敏、仪器简单、操作简便的特点
   B. 薄层色谱法定性分析的主要数据是各斑点的 R_f 值与 R_s 值
   C. 薄层色谱法的分离机制与柱色谱法相似,所以又称敞开的柱色谱法
   D. 薄层色谱法可以实现分离、定性定量分析
   E. 薄层色谱法定量分析的方法有目视比较法、斑点洗脱法和薄层扫描法

5. 在离子交换色谱法中,固定相为（　　　　　）
   A. 离子交换树脂　　　　B. 阴离子交换树脂　　　C. 阳离子交换树脂
   D. 葡聚糖凝胶　　　　　E. 以上说法都正确

6. 液 - 固吸附薄层色谱法中流动相称（　　　　）
   A. 载体　　　　B. 吸附剂　　　　C. 展开剂　　　　D. 溶剂　　　　E. 洗脱剂

7. 依据分离机制,纸色谱法不属于（　　　　　）
   A. 离子交换色谱　　　　B. 空间排阻色谱　　　　C. 液 - 液吸附色谱
   D. 液 – 液分配色谱　　　E. 液 - 固亲和色谱

二、填空题

1. 按照操作形式的不同,色谱法可分为_____和_____。

2. 液相色谱中,如使用硅胶或氧化铝为固定相,其含水量越高,则活度级数越_____,吸附能力越_____。

3. 液相色谱法选择流动相是,应遵循的原则是"相似相溶"原则,即流动相的_____、_____与被分离组分的相似时,组分容易被洗脱。

4. 根据试样的极性,选择固定相和流动相的一般原则是:如果试样极性较大,则应选用吸附能力_____的吸附剂作固定相,选用极性较_____的溶剂作流动相。

5. 柱色谱法的操作步骤为_____、_____、_____。

6. 平面色谱法的操作步骤为_____、_____、_____、_____。

三、简答题

1. 在某色谱条件下,A、B两物质的分配系数分别为100和130,试问 A、B 哪个物质的 R_f 大?

2. 液 - 固吸附色谱中,选择固定相和流动相的一般原则是什么?

四、计算题

1. 某物质在薄板上从原点迁移了8.3cm,溶剂前沿线距离起始线16.6cm,试计算该物质的 R_f。

2. 用薄层色谱法分离某试样,A、B两种组分的 R_f 分别是 0.50 和 0.70,欲使分离后两斑点中心距离 2cm,溶剂沿线与起始线的距离应为多少?

（闫冬良）

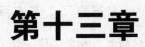

第十三章

气相色谱法

学习目标

1. 掌握气相色谱法定性依据,定量分析原理及方法以及定性分析与定量分析的应用。

2. 熟悉气相色谱法的特点及分类,气相色谱法的基本组成及流程,气相色谱法的基本理论:塔板理论、速率理论,气相色谱法的固定相和流动相,气相色谱法中色谱柱及柱温的选择、载气及流速的选择、其他条件的选择。

3. 了解常用的检测器。

4. 学会气相色谱仪的基本操作技能以及用气相色谱仪测定藿香正气水中乙醇含量的操作技术。

第一节 概　述

气相色谱法(gas chromatography,GC)是以气体作为流动相的色谱分离分析方法。气相色谱法于 1952 年创立以来得到迅速发展,广泛应用于石油化工、医药卫生、环境科学、有机合成、生物工程等领域。

一、气相色谱法的特点及分类

(一) 气相色谱法的特点

气相色谱法是以气体为流动相,将样品气化后经色谱柱分离,然后进行检测分析的方法。由于物质在气相中传递速度快,可选用的固定液种类多,检测器的选择性好、灵敏度高,因此气相色谱法具有分析速度快、样品用量少、选择性高、分离效能高、灵敏度高、应用范围广等特点。随着电子计算机在色谱仪上的应用,气相色谱法能快速准确地处理分析数据,并且能对色谱条件进行自动控制,实现自动化,提高分析工作效率。

据统计,能用气相色谱法直接分析的有机物大约占 20%。气相色谱法适用于分析具有一定蒸气压且稳定性好的样品。但不能直接分析分子量大、极性强、在操作温度下难挥发或易分解的物质,缺乏标准试样时做定性分析较困难。

(二) 气相色谱法的分类

气相色谱法可从不同角度进行分类:按固定相的物态不同,分为气 - 固色谱法(GSC)和气 - 液色谱法(GLC);按柱内径粗细不同,分为填充柱色谱法和毛细管柱色谱法;按分离原理不同,分为吸附色谱法和分配色谱法。气 - 固色谱法属于吸附色谱法;气 - 液色谱法属于分配色谱法,其中最常用的是气 - 液分配色谱法。

二、气相色谱仪的基本组成及工作流程

气相色谱仪是实现气相色谱分离分析的装置。气相色谱仪一般由载气系统、进样系统、分离系统、检测系统和记录系统等五部分组成,如图 13-1a~e 所示。

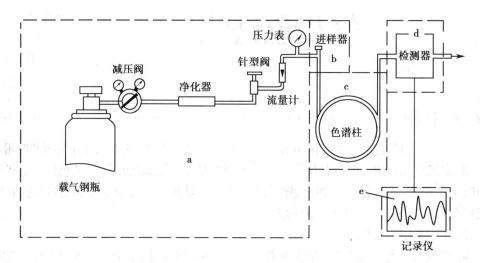

图 13-1　气相色谱仪结构示意图

气相色谱法进行色谱分离分析的一般流程如图 13-1 所示,由高压钢瓶提供的载气,经减压阀减压后,进入净化器脱水及净化,流入针型阀调节载气的压力和流量,用流量计和压力表来指示载气的柱前流量和压力,再进入进样器,试样如为液体试样,则在气化室瞬间气化为气体,由载气携带试样进入色谱柱,试样中各组分在色谱柱中分离后,依次进入检测器检测,检测信号经放大后,由记录仪记录而得到色谱图。

第二节　气相色谱法的基本术语

一、气相色谱图

气相色谱图,又称色谱流出曲线,是指试样各组分经过检测器时所产生的电压或电流强度随时间变化的曲线(图 13-2)。从色谱图中可观察到峰数、峰位、峰宽、峰高或峰面积等参数。

（一）基线

在操作条件下,没有组分流出时的流出曲线。基线能反映气相色谱仪中检测器的噪声随时间的稳定情况。稳定的基线应是一条平行于横轴的直线。

（二）色谱峰

色谱图上的凸起部分称为色谱峰。正常色谱峰为对称形正态分布曲线。不正常色谱峰有两种:前延峰及拖尾峰。拖尾峰前沿陡峭,后沿拖尾;前延峰前沿平缓,后沿陡峭。峰的对称性可用对称因子 f_s(也称拖尾因子 T)来衡量,对称因子的求算见图 13-3 及式 13-1。

$$f_s = \frac{W_{0.05h}}{2A} = \frac{A+B}{2A} \tag{13-1}$$

$f_s=0.95\sim1.05$,为对称峰;$f_s<0.95$,为前延峰;$f_s>1.05$,为拖尾峰。

（三）峰高（h）

色谱峰的峰顶至基线的垂直距离称为峰高。

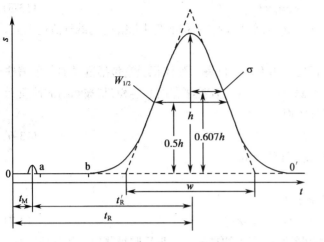

图 13-2　气相色谱图

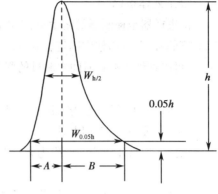

图 13-3　对称因子的求解

（四）峰面积（A）

色谱峰与基线所包围的面积称为峰面积。峰高和峰面积常用于定量分析。

（五）标准差（σ）

正态分布曲线上两拐点间距离的一半，正常峰的 σ 为峰高的 0.607 倍处的峰宽之半。σ 越小，区域宽度越小，说明流出组分越集中，柱效越高，越有利于分离。

（六）半峰宽（$W_{1/2}$）

峰高一半处的宽度称为半峰宽。

$$W_{1/2}=2.355\sigma \tag{13-2}$$

（七）峰宽（W）

通过色谱峰两侧拐点作切线，在基线上的截距称为峰宽。

$$W=4\sigma \quad 或 \quad W=1.699W_{1/2} \tag{13-3}$$

$W_{1/2}$ 与 W 都是由 σ 派生而来，除用于衡量柱效外，还用于计算峰面积。

一个组分的色谱峰可用峰高（或峰面积）、峰位和峰宽三个参数表达。

二、保　留　值

保留值是峰位的表达方式，是气相色谱法定性的参数，一般用试样中各组分在色谱柱中滞留的时间或各组分被带出色谱柱所需要载气的体积来表示，见图 13-2。

（一）保留时间（t_R）

从进样开始到组分的色谱峰顶点所需要的时间称为该组分的保留时间。

（二）死时间（t_M）

气相色谱中通常把出现空气峰或甲烷峰的时间称为死时间，也可以理解为不被固定相吸附或溶解的惰性气体（如空气、甲烷等）的保留时间。死时间与待测组分的性质无关。

（三）调整保留时间或校正保留时间（t'_R）

保留时间与死时间之差称为调整保留时间。

$$t'_R=t_R-t_M \tag{13-4}$$

在实验条件（温度、固定相等）一定时，调整保留时间只决定于组分的本性，故它们是色谱法定性的基本参数。

（四）保留体积（V_R）

从进样开始到某个组分的色谱峰峰顶的保留时间内所通过色谱柱的载气体积称为该组分的保留体积。

$$V_R = t_R \times F_C \tag{13-5}$$

式中 F_C 为载气流速(F_C,ml/min),F_C 大时,t_R 则变小,两者乘积不变,因此,V_R 与载气流速无关。

（五）死体积（V_M）

由进样器至检测器的路途中,未被固定相占有的空间称为死体积。它包括进样器至色谱柱间导管的容积、色谱柱中固定相颗粒间间隙、柱出口导管及检测器内腔容积,与被测物的性质无关,也可以理解为在死时间内流过的载气体积。

$$V_M = t_M \times F_C \tag{13-6}$$

死体积越大,说明色谱峰越扩张(展宽),柱效越低。

（六）调整保留体积（V'_R）

保留体积与死体积的差称为调整保留体积。

$$V'_R = V_R - V_M = t'_R \times F_C \tag{13-7}$$

V'_R 也与载气流速无关。保留体积中扣除死体积后,更能够合理地反映被测组分的保留特性。

保留值是由色谱分离过程中的热力学因素所控制的,在一定的实验条件下,任何一种物质都有一个确定的保留值,因此,保留值可用作定性参数。

三、容量因子（k）

容量因子是指在一定温度和压力下,组分在固定相与流动相之间的分配达到平衡时的质量之比。它与 t'_R 的关系可用下式表示。

$$k = \frac{t'_R}{t_M} \tag{13-8}$$

可以看出,k 值越大,组分在柱中保留时间越长。

四、分配系数比（α）

分配系数比是指混合物中相邻两组分 A、B 的分配系数或容量因子或 t'_R 之比,可用下式表示。

$$\alpha = \frac{K_A}{K_B} = \frac{k_A}{k_B} = \frac{t'_{R_A}}{t'_{R_B}} \tag{13-9}$$

可以看出 α 越接近 1,两组分分离效果越差。

第三节　气相色谱法的基本理论

气相色谱法的基本理论包括热力学理论和动力学理论。热力学理论是用相平衡观点来研究分离过程,动力学理论是用动力学观点来研究各种动力学因素对柱效的影响,它们分别以塔板理论和速率理论为代表。

一、塔 板 理 论

马丁和辛格于 1941 年提出了塔板理论。该理论把色谱柱看作一个分馏塔,假想由许多的塔板组成,每一块塔板高度为 H,在塔板内样品混合物在流动相和固定相之间分配并达到平衡。经过多次的分配平衡后,分配系数小(挥发性大)的组分先到达塔顶,即先流出色谱柱。

塔板理论假设:①在塔板内,样品中某组分可以很快达到分配平衡,H 称为理论塔板高度;②流动相间歇式通过色谱柱,每次进入量为一个塔板体积;③样品都加在第"0"号塔板上,并且样品的纵向扩散可以忽略;④分配系数在各塔板上是同一常数。

根据塔板理论基本假设,色谱柱的柱效可用理论塔板数（n）和理论塔板高度来衡量,由塔板理论可以导出塔板数与标准差、半峰宽及峰宽的关系：

$$n = \left(\frac{t_R}{\sigma}\right)^2 = 5.54 \left(\frac{t_R}{W_{1/2}}\right)^2 = 16 \left(\frac{t_R}{W}\right)^2 \qquad (13\text{-}10)$$

理论塔板高度可由色谱柱长（L）和理论塔板数来计算：

$$H = \frac{L}{n} \qquad (13\text{-}11)$$

由于理论塔板高度和理论塔板数计算中未扣除不参与柱中分配的死时间，故不能确切地反映色谱柱分离效能的高低。所以提出用有效塔板数（n_{eff}）和有效塔板高度（H_{eff}）作为评价柱效的指标。

$$n_{eff} = \left(\frac{t'_R}{\sigma}\right)^2 = 5.54 \left(\frac{t'_R}{W_{1/2}}\right)^2 = 16 \left(\frac{t'_R}{W}\right)^2 \qquad (13\text{-}12)$$

$$H_{eff} = \frac{L}{n_{eff}} \qquad (13\text{-}13)$$

二、速 率 理 论

塔板理论较成功地解释了色谱流出曲线的形状、浓度极大点的位置（保留值）以及对柱效的评价（塔板数）。但它的某些假设与实际色谱过程不符，只能定性地给出塔板数和塔板高度的概念，不能说明影响柱效的因素。

荷兰学者范第姆特等人沿用塔板理论中的概念，并结合影响塔板高度的动力学因素，于1956年建立了色谱过程的动力学理论，即速率理论，导出了塔板高度（H）与载气线速度（u）的关系，提出了范第姆特方程：

$$H = A + \frac{B}{u} + Cu \qquad (13\text{-}14)$$

式中 A、B、C 是常数，它们分别表示涡流扩散项、纵向扩散系数和传质阻力系数，u 为载气线速度，单位为 cm/s。塔板高度越小，柱效越高，峰越尖锐；反之则柱效低、峰扩展。下面分别讨论在 u 一定时各项对柱效的影响。

1. 涡流扩散项　涡流扩散是气体移动中遇到填充物颗粒时，不断改变流动方向，使试样组分在气相中形成类似"涡流"的流动，而造成同组分的分子经过不同路径，而引起色谱峰的扩展。

涡流扩散项 A 可表示为：

$$A = 2\lambda d_P \qquad (13\text{-}15)$$

式中 λ 为填充不规则因子，填充越均匀，λ 越小。d_P 为固定相颗粒的平均直径。使用适当粒度和颗粒均匀的固定相，并尽量填充均匀，可减少涡流扩散，提高柱效。对于空心毛细管柱，涡流扩散项为零。

2. 纵向扩散项　由于样品组分被载气带入色谱柱后，是以"塞子"的形式存在于柱的很小一段空间中，在"塞子"的前后（纵向）存在着浓度差，而形成浓度梯度，因此势必使运动着的分子产生纵向扩散。纵向扩散系数可表示为：

$$B = 2rD_g \qquad (13\text{-}16)$$

式中 r 表示扩散阻碍因子，填充柱 $r<1$，毛细管柱因无扩散障碍 $r=1$。D_g 为组分在载气中的扩散系数。纵向扩散项与分子在载气中停留的时间及扩散系数成正比。组分在载气中的扩散系数与载气分子量的平方根成反比，还受柱温和柱压的影响。因此，采用较高的载气流速，选择分子量大的载气如氮气，可减少纵向扩散项，增加柱效。

3. 传质阻力项　试样被载气带入色谱柱后，试样组分在两相间溶解、扩散、平衡的过程称为传质过程,影响这个过程进行速度的阻力,称为传质阻力。由于传质阻力的存在,当达到分配平衡时,有些组分分子来不及进入固定液中就被载气推向前进,发生超前现象;而另一些分子在固定液中不能及时逸出而推迟回到载气中,而发生滞后现象,从而导致了色谱峰的扩张,降低了柱效。

传质阻力的大小用传质系数(C)来表示,它包括气相传质阻力系数 C_g 和液相传质阻力系数 C_l,因 C_g 较小,所以 $C \approx C_l$。

$$C_l = \frac{2k}{3\left(1+k\right)^2} \times \frac{d_f^2}{D_l} \quad\quad (13-17)$$

式中 d_f 为固定液的液膜厚度,k 为容量因子,D_l 为组分在固定液中的扩散系数。可采用降低固定液液膜厚度和增加组分在固定液中的扩散系数的方法,减小液相传质阻力系数,增加柱效。

由以上讨论可以看出,范第姆特方程式对于分离条件的选择具有指导意义。它可以说明填充均匀程度、载气粒度、载气种类和流速、柱温、固定液液膜厚度等对柱效的影响。

课堂互动

请根据范第姆特方程式的含义,解释如何控制色谱条件,提高柱效。

第四节 气相色谱法的固定相和流动相

一、气 - 液色谱的固定相

气 - 液色谱的固定相由载体和固定液构成,试样气液两相间进行多次分配,最后各组分彼此分离。下面分别介绍固定液和载体。

（一）固定液

固定液一般都是高沸点液体,在操作温度下为液态,室温时为固态或液态。

1. 对固定液的要求

(1) 选择性能高,对不同的组分有不同的分配系数。

(2) 对样品中各组分有足够的溶解能力。

(3) 热稳定性要好。

(4) 化学稳定性不好,不与组分发生化学反应。

(5) 蒸气压低,黏度小,能牢固地附着于载体上。

2. 固定液的分类　固定液常用化学分类和极性分类两种方式。

化学分类是以固定液的化学结构为依据,可分为烃类、硅氧烷类、醇类、酯类等,其优点是便于按被分离组分与固定液的"相似相溶"原则来选择固定液。

极性分类是按固定液的相对极性大小分类。该法规定,极性的 β,β′- 氧二丙腈的相对极性为100,非极性的鲨鱼烷的相对极性为0,其他固定液的相对极性在 0~100 之间。把 0~100 分成五级,每 20 为一级,用"+"表示。0 或 +1 为非极性固定液;+2,+3 为中等极性固定液;+4,+5 为极性固定液。按相对极性对常用气相色谱固定液分类,如表 13-1 所示。

3. 固定液的选择　选择固定液一般是利用"相似相溶"原则,即按被分离组分的极性或官能团与固定液相似的原则来选择,此时样品组分与固定液之间的相互作用力较强,组分在固定液中的溶解度大,分配系数大,保留时间长,样品组分分离可能性较大。一般规律是:

表 13-1　常用固定液的相对极性

固定液	相对极性	极性级别	最高使用温度（℃）	应用范围
鲨鱼烷（SQ）	0	+1	140	标准非极性固定液
阿皮松（APL）	7~8	+1	300	各类高沸点化合物
甲基硅橡胶（SE-30，OV-1）	13	+1	350	非极性化合物
邻苯二甲酸二壬酯（DNP）	25	+2	100	中等极性化合物
三氟丙基甲基聚硅氧烷（QF-1）	28	+2	300	中等极性化合物
氰基硅橡胶（XE-60）	52	+3	275	中等极性化合物
聚乙二醇（PEG-20M）	68	+3	250	氢键型化合物
己二酸二乙二醇聚酯（DEGA）	72	+4	200	极性化合物
β，β′-氧二丙腈（ODPN）	100	+5	100	标准极性固定液

（1）分离非极性物质：一般选用非极性固定液，基本上仍按沸点顺序流出色谱柱，沸点低的组分先流出色谱柱。

（2）分离中等极性物质：选中等极性固定液，基本上仍按沸点顺序流出色谱柱，但对于沸点相同的组分，极性弱的组分先流出色谱柱。

（3）分离强极性化合物：选极性强的固定液，极性弱的组分先流出色谱柱。

（4）分离能形成氢键的物质：选用氢键型固定液，形成氢键能力弱的组分先流出色谱柱。

（5）分离非极性和极性混合物：一般选用极性固定液；分离沸点相差较大的混合物，则宜选用非极性固定液。

（二）载体

载体又称担体，是一种化学惰性的多孔性固体微粒，其作用是提供一个大的惰性表面，使固定液能以液膜状态均匀地分布在其表面。

1. 对载体的要求

（1）表面积大。

（2）化学惰性，表面吸附或催化性很小。

（3）热稳定性高。

（4）粒度及孔径均匀，有一定的机械强度。

2. 常用载体　载体分为硅藻土型和非硅藻土型，常用硅藻土型载体，它又因制造方法不同分为红色载体和白色载体。

红色载体由天然硅藻土与黏合剂煅烧而成，因含有氧化铁，呈淡红色，故称为红色载体，常与非极性固定液配伍，用于分析非极性或弱极性物质。

白色载体在煅烧硅藻土时加入碳酸钠（助溶剂），煅烧后氧化铁生成了无色的铁硅酸钠配合物，使硅藻土呈白色，常与极性固定液配合使用，分析极性物质。

3. 载体的纯化　除去或减小载体表面活性中心的作用称为载体的钝化，其钝化方法如下：

（1）酸洗法：酸洗能除去载体表面的铁等金属氧化物，用于分析酸类和酯类化合物。方法是用 6mol/L 的盐酸浸泡 20~30 分钟，用水洗至中性，烘干备用。

（2）碱洗法：碱洗能除去载体表面的三氧化二铝等酸性作用点，用于分析胺类等碱性化合物。方法是用 5% 的氢氧化钾-甲醇溶液浸泡或回流数小时，用水洗至中性，烘干备用。

（3）硅烷化法：硅烷化载体用于分析具有形成氢键能力较强的化合物。方法是将载体与硅烷化试剂反应，除去载体表面的硅醇及硅醚基，消除形成氢键的能力。

二、气 - 固色谱的固定相

气 - 固色谱的固定相有硅胶、氧化铝、石墨化炭黑、分子筛、高分子多孔微球及化学键合相等。在药物分析中应用较多的高分子多孔微球（GDX）。

高分子多孔微球（GDX）是一种人工合成的固定相，它既可作为载体，又可作为固定相，其分离机制一般认为具有吸附、分配及分子筛三种作用。高分子多孔微球的主要特点是：①疏水性强，选择性好，分离效果好，特别适用于分析混合物中的微量水分；②热稳定性好，最高使用温度达 200~300℃，且无流失现象，柱寿命长；③比表面极大，粒度均匀，机械强度高，耐腐蚀性好；④无有害的吸附活性中心，极性组分也能获得正态峰。

化学键合相是新型固定相，即用化学反应的方法将固定液键合到载体表面上（第十四章详细介绍），具有分配与吸附两种作用，传质快、柱效高，分离效果好、不流失等优点，但价格较贵。

在气相色谱中应用较为普遍的一类色谱柱是填充柱。由于填充色谱柱柱内填充了固定相颗粒或是附着有固定液的载体，载气携带组分通过色谱柱时所经的途径是弯曲与多径的，从而引起涡流扩散，传质阻力也较大，使柱效降低，其理论塔板数最高为几千。目前，采用了毛细管色谱柱，较大地提高了气相色谱的柱效能。

知识链接

毛细管气相色谱法简介：1957 年 Golay（戈雷）发明了毛细管柱，他把固定液直接涂在毛细管管壁上代替填充柱，这种柱子的柱效很高，理论塔板数可高达 10^6。毛细管柱的内径一般小于 1mm，据制备方式不同可分为开管型毛细管柱和填充型毛细管柱。

毛细管色谱法具有高效、快速等特点，应用范围较广，在医药卫生领域中，如药代动力学研究，药品中有机溶剂残留、体液分析、病因调查以及兴奋剂检测等都有应用。

三、气相色谱的流动相

气相色谱法中的流动相是气体，称为载气，载气的种类很多，如氢气、氮气、氦气、氩气和二氧化碳等，其中氦气最理想，但价格较高，故一般常用氮气和氢气。气相色谱法中载气的选择及纯化，主要取决于选用的检测器、色谱柱以及分析要求。

1. 氮气 在气相色谱中作为载气，纯度要求在 99.9% 以上。因它的扩散系数小，使柱效比较高，常用于除热导检测器以外的几种检测器中作载气。

2. 氢气 氢气的纯度也要求在 99.9% 以上。因它的分子量较小，热导系数较大，黏度小等特点，在使用热导检测器时常用作载气。在氢焰离子化检测器中它用作燃气。氢气易燃、易爆，使用时应注意安全。

载气使用时要求进行净化，主要是"去水"、"去氧"和"去总烃"。在载气管路中加上净化管，内装硅胶和 0.5nm 分子筛以"去水"。用装有活性铜胶催化剂的柱管除去氮气和氩气中的氧，氧含量可降至百万分之十，用装有 105 型钯催化剂的柱管可除去氧气中的氧。消除微量烃的最好方法是采用 0.5nm 分子筛。

第五节 检 测 器

检测器（detector）是将色谱柱分离后的各组分的浓度（或质量）的变化转换为电信号（电压或电流）的装置。它是气相色谱仪的主要组成部分，近年来，由于痕量分析的需要，高灵敏度的检测器不断出现,促进了气相色谱法的发展和应用。根据检测器原理不同,可将检测器分为浓度型和质量型两类。

1. 浓度型检测器(concentration sensitive detector)　测量载气中组分浓度的瞬间变化,检测器的响应值与组分浓度成正比,与单位时间内组分进入检测器的质量及载气流速无关。如热导检测器和电子捕获检测器等。

2. 质量型检测器(mass flow rate sensitive detector)　测量载气中组分进入检测器的质量流速变化,即检测器的响应值与单位时间内进入检测器的组分质量成正比。如氢焰离子化检测器和火焰光度检测器等。

一、检测器的性能指标

灵敏度高,稳定性好,线性范围宽,噪声低,漂移小,死体积小,响应时间快是对气相色谱仪检测器的主要要求。

1. 噪声和漂移　在没有样品通过检测器时,由仪器本身及工作条件等偶然因素引起的基线起伏波动称为噪声,基线随时间朝某一方向的缓慢变化称为漂移。

2. 灵敏度(sensitive, S)　又称响应值或应答值,它是指单位物质的含量(质量或浓度)通过检测器时所产生的信号变化率,浓度型用 S_c 表示,质量型用 S_m 表示。

3. 检测限(D)　灵敏度未反映检测器的噪声水平,灵敏度虽高,但噪声较大时,微量组分也是无法检测的。检测限综合灵敏度与噪声来评价检测器的性能。检测限定义为某组分的峰高为噪声的两倍时,单位时间内引入检测器中该组分的质量(或浓度)。

二、常用检测器

(一)热导检测器(TCD)

热导检测器是利用被测组分与载气的热导率不同来检测组分的浓度变化。它具有结构简单、稳定性好、线性范围宽、测定范围广,且样品不被破坏特点,易与其他仪器联系,但灵敏度较低,噪声较大。

热导检测器由池体和热敏元件组成。池体用铜块或不锈钢块制成,热敏元件常用钨丝或铼钨丝制成,它的电阻随温度的变化而变化。

将两个材质、电阻完全相同的热敏元件,装入一个双腔池体中即构成双臂热导池,如图 13-4 所示,其中一臂接在色谱柱前只通载气,作为参考臂;另一臂接在色谱柱后,让组分和载气通过,作为测量臂。两臂的电阻分别为 R_1 和 R_2,将 R_1、R_2 与两个阻值相等的固定电阻 R_3、R_4 组成惠斯顿电桥,如图 13-5 所示。

如果只有载气通过,则两热丝的温度、电阻值均相同,检流计中无电流通过。当有样品组分随载气进入测量臂时,组分与载气的热导率不同,则测量臂中热丝的温度、电阻值改变,电桥平衡被破坏,检流计指针发生偏转,记录仪上就有信号产生。当组分完全通过测量臂后,电桥又恢复平衡状态。

(二)氢焰离子化检测器(FID)

氢焰离子化检测器简称氢焰检测器,它是利用在氢焰的作用下,有机化合物燃烧而发生化学电离形成离子流,通过测定离子流强度进行检测。它具有灵敏度高,噪声小,响应快,线性范围宽,稳定性好等优点,但是一般只能测定含碳有机物,而且检测时样品被破坏。

氢焰检测器的主要部件是由不锈钢制成的离子室。离子室下部有气体入口和氢火焰喷嘴,在火焰上方装有圆筒状的收集极(正极)和一端置于下方的环状极化极(负极),两极间加有极化电压,喷嘴附近设有点火线圈,用以点燃火焰。

工作时,氢气在空气中燃烧,经色谱分离后的组分进入检测器时,在火焰中燃烧产生正负离

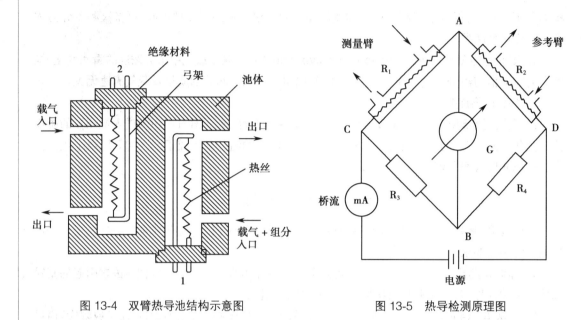

图 13-4 双臂热导池结构示意图　　　　图 13-5 热导检测原理图

子,在电场作用下向两极定向移动形成离子流,离子流的强度与单位时间内进入检测器中组分的质量成正比,离子流经放大后,在记录仪上得到色谱峰。当没有组分通过检测器时,在电场作用下,也能产生极微弱的离子流,称为检测器的本底(基流)。

课堂互动

请简述热导检测器和氢焰检测器的检测原理,说出各属于哪种类型的检测器?

第六节　分离操作条件的选择

气相色谱分离条件的选择主要是固定相、柱温及载气的选择。分离度是衡量分离效果的指标。

一、色谱柱及柱温的选择

(一)色谱柱的选择

主要是固定相、柱长和柱径的选择。选择固定液一般是利用"相似相溶"原则,即按被分离组分的极性或官能团与固定液相似的原则来选择。分析高沸点化合物,可选择高温固定相。

气 - 液色谱法还要注意载气和固定液配比的选择。高沸点样品(300~400℃)用比表面积小的载气,低固定液配比(1%~3%),以防保留时间过长,峰扩张严重,且低配比时可使用低柱温。低沸点样品(沸点 <300℃)宜用高固定液配比(5%~25%),可增大 R 值。以获得良好分离。难分离样品可采用毛细管柱。

在塔板高度不变的条件下,分离度随塔板数增加而增加,增加柱长对分离有利。但柱长过长,峰变宽,柱阻增加,分析时间延长。因此在达到一定分离度的条件下应尽可能使用短柱,一般填充柱柱长为 1~5m。色谱柱的内径增加会使柱效下降,一般柱内径常用 2~4mm。

(二)柱温的选择

色谱法中柱温是最重要的色谱分析条件,它直接影响分离效能及分析速度。提高柱温,可加快分析速度,但会使柱选择性降低,柱温过高,会使固定液挥发或流失;而柱温过低,液相传质阻力增强,使色谱峰扩张甚至发生拖尾现象。因此,柱温的选择原则是:在使最难分离的组分有较好分离度的前提下,尽量采取较低的柱温,但应以保留时间为宜,色谱峰不拖尾为度。

二、载气及流速的选择

根据范第姆特方程,载气及其流速对柱效能和分析时间有明显的影响。根据范第姆特方程:$H=A+\dfrac{B}{u}+Cu$,用在不同流速下测得的塔板高度(H)对流速(u)作图,得 H-u 曲线,如图 13-6 所示。

在曲线的最低点,塔板高度(H)最小,柱效最高,该点对应的流速为最佳载气流速($u_{最佳}$)。在实际工作中,为了缩短分析时间,常选择载气流速稍高于最佳流速。

从图 13-6 可看出,当载气流速较小时,纵向扩散项(B/u)是色谱峰扩张的主要因素,为减小纵向扩散,应采用分子量较大的载气,如氮气、氩气;当载气流速较大时,传质阻力项(Cu)为控制因素,此时则宜采用分子量较小的载气,如氢气或氦气。另外,选择载气时还要考虑不同检测器的适应性。

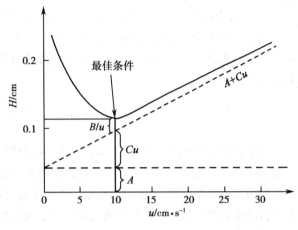

图 13-6　板高-流速曲线

三、其他条件的选择

(一) 气化室温度

气化温度的选择取决于试样的沸点、稳定性和进样量。气化温度一般可等于或稍高于试样的沸点,以保证瞬间气化,但一般不应超过沸点 50℃以上,以防止试样分解。气化室温度应高于柱温 30~50℃。

(二) 检测室温度

为防止色谱柱流出物在检测器中冷凝而造成污染,检测室温度应等于或稍高于柱温,一般可高于柱温 30~50℃。

(三) 进样量

对于高灵敏检测器,样品量小有利于减小谱带的初始宽度,得到良好分离,进样量应控制在峰面积或峰高与进样量呈线性关系的范围内。对于填充柱,液体试样的进样量一般应小于 4μl(TCD)或小于 1μl(TCD),气体试样为 0.1~10ml。毛细管柱需要用分流器分流进样,同时进样速度必须很快,否则会引起色谱峰扩张,甚至使峰变形。

第七节　定性与定量分析

一、定性分析

气相色谱定性分析就是确定各个色谱峰代表的是什么组分。气相色谱分析的优点是能对混合物中的多种组分进行分离分析,其缺点就是难于对未知物定性,需要已知的纯物质或有关色谱定性参考数据,结合其他方法才能进行定性鉴别。

(一) 保留值定性法

1. 已知物对照定性　在完全相同的色谱分析条件下,同一物质具有相同的保留值。因此,可将样品与纯组分在相同的色谱条件下进行分析,根据各自的保留值进行比较定性。

2. 相对保留值定性　在无已知物的情况下,对于一些组分比较简单的已知范围的混合物可用此法定性。相对保留值表示任一组分(i)与标准物(s)的调整保留值的比值,用r_{is}表示:

$$r_{is} = \frac{t'_{Ri}}{t'_{Rs}} = \frac{V'_{Ri}}{V'_{Rs}} = \frac{k_i}{k_s}$$
(13-18)

可根据气相色谱手册及各种文献收载的各种物质的相对保留值,在与色谱手册规定的实验条件及标准物质进行实验,然后对色谱进行比较定性。

3. 保留指数定性　保留指数是气相色谱中特有的保留值,是把组分的保留行为换算成相当于正构烷烃的保留行为,也就是以正构烷烃系列作为标准,用两个保留值相邻待测组分的正构烷烃的相对保留值来标定该组分,这个相对值称为保留指数,又称其值 Kovats 指数,用 I 表示,其定义为:

$$I_x = 100 \left[z + n \frac{\lg t'_{R(x)} - \lg t'_{R(z)}}{\lg t'_{R(z+n)} - \lg t'_{R(z)}} \right]$$
(13-19)

式中 I_x 表示待测组分的保留指数,z 和 $z+n$ 分别表示两个邻近正构烷烃对的碳原子数目。一般 $n=1, 2\cdots\cdots$,通常 n 为 1。正构烷的保留指数规定等于其碳原子数乘以 100。将待测组分与相邻的两个正构烷烃混合在一起,在给定条件下进行色谱实验,测定其相对保留值,按式(13-19)计算待测组分保留指数 I,再与手册或文献发表的保留指数进行对照,即可定性。

（二）官能团分类定性

样品各组分经色谱柱分离后,依次分别通入官能团分类试剂,观察是否反应,如显色或产生沉淀,据此判断该组分具有什么官能团、属于哪类化合物。

知识链接

　　仪器联用定性。气相色谱法的分离效能高、分析速度快,但对未知的复杂化合物进行定性很难。质谱(MS)、红外光谱(IR)、磁共振波谱(NMR)对鉴定位置化合物结构具有很强的能力,但要求组分纯度很高。因此将气相色谱仪作为试样分离纯化的工具,把质谱、红外光谱、磁共振波谱等仪器作为的检测器,利用色谱 - 光谱对组分进行定性分析,如气相色谱 - 质谱(GC-MS)联用、气相色谱 - 红外光谱(GC-IR)联用。

二、定量分析

定量分析的依据是在实验条件恒定时,组分的量与峰面积成正比,为此,必须准确测量峰面积。

（一）峰面积的测量

1. 峰高乘以半峰宽法　此法适用于对称色谱峰,计算公式为:

$$A = 1.065 h W_{1/2}$$
(13-20)

式中 h 为峰高,$W_{1/2}$ 为半峰宽,1.065 为常数,在相对计算时,1.065 可约去。

2. 峰高乘以平均峰宽法　此法适用于不对称色谱峰,计算公式为:

$$A = 1.065 h \frac{(W_{0.15} + W_{0.85})}{2}$$
(13-21)

式中 $W_{0.15}$、$W_{0.85}$ 分别为 0.15h 和 0.85h 处的峰宽。

3. 其他方法　除上述方法之外,还可使用剪纸称重或自动积分仪来测量峰面积。自动积分仪有机械积分、电子模拟积分和数字积分等类型,它们能自动测出一曲线所包围的面积,速度快,线性范围广,精密度一般可达 0.2%~2%。现在高级气相色谱仪配有计算机,能自动计算峰面积。

（二）定量校正因子

气相色谱定量分析是基于被测物质的量与其峰面积的正比关系。由于同一检测器对不同的物质具有不同的响应值,即使是相同质量的不同组分得到的峰面积也是不相同,所以不能用峰面积直接计算物质的含量。为了使检测器产生的响应信号能真实地反映出物质的含量,所以要对响应值进行校正,而引入定量校正因子。

定量校正因子分为绝对校正因子和相对校正因子。绝对校正因子是指单位峰面积所代表的组分的量。即：

$$f_i' = \frac{m_i}{A_i} \tag{13-22}$$

因绝对校正因子不易准确测量,并随实验条件而变化,故在实际工作中一般采用相对校正因子 f_i,f_i 是指被测物质 i 与标准物质 s 的绝对校正因子之比,通常称为校正因子。按被测物质使用的计量单位的不同,可分为质量校正因子 f_m、摩尔校正因子 f_M、体积校正因子 f_V。质量校正因子 f_m 是一种最常用的定量校正因子,即：

$$f_{mi} = \frac{f_{mi}'}{f_{ms}'} = \frac{m_i/A_i}{m_s/A_s} = \frac{A_s m_i}{A_i m_s} \tag{13-23}$$

组分的校正因子可从手册或文献查找,也可自己测定。测定时准确称取一定量的纯被测组分和标准物质,配成混合溶液,在样品实测条件下,取一定量混合液进行气相色谱分析,测得纯被测组分和标准物质的峰面积,按上式计算校正因子。

（三）定量计算方法

1. 归一化法　归一化是气相色谱法中常用的方法,各组分含量计算公式为：

$$c_i\% = \frac{f_i A_i}{\Sigma f_i A_i} \times 100\% \tag{13-24}$$

式中 $c_i\%$、f_i、A_i 分别代表试样中被测组分的百分含量、相对质量校正因子和色谱峰面积。归一化法简单、定量结果与进样量无关、操作条件变化对结果影响较小,但要求所有组分都能从色谱柱中流出,能被检测器检出,并在色谱图上都显示出色谱峰。

2. 外标法　外标法是用待测组分的纯品作对照物,配制一系列不同浓度的标准液,进行色谱分析,以峰面积对浓度工作曲线。在相同操作条件下,对试样进行色谱分析,算出样品中待测组分的峰面积,根据工作曲线即可查出组分的含量。

若工作曲线线性好并通过原点,可用外标一点法定量。它是用一种浓度的 i 组分的标准溶液,多次进样,测算出峰面积的平均值。在相同条件下,取试样进行色谱分析,测算出峰面积,按下式计算含量：

$$m_i = \frac{A_i}{A_s} m_s \tag{13-25}$$

式中 m_i、A_i 分别代表样品溶液中被测组分的浓度及峰面积。m_s、A_s 分别代表标准溶液的浓度和峰面积。

外标法操作简单、不需要校正因子,计算方便,其他组分是否出峰都无影响,但要求分析组分与其他组分完全分离,实验条件稳定,标准品的纯度高。

3. 内标法　将一种纯物质作为内标物质加入到待测样品中,进行色谱定量的方法称为内标法。组分含量计算公式为：

$$c_i\% = \frac{f_i A_i}{f_s A_s} \times \frac{m_s}{m} \times 100\% \tag{13-26}$$

式中 m 代表试样的含量,m_s 代表加入内标物的质量;f_i、A_i 分别代表被测组分的相对质量校正因子和峰面积；f_s、A_s 分别代表加入内标物的相对质量校正因子和峰面积。

对内标物的要求：①内标物是试样中不存在的纯物质；②内标物能溶于试样品中，并能与试样中各组分的色谱峰完全分开；③内标物色谱峰的位置应与待测组分色谱峰的位置相近或在几个待测组分中间。

内标法只须内标物和被测组分在选定色谱条件下出峰，且在线性范围内即可。但操作复杂，色谱分离要求高，内标物不易寻找。

4. 内标对比法 又称内标一点法，它是先将被测组分的纯物质配制成标准溶液，定量加入内标物；再将同量的内标物加至同体积的样品溶液中，将两种溶液分别进样测定，按下式计算组分含量：

$$(c_i\%)_{样品} = \frac{(A_i/A_s)_{样品}}{(A_i/A_s)_{标准}} \times (c_i\%)_{标准} \tag{13-27}$$

此法不需测定校正因子，也不需要严格准确体积进样，还可以消除由于某些操作条件改变而引入的误差，是一种简化的内标法。

 课堂互动

您能比较内标法与内标对比法在定量分析应用中的不同点吗？

三、应用与示例

气相色谱法广泛应用于石油、化工、医药、环境保护和食品分析等领域。在药学领域常用于药物的含量测定、杂质检查及微量水分和有机溶剂残留量的测定、中药挥发性成分测定以及体内药物代谢分析等方面。

例 13-1 无水乙醇中微量水分的测定（内标法）

样品配制：准确量取被检无水乙醇 100ml，称重为 79.37g。用减重法加入无水甲醇（作内标）约 0.25g，精密称定为 0.2572g，混匀待用。

实验条件：色谱柱：上试 401 有机载体（或 GDX-203），柱长 2m；柱温：120℃；气化室温：150℃；检测器：热导池；载气：氢气，流速 40~50ml/min。实验所得图谱见图 13-7。

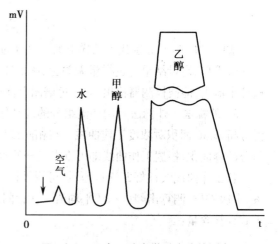

图 13-7 无水乙醇中微量水分的测定

测得数据　　水：h=4.60cm，$W_{1/2}$=0.130cm。
　　　　　　甲醇：h=4.30cm，$W_{1/2}$=0.187cm。

计算：

（1）质量百分含量（W/W）根据式（13-26）进行计算：

① 用以峰面积表示的相对质量校正因子 $f_水$=0.55，$f_{甲醇}$=0.58，计算无水乙醇中水中的含量：

$$\omega_{H_2O} = \frac{1.065 \times 4.60 \times 0.130 \times 0.55}{1.065 \times 4.30 \times 0.187 \times 0.58} \times \frac{0.2572}{79.37} \times 100\% = 0.23\%$$

② 用以峰高表示的相对质量校正因子 $f_水$=0.224，$f_{甲醇}$=0.340，计算无水乙醇中水中的含量：

$$\omega_{H_2O} = \frac{4.60 \times 0.224}{4.30 \times 0.340} \times \frac{0.2572}{79.37} \times 100\% = 0.23\%$$

(2) 体积百分含量（W/V）

$$\omega_{H_2O} = \frac{4.60 \times 0.224}{4.30 \times 0.340} \times \frac{0.2572g}{100mL} \times 100\% = 0.18\%$$

例 13-2 曼陀罗酊剂含醇量的测定（内标对比法）

标准溶液的配制：精密量取无水乙醇 5ml 和正丙醇（内标物）5ml，置于 100ml 量瓶中，加水稀释至刻度。

供试品溶液的配制：准确量取样品 10ml 和正丙醇 5ml，置于 100ml 量瓶中，加水稀释至刻度。

测峰高比平均值：将标准溶液与供试品溶液分别进样 3 次，每次 2μl。测得它们的峰高比平均值分别为 13.3/6.1 及 11.4/6.3。计算曼陀罗酊剂的含醇量。

解：据式（13-27）进行计算：

$$\omega_{乙醇} = \frac{(11.4/6.3) \times 10}{13.3/6.1} \times 5.00 \times 100\% = 41\%$$

学习小结

本章主要简述了气相色谱法的特点、分类、定性和定量分析方法，气相色谱仪的基本构造和流程，讨论了塔板理论和速率理论及影响塔板高度的因素，介绍了气相色谱法的固定相、流动相及相应的选择原则，检测器的类型及常用的检测器，指出了分离操作条件的选择原则，列举了气相色谱法的应用。

达 标 练 习

一、选择题

（一）单选题

1. 在气相色谱分析中，用于定性分析的参数是（ ）
   A. 保留值　　　　　　　　B. 峰面积　　　　　　　　C. 分离度
   D. 半峰宽　　　　　　　　E. 校正因子

2. 在气相色谱分析中，用于定量分析的参数是（ ）
   A. 保留时间　　　　　　　B. 保留体积　　　　　　　C. 半峰宽
   D. 峰面积　　　　　　　　E. 分离度

3. 使用热导池检测器时，应选用下列哪种气体作载气，其效果最好（ ）
   A. He　　　　B. H₂　　　　C. Ar　　　　D. N₂　　　　E. Ne

4. 热导池检测器是一种（ ）
   A. 只对含碳、氢的有机化合物有响应的检测器
   B. 只对含硫、磷化合物有响应的检测器
   C. 离子型检测器
   D. 质量型检测器
   E. 浓度型检测器

5. 下列因素中，对色谱分离效率最有影响的是（ ）
   A. 柱温　　　　　　　　　B. 载气的种类　　　　　　C. 柱压
   D. 固定液膜厚度　　　　　E. 柱体积

6. 柱效率用理论塔板数 n 或理论塔板高度 h 表示，柱效率越高，则（ ）

A. n 越大, h 越大   B. n 越小, h 越大   C. n 越大, h 越小

D. n 越小, h 越小   E. 无法判断

7. 根据范第姆特方程, 色谱峰扩张、板高增加的主要原因是( )

A. 当 u 较小时, 分子扩散项起主要作用

B. 当 u 较小时, 涡流扩散项起主要作用

C. 当 u 比较小时, 传质阻力项起主要作用

D. 当 u 较大时, 分子扩散项起主要作用

E. 无法判断

8. 如果试样中组分的沸点范围很宽, 分离不理想, 可采取的措施为( )

A. 选择合适的固定相   B. 程序升温

C. 采用最佳载气线速   D. 降低柱温

E. 程序降温

(二) 多选题

1. 下列属于气相色谱法中浓度型检测器的是( )

A. 热导检测器   B. 氢焰离子化检测器

C. 光电倍增管   D. 电子捕获检测器

E. 火焰光度检测器

2. 气相色谱法的定量分析方法包括( )

A. 归一化法   B. 外标法   C. 内标法

D. 内标对比法   E. 对照法

3. 气相色谱分离条件的选择主要是( )

A. 固定相   B. 柱温   C. 载气的选择

D. 分离度的选择   E. 检测器的选择

4. 气相色谱法中载气的选择及纯化, 主要取决于( )

A. 柱温   B. 分析要求   C. 色谱柱

D. 选用的检测器   E. 柱压

5. 测得两色谱峰的保留时间 $t_{R1}=6.5min$, $t_{R2}=8.3min$, 峰宽 $W_1=1.0min$, $W_2=1.4min$, 则两峰分离度不正确的为( )

A. 1.2   B. 1.5   C. 2.5

D. 0.75   E. 0.22

二、填空题

1. 在一定操作条件下, 组分在固定相和流动相之间的分配达到平衡时的浓度比, 称为＿＿＿

＿＿＿＿＿＿＿＿＿＿＿＿＿。

2. 为了描述色谱柱效能的指标, 人们采用了＿＿＿＿＿＿理论。

3. 不被固定相吸附或溶解的气体(如空气、甲烷), 从进样开始到柱后出现浓度最大值所需的时间称为＿＿＿＿＿＿＿＿＿＿＿＿＿＿＿。

4. 气相色谱分析的基本过程是往气化室进样, 气化的试样经＿＿＿＿＿分离, 然后各组分依次流经＿＿＿＿＿, 它将各组分的物理或化学性质的变化转换成电量变化输给记录仪, 描绘成色谱图。

5. 气相色谱理论主要有＿＿＿＿＿和 ＿＿＿＿＿。

6. 描述色谱柱效能的指标是＿＿＿＿＿, 柱的总分离效能指标是＿＿＿＿＿。

7. 气相色谱的仪器一般由＿＿＿＿＿＿＿、＿＿＿＿＿＿＿、＿＿＿＿＿＿＿、

和＿＿＿＿＿＿＿＿组成。

8. 气相色谱定量法有_____、_____、_____、_____。

三、简答题

1. 简要说明气相色谱分析的基本原理。

2. 气相色谱仪的基本设备包括哪几部分？各有什么作用？

3. 当下列参数改变时是否会引起分配系数的改变？为什么？

(1) 柱长缩短

(2) 固定相改变

(3) 流动相流速增加

(4) 相比减少

4. 当下列参数改变时,是否会引起分配比的变化？为什么？

(1) 柱长增加

(2) 固定相量增加

(3) 流动相流速减小

(4) 相比增大

（赵小菁）

第十四章

高效液相色谱法

学习目标

1. 掌握高效液相色谱法的基本原理和高效液相色谱仪的主要部件。
2. 熟悉高效液相色谱法分析条件选择和常见定性定量方法。
3. 了解高效液相色谱法在医学检验中的应用。

第一节 概　述

一、高效液相色谱法

高效液相色谱法(high performance liquid chromatography,HPLC)又叫高压液相色谱法,它是采用高压输液泵将选定的流动相泵入装有填充剂的色谱柱,待测各组分由流动相带入柱内并在色谱柱内被分离,被分离的待测组分依次进入检测器,再由积分仪或数据处理系统记录和处理色谱信号来对待测组分分离、定性定量测定的方法。

以反相键合相高效液相色谱法分离测定阿司匹林血药浓度为例,高效液相色谱法基本过程如图 14-1 所示:

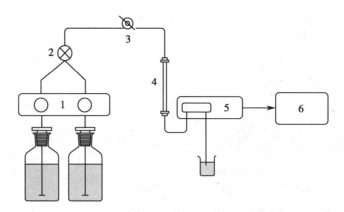

图 14-1　高效液相色谱流程示意图
1. 高压输液泵;2. 混合器;3. 进样器;4. 色谱柱;5. 检测器;6. 计算机

服用阿司匹林患者血清经处理后以甲醇溶解成待测试样,选择反相键合相 C_{18} 液相色谱柱和甲醇:1% 醋酸(25∶75,三乙胺调节 pH 为 3.5)为流动相,开高压输液泵,冲洗后先以过滤并脱气的 100% 甲醇为流动相(流速 1.0ml/min)平衡色谱柱 30 分钟以上,再以经过滤并脱气后的选定流动相(流速 1.0ml/min)冲洗色谱柱,待基线平直即色谱仪系统稳定后,以清洗、润洗过平头微量注射器装样、进样于手动进样器(或以自动进样器进样),待测试样被选定流动相带入色谱柱进

190

行分离,分离后的各组分依次流经紫外检测器,数据处理系统记录和处理色谱信号,从而实现对服用阿司匹林患者血清中阿司匹林浓度的监测。

高效液相色谱法是在经典液相色谱法基础上引入气相色谱法的理论和实验技术,以高压输送流动相,采用高效固定相及高灵敏度检测器发展起来的现代液相色谱技术。与经典液相色谱法相比,由于高效液相色谱法采用了颗粒极细的填料(3~20μm),更短柱长(10~30cm),更小内径(0.2~0.5cm),更高压力(2~30MPa),分离测定只需几分钟至几十分钟就可完成,分离效能高,分析速度快;同时由于检测器不断更新,灵敏度大为提高,比如荧光检测器最低检测限可达 10^{-13} g。与气相色谱法相比,由于不受样品挥发性和热稳定性约束,高效液相色谱法对于那些沸点高、极性强、热稳定性差、分子量大的高分子化合物甚至离子型化合物都可以进行分离,应用范围极为广泛;又由于流动相显著影响分离过程并且选择范围大,可通过改变溶剂的极性或配比改善组分分离,选择性好;高效液相色谱法色谱柱后流出组分在检测器内可保持原有的性质而不会被破坏且容易被收集,对纯化和制备样品极为有利。

二、高效液相色谱法基本原理

高效液相色谱法是在经典液相色谱法的基础上,引入了气相色谱的理论和实验技术,采用高效固定相、高压输液泵及高灵敏度检测器而实现分离、定性、定量分析的一种现代分离分析方法。它与经典液相色谱法及气相色谱法并没有本质的区别。

（一）高效液相色谱法类型

按照待测各组分与色谱柱中固定相和流动相等两相间分子作用力不同(吸附能力、分配系数、分子尺寸大小、离子交换作用、亲和力等)可分为液 - 固色谱法(liquid solid absorption chromatography)、液 - 液色谱法(liquid liquid partition chromatography)、凝胶色谱法(gel chromatogaphy)、离子交换色谱法(ion exchange chromatography)等类型。

1. **液 - 固色谱法**　液 - 固色谱法的固定相是固体吸附剂,固体吸附剂一般为多孔性物质,表面有许多分散的吸附活性中心,溶质分子和流动相分子之间、不同溶质分子之间、同一溶质分子不同官能团之间在固定相表面分散的吸附活性中心上竞争,形成不同溶质分子在吸附剂表面吸附、解吸平衡。吸附力强而溶解能力差时,溶质分子有较大的保留,后流出色谱柱;反之,先流出色谱柱。液 - 固色谱法固定相按其性质可分为极性固定相和非极性固定相两种类型。极性固定相包括硅胶、硅酸镁等适合于分离碱如脂肪胺和芳香胺等物质的酸性吸附剂和氧化铝、氧化镁和聚酰胺等适合于分离酸性溶质如酚、羧和吡咯衍生物等的碱性吸附剂。非极性固定相最常见的是高强度多孔微粒活性炭,还有近年来使用的多孔石墨化炭黑以及高交联度苯乙烯 - 二乙烯苯基共聚物的单分散多孔微球与碳多孔小球等。常用的固体吸附剂为硅胶或氧化铝,粒度5~10μm,大多数用于分离非离子型化合物,其中多孔型硅胶微粒固体吸附剂出峰快、柱效高适用于极性范围较宽的混合样品分析,但样品容量小。全多孔型硅胶微粒固体吸附剂具有表面积大、柱效高的优点而成为液 - 固吸附色谱中使用最广泛的固定相。

液 - 固色谱的流动相必须满足一定的要求:能溶解样品,但不与样品发生反应;与固定相不互溶,也不发生不可逆反应;黏度要尽可能小,有较高的渗透性和柱效;与检测器相匹配,例如,利用紫外检测器时,溶剂要在紫外可见光区没有吸收;容易精制、纯化、毒性小,不易着火,价格便宜等。液 - 固色谱法中使用的流动相主要为非极性的烃类(如己烷、庚烷)等,也可加入如二氯甲烷、甲醇等极性有机溶剂作为缓和剂,为了获得合适的溶剂极性,常采用两种、三种或更多种不同极性的溶剂混合起来使用。流动相选择的基本原则是极性大的试样用极性较强的流动相,极性小的则用极性较弱的流动相。

2. **液 - 液色谱法**　液 - 液色谱法的固定相由惰性载体(担体)和涂渍在惰性载体上的固定液两部分组成。常用的惰性载体主要是一些固体吸附剂包括表面多孔型载体、全多孔型载体、

191

全多孔型微粒载体等三类。常用的固定液包括β,β′-氧二丙腈、聚乙二醇、十八烷、角鲨烷、甲基硅酮、正庚烷等。涂渍固定液后制成的液液色谱柱,由于大量流动相通过,使得固定液可溶解在流动相中而流失,导致保留值减小,柱选择性下降,因此应选择具有良好惰性的固定液并选择对固定液仅有较低溶解度的溶剂作为流动相;同时,液-液色谱过程中预先用固定液饱和流动相并使用较低流速、保持柱温稳定;若溶解样品的溶剂对固定液有较大的溶解度应避免过大的进样量。

液-液色谱中选择流动相基本原则是流动相对固定相的溶解度尽可能小,因此流动相和固定相的极性往往处于两个极端,当选择固定液是极性物质时,流动相通常是极性很小的溶剂或非极性溶剂,反之亦然。正相液-液色谱法通常选用非极性的疏水性溶剂(烷烃类)作为流动相,常加入乙醇、四氢呋喃、三氯甲烷等以调节分离度;反相液-液色谱法流动相通常用水或缓冲液作为流动相,常加入甲醇、乙腈、异丙醇、丙酮、四氢呋喃等与水互溶的有机溶剂以调节分离度。

3. 凝胶色谱法　凝胶色谱法的固定相是有一定孔径的多孔性填料,可由交联度很高的聚苯乙烯、聚丙烯酸酰胺、葡聚糖和琼脂糖的凝胶以及多孔硅胶、多孔玻璃等来制备。大分子质量的化合物不能进入孔中,在色谱柱中停留时间较短,先随流动相流出色谱柱;小分子量的化合物可以进入孔中,在色谱柱中停留时间较长,后随流动相流出,从而完成按分子大小分离的洗脱过程。根据流动相的不同,凝胶色谱法可分为两类:用水系统作为流动相称为凝胶过滤色谱,用有机溶剂如四氢呋喃作为流动相的称为凝胶渗透色谱法。凝胶色谱法常用于分离高分子化合物如组织提取物、多肽、蛋白质、核酸等。

4. 离子交换色谱法　离子交换色谱固定相为离子交换树脂,树脂上具有不同的固定离子基团及可交换的离子基团,可交换的离子基团可带正电荷,也可带负电荷,因此离子交换色谱可分为阴离子交换色谱和阳离子交换色谱两种类型。当流动相带着组分电离生成的离子通过离子交换色谱固定相时,组分离子与树脂上可交换的离子基团进行可逆交换,根据组分离子对树脂亲和力不同而得到分离。离子交换色谱法最常使用水缓冲溶液为流动相,有时也使用有机溶剂如甲醇或乙醇与水缓冲溶液混合使用以提高特殊的选择性并改善样品的溶解度。离子交换色谱法主要用于分析有机酸、氨基酸、多肽及核酸等。

近年来,由液-液分配色谱法发展起来的键合相色谱法(bonded-phase chromatography)应用较多,它是将固定液的官能团通过化学反应键合到载体表面,固定相由微粒硅胶基体和键合在硅胶上有机分子两部分组成。先以有机氯化硅烷或烷氧基硅烷试剂与微粒硅胶表面上的游离硅醇基反应,制成具有良好的耐热性和化学稳定性含硅-氧-硅-碳键微粒硅胶基体,之后借助于化学反应的方法将有机分子以共价键合到微粒硅胶基体表面的游离羟基上而形成,既避免液体液液色谱固定相中固定液流失的困扰又改善、拓展了液液色谱固定相功能,提高了分离选择性,几乎适用于分离所有类型的化合物。

键合相色谱法固定相包括采用氨基、氰基、醚基等极性有机基团键合在硅胶表面制成的极性键合相固定相和使用苯基、烷基等极性较小的有机基团键合在硅胶表面制成的非极性或弱极性键合相固定相两种类型。按照键合相极性与流动相极性相对强弱可分为正相键合相色谱法和反相键合相色谱法。键合相极性大于流动相极性的键合相色谱法为正相键合相色谱法,一般认为正相键合相色谱法是按照待测各组分在互不相溶两相间分配系数进行分离的方法;键合相极性小于流动相极性的键合相色谱法为反相键合相色谱法,一般认为反相键合相色谱法中吸附和分配分离机制并存。反相键合相色谱法中C_{18}键合相简称为ODS,对于各种类型的化合物都有很强的适应能力,目前应用最为广泛。

正相键合相色谱的流动相通常采用烷烃(如己烷)加适量极性调整剂(如乙醚、甲基叔丁基醚、氯仿等)。反相键合相色谱的流动相通常以水作为基础溶剂,再加入一定量能与水互溶的极性调整剂,常用的极性调整剂有甲醇、乙腈、四氢呋喃等。键合相色谱法中,溶剂的洗脱能力即溶剂强度直接与溶剂的极性相关,在正相键合相色谱中,随着溶剂极性增强,溶剂强度增加;反相键合相色谱中,溶剂强度随极性增强而减弱。反相键合相色谱中各种溶剂的强度按以下次序递增,水＜甲醇＜乙腈＜四氢呋喃＜丙醇＜二氯甲烷,即溶剂强度随溶剂极性降低而增加,甲醇 - 水体系、乙腈 - 水体系能满足多数样品的分离要求,且流动相的黏度小、价格低,是反相键合相色谱最常用的流动相。

（二）柱内峰展宽和柱外峰展宽

高效液相色谱法色谱过程、基本概念及基本理论与经典液相色谱法和气相色谱法具有相似性,如分配系数、容量因子、保留值、分离度、塔板理论及速率理论等都基本适用于高效液相色谱法。在高效液相色谱法中,对色谱峰展宽(谱带扩张)的主要影响因素包括柱内峰展宽和柱外峰展宽。

1. 柱内峰展宽　高效液相色谱法的柱内峰展宽是由各种因素所引起的色谱峰展宽。依据速率理论,色谱峰的柱内展宽因素主要有涡流扩散、纵向扩散和传质阻抗。

涡流扩散是相同组分分子经过不同长度的流经途径先后流出色谱柱形成涡流状态而使谱带扩张,高效液相色谱法涡流扩散项与气相色谱法相同,其大小与填充不规则因子 λ 和固定相粒径成正比,由于高效液相色谱法的固定相是高效填料,粒径一般为 $3\sim10\mu m$,远比气相色谱法的小,且高效液相色谱法多采用匀浆法装柱,填充很均匀,使填充不规则因子 λ 变得更小,因此涡流扩散项比气相色谱法要低。

纵向扩散是指组分分子在色谱柱内,由浓度大的谱带中心向低浓度周边扩散所引起的峰展宽,高效液相色谱法纵向扩散项与气相色谱法相同,其大小与组分分子在流动相中的扩散系数成正比,与流动相的平均线速度成反比,由于液体的黏度要比气体大很多(约为 100 倍),且液相色谱的柱温比气相色谱低很多,其组分在液相中的扩散系数要比在气相中小 $4\sim5$ 个数量级,因此高效液相色谱法的纵向扩散项对色谱峰的展宽影响实际上可以忽略不计。

传质阻抗是当试样分子被流动相携带经过固定相时,组分分子不断地从流动相进入固定相,同时又不断地从固定相进入到流动相,由于组分分子在液体中的扩散系数较小,其传质速率受到限制,而流动相的流速又较快,故组分难以在两相间达到瞬间的平衡,从而引起色谱峰展宽。高效液相色谱法传质阻抗包括固定相传质阻抗、流动相传质阻抗和静态流动相传质阻抗三种。

固定相传质阻抗是溶质分子从液体流动相转移进入固定相和从固定相移出重新进入流动相的过程中由于传质速度影响增加了部分分子在固定相中保留而产生滞后从而引起峰展宽,固定相传质阻抗在分配色谱中与固定液厚度平方成反比,在吸附色谱中与吸附和解吸附速度成反比,在厚涂层固定液、深孔离子交换树脂或解吸速度慢的吸附色谱中,固定相传质阻抗有明显影响,在化学键合相色谱法中,由于键合相多为单分子层即厚度可忽略,固定相传质阻抗可以忽略。

流动相传质阻抗是由于在一个流路中流路中心和边缘流速不等所致,在流路中心的流动相中的组分分子还未来得及扩散进入流动相和固定相界面就被流动相带走,流路中心组分分子总是比靠近填料颗粒与固定相达到平衡的分子移行得快些,结果使峰展宽,流动相传质阻抗与固定相颗粒粒度的平方成正比,与组分分子在流动相中的扩散系数成反比。

静态流动相传质阻抗是由于组分的部分分子进入滞留在固定相微孔内的静态流动相中,再与固定相进行分配,因而相对晚回到流路中,引起峰展宽,如果固定相的微孔多,且又深又小,传质阻抗就大,峰展宽就严重,静态流动相传质阻抗也与固定相粒度的平方成正比,与分子在流动相中的扩散系数成反比。

课堂互动

试比较气相色谱和液相色谱柱内展宽三方面影响因素(涡流扩散、传质阻抗、纵向扩散)的异同。

2. 柱外峰展宽 柱外峰展宽(柱外效应)是由色谱柱外因素而引起的色谱峰展宽即色谱峰在柱外死体积里的扩展效应。柱外死体积是指从进样口到检测器之间(不包括柱子本身)的所有死体积,如进样器、连接管路、连接头和检测器等,他们均能影响色谱柱的死体积。死体积越大,对色谱峰展宽的影响越大,由于分子在液相中的扩散系数要比在气体中低许多,高效液相色谱法柱外效应远比气相色谱更为显著。

第二节　高效液相色谱仪

高效液相色谱仪主要由输液系统、进样系统、分离系统、检测系统和数据记录和处理系统五大部分组成。输液系统通常包括高压输液泵、贮液器、过滤器等,有些仪器还配有在线脱气机、梯度洗脱装置。进样系统通常为手动六通阀进样器,有的仪器同时配有自动进样器。分离系统主要指色谱柱,有时色谱柱前配有预柱或保护柱和柱温控制器。检测系统主要指检测器如紫外检测器、荧光检测器等。数据记录和处理系统大多数为数据处理装置,也可以是简单的记录仪。其中,高压输液泵、色谱柱、检测器是高效液相色谱仪关键部件。现代高效液相色谱仪都有微处理机控制系统进行自动化仪器控制和数据处理。

（一）输液系统

1. 高压输液泵 高压输液泵推动流动相以高压形式连续不断地输入分离系统,经过检测系统,最后排入废液装置,使待测样品在高效液相色谱系统中完成分离测定过程,是高效液相色谱仪的关键部件之一,其好坏直接影响整个高效液相色谱仪的性能和分析结果的可靠性。高压输液泵应具备流量精度高、流量稳定、流量范围宽、输出压力高、无脉冲、密封性能好、耐腐蚀等性能。

高压输液泵按输液性质可分为恒压泵和恒流泵。恒压泵是保持输出压力恒定,由于系统阻力通常不变,恒压可达到恒流效果,但当系统阻力变化时,流量会随外界阻力变化而变化。恒流泵是无论系统的阻力如何变化,都能输出恒定流量。目前往复式柱塞恒流泵使用较多。

使用高压输液泵注意事项:防止任何固体微粒进入泵体;流动相不应含有任何腐蚀性物质;流动相应该事先脱气;不要超过规定的最高压力,否则会使高压密封环变形产生漏液;泵工作时要注意防止溶剂瓶内流动相用尽。

2. 梯度洗脱装置 高效液相色谱洗脱方式有等强度洗脱和梯度洗脱两种。等强度洗脱是指在同一分析周期内流动相组成保持恒定不变,适合于组分数目较少,性质差别不大的试样的分离测定。梯度洗脱是指在同一分析周期内通过程序控制改变流动相组成以改变流动相极性或强度等变化来改变被分离试样组分的选择因子和保留时间,从而缩短分析时间和(或)使所有色谱峰处于最佳分离状态,有时会引起基线漂移和重现性降低。

高压梯度装置和低压梯度装置是实现梯度洗脱的装置。高压梯度装置是将两种溶剂分别用高压输液泵输入混合器混合后再进入色谱系统,程序控制每台泵的输出流量就能获得各种形式的梯度曲线,又称为内梯度装置。低压梯度装置是采用常压下通过比例阀预先按一定程序将溶剂混合后,再用一台高压输液泵输入色谱系统,又称为外梯度装置。如果按照梯度洗脱方式对高效液相色谱系统分类,则目前主流高效液相色谱系统主要有二元高压梯度高效液相色谱系统和四元低压高效液相色谱系统。

课堂互动

二元高压梯度高效液相色谱系统和四元低压梯度系统是否可进行等强度洗脱?

3. 贮液器和过滤器 贮液器用以贮存符合要求的流动相。贮液器应具有足够的容积、能耐一定的压力,脱气方便,并且要求其材质不能与其选用的流动相发生化学反应。贮液器通常由玻璃、不锈钢或聚四氟乙烯制成。流动相在置入贮液器前应过滤、脱气。流动相过滤通常采用溶剂过滤器,并使用尼龙、再生纤维素等材质制成的孔径为不大于 0.45μm 滤膜过滤以除去溶剂中机械杂质。因气泡对输液系统、色谱柱、以及检测系统都会产生影响,流动相使用前必须脱气以免产生气泡,常用的脱气方式有超声脱气法、吹氮脱气法、抽真空法和加热法等,一般低压梯度洗脱高效液相色谱仪器配有在线脱气机,流动相过滤后即可在线自动脱气。

高压输液泵的进口、出口和进样阀之间通常配有过滤器,主要为防止微小机械杂质进入流动相导致上述部件损坏和机械杂质在柱头上累积造成柱压升高。

(二) 进样系统

进样系统是将分析样品导入色谱柱的装置,它包括进样口、注射器和进样阀。进样装置要求密封性好、死体积小、重复性好,保证中心进样,进样时对色谱系统的压力、流量影响小。目前高效液相色谱仪通常通过六通阀采用手动或自动进样。

六通阀关键部件由圆形密封垫(转子)和固定底座(定子)组成。六通阀进样进样量准确、重复性好(0.5%)、耐高压(35~40MPa)、操作简便。常见进样方式为满环进样和部分进样。满环进样,又称为不定体积进样,即微量平头注射器吸取定量环 3 倍到 5 倍体积试样注入,样品溶液停留在定量环中,多余的样品溶液流出。部分进样,又称为定体积进样,即微量平头注射器吸取不大于定量环体积 1/2 试样注入定量环,样品溶液停留在定量环中。操作时先将阀柄置于装样位置,进样口只与定量环接通;进样时,顺时针转动进样阀柄至进样位置,流动相与定量环接通,样品被流动相带到色谱柱中进行分离测定。

在程序控制器或微机控制下,自动进样器可自动进行取样、进样、清洗等一系列操作,操作者只需要将样品按照顺序装入贮样器。有的自动进样装置还带有温度控制系统,适用于需低温保存的样品。自动进样器的进样量可连续调节,进样重复性高,适合于大量样品的分析。

(三) 分离系统

分离系统包括色谱柱、柱温箱和连接管等部件,担负分离作用的色谱柱是色谱系统的核心部件。高效液相色谱柱应具备柱效高、选择性好、分析速度快等性能。

色谱柱由柱管、螺母、卡套(密封环)、筛板(滤片)、接头、分配器等组成。高效液相色谱柱几乎都是直形。柱管多用不锈钢制成,不锈钢柱内壁多经过抛光,也可采用厚壁玻璃或石英管。两端螺纹组件为柱接头,柱接头采用低死体积结构,内装有烧结不锈钢或钛合金制成的筛板,其孔隙小于填料粒度以防止填料漏出。管外壁标示了该柱的使用方向,应使流动相与柱的填充方向一致,安装和更换色谱柱时要使流动相能按箭头所指方向流动。色谱柱规格通常以柱长、柱内径、硅胶粒径、硅胶孔径等四个参数表示。

1. 高效液相色谱柱分类 按分离机制可分为吸附性色谱柱、化学键合相色谱柱(分配型)、离子交换色谱柱、凝胶色谱柱、亲和色谱柱和手性色谱柱等;按用途分为分析型、半制备型、制备型。

2. 色谱柱的性能评价 色谱柱使用前、使用期间或放置一段时间后均应对其性能进行评价,柱性能指标包括在一定试验条件下的柱压、理论踏板高度、理论塔板数、拖尾因子、容量因子和选择性因子的重复性或分离度。

3. 保护柱 对于某些复杂样品,常在分析柱入口端装有与分析柱固定相相同的可起保护、延长分析柱寿命的保护柱(柱长:5~30mm)。采用保护柱会使分析柱损失一定的柱效。

4. 柱温装置 提高柱温有利于降低溶剂黏度、提高样品溶解度、改变分离度,同时也是保留值重复稳定的必要条件,尤其对需要高精度测定保留体积的样品分析尤其重要,但温度太高易使流动相产生气泡。

(四)检测系统

检测系统是连续监测被色谱柱系统分离后的流出物中样品组成和含量变化并将其转化为电信号以完成定性定量分析的装置,又称为检测器。高效液相色谱仪检测器应具备的性能:灵敏度高、线性范围宽、响应快、稳定性好、噪声低、漂移小、使用方便、可靠耐用、价格便宜、不破坏溶质、不引起很大的柱外谱带扩张效应。通常从噪声与漂移、检测限和线性范围等三方面进行考察检测器性能。

高效液相色谱检测器分类:按用途可分为通用型和选择性,紫外检测器、荧光检测器等属于选择性检测器,它们只响应有紫外吸收或荧光发射的组分;示差折光、蒸发光散射检测器等属于通用型检测器,它能连续测定柱后流出物某些物理参数的变化。按原理可分为光学检测器(紫外、荧光、示差折光、蒸发光散射)、热学检测器、电化学检测器(如极谱、库伦、安培)、电学检测器等。按检测性质可分为浓度型和质量型,浓度型检测器的响应与流动相中组分的浓度有关,质量型检测器的响应与单位时间内通过检测器组分的质量有关。以下简介几种常见检测器。

1. 紫外可见检测器 紫外可见检测器工作原理是朗伯比尔定律,是通过测定物质在流通池中吸收紫外(可见)光的大小来确定含量的检测器,适用于对紫外线(或可见光)有吸收的样品的检测。紫外可见检测器灵敏度高、噪声低、线性范围宽,对流速和温度均不敏感等特点,是高效液相色谱仪中应用最广泛的检测器。紫外可见检测器包括固定波长检测器、可变波长检测器和光电二极管阵列检测器。固定波长紫外可见检测器已很少使用。可变波长紫外可见检测器是目前配置最多的检测器,一般使用氘灯为光源,能按照需要选择组分的最大吸收波长为检测波长。光电二极管阵列检测器工作原理是复光通过流通池被组分选择吸收后,再进入单色器分光后照射在二极管阵列装置上,同时获得各波长的电信号强度即获得组分的吸收光谱,经过计算机处理将每个组分的吸收光谱和试样的色谱图结合在一张三维色谱图上,从而获得三维光谱-色谱图。吸收光谱用于组分的定性,色谱峰面积用于定量。

2. 荧光检测器 荧光检测器工作原理是特定的分子被入射的紫外线照射,吸收一定波长的光,使原子中的某些电子从基态中的最低振动能级跃迁到较高电子能态,某些振动能级同时发射出比原来所吸收的频率较低、波长较长的荧光,荧光的强度与入射光强度、量子效率和样品浓度成正比。荧光检测器具有高选择性和高灵敏度,是痕量分析的一种理想的检测器,但只适合于能产生荧光的物质的检测。许多化合物及生命活性物质具有天然荧光,某些物质(如氨基酸)虽然本身不产生荧光,但含有适当的官能团可与荧光试剂发生衍生化反应生成荧光衍生物,它们也可用于荧光检测,这就扩大了荧光检测器的应用范围。

3. 示差折光检测器 又称为折光指数检测器,其工作原理是溶液的折射率等于溶剂及其中所含各组分溶质的折射率与其各自的摩尔分数的乘积之和,其响应信号与组分的浓度成正比,可利用组分与流动相的折光指数(折光率)的不同来测定样品浓度,是一种通用型检测器。只要组分的折光率与流动相的折光率有足够的差别就能用示差折光检测器来进行检测。

4. 蒸发光散射检测器 该检测器通过三个简单步骤对试样中的低挥发性组分进行检测。第一步是雾化,在雾化器中,柱洗脱液通过雾化器针管,在针的末端与氮气混合形成均匀的雾状液滴。第二步是流动相蒸发,液滴通过加热的漂移管,其中的流动相被蒸发,而待测组分分子会形成雾状颗粒悬浮在溶剂的蒸气之中。第三步是检测,待测组分颗粒通过流动池时受激光束照射,其散射光被硅晶体光电二极管检测并产生电信号。

（五）数据记录和处理系统

早期的高效液相色谱仪器采用记录仪记录、积分仪记录、测量、计算。随着计算机技术发展,现代高效液相色谱仪采用色谱工作站来完成数据记录和处理。色谱工作站是由一台微型计算机来实时控制色谱仪并进行数据采集和处理的系统,由硬件和软件组成,硬件是要一台微型计算机,软件则包括色谱仪实时监控程序、峰识别和峰面积积分程序、定量计算程序、报告打印程序等。

第三节　高效液相色谱法分析条件的选择

高效液相色谱分析前应根据试样性质初步选定分离模式,优选分离方法中的固定相和流动相,依据分离目的选择相应的检测器,以此为基础优化最佳色谱分离条件,确保试样中所有组分都能被检测出或样品中待测组分与其他组分能得出较满意的分离;分析周期尽可能短;柱效尽可能高。一般情况下,高效液相色谱分析方法建立应遵循以下步骤。

1. 根据试样性质初步选定分离模式　试样性质包括所含化合物的性质、试样基体的性质、化合物在有关试样中浓度范围及溶解性等。试样性质包括化合物数目、化学结构、相对分子量、pK_a值、紫外吸收等。根据试样的性质初步选定分离模式。

2. 固定相和流动相优选　初步选定分离模式后需要确定适用的色谱柱即确定柱的规格(柱内径及柱长)和选用固定相(粒径和孔径),流动相的组成、流速及洗脱方法等流动相方面的条件也需要优化。

(1)固定相:对于液固色谱,通常选择5~10μm硅胶,选择硅胶为固定相应主要考虑硅胶比表面积、平均孔径和含水量,一般情况下大比表面积硅胶分离度更好,大孔硅胶更适合分离分子量较大样品。对于键合相色谱,极性键合相适合分离中等极性和极性较强的化合物;氰基键合相适合分离双键异构体或含双键数不等的环状化合物;氨基键合相适合分离多官能团化合物;二醇基键合相适合分离有机酸、甾体和蛋白质;非极性键合相适合分离非极性和极性较弱化合物而短链烷基键合相也能分离极性化合物;苯基非极性键合相适合分离芳香族化合物。对于凝胶色谱,高交联度苯乙烯-二乙烯基苯共聚物适用于多种聚合物分离;羟基化聚醚适用于聚乙二醇类线性聚合物和球蛋白分离;表面经亲水性基团改性的多孔硅胶适用于蛋白质、核酸、多糖分离。

(2)流动相:对于液固色谱,若适用硅胶、氧化铝等极性固定相,则应以弱极性的戊烷、己烷、庚烷作流动相主体,再加入二氯甲烷等中等极性溶剂或四氢呋喃等极性溶剂作为调节流动相洗脱强度的改性剂。对于键合相色谱,正相键合相色谱流动相主体成分为己烷(或庚烷),再加入质子受体乙醚或质子供体氯仿或偶极溶剂二氯甲烷等为改性剂;反相键合相色谱流动相主体成分为水,再加入质子受体甲醇或质子供体乙腈或偶极溶剂四氢呋喃等改善分离度。对于凝胶色谱,通常不采用通过改变流动相组成的方法改善分离度,只需要流动相对样品有较好的溶解能力,与固定相和检测器相匹配,有较低黏度即可。

初步选定高效液相色谱分离模式和优选好固定相与流动相也就基本确定了高效液相色谱分离分析方法,高效液相色谱分离分析方法选择可参考图14-2。

3. 根据分离目的选择检测器　测定单一组分,检测器只需对测定成分有响应;定性分析或制备色谱则选用通用型检测器。检测器灵敏度对于分析而言越高越好。

4. 预试验优化最佳色谱操作条件　通常会根据预实验优化试样前处理方法、洗脱方式(等强度洗脱及流动相组成比例或梯度洗脱及洗脱方式)、进样量及进样方式等确定柱效高、分析周期短、分离度高的最佳色谱操作条件。

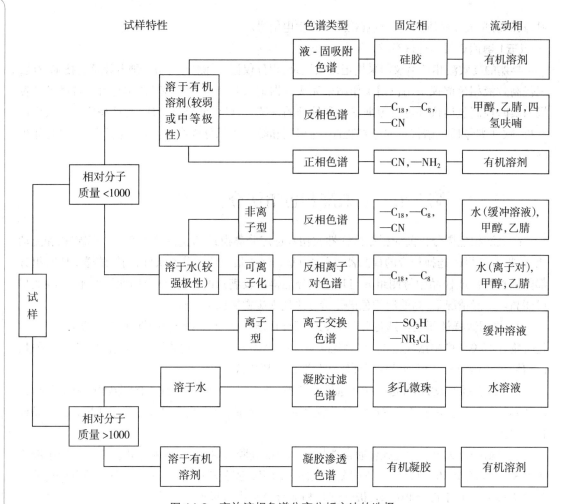

图 14-2　高效液相色谱分离分析方法的选择

第四节　高效液相色谱定性和定量分析方法

一、定 性 方 法

高效液相色谱法对分离组分的定性与气相色谱法相似,但没有类似于气相色谱法的保留指数可利用,通常可利用已知标准品、多检测器、三维图谱比较对照等方法定性。

1. 利用已知标准品定性　当未知峰的保留值(调整保留时间或调整保留体积)与某一已知标准品完全相同时则初步认定未知物与已知标准品是同一物质;进一步证实则可根据改变色谱柱或流动相组成后,未知峰的保留值与已知标准物是否仍然完全相同。或者将已知标准品加到样品中,若使某一色谱峰增高,则可初步认定未知物与已知标准品是同一物质;改变色谱柱或流动相组成后,仍然使同一色谱峰增高,则可基本认定该色谱峰所代表的组分与已知标准品为同一物质。利用已知标准品对未知化合物定性是高效液相色谱法最常用的定性方法。

2. 多检测器定性　多检测器定性基本原理:同一种检测器对不同种类的化合物的响应值是不同的,而不同的检测器对同一种化合物的响应也是不同的,当某一被测化合物同时被两种或两种以上检测器检测时,两检测器或几个检测器对被测化合物检测灵敏度比值与被测化合物性质密切相关,这个性质可用来对被测化合物进行定性分析。

3. 三维图谱比较对照定性　三维谱图比较对照定性基本原理是进行未知组分与已知标准物质对比时,既比较保留时间也比较两个峰的紫外线谱图,如保留时间一样,两个峰的紫外线谱图也完全重合则可基本上认定是同一物质;若保留时间相同,但两者紫外线谱图有较大的差别则两者不是同一物质。三维图谱比较对照定性实际上是利用已知标准品定性方法的延伸。目前高效液相色谱仪中使用的二极管阵列检测器具有全波长扫描功能,可以根据被测化合物的紫外线谱图提供一些定性信息。利用三维图谱比较对照的方法提高了保留值定性方法准确性。

二、定量方法

高效液相色谱法定量方法主要有面积归一化法、外标法、内标法和内加法,定量分析参数是色谱峰高和峰面积,定量依据是样品中组分的量(和浓度)与峰高和峰面积成正比。

1. 面积归一化法 高效液相色谱法面积归一化法基本方法与气相色谱中的面积归一化法类似,具有简便、快速等优点,但是要求所有组分都能分离并有响应。由于高效液相色谱经常使用的检测器如紫外检测器,不仅对不同组分的响应值差别较大,不能忽略校正因子的影响,而且某些组分可能在分离条件下不出峰,这就限制了面积归一化法的应用范围。

2. 外标法 外标法即标准曲线法,利用标准样品配制成不同浓度的标准系列,在与待测组分相同的色谱条件下等体积准确进样,测量各峰的峰面积或峰高,以峰面积或峰高为纵坐标,以样品浓度为横坐标,绘制峰面积(峰高)-浓度工作曲线,若不存在系统误差,此工作曲线应是通过原点的直线,标准曲线的斜率即为绝对校正因子;同样的色谱条件下进行样品测定,根据所得峰面积(或峰高)从标准系列峰面积(峰高)-浓度曲线上直接查得被测组分的含量。色谱条件和操作的一致性、进样的重现性、标准系列和样品浓度的恒定等保证外标法定量结果准确度的主要因素。外标法操作和计算比较简单,制作标准曲线后计算时不需要校正因子,很适合工业控制分析;同时因进样量大且用六通阀定量,进样误差相对较小,所以外标法是高效液相色谱常用定量分析方法之一。

实际应用中,常采用一点外标法,也称为单点校正法,先配制一个和待测组分含量相近的已知浓度的标准溶液,在相同的色谱条件下,分别将待测样品溶液和标准样品溶液等体积进样做出色谱图,测量待测组分和标准样品的峰高或峰面积,然后按照公式直接计算样品溶液中待测组分含量。待测组分含量变化不大并已知该组分大体含量适用于一点外标法。

3. 内标法 选用适宜的物质作为内标物,定量加入到样品中去,依据待测组分和内标物在检测器上的响应值(峰面积或峰高)之比和内标物加入的量进行定量分析的方法称为内标法。内标法适应于样品中各组分不能完全从色谱柱中流出或某些组分在检测器上无信号或只需对样品中某几个出现色谱峰的组分进行定量。内标法定量的关键是要选择合适的内标物,内标物应是原样品中不存在的纯物质,与待测组分性质尽可能的相似(同系物或异构体),不与样品中组分发生任何化学反应,浓度(响应值)与待测组分相当具有与被测物相近的保留值,内标物色谱峰与其他色谱峰分离好。内标法的缺点是每次都要用分析天平准确称出内标物和样品的重量这对常规分析来说比较麻烦;在样品中加入一个内标物对分离度的要求比原来样品要高;操作和计算均较复杂。内标法的优点是操作条件稍有变化对结果没有什么影响,准确度较外标法高。

三、高效液相色谱法在医学检验中的应用

药物是临床治疗疾病的最重要手段,由于药物在不同个体中代谢转化过程及速度的差异,使相同药物在不同个体中显示出不同的效果及毒副作用,监测患者治疗血药浓度可决定用药剂量,从而极大提高治疗效果、降低毒副作用。高效液相色谱法是治疗药物血药浓度监测的重要方法,并常作为评估其他方法的参考方法。如控制癫痫大发作的苯妥英钠,难以以临床疗效判断是否得当,常应用高效液相色谱法监测患者血中苯妥英钠的浓度。之外,高效液相色谱法也应用于儿茶酚胺类如肾上腺素等激素及代谢物检测和糖化血红蛋白分离测定。

学习小结

　　高效液相色谱法键合相色谱法是基于物质在固定相和流动相两相间分配或吸附,达到平衡时间不同而实现分离定性定量的一种分析方法。反相键合相色谱通常包含典型反相色谱、反相离子抑制色谱和反相离子对色谱三种分离模式。最大限度的实现差速迁移,最大限度的抑制谱带展宽是液相色谱需要达到的目标。速率理论通常可用来解释液相色谱行为并改善分离检测条件。

　　高效液相色谱定性定量方法包括外标法、面积归一法等。

达 标 练 习

一、选择题

(一)单选题

1. 在液相色谱中,荧光光检测器的检测限可达(　　)克
　　A. 10^{-6}　　　　　B. 10^{-9}　　　　　C. 10^{-13}　　　　　D. 10^{-10}　　　　　E. 10^{-8}

2. 在液相色谱中,提高色谱柱柱效的最有效途径是(　　)
　　A. 减小填料粒度　　　　　　　　B. 适当升高柱温
　　C. 降低流动相的流速　　　　　　D. 增加柱长
　　E. 提高流动相流速

3. 在液相色谱中,范第姆特方程中的哪一项对柱效的影响可以忽略(　　)
　　A. 涡流扩散项　　　　　　　　　B. 分子扩散项
　　C. 流动区域的流动相传质阻力　　D. 停滞区域的流动相传质阻力
　　E. 传质阻抗项

4. 在液相色谱中,为提高分离效率,缩短分析时间,最有效措施为(　　)
　　A. 提高柱温　　　　　　　　B. 增加柱长　　　　　　　　C. 梯度淋洗
　　D. 增加流速　　　　　　　　E. 减少柱长

5. 液相色谱中,某组分的保留值大小实际反映了哪些部分的分子作用力(　　)
　　A. 组分与流动相　　　　　　B. 组分与固定相
　　C. 组分与组分　　　　　　　D. 组分与流动相和固定相
　　E. 流动相与固定相

6. 在液相色谱中,下列检测器可在获得色谱流出曲线的基础上,同时获得被分离组分的三维彩色图形的是(　　)
　　A. 光电二极管阵列检测器　　B. 示差折光检测器　　　　　C. 荧光检测器
　　D. 电化学检测器　　　　　　E. 紫外检测器

7. 在凝胶色谱中,随流动相最先流出的是物质(　　)
　　A. 大分子　　　　　　　　　B. 中等分子　　　　　　　　C. 小分子
　　D. 与分子大小无关　　　　　E. 与分子极性有关

8. 液 - 液分配色谱的原理是利用混合物中各组分在固定相和流动相中溶解度的差异进行分离的,分配系数大的组分(　　)大
　　A. 峰高　　　　　　　　　　B. 峰面积　　　　　　　　　C. 峰宽
　　D. 保留值　　　　　　　　　E. 半峰宽

（二）多选题

1. 按照分离原理分类,液相色谱类型包括（　　　　）
   - A. 分配色谱法
   - B. 排阻色谱法
   - C. 离子交换色谱法
   - D. 吸附色谱法
   - E. 键合相色谱

2. 下列液相色谱检测器中属于选择性检测器的是（　　　　）
   - A. 紫外吸收检测器
   - B. 示差折光检测器
   - C. 荧光检测器
   - D. 电化学检测器
   - E. 蒸发光散射检测器

3. 在液相色谱中,可能会显著影响分离效果的是（　　　　）
   - A. 改变固定相种类
   - B. 改变流动相流速
   - C. 改变流动相配比
   - D. 改变流动相种类
   - E. 改变柱长

4. 在液相色谱中,提高色谱柱柱效的可能途径包括（　　　　）
   - A. 减小填料粒度
   - B. 适当升高柱温
   - C. 降低流动相的流速
   - D. 增加柱长
   - E. 增加填料粒度

5. 高效液相色谱仪中高压输液系统包括（　　　　）
   - A. 贮液器
   - B. 高压输液泵
   - C. 过滤器
   - D. 进样器
   - E. 数据记录和处理系统

二、填空题

1. 高效液相色谱仪通常包括_____、_____、_____、_____和_____等。

2. 按固定相聚集状态,液相色谱可分为_____和_____两类。

3. 液相色谱传质阻抗通常可分为_____、_____、_____三种,其中可忽略的是_____。

4. 反相键合相液相色谱,固定相极性_____流动相极性;正相键合相液相色谱,流动相极性_____固定相极性。

5. 液相色谱常用定量方法包括_____、_____和_____等。

三、简答题

1. 简述常见的反相键合相色谱分离模式。

2. 高效液相色谱仪常见的检测仪器有哪些?

3. 试讨论影响 HPLC 分离度的各种因素。

四、计算题

阿司匹林是临床上预防动脉粥样硬化患者的心肌梗死、暂时性脑缺血或脑卒中发生的常用抗血小板药物,通常采用高效液相色谱法监测患者血药浓度。高效液相色谱条件为:ODS C_{18} 柱 (150mm×4.6mm,5μm),流动相:1% 醋酸 - 甲醇(75 : 25,三乙胺调节 pH 至 3.5),流速 1.0ml/min,检测波长 240nm,一点外标法定量。精密称取阿司匹林对照品适量以甲醇为溶剂制备含阿司匹林 100mg/L 标准贮备液,稀释成 0.5mg/ml 标准使用液,进样 20μl,测得阿司匹林保留时间为:7.501 分钟;峰面积为:1 726 054.5。真空采血管取患者静脉血,分离血清,准确移取血清 200μl,加入二氯甲烷 3ml,涡旋混匀,3000r/min 离心 15 分钟,取上清液用氮气吹干,试管壁残渣用 0.5ml 流动相溶解,3000r/min 离心 5 分钟,取 20μl 进样,在阿司匹林对照品出峰时间测得色谱峰面积为:1 625 055.5;半峰宽为:0.197 分钟。问:

1. 该高效液相色谱法阿司匹林测定理论踏板数是多少?

2. 该患者血清中阿司匹林含量是多少?

（肖忠华）

201

第十五章

其他仪器分析方法

学习目标

1. 掌握核磁共振波谱法、质谱分析法、红外分光光度法、电泳法以及纳米技术的基本原理、特点及分析方法。
2. 熟悉上述仪器分析法的仪器组成及各部件的特殊功能。
3. 了解上述仪器分析方法在药物分析及临床检验中的地位和作用。

第一节 磁共振波谱法

原子核在外磁场的诱导下,吸收一定频率的无线电波后发生核自旋能级跃迁的现象,称为磁共振(nuclear magnetic resonance,NMR)。磁共振信号的强度随照射波(即照射电磁波,又称射频)频率或外磁场磁感强度变化而变化的曲线称为磁共振波谱(NMR spectrum)。利用该波谱进行结构测定、定性及定量分析的方法称为磁共振波谱法(NMR spectroscopy)。

磁共振波谱法是结构分析的重要工具之一,在化学、生物、医学、临床等研究工作中得到了广泛的应用。分析测定时,样品不会受到破坏,属于无破坏分析方法。

知识链接

1924 年 Pauli 预言了核磁共振的基本理论,1946 年哈佛大学的 Purcell 和斯坦福大学的 Bloch 各自发现并证实了磁共振现象,并因此获得 1952 年的诺贝尔化学奖。

一、基 本 原 理

(一)核的自旋运动

有自旋现象的原子核,应具有自旋角动量(P)。由于原子核是带正电粒子,故在自旋时产生磁矩 μ。磁矩的方向可用右手定则确定。磁矩 μ 和角动量 P 都是矢量,方向相互平行,且磁矩随角动量的增加成正比地增加:

$$\mu = \gamma \cdot P \qquad (15\text{-}1)$$

式中 γ 为磁旋比。不同的核具有不同的磁旋比。

核的自旋角动量是量子化的,可用自旋量子数 I 表示。P 的数值与 I 的关系如下:

$$P = \sqrt{I(I+1)} \cdot \frac{h}{2\pi} \qquad (15\text{-}2)$$

I 可以为 $0, \frac{1}{2}, 1, 1\frac{1}{2}, \cdots\cdots$ 等值。很明显,当 $I=0$ 时,$P=0$,即原子核没有自旋现象。只有

当 $I>0$ 时,原子核才有自旋角动量和自旋现象。

实验证明,自旋量子数 I 与原子的质量数(A)及原子序数(Z)有关,如表 15-1 所示。从表中可以看出,质量数和原子序数均为偶数的核,自旋量子数 $I=0$,即没有自旋现象。当自旋量子数 $I=\dfrac{1}{2}$ 时,核电荷呈球形分布于核表面,它们的磁共振现象较为简单,是目前研究的主要对象。属于这一类的主要原子核有 ^1_1H、$^{13}_6C$、$^{15}_7N$、$^{19}_9F$、$^{31}_{15}P$。其中研究最多、应用最广的是 ^1H 和 ^{13}C 磁共振谱。本章将主要介绍 ^1H 磁共振谱。

表 15-1　自旋量子数与原子的质量数及原子序数的关系

质量数 A	原子序数 Z	自旋量子数 I	自旋核电荷分布	NMR 信号	原子核
偶数	偶数	0	—	无	$^{12}_6C$, $^{16}_8O$, $^{32}_{16}S$
奇数	奇或偶数	$\dfrac{1}{2}$	呈球形	有	^1_1H, $^{13}_6C$, $^{19}_9F$, $^{15}_7N$, $^{31}_{15}P$
奇数	奇或偶数	$\dfrac{3}{2},\dfrac{5}{2},\cdots$	扁平椭圆形	有	$^{17}_8O$, $^{32}_{16}S$
偶数	奇数	1,2,3	伸长椭圆形	有	^1_1H, $^{14}_7N$

（二）原子核的进动与磁共振

如图 15-1 所示,氢原子核在自旋的同时,也会绕着外磁场方向进动(回旋),就像陀螺在自转的同时,绕着重力轴进动一样。其进动频率为:

$$\nu=\frac{\gamma}{2\pi}B_0 \qquad (15\text{-}3)$$

式(15-3)中 γ 为磁旋比,是原子核的特性常数;B_0 为外磁场磁感强度。当原子核进动频率等于所吸收的照射波频率时,处于低能态的核将吸收射频能量而跃迁至高能态,这种现象称为磁共振现象。

1. 化学位移的产生　任何原子核都被电子所包围,在外磁场作用下,核外电子会产生环电流,并感应产生一个与外磁场方向相反的次级磁场,这种对抗外磁场的作用称为电子的屏蔽效应。由于电子的屏蔽效应,使某一个质子

（三）化学位移和磁共振谱

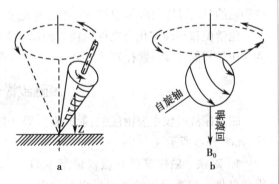

图 15-1　磁场中的原子核的自旋和进动示意图
a.陀螺的进动;b.原子核的进动

实际上受到的磁场强度,不完全与外磁场强度相同。此外,分子中处于不同化学环境中的质子,核外电子云的分布情况也各异,因此,不同化学环境中的质子,受到不同程度的屏蔽作用,可以用屏蔽常数 σ 来表达。σ 与原子核外的电子云密度及所处的化学环境有关。电子云密度越大,屏蔽程度越大。σ 值也大。反之,则小。

因此,屏蔽常数 σ 不同的质子,其共振峰将分别出现在磁共振谱的不同频率或不同磁场强度区域。若固定照射频率,σ 大的质子出现在高磁场处,而 σ 小的质子出现在低磁场处,据此我们可以进行氢核结构类型的鉴定。

2. 化学位移的表示　在有机化合物中,化学环境不同的氢核化学位移的变化,只有百万分之十左右。如选用 60MHz 的仪器,氢核发生共振的磁场变化范围为 $1.4092\pm0.0000140T$;如选用 1.4092T 的磁共振仪扫频,则频率的变化范围相应为 $60\pm0.0006MHz$。在确定结构时,常常要求测定共振频率绝对值的准确度达到正负几个赫兹。要达到这样的精确度,显然是非常困难的。但是,测定位移的相对值比较容易。因此,一般都以适当的化合物(如四甲基硅烷,TMS)为标准

试样,测定相对的频率变化值来表示化学位移。因此,把一种原子核由于受化学环境的影响,其实际观察到的磁共振频率与完全没核外电子时的磁共振频率的差值,称为化学位移。

由于电子的屏蔽作用大小与外磁场磁感强度有关,并且同一种核用不同磁感强度或不同频率的仪器所测出的化学位移不同,因此无法互相比较。另外,化学位移的绝对值也不易测得,习惯上用磁共振频率的相对值来表示化学位移,符号为 δ,单位为 ppm。

3. 磁共振谱 CH_3OCH_2COOH 的 ^1H 磁共振谱如图 15-2 所示,以四甲基硅烷 TMS 作为标准物,测得几种不同 ^1H 的吸收峰。谱图中横坐标为化学位移,虚线表示积分高度,与 ^1H 的个数有关。出峰位置与 ^1H 所处的化学环境有关。^1H 所处的化学环境不同,吸收峰的位置不同,其 δ 值就不同。

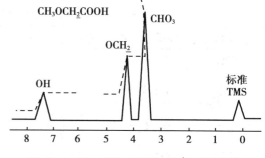

图 15-2 CH_3OCH_2COOH 的 ^1H 磁共振谱

从质子共振谱图上,可以得到如下信息:

(1) 吸收峰的组数,说明分子中化学环境不同的质子有几组。

(2) 质子吸收峰出现的频率,即化学位移,说明分子中的基团情况。

(3) 峰的分裂个数及偶合常数,说明基团间的连接关系。

(4) 阶梯式积分曲线高度,说明各基团的质子比。

4. 影响化学位移的因素 化学位移是由于核外电子云产生的对抗磁场所引起的,因此,凡是使核外电子云密度改变的因素,都能影响化学位移。影响因素有内部的,如诱导效应、共轭效应和磁的各向异性效应等;外部的,如溶剂效应、氢键的形成等。

化学位移在确定化合物的结构方面起很大作用。应该指出,化学位移范围只是大致的,因为它还与其他许多因素有关。

二、核磁波谱仪及工作原理

磁共振波谱仪主要由磁铁、射频发生器、扫描发生器、信号接收器、样品管和记录系统等组成,如图 15-3 所示。

1. 磁铁 磁铁是磁共振仪最基本的组成部件。它要求磁铁能提供强而稳定、均匀的磁场。磁共振仪使用的磁铁有三种:永久磁铁、电磁铁和超导磁铁。由永久磁铁和电磁铁获得的磁场一般不能超过2.5T。而超导磁体可使磁场高达 10T 以上,并且磁场稳定、均匀。目前超导磁共振仪一般在 200~400MHz,最高可达 600MHz。但超导磁共振仪价格高昂,目前使用还不十分普遍。

2. 探头 探头装在磁极间隙内,用来检测磁共振信号,是仪器的心脏部分。探头除包括试样管外,还有发射线圈接受线圈以及预放大器等元件。待测试样放在试样管内,再置于绕有接受线圈和发射线圈的套管内。磁场和频率源通过探头作用于试样。

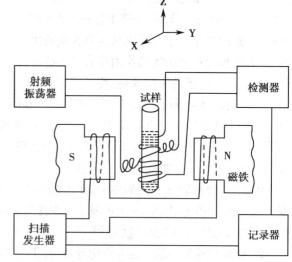

图 15-3 磁共振波谱仪结构示意图

为了使磁场的不均匀性产生的影响平均化,试样探头还装有一个气动涡轮机,以便使试样管能沿其纵轴以每分钟几百转的速度旋转。

3. 波谱仪

(1) 射频源和音频调制:高分辨波谱仪要求有稳定的射频频率和功能。为此,仪器通常采用恒温下的石英晶体振荡器得到基频,再经过倍频、调频和功能放大得到所需的射频信号源。

为了提高基线的稳定性和磁场锁定能力,必须用音频调制磁场。为此,从石英晶体振荡器中得到的音频调制信号,经功率放大后输入到探头调制线圈。

(2) 扫描单元:磁共振仪的扫描方式有两种:一种是保持频率恒定,线性地改变磁场,称为扫场;另一种是保持磁场恒定,线性地改变频率,称为扫频。许多仪器同时具有这两种扫描方式。扫描速度的大小会影响信号峰的显示。速度太慢,不仅增加了实验时间,而且信号容易饱和;相反,扫描速度太快,会造成峰形变宽,分辨率降低。

(3) 接受单元:从探头预放大器得到的载有磁共振信号的射频输出,经一系列检波、放大后,显示在示波器和记录仪上,得到磁共振谱。

(4) 信号累加:若将试样重复扫描数次,并使各点信号在计算机中进行累加,则可提高连续波磁共振仪的灵敏度。当扫描次数为 N 时,则信号强度正比于 N,而噪声强度正比于 $\sqrt{N}$,因此,信噪比扩大了 $\sqrt{N}$ 倍。考虑仪器难以在过长的扫描时间内稳定,一般 $N=100$ 左右为宜。

4. 试样的制备

(1) 试样管:根据仪器和实验的要求,可选择不同外径($\Phi=5,8,10mm$)的试样管。微量操作还可使用微量试样管。为保持旋转均匀及良好的分辨率,管壁应均匀而平直。

(2) 溶液的配制:试样质量年度一般为 $500\sim100g/L$,需纯样 $15\sim30mg$。对傅里叶磁共振仪,试样量可大大减少,^1H 谱一般只需 $1mg$ 左右,甚至可少至几微克;^{13}C 谱需要几到几十毫克试样。

(3) 标准试样:进行实验时,每张图谱都必须有一个参考峰,以此峰为标准,求得试样信号的相对化学位移,一般简称化学位移。于试样溶液中加入约 $10g/L$ 的标准试样。它的所有氢都是等得到相当强度的参考信号只有一个峰,与绝大多数有机化合物相比,TMS 的共振峰出现在高磁场区。此外,它的沸点较低($26.5℃$),容易回收。在文献上,化学位移数据大多以它作为标准试样,其化学位移 δ=0。值得主要的是,在高温操作时,需用六甲基二硅醚(HMDS)为标准试样,它的 δ=0.04。在水溶液中,一般采用 3- 甲基硅丙烷磺酸钠 $(CH_3)_3SiCH_2CH_2CH_2SO_3^-Na^+$(DSS)作标准试样,它的三个等价甲基单峰的 δ=0.0,其余三个亚甲基淹没在噪声背景中。

(4) 溶剂:^1H 谱的理想溶剂是四氯化碳和二硫化碳。此外,还常用氯仿、丙酮、二甲亚砜、苯等含氢溶剂。为避免溶剂质子信号的干扰,可采用它们的氘代衍生物。值得注意的是,在氘代溶剂中常常因残留 ^1H,在 NMR 谱图上出现相应的共振峰。

第二节　质　谱　法

质谱法(mass spectrometry,MS)是在高真空系统中测定样品的分子离子及碎片离子质量,以确定样品相对分子质量及分子结构的方法。化合物分子受到电子流冲击后,形成的带正电荷分子离子及碎片离子,按照其质量 m 和电荷 z 的比值 m/z(质荷比)大小依次排列而被记录下来的图谱,称为质谱。

一、质谱法的特点

1. 应用范围广　测定样品可以是无机物,也可以是有机物。应用上可做化合物的结构分析、测定原子量与相对分子量、同位素分析、生产过程监测、环境监测、热力学与反应动力学、空间探测等。被分析的样品可以是气体和液体,也可以是固体。

2. 灵敏度高,样品用量少　目前有机质谱仪的绝对灵敏度可达 $50pg$(pg 为 $10^{-12}g$),无机质谱仪绝对灵敏度可达 10^{-14}。用微克级样品即可得到满意的分析结果。

3. 分析速度快,并可实现多组分同时测定。

4. 仪器结构复杂,价格昂贵,使用及维修比较困难。

5. 测定时对样品有破坏性。

二、质谱法的基本原理

根据经典电磁理论,不同大小的带电微粒在磁场中运动时受力的大小不同,且受力方向与前进方向垂直,其运动轨迹会发生不同程度的偏移。

质谱法正是利用这一点,它先将电离室中样品分子碎裂成带正电的离子,再用电场将碎裂的分子离子(碎片离子)加速进入强磁场,再通过磁场将运动着的离子(分子离子、碎片离子或无机离子等),按它们的质荷比(m/z)分离后予以检测,经过综合分析后得到有机化合物的相对分子质量、分子式、基团及特殊结构的信息。

离子在电场中受电场力作用而被加速,加速后动能等于其势能,即

$$\frac{1}{2}mv^2 = zV \tag{15-4}$$

式中:m 为离子质量;z 为离子电荷;v 为加速后离子速度;V 为电场电压。

经加速后离子进入磁场,运动方向与磁场垂直,受磁场力作用(向心力)产生偏转,同时受离心力作用。

向心力(洛伦兹力)$=zvH$,离心力 $=mv^2/R$,离心力和向心力相等,即

$$zvH = \frac{mv^2}{R} \tag{15-5}$$

式中:H 为磁场强度;R 为离子运动轨道曲率半径;v 为加速后离子速度。

由式(15-4)和式(15-4)整理得:

$$\frac{m}{z} = \frac{H^2R^2}{2V} \tag{15-6}$$

即:

$$R = \sqrt{\frac{2Vm}{zH^2}} \tag{15-7}$$

由此可见,R 取决于 V、H 和 m/z,若 V、H 一定,则 R 正比于 $(m/z)^{1/2}$,实际测量时控制 R、V 一定,通过调节 H(磁场扫描,简称扫场),或将 H、R 固定调节(电压扫描,简称扫压),就可使各种离子将按 m/z 大小顺序达到出口狭缝,进入收集器,这些信号经放大器放大后输给记录仪,记录仪就会绘出质谱图。

三、质谱图的基本概念

1. **质谱图** 通常以摄谱方式获得的质谱图,如图15-4所示,也称为棒图。横坐标为质荷比 m/z,纵坐标为离子的相对丰度(又称为相对强度)。其中,最强离子的高度定为100%,称为基峰。以其他各峰的高度除以最强峰的高度所得的百分比即为对应离子的相对丰度(又称为相对强度)。不同化合物所产生的离子强度是一定的,因此,质谱具有化合物的结构特征。

2. **分子离子和分子离子峰** 样品分子失去一个电子而形成的离子称为分子离子,一般用符号 M⁺ 表示,所产生的峰称为分子离子峰或称母峰。

3. **基峰** 质谱图中的最高峰,由相对最稳定的离子产生,注意:基峰不一定为分子离子峰。质谱图中常以基峰高度作相对基准,即以最稳定离子的相对强度作100%,其他离子峰的高度占基峰高度的百分数就是该种离子的相对丰度。

4. **碎片离子** 碎片离子是由于分子离子进一步裂解产生的。生成的碎片离子可能再次裂

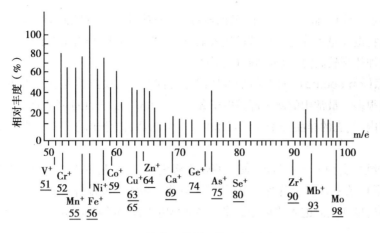

图 15-4 某种固体样品的照相质谱图

解,生成质量更小的碎片离子,另外在裂解的同时也可能发生重排,所以在化合物的质谱中,常看到许多碎片离子峰。碎片离子的形成与分子结构有着密切的关系,一般可根据反应中形成的几种主要碎片离子,推测原来化合物的结构。

5. 亚稳离子 质谱中的离子峰,不论强弱,绝大多数都是尖锐的,但也存在少量较宽(一般要跨 2~5 个质量单位),强度较低,且 m/z 不是整数值的离子峰,这类峰称为亚稳离子峰。

6. 同位素离子 在一般有机化合物分子鉴定时,可以通过同位素的统计分布来确定其元素组成,分子离子的同位素离子峰相对强度比总是符合统计规律的。如在 CH_3Cl、C_2H_5Cl 等分子中 $Cl_{m+2}/Cl_m=32.5\%$,而在含有一个溴原子的化合物中,$(M+2)^+$ 峰的相对强度几乎与 M^+ 峰的相对强度相等。同位素离子峰可用来确定分子离子峰。

7. 重排离子 重排离子是由原子迁移产生重排反应而形成的离子。重排反应中,发生变化的化学键至少有两个或更多。重排反应可导致原化合物碳架的改变,并产生原化合物中并不存在的结构单元离子。

四、质谱仪及工作原理

质谱仪型号很多,主要有单聚焦质谱仪和双聚焦质谱仪两种。但一般均由真空系统、进样系统、离子源、质量分离器和检测器等五个部分构成,如图 15-5 所示为一种单聚焦质谱仪结构图。

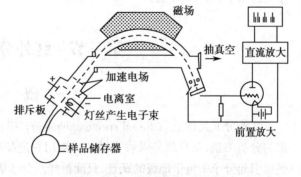

图 15-5 单聚焦质谱仪结构图

1. 真空系统 质谱仪的离子源、质谱分析器及检测器必须处于高真空状态(离子源的真空度应达 10^{-3} Pa~10^{-5}Pa ,质量分析器应达 10^{-6}Pa),若真空度低,则:

(1) 大量氧会烧坏离子源的灯丝。

(2) 会使本底增高,干扰质谱图。

(3) 引起额外的离子 - 分子反应,改变裂解模型,使质谱解释复杂化。

(4) 干扰离子源中电子束的正常调节。

(5) 用作加速离子的几千伏高压会引起放电等。

2. 进样系统 对于气体及沸点不高、易于挥发的样品,可以用图中上方的装置。贮样器为玻璃或上釉不锈钢制成,抽低真空(1Pa),并加热至 150℃,试样以微量注射器注入,在贮样器内立即化为蒸气分子,然后由于压力梯度,通过漏孔以分子流形式渗透入高真空的离子源中。

207

对于高沸点的液体、固体,可以用探针(probe)杆直接进样。调节加热温度,使试样气化为蒸气。此方法可将微克量级甚至更少试样送入电离室。探针杆中试样的温度可冷却至约 –100℃,或在数秒钟内加热到较高温度(如 300℃ 左右)。

3. 离子源(ion source) 被分析的气体或蒸气首先进入仪器的离子源,转化为离子。使分子电离的手段很多。最常用的离子源是电子轰击(electron impact,EI)离子源。

在电离室内,气态的样品分子受到高速电子的轰击后,该分子就失去电子成为正离子(分子离子)。

分子离子继续受到电子的轰击,使一些化学键断裂,或引起重排以瞬间速度裂解成多种碎片离子(正离子)。在排斥极上施加正电压,带正电荷的阳离子被排挤出离子化室而形成离子束,离子束经过加速极加速而进入质量分析器。多余热电子被钨丝对面的电子收集极(电子接收屏)捕集。

4. 质量分析器(mass analyzer) 质量分析器是由非磁性材料制成,单聚焦质量分析器所使用的磁场是扇形磁场,扇形开度角可以是 180°,也可以是 90°,当被加速的离子流进入质量分析器后,在磁场作用下,各种阳离子被偏转。质量小的偏转大,质量大的偏转小,因此互相分开。当连续改变磁场强度或加速电压,各种阳离子将按 m/z 大小顺序依次到达离子检测器(收集极),产生的电流经放大,由记录装置记录成质谱图。

5. 离子检测器 常以电子倍增器(electron multiplier)检测离子流。电子倍增器种类很多,一定能量的离子轰击阴极导致电子发射,电子在电场的作用下,依次轰击下一级电极而被放大,电子倍增器的放大倍数一般在 105~108。电子倍增器中电子通过的时间很短,利用电子倍增器可以实现高灵敏、快速测定。

五、质谱法的重要用途

1. 确定分子量 质谱中分子离子峰的质核比数值即为分子量。

2. 鉴定化合物 在相同条件下,测定试样和标准品的质谱图,将二者进行比较,可以鉴别化合物。

3. 推测未知物的结构 根据碎片离子获得的信息可以推测未知物的结构。

4. 测定试样分子中卤素原子的个数 可以通过同位素峰强比及其分布特征推测同位素含量高的原子(Cl、Br)个数。

第三节 红外分光光度法

一、概 述

红外分光光度法(infrared spectrophotometry,IR)是利用物质对红外线的特征吸收而建立起来的分析方法,又称红外吸收光谱法。当用一定频率的红外线照射于样品时,因其辐射能量不足以引起分子中电子能级的跃迁,只能被样品分子吸收,实现分子振动能级和转动能级的跃迁,这种由分子的振动及转动能级的跃迁而产生的吸收光谱称为红外吸收光谱,又称为分子的振动 - 转动光谱。根据红外吸收光谱中的吸收峰位、强度和形状可对有机化合物进行结构分析、定性鉴定和定量分析。

(一)红外光区的划分及主要应用

波长在 0.76~1000μm(12 800~10cm⁻¹)的电磁辐射称为红外线,红外线所在区域称为红外光谱区或红外区。习惯上又将红外光谱区划分为近红外区、中红外区和远红外区。

1. 近红外区(λ=0.76~2.5μm) 主要是低能电子跃迁、含氢原子团(如 O—H,N—H,C—H,

S—H)伸缩振动的倍频及组合频吸收,用于研究稀土及其他过渡金属化合物,含氢(O—H、N—H、C—H)原子团的吸收。

2. 中红外区(λ=2.5~50μm) 大多有机化合物及无机离子的基频吸收带出现在该光区,主要由分子的振动和转动跃迁引起的,最适用于定性定量分析,且仪器及分析测试技术最成熟。其中应用最广的是2.5~25μm波长区域。

3. 远红外区(λ=50~1000μm) 主要是分子的纯转动能级跃迁以及晶体振动能级跃迁。

（二）红外光谱的表示方法

红外光谱常用T-σ曲线或T-λ曲线来表示,即以波数σ(cm^{-1})或波长λ(μm)为横坐标,表示吸收峰的位置,以百分透光率$T\%$为纵坐标,表示吸收峰的强度,吸收越强烈,$T\%$则越小,所以吸收峰是向下的"谷"。例如,乙酸乙酯的红外光谱如图15-6所示。

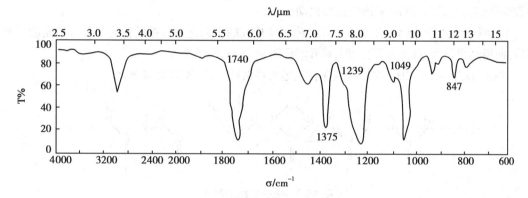

图 15-6　乙酸乙酯的红外光谱图

波数σ是波长λ的倒数,单位为cm^{-1}。波长与波数的换算关系为:

$$\sigma(\text{cm}^{-1}) = \frac{1}{\lambda(\text{cm})} = \frac{10^4}{\lambda(\mu\text{m})} \tag{15-8}$$

因此,红外光谱图的横坐标是波数等距,而波长不等距。

（三）红外光谱与紫外可见光谱的区别

1. 成因不同 红外光谱和紫外可见光谱都是分子吸收光谱,红外光谱是由分子的振转能级的跃迁而形成,即称分子振转光谱。紫外可见光谱是分子外层电子能级的跃迁而形成,故称为电子光谱。

2. 特征性不同 红外吸收光谱的特征性比紫外可见光谱强。每个化合物都有其特征的红外光谱图,紫外可见吸收光谱的吸收峰一般较少,峰形比较简单,仅能反映少数官能团的特征,而不是整个分子的特征。

3. 应用范围不同 红外光谱提供的信息量很多,凡是能够产生红外吸收的物质,都有其特征红外光谱。紫外可见光谱只适用于研究不饱和化合物,特别是分子中具有共轭体系的化合物,在有机物定性鉴定和结构分析上仅是红外光谱的一种辅助工具。因此在分析中紫外可见光谱常用于定量分析,而红外光谱常用于定性鉴别和结构分析。

二、红外分光光度法的基本原理

（一）分子的振动能级与振动光谱

原子与原子之间通过化学键连接组成分子。分子是有柔性的,因而可以发生振动。当一定频率的红外线照射分子时,如果分子中某个基团的振动频率与照射的红外线频率相同时,两者就会产生共振,分子吸收红外光能量后,由原来的基态能级跃迁到较高的振动能级,同时也伴随着转动能级的跃迁(因振动能级大于转动能级)。只有简单的气体或气态分子才能产生纯转动光谱,因为大多数复杂的气、液、固体分子间的自由旋转受到阻碍,所以由转动能级跃迁所引起的红外吸收是几乎观察不到的,而观察到的主要是由分子振动能级跃迁产生的红外吸收光谱。

（二）分子的振动形式

假设多原子分子(或基团)的每个化学键可以近似地看成一个谐振子,则其振动形式有以下几种:

1. 伸缩振动(stretching vibration) 沿键轴方向发生周期性的变化的振动称为伸缩振动。伸缩振动可分为:对称伸缩振动(ν_s 或 ν^s)和不对称伸缩振动(ν_{as} 或 ν^{as})。

2. 弯曲振动(bending vibration) 使键角发生周期性变化的振动称为弯曲振动。弯曲振动可分为:

(1)面内弯曲振动(β):在几个原子所构成的平面内进行振动称为面内弯曲振动。面内弯曲振动可分为:剪式振动(δ)和面内摇摆振动(ρ)。

(2)面外弯曲振动(γ):在垂直于几个原子所构成的平面外进行振动称为面外弯曲振动。面外弯曲振动可分为:面外摇摆振动(ω)和卷曲振动(τ)(图 15-7c)。

例如,次甲基(=CH$_2$)原子团就存在上述各种振动形式,如图 15-7 所示。

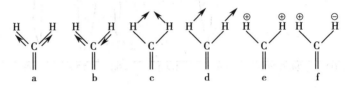

图 15-7 分子的振动形式

a. 对称伸缩振动;b. 不对称伸缩振动;c. 面内剪式振动;d. 面内摇摆振动;e. 面外摇摆振动;f. 卷曲振动

每一种振动形式吸收一定频率的红外光之后,会发生振动能级跃迁,可能会在红外光谱图上出现相应的吸收峰。

（三）红外光谱的产生条件

红外光谱是由分子振动能级的跃迁而产生的。分子不是任意吸收某一频率电磁辐射即可产生振动 - 转动能级的跃迁,所以分子吸收红外光而形成红外吸收光谱时,必须满足以下两个条件,①红外辐射的能量与分子的振转能级所需的能量刚好相等时,分子才会吸收红外辐射;②红外辐射与分子之间有耦合作用时,即只有发生偶极矩变化的振动(称为红外活性振动)才能与红外辐射发生共振吸收,产生红外吸收谱带。

（四）红外光谱的吸收峰类型及影响因素

1. 红外光谱中的吸收峰类型

(1)基频峰与泛频峰:分子振动能级是量子化的,振动能级差的大小与分子的结构密切相关。分子振动只能吸收能量等于其振动能级差的频率的光。当分子吸收一定频率的红外线后,从振动能级基态跃迁至第一激发态所产生的吸收峰称为基频峰,它所对应的振动频率等于它所吸收的红外线的频率。

从振动能级基态跃迁至第二激发态、第三激发态等所产生的吸收峰,分别称为二倍频峰、三倍频峰等,也可将它们统称为倍频峰。倍频峰的跃迁概率比基频低得多,故基频峰的强度比倍频峰的强度大得多。在倍频峰中,三倍频以上的峰都很弱,因而难以测出。此外,红外光谱中还会产生合频峰或差频峰,它们分别对应两个或多个基频之和或之差。合频峰、差频峰都叫组频峰,其强度也很弱,一般不易辨认。倍频峰、合频峰和差频峰统称为泛频峰。

(2)特征峰与相关峰:能够用于鉴别官能团存在并具有较高强度的吸收峰称为特征吸收峰,简称特征峰,其频率称为特征频率。如羰基的伸缩振动吸收峰是红外光谱中的最强峰,其吸收频率在 1850~1650cm^{-1} 之间,最易识别。

由一个官能团所产生的一组具有依存关系的特征峰称为相关吸收峰,简称相关峰。如亚甲基基团具有下列相关峰:ν_{as}=2930cm^{-1},ν_s=2850cm^{-1},δ=1465cm^{-1},ρ=720~790cm^{-1}。用一组相关峰确定一个官能团的存在,是红外光谱解析应该遵循的一条重要原则。

2. 影响吸收峰强度的因素

(1)原子电负性的影响:化学键两端所连接的原子电负性相差越大,即极性越大,偶极矩变化越大,伸缩振动的吸收峰越强。

(2)分子对称性的影响:分子越对称,吸收峰越弱,完全对称时,偶极矩无变化,不产生红外吸收。

(3)振动方式的影响:振动方式不同,吸收峰强度也不同。基团的振动方式与其吸收峰强度的大小关系为:ν_{as}>ν_s>δ。

(4)溶剂的影响:主要是由于形成氢键的影响,以及氢键强弱的不同,使原子间距离增大,相应的偶极矩变化增大,导致吸收强度增大。

(五)吸收峰峰位及其影响因素

1. 吸收峰的峰位 吸收峰的位置或称峰位,一般以振动能级跃迁时所吸收的红外光的波长 λ_{max} 或波数 σ_{max} 或频率 ν_{max} 来表示。虽然同一种基团的同一振动形式,由于处在不同的化学环境中,其振动频率有所不同,则所产生吸收峰的峰位也不同,但是其大体位置会相对稳定地出现在一段区间内。因此,在某些波数处有无吸收带可用来鉴定某些化学键或基团的存在与否。

2. 影响峰位移动的因素 分子振动的实质是化学键的振动,但是也受到分子中其他部分,特别是邻近基团的影响,有时还要受到外部环境如溶剂、测定条件的影响。因此分析中不但要知道的红外特征频率的位置和强度,而且还要了解影响它们变化的因素,这样就可以根据吸收峰位的移动及强度的改变,来推测产生这种变化的结构因素,从而进行结构分析。影响峰位移动的因素主要有诱导效应、共轭效应、氢键、杂化轨道和振动耦合等。

(六)红外吸收光谱的重要区段

利用红外吸收光谱鉴定有机化合物结构,首先要熟悉重要的红外区域与结构的关系,熟记各区域包含哪些基团的哪些振动,对判断化合物的结构是非常有帮助的。虽然红外光谱比较复杂,但可根据基团和频率的关系,以及影响的因素,总结出一定的规律,为实际应用提供方便。因此可将整个红外吸收光谱分为四个区域。

1. X—H 伸缩振动区(4000~2500cm^{-1}) X 代表 O、N、C、S 等原子。

(1)O—H 伸缩振动:游离羟基在 3700~3500cm^{-1} 处有尖峰,基本无干扰,易识别。氢键效应使 ν_{OH} 降低在 3400~3200cm^{-1},并且谱峰变宽。有机酸形成二聚体,ν_{OH} 移向更低的波数 3000~2500cm^{-1}。

(2)N—H 伸缩振动:ν_{NH} 位于 3500cm^{-1}~3300cm^{-1},与羟基吸收谱带重叠,但峰形尖锐,可区别。伯胺呈双峰,仲、亚胺显单峰,叔胺不出峰。

(3)C—H 伸缩振动:饱和烃的伸缩振动在 ν_{CH}<3000cm^{-1} 的附近,不饱和烃的伸缩振动在 ν_{CH}>3000cm^{-1}。因此,可以 3000cm^{-1} 为界区分饱和烃与不饱和烃。

2. 叁键和累积双键伸缩振动区(2500~2000cm^{-1}) 这个区域内的吸收峰较少,很容易判断,主要是叁键伸缩振动与累积双键的反对称伸缩振动。

3. 双键伸缩振动区(2000~1500cm^{-1}) 有机化合物中一些典型官能团的吸收峰在此区域内,这是红外光谱中一个重要区域。

(1)羰基伸缩振动:位于 1900~1650cm^{-1},是红外光谱上最强的吸收峰,是判断羰基化合物存在与否的主要依据。

（2）碳碳双键的伸缩振动：位于 1670~1450cm^{-1}，在光谱图中有时观测不到，但在邻近基团差别较大时，$\nu_{C=C}$ 吸收带增强。

（3）芳环骨架振动：在 1600~1500cm^{-1} 之间有两个到三个中等强度的吸收峰，是判断有无芳环存在的重要标志之一。

在上述 3 个区域 4000~1500cm^{-1} 范围内大多是一些特定官能团所产生的吸收峰，因此统称为官能团区，又称为基团频率区或特征区，其吸收光谱主要反映分子中特征基团的振动，所以官能团的鉴定主要在这一区域内进行。

4. **指纹区（1500~400cm^{-1}）** 主要谱带有 C—X（X＝C,O,N,H）单键伸缩和各种弯曲振动，有机化合物基本骨架 C—C 单键的振动即在该区，因此，出现的振动形式很多，峰很密集，吸收光谱十分复杂，反映了分子内部的细微结构。每一种化合物在该区的吸收峰位、强度和形状都不相同，迄今还未发现两种不同结构的化合物有完全相同的红外吸收光谱图，犹如人的指纹，对有机化合物的鉴定有极大的价值。

三、红外分光光度计及工作原理

红外分光光度计可分为色散型红外分光光度计（光栅红外分光光度计）和干涉型傅立叶变换红外分光光度计两大类。色散型红外分光光度计的结构如图 15-8 所示。

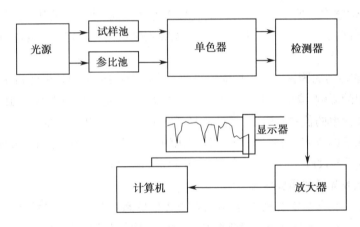

图 15-8 色散型红外分光光度计的结构图

色散型红外分光光度计的主要部件包括：

1. **光源** 红外光源应是能够发射高强度的连续红外光的部件。常用的光源有能斯特灯和硅碳棒两种。能斯特灯是一直径约 1~3mm，长约 20~50mm 的中空棒或实心棒。它由稀有金属锆、钇、铈或钍等氧化物的混合物烧结而成，在两端绕有铂丝作为导线。工作前须预热，工作温度为 1750℃，使用波数范围为 5000~400cm^{-1}。该灯的优点是发光强度大，工作时不需要用冷水夹套来冷却。缺点是机械强度差，易损坏且价格较贵。

硅碳棒为一中间细两端粗的实心棒，直径约 5mm，长约 50mm，由碳化硅烧结而成，中间为发光部位，工作前不预热，工作温度为 1200℃，波数范围也是 5000~400cm^{-1}。该光源坚固，寿命长，发光面积大，使用安全。其缺点是工作时需要水冷却装置，以免影响仪器其他部件性能。

2. **吸收池** 有气体池和液体池两种。气体池主要用于测量气体及沸点较低的液体。液体池用于分析常温下不易挥发的液体样品及固体样品，有可拆式液体池、固定式液体池及可变层厚液体池等，可根据待测试样的性质及需要来选择。

3. **单色器** 单色器由狭缝、准直镜和色散元件通过一定的排列方式组合而成，目前生产的色散型红外光谱仪主要采用反射光栅作为色散元件。

4. **检测器** 有热电偶、测辐射热计、高莱池等，常用的检测器为真空热电偶。热电偶是利用不同导体构成回路时的温差转变成电位差的装置,为了保证热电偶的高灵敏度和减少热传导的损失,热电偶安装在一个高真空的玻璃管中。

5. 显示器 红外光谱必须有绘图记录系统来绘制记录吸收光谱。现在的仪器大多都配有小型计算机,仪器的操作控制,谱图中各种参数的计算,以及谱图检索等均可由计算机完成。

第四节 电 泳 法

一、电泳法的基本原理

电泳是指带电荷的溶质或粒子在电场中向着与其本身所带电荷相反的电极移动的现象。利用电泳现象将多组分物质分离、分析的技术叫作电泳技术(electrophoresis technique)。可以实现电泳分离技术的仪器称之为电泳仪(electrophoresister)。在毛细管中进行的电泳法,称为毛细管电泳法。

物质分子在正常情况下一般不带电,即所带正负电荷量相等,故不显示带电性。但是在一定的物理作用或化学反应条件下,某些物质分子会成为带电的离子(或粒子)。由于不同物质的带电性质、颗粒形状和大小不同,因而在一定的电场中它们的移动方向和移动速度也不同,因此可使它们分离。

在两个平行电极上加一定的电压(V),两个电极中间就会产生电场。电场对带电分子的作用力(F),等于所带净电荷与电场强度(E)的乘积:

$$F = q \cdot E \tag{15-9}$$

这个作用力使得带电分子向其电荷相反的电极方向移动。在移动过程中,分子会受到介质黏滞力的阻碍。黏滞力(F')的大小与分子大小、形状、电泳介质孔径大小以及缓冲液黏度等有关,并与带电分子的移动速度成正比,对于球状分子,F'的大小服从 Stokes 定律,即:

$$F' = 6\pi r \eta v \tag{15-10}$$

式中 r 是球状分子的半径,η 是缓冲液黏度,v 是电泳速度($v = d/t$,单位时间粒子运动的距离,cm/s)。当带电分子匀速移动时:$F = F'$,

$$q \cdot E = 6\pi r \eta v \tag{15-11}$$

所以,

$$v = \frac{q \cdot E}{6\pi r \eta} \tag{15-12}$$

二、电泳法的分类

目前,有三种形式的电泳分离系统:移动界面电泳、区带电泳和稳态电泳或称置换(排代)电泳。

1. 界面移动电泳 界面移动电泳可以确定带电物质的迁移率,并且能用来研究混合物的组成成分,但它不能用来分离混合物,也不适用于研究低分子量的物质,主要用于蛋白质系统等生物大分子的研究方面。虽然它曾取得过很大的发展,但是由于设备复杂,操作时间很长,不能完全地分离混合物的各个组成等一些不可克服的缺点,已逐渐被区域电泳所代替,并从而发展为许多新的电泳法。

2. 区带电泳 区带电泳是在半固相或胶状介质上加一个点或一薄层样品溶液,然后加电场,分子在支持介质上或支持介质中迁移。支持介质的作用主要是为了防止机械干扰和由于温度变化以及大分子溶液的高密度而产生的对流。但是支持介质有时会吸附不同分子或起分子筛作用(层析效应)而对分离起破坏或帮助作用。近 50 年来,固体支持介质可分为两类:一类如

213

纸、醋酸纤维素薄膜等。它们是化学惰性的,能将对流减到最小。用这些介质分离主要是基于蛋白质的电荷密度。另一类是淀粉、琼脂糖和聚丙烯酰胺凝胶。它们不仅能防止对流,把扩散减到最小,并且它们是多孔介质,孔径大小和生物大分子具有相似的数量级,能主动参与生物分子的分离,具有分子筛效用。

现国内外活化凝胶大多采用溴化氰法,但该法活化产生异脲键,易引起非特异性的吸附,在碱性环境中不稳定,且溴化氰毒性大,活化条件不易控制,活化时间超长可产生的有活性的氰酸酯迅速水解,导致偶联率下降而环氧氯丙烷法虽然鲜有人报道,但其毒性小,易操作,成烷胺键稳定性好,其带有的氯基团和环氧基团在活化时能使凝胶轻度交联,增加琼脂糖的强度。

80 年代末发展起来的毛细管电泳是一种新型的区带电泳方法,又称毛细管区带电泳。它是在毛细管中装入缓冲液,在其一端注入样品,在毛细管两端加直流高电压实现对样品的分离,分离的样品依次通过设在毛细管一端的检测器检出。

3. 稳态电泳　稳态电泳或称置换电泳的特点是分子颗粒的电泳迁移在一定时间后达到一个稳态。在稳态达到后,带的宽度不随时间而变化,等电聚焦和等速点用应该是属于这一类。

三、毛细管电泳仪

毛细管电泳仪的基本结构一般包括高压电源、毛细管、背景电解质储液槽检测器及工作站等部分组成。其中,毛细管一般是一根长约 50~100cm,内径 25~100μm 的熔融石英毛细管柱,它一端用于导入样品,另一端通过检测器后插入储液槽中,外加约 10~30kv 稳定的高电压,如图 15-9 所示。

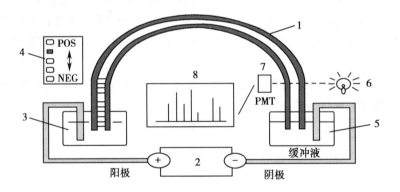

图 15-9　毛细管电泳仪示意图
1.毛细管　2.高压电源　3.阳极缓冲溶液槽及样品入口　4.试样离子
溶液　5.阴极缓冲溶液槽　6.光源　7.光电倍增管　8.电泳图

1. 毛细管柱　常用的弹性熔融石英毛细管柱,其内径多为 50μm 和 75μm,总长度 20~100cm,有效长度控制 30~70cm。毛细管一端用于导入试样溶液,另一端通过检测器后插入电解液槽。

2. 高压电源　毛细管电泳仪一般采用 0~30kV 连续可调的直流高压电源,稳定在 ±0.1%,可提供约 300μA 电流。仪器必须接地,注意高压的安全保护。

3. 毛细管恒温装置　柱温变化会改变溶液黏度,影响电泳效果。因此,柱温的变化必须控制在 ±0.1℃以内。毛细管恒温装置主要有高速气流恒温和液体恒温。

4. 电极和电极槽　电极选用直径 0.5~1mm,化学惰性和导电性能好的铂丝电极。电极槽通常是带螺帽的玻璃瓶或塑料瓶,两个电极槽里放入操作缓冲液,分别插入毛细管的进口端与出口端以及铂电极;铂电极连接至直流高压电源,正负极可切换。

5. **进样系统**　毛细管柱内体积很小,应采用无死体积的进样方法。让毛细管直接与试样溶液接触,然后由重力、电场力或其他动力驱动试样流入管中。通过控制压力或电压及时间来控制进样量。进样方法有压力(加压)进样、负压(减压)进样、虹吸进样、电动(电迁移)进样等。

6. **检测器**　毛细管电泳仪的检测器包括紫外 - 可见分光光度检测器、激光诱导荧光检测器、电化学检测器、质谱检测器等,前两种检测器最为常用。检测信号以电泳图的形式输出或储存。

四、电泳法与色谱法的比较

1. **电泳与色谱的相同点**

(1) 分离过程相类:电泳和色谱分离都是差速过程,都可用物质传输等理论来描述。

(2) 仪器构成类同:电泳和色谱系统通常都包括有进样、分离、检测和数据处理等部分。

(3) 分离通道的形状类似:有薄层、柱子、毛细管等。

2. **电泳与色谱的不同点**　产生溶质移动速度差的原理不同:色谱是一种浓差驱动传质的平衡分离法,而电泳法是外力作用下的差速分离法。

 学习小结

　　本章对磁共振波谱法、质谱分析法、红外分光光度法和电泳法的基本原理、特点及仪器装置作了简单介绍,为适应临床检验和药物分析工作实践中出现的现代分离分析新技术做一些知识储备。

达 标 练 习

一、选择题

(一)单选题

1. 磁共振波谱法中,化学位移的产生是由于什么造成的(　　)
   A. 核外电子云的屏蔽作用 　　　　　B. 自旋耦合
   C. 自旋裂分 　　　　　　　　　　　D. 弛豫过程
   E. 环电流影响

2. 并不是所有的分子振动形式其相应的红外谱带都能被观察到,这是因为(　　)
   A. 分子既有振动运动,又有转动运动,太复杂
   B. 因为分子间的自由旋转受到阻碍
   C. 因为分子中有 C、H、O 以外的原子存在
   D. 分子某些振动能量相互抵消了
   E. 分子中有些振动能量是简并的

3. 外磁场强度增大时,质子从低能级跃迁至高能级所需的能量(　　)
   A. 变大 　　　　　　　　　　　　　B. 变小
   C. 逐渐变小 　　　　　　　　　　　D. 不变化
   E. 难以判断

4. 在含羰基的分子中,增加羰基的极性会使分子中该键的红外吸收带(　　)
   A. 向高波数方向移动 　　　　　　　B. 向低波数方向移动

C. 不移动 D. 稍有振动

E. 无法判断

5. 用红外吸收光谱法测定有机物结构时,试样应该是( )

A. 单质 B. 纯物质

C. 混合物 D. 任何试样

E. 溶液

6. 一个含氧化合物的红外光谱图在 $3600\sim3200cm^{-1}$ 有吸收峰,下列化合物最可能的是( )

A. $CH_3—CHO$ B. $CH_3—CO—CH_3$

C. $CH_3—CHOH—CH_3$ D. $CH_3—O—CH_2—CH_3$

E. $CH_3—CH_2—OH$

7. 毛细管电泳技术是利用哪种粒子在电场中的性质进行分离的( )

A. 碎片离子 B. 重排离子

C. 中性分子 D. 带电粒子

E. 以上都正确

(二) 多选题

1. 下列原子核中具有磁共振现象的有( )

A. $^{15}_{7}N$ B. $^{19}_{9}F$ C. $^{31}_{15}P$

D. $^{16}_{8}O$ E. $^{32}_{16}S$

2. 质谱分析法的特点( )

A. 应用范围广 B. 灵敏度高,样品用量少

C. 应用于常量样品的检测 D. 仪器结构简单,价格便宜

E. 分析速度快

3. 影响分子振动频率的因素有( )

A. 原子质量 B. 仪器分辨率

C. 化学键力常数 D. 振动方式

E. 溶剂

4. 毛细管电泳仪的主要结构有( )

A. 高压源 B. 毛细管柱

C. 高压泵 D. 缓冲液槽

E. 记录装置

5. 质谱法的用途是( )

A. 确定分子量 B. 测定组分含量

C. 鉴定化合物 D. 推测未知物结构

E. 确定最大吸收波长

二、填空题

1. 在分子的红外光谱实验中,并非每一种振动都能产生一种红外吸收带,常常是实际吸收带比预期的要少得多。其原因是①_____;②_____;③_____;④_____。

2. 磁共振法中,测定某一质子的化学位移时,常用的参比物质是_____。

3. NMR 法中,质子的化学位移值 δ 因诱导效应而_____;因共轭效应而_____;因磁各向异性效应而_____。

4. 红外光区位于可见光区和微波光区之间,习惯上又可将其细分为_____、_____和_____三个光区。

5. 目前的电泳系统有_____、_____和_____等三种形式。

三、简答题

1. 简述质谱仪的组成部分及其作用,并说明质谱仪主要性能指标的意义。

2. 试述在综合解析中各谱对有机物结构推断所起的作用。为何一般采用质谱作结构验证?

3. 下列哪一组原子核不产生磁共振信号,为什么?

$^{2}_{1}H$、$^{14}_{7}N$、　　$^{19}_{9}F$、$^{12}_{6}C$、　　$^{12}_{6}C$、$^{1}_{1}H$　　$^{12}_{6}C$、$^{16}_{8}O$

4. 何谓指纹区?它有什么特点和用途?

(赵小菁)

实验一　电子天平的基本操作及称量练习

一、实 验 目 的

1. 学会正确使用电子天平。
2. 学会使用电子天平递减称量试样的方法。

二、实 验 原 理

应用现代电子技术进行称量的天平称为电子天平。其称量原理是电磁力平衡原理。当把通电导线放在磁场中时,导线将产生磁力,当磁场强度不变时,力的大小与流过线圈的电流强度呈正比。如物体的重力方向向下,电磁力方向向上,二者相平衡,则通过导线的电流与被称物体的质量呈正比,从而测得样品质量。

三、仪器与试剂

电子天平、称量瓶、小烧杯、毛刷、Na_2SO_4 粉末。

四、实 验 步 骤

1. **天平检查**　查看水平仪,如不水平,调整水平调节螺丝,使水泡位于水平仪中心。
2. **预热**　接通电源,预热 30 分钟,待天平显示屏出现稳定的 0.0000g,即可进行称量。
3. **称量**　取一洁净、干燥的称量瓶,装入 Na_2SO_4 粉末,至称量瓶容积的 2/3 左右。将装有试样的称量瓶放在天平盘中央,准确称出称量瓶加试样的质量 m_1(g);取下称量瓶,敲出适量(在要求的质量范围内)试样于接收容器中,再次称出称量瓶加试样的质量 m_2(g),则敲出的试样质量为 m_1-m_2(g)。若敲出的试样质量少于要求的质量范围,则需再敲出一些,直至满足质量要求时,再称 m_2,重复以上操作,可连续称取多份试样。

精密称取约 0.5g(0.45~0.55g)、0.3g(0.27~0.33g)和 0.12g(0.10~0.13g)的试样各三份。

五、数据记录与处理结果

编号		1	2	3
称量范围		0.45~0.55g	0.27~0.33g	0.10~0.13g
称量质量	m_1			
	m_2			
	m_3			

六、注 意 事 项

1. 天平应放在稳定的工作台上,天平使用过程中应避免震动、气流、阳光直射和较剧烈的温度波动。
2. 使用前应按规定通电预热。
3. 保持天平内外清洁,及时用刷子小心去除称量废弃物。

七、思 考 题

1. 递减称量法中,零点可以不参加计算,为什么?

2. 利用递减称量法称取试样的过程中,若称量瓶内的试样发生了吸湿现象,对称量会造成什么误差?若试样倾入烧杯后发生了吸湿现象,对称量是否有影响,为什么?

(陈建平)

实验二 滴定分析操作练习

一、实验目的

1. 掌握滴定分析常用仪器的洗涤方法。
2. 掌握滴定管、移液管、容量瓶的基本操作。
3. 学习滴定终点的观察与判定。

二、实验原理

滴定分析是将一种已知浓度的标准溶液滴加到被测物质溶液中,至化学反应完全为止,根据标准溶液的浓度和体积计算被测组分含量的一种分析方法。

酸碱滴定反应方程式为:

$$NaOH+HCl \stackrel{}{=\!=\!=} NaCl+H_2O$$

三、仪器与试剂

酸式滴定管(50ml)、碱式滴定管(50ml)、容量瓶(250ml)、锥形瓶(250ml)、移液管(25ml)、刻度吸量管(10ml)、洗耳球、烧杯、洗瓶、滴管、玻璃棒、天平、称量瓶、Na_2CO_3 粉末、HCl 溶液(0.1mol/L)、NaOH 溶液(0.1mol/L)、酚酞指示剂、甲基橙指示剂、洗液、凡士林。

四、实验步骤

1. 容量瓶的使用练习 称取 Na_2CO_3 粉末 0.1g 置小烧杯中,加水约 20ml,搅拌溶解后,转移至 250ml 容量瓶中,稀释至刻度,摇匀。

2. 移液管的使用练习 用移液管精密量取上述 Na_2CO_3 溶液 25.00ml 置于锥形瓶中,移取 3~6 份,直至熟练。

3. 滴定操作及终点判定练习

(1) 装液:取洗净的碱式滴定管一支,检查是否漏水,并用 NaOH 标准溶液(0.1mol/L)荡洗 3 次,装入 NaOH 标准溶液(0.1mol/L),排除气泡,调整至零刻线。

(2) 用 NaOH 标准溶液滴定 HCl 溶液:取洗净的 25ml 移液管一支,移取 25.00ml HCl 溶液(0.1mol/L)置于 250ml 锥形瓶中,加入蒸馏水 25ml,酚酞指示剂 2 滴,用 NaOH 标准溶液(0.1mol/L)滴定至微红色,30 秒不褪色,即为终点,记下消耗 NaOH 溶液的体积,重复 3 次,每次消耗的 NaOH 溶液体积相差不得超过 0.04ml。

(3) 用 HCl 标准溶液滴定 NaOH 溶液:改用酸式滴定管装 HCl 标准溶液,取洗净的 25ml 移液管一支,移取 25.00ml NaOH 溶液(0.1mol/L)置于 250ml 锥形瓶中,加入蒸馏水 25ml,以甲基橙为指示剂,重复上述操作,观察终点颜色从黄色变为橙色。注意练习半滴加入的操作技术。

五、数据记录与处理结果

1. 用 0.1mol/L NaOH 标准溶液滴定 HCl 溶液,计算 HCl 溶液的浓度。

已知 $c_{NaOH}=$ ____ mol/L

编号 实验数据与处理	第一份	第二份	第三份
被测溶液 HCl 的体积 V(ml)	25.00	25.00	25.00
NaOH 标准溶液的用量 V(ml)	$V_{终}=$ $V_{初}=$	$V_{终}=$ $V_{初}=$	$V_{终}=$ $V_{初}=$
	$V_{消耗}=$	$V_{消耗}=$	$V_{消耗}=$
HCl 溶液的浓度 c(mol/L)			
HCl 溶液浓度的平均值 $\bar{c}$(mol/L)			

2. 用 0.1mol/L HCl 标准溶液滴定 NaOH 溶液,计算 NaOH 溶液的浓度。

已知 $c_{HCl}=$ ____ mol/L

编号 实验数据与处理	第一份	第二份	第三份
被测溶液 NaOH 的体积 V(ml)	25.00	25.00	25.00
HCl 标准溶液的用量 V(ml)	$V_{终}=$ $V_{初}=$	$V_{终}=$ $V_{初}=$	$V_{终}=$ $V_{初}=$
	$V_{消耗}=$	$V_{消耗}=$	$V_{消耗}=$
NaOH 溶液的浓度 c(mol/L)			
NaOH 溶液浓度的平均值 $\bar{c}$(mol/L)			

六、注 意 事 项

1. 滴定管、移液管在装入溶液前需用少量待装溶液润洗 2~3 次。
2. 本实验所配制的 NaOH 溶液和 HCl 溶液并非标准溶液,仅限在滴定练习中使用。
3. 滴定仪器使用完毕,应立即清洗干净,并放在规定位置。

七、思 考 题

1. 玻璃仪器洗净的标志是什么?
2. 使用移液管、刻度吸量管应注意什么? 留在管内的最后一点溶液是否吹出?
3. 锥形瓶及容量瓶使用前是否需要烘干,是否需要用待测溶液润洗?

(陈建平)

实验三　盐酸标准溶液的配制

一、实 验 目 的

1. 掌握间接法配制盐酸标准溶液。
2. 学会使用混合指示剂溴甲酚绿 - 甲基红控制终点的方法。

3. 了解强酸弱碱盐滴定过程中溶液 pH 的变化。

二、实验原理

由于浓盐酸易挥发出 HCl 气体,若直接配制准确度差,因此,采用间接法配制 HCl 标准溶液。市售浓盐酸为无色透明的水溶液,质量分数为 0.37,相对密度约为 1.19g/ml。

标定盐酸的基准物质常用无水碳酸钠或硼砂。无水碳酸钠作为基准物质的优点是容易提纯,价格便宜。缺点是无水碳酸钠摩尔质量较小,具有吸湿性。综合考虑,本实验采用无水碳酸钠作为基准物质,以甲基红 - 溴甲酚绿混合指示剂指示终点。在 270~300℃ 高温炉中灼烧无水 Na_2CO_3 固体至恒重,然后将其置于干燥器中冷却后备用。

计量点时溶液的 pH 为 3.89,用待标定的 HCl 溶液滴定至溶液由绿色变为暗红色后煮沸 2 分钟,冷却后继续滴定至溶液再呈暗红色即为终点。根据 Na_2CO_3 的质量和所消耗的 HCl 体积,可以计算出 HCl 的准确浓度,计算公式如下:

$$c_{HCl} = \frac{2m_{Na_2CO_3}}{105.99 V_{HCl}} \times 10^3$$

反应本身产生 H_2CO_3 溶液易形成饱和溶液,所以,化学计量点附近酸度改变较小,会使滴定突跃不明显,致使指示剂颜色变化不够敏锐。因此,接近滴定终点之前,最好把溶液加热煮沸,并摇动以赶走 CO_2,冷却后再滴定。

三、仪器与试剂

分析天平、托盘天平、量筒、称量瓶、酸式滴定管、250ml 锥形瓶、电炉、浓盐酸、基准 Na_2CO_3、溴甲酚绿 - 甲基红混合指示剂。

四、实验步骤

1. **0.1mol/L HCl 标准溶液的配制** 用小量筒取浓 HCl 4.5ml,加纯化水稀释溶液至 500ml,混匀即得。

2. **0.1mol/L HCl 标准溶液的标定** 取在 270~300℃ 干燥至恒重的基准无水 Na_2CO_3 约 0.2g,精密称定 3 份,分别置于 250ml 锥形瓶中,加 50ml 蒸馏水溶解后,加甲基红 - 溴甲酚绿混合指示剂 10 滴,用待标定的 HCl 标准溶液(0.1mol/L)滴定至溶液由绿色变为紫红色,停止滴定,煮沸约 2 分钟,使溶液由紫红色变为绿色,冷却至室温(或旋摇 2 分钟),继续滴定至溶液呈现暗红色,记下所消耗的 HCl 标准溶液的体积,平行测定 3 次。根据消耗 HCl 的体积与基准 Na_2CO_3 的质量计算 HCl 标准溶液的浓度。

五、数据记录与处理结果

编号　　　　　实验数据预处理	第一份	第二份	第三份
基准 Na_2CO_3 的质量 m(g)			
滴定消耗的 HCl 标准溶液的体积 V_{HCl}(ml)			
HCl 标准溶液的浓度 C_{HCl}(mol/L)			
HCl 标准溶液的浓度的平均值(mol/L)			
偏差 d			
平均偏差 $\bar{d}$			
相对平均偏差 R$\bar{d}$			

六、注意事项

1. 无水 Na_2CO_3 经过高温烘烤后,极易吸水,故称量瓶一定要盖严;称量时,动作要快些,以免无水 Na_2CO_3 吸水。

2. 无水 Na_2CO_3 在270~300℃加热干燥,目的是除去其中的水分及少量 $NaHCO_3$。但若温度超过300℃,则部分 Na_2CO_3 分解为 Na_2O 和 CO_2。加热过程中(可在沙浴中进行),要翻动几次,使受热均匀。

3. 近终点时,若煮沸约2分钟后,溶液仍旧是紫红色,说明滴入的 HCl 标准溶液已过量,应重做。

4. 实验过程中应防止 HCl 溶液的腐蚀。

七、思考题

1. 配制 HCl 标准溶液时,为什么用量筒量取浓 HCl,而不用吸量管?

2. 用 Na_2CO_3 标定 HCl 溶液时能否用酚酞作指示剂?

3. 试分析实验中产生误差的原因?

(牛　颖)

实验四　氢氧化钠标准溶液的配制

一、实验目的

1. 掌握配制和标定氢氧化钠标准溶液的方法、碱式滴定管的操作方法。
2. 熟练计算氢氧化钠标准溶液的浓度。
3. 学会使用酚酞作指示剂确定滴定终点。

二、实验原理

NaOH 易吸潮,也易吸收空气中的 CO_2,使得溶液中含有 Na_2CO_3,反应式如下:

$$2NaOH+CO_2 \Longrightarrow Na_2CO_3+H_2O$$

因此,只能采用间接法配制氢氧化钠标准溶液。

将 NaOH 饱和水溶液静置一段时间,杂质 Na_2CO_3 在 NaOH 饱和溶液中的溶解度小,会发生沉淀,待 Na_2CO_3 沉淀完全后,量取一定量的上层清液,再稀释至所需浓度,即得到不含 Na_2CO_3 的 NaOH 溶液。饱和 NaOH 溶液的物质的量浓度约为20mol/L。配制 NaOH 溶液(0.1mol/L)1000ml,应取 NaOH 饱和溶液5ml,为保证其浓度略大于0.1mol/L,故规定取5.6ml。

标定碱溶液的基准物质很多,如草酸、邻苯二甲酸氢钾等。由于邻苯二甲酸氢钾容易制得纯品,不含结晶水,在空气中不吸水,容易保存,摩尔质量大,比较稳定,是较好的基准物质,所以较为常用。

反应产物邻苯二甲酸钾钠是二元弱碱,化学计量点时,溶液呈弱碱性,pH≈9,选用酚酞作指示剂,滴定终点由无色变为浅红色。

三、仪器与试剂

托盘天平、分析天平、量筒、称量瓶、50ml 碱式滴定管、250ml 锥形瓶、聚乙烯试剂瓶、烧杯、电热恒温干燥箱、固体 NaOH、基准试剂邻苯二甲酸氢钾、酚酞指示剂。

四、实验步骤

1. 0.1mol/L NaOH 标准溶液的配制　用托盘天平称取120g氢氧化钠,溶于100ml煮沸并冷却的纯化水中,振摇使其溶解成饱和溶液,冷却后,置聚乙烯塑料瓶中,密闭放置数日至溶液澄清。取澄清的氢氧化钠饱和溶液 5.6ml,用新煮沸并冷却的纯化水稀释至 1000ml,摇匀。

2. **0.1mol/L NaOH 标准溶液的标定** 采用减重称量法精密称取于 105~110℃电烘箱中干燥至恒重的基准邻苯二甲酸氢钾 3 份,每份约 0.5g(称准至 0.1mg),分别置于锥形瓶,各加入无 CO_2 的纯化水 50ml溶解,各加入 2 滴酚酞指示剂,用待标定的氢氧化钠标准溶液滴定至溶液呈粉红色,并保持30秒内不褪色。

3. **计算** 根据基准物质邻苯二甲酸氢钾的质量和氢氧化钠标准溶液的体积,计算氢氧化钠标准溶液的浓度,计算公式如下:

$$c_{NaOH} = \frac{m_{KHC_8H_4O_4}}{V_{NaOH} M_{KHC_8H_4O_4}} \times 10^3$$

五、数据记录与处理结果

实验数据预处理 \ 编号	第一份	第二份	第三份
基准邻苯二甲酸氢钾质量 m(g)			
滴定消耗的 NaOH 标准溶液的体积 V_{NaOH}(ml)			
NaOH 标准溶液的浓度 C_{NaOH}(mol/L)			
NaOH 标准溶液浓度的平均值(mol/L)			

六、注 意 事 项

1. 配制的氢氧化钠溶液置聚乙烯塑料瓶中,密封保存。

2. $KHC_8H_4O_4$ 溶解较慢,要溶解完全后,才能滴定。

3. 近终点要慢滴多摇,要求加半滴到微红色并保持半分钟不褪色。

4. 体积读数要读至小数点后两位。

5. 邻苯二甲酸氢钾干燥温度不宜过高,否则会引起脱水,形成邻苯二甲酸酐。

6. 由于氢氧化钠具有较强的吸湿性,所以固体氢氧化钠不宜直接放置在天平上称量,应置于表面皿或干燥小烧杯中称量。

7. 碱式滴定管滴定前要赶走气泡,滴定中要防止产生气泡。

8. 用热蒸馏水溶解的邻苯二甲酸氢钾,要冷却至室温后,才能转移到容量瓶中。

七、思 考 题

1. NaOH 标准溶液能否用直接配制法配制?为什么?

2. 溶解基准物质邻苯二甲酸氢钾时加入 50ml 水,应选用量筒还是移液管量取水的体积?为什么?

3. 称取 NaOH 及邻苯二甲酸氢钾各用什么天平?为什么?

4. 利用基准物质 Na_2CO_3 标定 HCl 标准溶液时,近终点加热煮沸溶液的目的是什么?若溶液变回绿色后能否立即进行滴定,为什么?

(牛　颖)

实验五　氯化钠的含量测定

一、实 验 目 的

1. 掌握吸附指示剂法测定氯化钠试样含量的方法。

2. 理解吸附指示剂法的实验原理。

3. 学会使用荧光黄指示剂确定滴定终点。

二、实验原理

沉淀滴定法是以沉淀反应为基础的一种滴定分析方法。在沉淀滴定法中,应用较多的为银量法。银量法是利用生成难溶性银盐反应进行滴定的分析方法。根据所用指示剂的不同,银量法分为铬酸钾指示剂法、铁铵矾指示剂法和吸附指示剂法,本实验采用吸附指示剂法测定氯化钠含量。

吸附指示剂法是利用吸附作用在终点时生成带正电荷的卤化银胶粒而吸附指示剂阴离子,使指示剂的结构发生改变,颜色发生改变,从而指示终点。其原理可表示为:

$$AgCl \cdot Ag^+ + FI^- (黄绿色) \Longleftrightarrow AgCl \cdot Ag^+ \cdot FI^- (粉红色)$$

三、仪器与试剂

分析天平、托盘天平、称量瓶、100ml 烧杯、10ml 小量筒、50ml 酸式滴定管、250ml 锥形瓶、250ml 容量瓶、25ml 移液管、NaCl 样品、0.1mol/L $AgNO_3$ 标准溶液、荧光黄指示剂、2% 糊精溶液。

四、实验步骤

1. 氯化钠溶液的配制 精密称取氯化钠样品约 1.5g(称量至 0.0001g)置于 100ml 烧杯中,用少量纯化水溶解后,定量转入 250ml 容量瓶中,用纯化水稀释至标线,摇匀即可。

2. 氯化钠含量的测定 用移液管精密移取上述氯化钠溶液 25.00ml 置于 250ml 锥形瓶中,加 20ml 纯化水稀释,加 2% 糊精溶液 5ml,再加荧光黄指示剂 5~8 滴,在不断振摇下,用 0.1000mol/L $AgNO_3$ 标准溶液滴定溶液由黄绿色变至粉红色沉淀,即为滴定终点,记录消耗的 $AgNO_3$ 标准溶液的体积,平行测定 3 次。

3. NaCl 的计算 计算试样中 NaCl 百分含量,计算公式如下:

$$NaCl\% = \frac{c_{AgNO_3} V_{AgNO_3} M_{NaCl} \times 10^{-3}}{m_{样品} \times 25.00/250} \times 100\%$$

五、数据记录与处理结果

实验数据预处理 \ 编号	第一份	第二份	第三份
氯化钠样品质量 m_s(g)			
滴定消耗的 $AgNO_3$ 标准溶液的体积 V_{AgNO_3}(ml)			
$AgNO_3$ 标准溶液的浓度 C_{AgNO_3}(mol/L)			
NaCl 的质量分数 %			
NaCl 的质量分数平均值 %			

六、注意事项

1. 吸附指示剂指示终点的颜色变化,是发生在胶态沉淀的表面。因此,在滴定前加入糊精等亲水性高分子物质,保护胶体,使 AgCl 沉淀具有较大的表面积,以防止胶体的凝聚。

2. 溶液的 pH 应适当,一般吸附指示剂多是有机酸,而起指示作用的主要是阴离子。为了使指示剂主要以阴离子形式存在,必须控制溶液的 pH 值,荧光黄指示剂应在 pH 7.0~10 的中性或弱碱性条件下使用。

3. 滴定应避免在强光照射下进行,这是因为吸附指示剂的 AgCl 胶体对光极为敏感,遇光易分解析出金属银,使沉淀变为灰色或黑灰色。因此,在实验过程中,应避免强光的照射,否则影响终点观察,造成测量误差。

4. 实验结束后,将未用完的 $AgNO_3$ 标准溶液和 AgCl 沉淀应分别倒入回收瓶中贮存。实验中盛装过 $AgNO_3$ 的滴定管、移液管和锥形瓶应先用纯化水涮洗后,再用自来水冲洗干净备用。

七、思 考 题

1. 滴定前加入糊精的作用是什么?

2. 为何要控制滴定速度? 与酸碱滴定法比较,控制速率的意义有何不同?

3. 测氯化钠含量时,可以选用曙红作指示剂吗? 为什么?

(牛 颖)

实验六　水的总硬度的测定

一、实 验 目 的

1. 掌握水的总硬度的测定方法及原理。

2. 了解水的总硬度的表示方法。

二、实 验 原 理

水的总硬度是指水中 Ca^{2+}、Mg^{2+} 的总量。通常将测得的水中 Ca^{2+}、Mg^{2+} 的量折算为 $CaCO_3$ 的质量,以每升水中所含 $CaCO_3$ 的毫克数来表示水的总硬度。

EDTA 和金属指示剂铬黑 T(H_3In)能够分别与 Ca^{2+}、Mg^{2+} 形成络合物,稳定性为 $C_aY^{2-}>MgY^{2-}>MgIn^->CaIn^-$,当水样中加入少量铬黑 T 指示剂时,它首先和 Mg^{2+} 生成酒红色络合物 $MgIn^-$,然后与 Ca^{2+} 生成酒红色络合物 $CaIn^-$。当用 EDTA 标准溶液滴定至近终点时,EDTA 可以把铬黑 T 从其金属离子配合物中置换出来,使溶液显蓝色,即为滴定终点。

$$CaIn^-+H_2Y^{2-}\rlap{=}{=}CaY^{2-}+HIn^{2-}+H^+$$

$$MgIn^-+H_2Y^{2-}\rlap{=}{=}MgY^{2-}+HIn^{2-}+H^+$$

酒红色　　　　蓝色

三、仪 器 与 试 剂

酸式滴定管、移液管(100ml)、锥形瓶(250ml)、量筒(10ml)、0.05mol/L 的 EDTA 标准溶液、$NH_3·H_2O$-NH_4Cl 缓冲液、铬黑 T 指示剂(1%)、水样。

四、实 验 步 骤

1. **0.01000mol/L EDTA 滴定液的配制**　用移液管吸取浓度为 0.05000mol/L 的 EDTA 标准溶液 50.00ml,置于 250ml 容量瓶中,加蒸馏水稀释至刻线,摇匀。稀释后的 $C_{EDTA}=$ _____。

2. **滴定**　用移液管吸取水样 100.0ml 置于 250ml 锥形瓶中,加入 5~6ml 氨-氯化铵缓冲液,控制溶液的 pH 约为 10,再加铬黑 T 指示剂少许,用稀释后的 EDTA 标准溶液滴定到溶液由酒红色变为蓝色,记录消耗 EDTA 标准溶液的体积,根据要求计算结果,平行测定 3 次。

水的总硬度的计算公式:$\dfrac{(cV)_{EDTA}\times M_{CaCO_3}}{V_{水}}\times 1000\,(mg/L)$

水的总硬度($CaCO_3\,mg/L$)=_____($M_{CaCO_3}=100.1$)

五、数据记录与处理结果

实验次数	第一份	第二份	第三份
V_{EDTA}(ml)			
水的硬度(mg/L)			
平均值			

六、注意事项

1. 水样中的钙、镁含量不高,滴定时反应速度较慢,故滴定速度要慢。
2. 铬黑 T 指示剂的用量不宜过多。

七、思考题

1. 为什么滴定 Ca^{2+}、Mg^{2+} 总量时要控制 pH≈10 ?
2. 如果只有铬黑 T 指示剂,能否测定 Ca^{2+} 的含量?如何测定?

(周建庆)

实验七　维生素 C 的含量测定

一、实验目的

1. 掌握直接碘量法测定维生素 C 含量的基本原理。
2. 熟练淀粉指示剂的使用方法。
3. 学会直接碘量法的操作技术。

二、仪器与试剂

电子天平(0.1mg)、酸式滴定管(50ml)、锥形瓶(250ml)、量筒(10ml)、玻璃棒、0.05mol/L 碘标准溶液、维生素 C 样品、稀醋酸(2mol/L)、淀粉指示剂(0.5% 水溶液,临用时配制)。

三、实验原理

维生素 C 是人体重要的维生素之一,缺乏时会产生坏血病,故维生素 C 又称抗坏血酸,属水溶性维生素。

维生素 C 分子中的烯二醇基具有还原性,能被 I_2 定量地氧化成二酮基,因此,以淀粉为指示剂,可用直接碘量法进行测定。

四、实验步骤

精密称取维生素 C 样品约 0.2g(精确至 0.1mg,平行称取 3 份),加入新煮沸过的冷纯化水 100ml、稀醋酸 10ml 使溶解,加入淀粉指示剂 1ml,立即用 I_2 标准溶液滴定,至溶液显蓝色并 30 秒内不褪色,即为终点。

记录滴定消耗的 I_2 标准溶液的体积。

五、数据记录与数据处理

	第一份	第二份	第三份
维生素 C 样品质量 m_s(g)			
滴定消耗的 I_2 标准溶液的体积 V_{I_2}(ml)			
I_2 标准溶液的浓度 c_{I_2}(mol/L)			
维生素 C 的含量 %			
维生素 C 的含量平均值 %			

维生素 C 的质量分数计算公式：

$$维生素\ C\% = \frac{c_{I_2} \times V_{I_2} \times M_{VC} \times 10^{-3}}{m_s} \times 100\%$$

其中 M_{VC}=176.13g/mol。

六、注 意 事 项

1. 溶解维生素 C 时,应加入新煮沸过的冷的蒸馏水。
2. 维生素 C 易被光、热破坏,操作过程中应注意避光防热。
3. 维生素 C 在碱性溶液中还原性更强,故滴定时须加入 HAc,使溶液保持一定的酸度,以减少维生素 C 与 I_2 以外的其他氧化剂作用。

七、思 考 题

1. 碘滴定液应装在何种滴定管中？为什么？
2. 为什么在实验中要加入稀醋酸？
3. 为什么要用新煮沸过的冷蒸馏水溶解维生素 C？

（姚祖福）

实验八　直接电位法测定溶液的 pH

一、实 验 目 的

1. 熟悉直接电位法测定溶液 pH 的基本原理。
2. 学会用酸度计测定溶液的 pH。

二、实 验 原 理

用直接电位法测定溶液的 pH 时,以玻璃电极作为指示电极,饱和甘汞电极作参比电极,将两个电极插入被测溶液中组成原电池,在一定条件下,电池电动势 E 与被测溶液 pH 的关系为：

$$E=K+0.0592pH \quad （25℃）$$

为消除公式中的常数 K,在具体测定时常用两次测定法。

首先校准仪器,测定由标准缓冲溶液（pH_s）组成的原电池的电动势 E_s,则：

$$E_s=K+0.0592pH_s$$

然后测定由待测溶液（pH_x）组成的原电池的电动势 E_x,则：

$$E_x=K+0.0592pH_x$$

将两式相减并整理,得

$$pHx=pHs+\frac{E_x-E_s}{0.0592} \quad (25℃)$$

为了减小误差,在校准仪器时常用两次校准法,即第一次校准时,利用酸度计上的定位调节器调节仪器的读数等于 pH_s,第二次校准时,利用酸度计上的斜率旋钮调节器调节仪器的读数等于另一个标准缓冲溶液的 pH_s,然后再将玻璃电极和甘汞电极(或复合电极)插入待测溶液中,酸度计显示的读数即为待测溶液的 pH_x。

三、仪器与试剂

pHS-3C 型 pH 计、玻璃电极、饱和甘汞电极(或复合 pH 电极)、50ml 小烧杯、温度计、塑料洗瓶、滤纸、胶头滴管、广泛 pH 试纸、0.025mol/L KH_2PO_4 和 Na_2HPO_4 标准缓冲溶液(25℃时 pH=6.86)、0.01mol/L 硼砂标准缓冲溶液(25℃时 pH=9.18)、邻苯二甲酸氢钾标准缓冲溶液(pH=4.00)、50g/L 葡萄糖溶液、生理盐水、12.5g/L 碳酸氢钠溶液。

四、实验步骤

1. 酸度计的准备与校准

(1) 提前将玻璃电极浸入纯化水 24 小时进行活化。

(2) 接通电源,打开仪器电源开关,预热 30 分钟以上。

(3) 取下短路电极插,安装电极。

(4) 将仪器功能选择按钮置"pH"位置。

(5) 调节"温度"补偿器,使仪器显示的温度与标准缓冲溶液的温度一致。

(6) 将浸泡好的电极用滤纸吸干水分,插入 pH=6.86 的标准缓冲溶液中,轻摇装有标准缓冲溶液的烧杯,待电极反应达到平衡后,调节"定位"调节器,使酸度计显示屏的读数为 6.86。

(7) 取出电极,用纯化水清洗,再用滤纸吸干水分,将其插入 pH=4.00 的邻苯二甲酸氢钾标准缓冲溶液中,轻摇装有标准缓冲溶液的烧杯,待电极反应达到平衡后,调节"斜率"调节器,使酸度计读数为 4.00。

重复(6)、(7)的操作,直至酸度计显示屏的数据重复显示标准缓冲溶液的 pH(允许变化范围为 ±0.01pH)。

2. 待测溶液 pH 的测定

(1) 50g/L 葡萄糖溶液 pH 的测定 用纯化水将电极清洗干净,再用待测葡萄糖溶液清洗,再将电极插入待测葡萄糖溶液中,轻轻晃动烧杯,待显示屏上显示的数据稳定后(读数在 1 分钟内改变不超过 ±0.05pH),读取葡萄糖溶液的 pH。重复测量三次,记录数值。

(2) 生理盐水 pH 的测定 用纯化水将电极清洗干净,再用待测生理盐水清洗,再将电极插入待测生理盐水中,轻轻晃动烧杯,待显示屏上显示的数据稳定后(读数在 1 分钟内改变不超过 ±0.05pH),读取生理盐水的 pH。重复测量三次,记录数值。

(3) 12.5g/L 碳酸氢钠溶液 pH 的测定 用 pH=9.18 的硼砂盐标准缓冲溶液代替 pH=4.00 的邻苯二甲酸氢钾标准缓冲溶液进行"斜率"校正,然后用同样的方法测量碳酸氢钠溶液的 pH,重复测量 3 次,记录数值。

测量完毕,关上"电源"开关,拔去电源。取下电极,用纯化水将电极清洗干净,浸入纯化水中备用。

五、数据记录与处理结果

测定次数	第一份	第二份	第三份	平均值(pH)
50g/L 葡萄糖溶液 pH 值				
12.5g/L 碳酸氢钠溶液 pH 值				
生理盐水 pH 值				

六、注 意 事 项

1. 玻璃电极的敏感膜非常薄,易于破碎损坏,因此,使用时应注意勿与硬物碰撞,电极上所黏附的水分,只能用滤纸轻轻吸干,不得擦拭。

2. 使用甘汞电极时,电极内应充满 KCl 溶液,不得有气泡,防止断路。使用时应将电极下端的橡皮帽取下,并拔去电极上部的小橡皮塞,让极少量的 KCl 溶液从毛细管中渗出,保证甘汞电极下端毛细管畅通,使测定结果更可靠。

3. 玻璃电极不能用于测定含有氟离子的溶液,也不能用浓硫酸洗液、浓乙醇来洗涤电极,否则会使电极表面脱水,而失去功能。

七、思 考 题

1. 测定溶液 pH 时为什么要先用标准缓冲溶液进行定位?
2. 玻璃电极或复合电极使用前应如何处理?

(马纪伟)

实验九　对氨基苯磺酸钠的含量测定

一、实 验 目 的

1. 掌握永停滴定法的基本原理。
2. 熟悉重氮化反应的条件控制。
3. 学会使用永停滴定仪。

二、实 验 原 理

对氨基苯磺酸钠含有芳香伯胺基团,在酸性条件下可与 $NaNO_2$ 滴定液定量地生成重氮盐。化学计量点后,稍有过量的 $NaNO_2$,便会生成 HNO_2 及其分解产物 NO,形成可逆电对 HNO_2/NO,在有数十毫伏外加电压的两个铂电极上将发生电解反应,电路中有电流通过,电流计指针将发生偏转,从而指示终点到达。

三、仪 器 与 试 剂

电子天平、烧杯、滴定管、永停滴定仪、铂电极、电磁搅拌器、0.1mol/L $NaNO_2$ 滴定液、对氨基苯磺酸钠、12mol/L HCl、KBr(AR)。

四、实 验 步 骤

1. **称量试样**　精密称取对氨基苯磺酸钠约 0.5g,加 50ml 蒸馏水使其溶解,再加 12mol/L 的盐酸 5ml 及 1g KBr,搅拌均匀,冷却至 10~15℃。

2. **滴定试样溶液**　将永停滴定仪中的两个铂电极插入到被测溶液中,然后将滴定管尖端插入液面下约 2/3 处,在电磁搅拌器的搅拌下用 $NaNO_2$ 标准源液滴定对氨基苯磺酸钠。滴定至接近化学计量点时,将滴定管尖端提出液面,用少量蒸馏水洗涤尖端,洗液并入溶液中,继续缓缓滴定,直到装置中的电流计指针发生明显偏转且不再恢复即达到化学计量点。记录消耗 $NaNO_2$ 溶液的体积,平行测定 2~3 次。

3. **计算含量**　用下式计算对氨基苯磺酸钠的含量:

$$\omega_{C_6H_6NSO_3Na} = \frac{c_{NaNO_2} V_{NaNO_2} M_{C_6H_6NSO_3Na} \times 10^{-3}}{m_s}$$

五、数据记录与处理结果

测定次数	第一份	第二份	第三份
对氨基苯磺酸钠的质量(g)			
$NaNO_2$ 滴定液氮体积(ml)			
对氨基苯磺酸钠的含量(ω)			
平均含量($\overline{\omega}$)			

六、注 意 事 项

1. 严格控制外加电压,以 80~90mV 为宜。

2. 酸度一般控制在 1~2mol/L。

3. 温度不宜过高,滴定管插入液面 2/3 处使滴定速度略快,使重氮化反应完全。

七、思 考 题

1. 通过实验,比较淀粉 -KI 外指示剂与永停滴定法的优缺点。

2. 为什么要用快速滴定法?

3. 滴定中若使用过高的外加电压会出现什么现象?

(马纪伟)

实验十　维生素 B_{12} 吸收曲线的测绘及含量测定

一、实 验 目 的

1. 掌握测绘吸收曲线、寻找最大吸收波长的一般方法。

2. 掌握吸光系数法和测定对照法测定含量的方法。

3. 学会使用紫外 - 可见分光光度计。

二、实 验 原 理

采用紫外 - 可见分光光度计测绘维生素 B_{12} 溶液的吸收曲线。用相应的试剂做空白溶液,测不同波长下该溶液的吸收度,并以 A 对 λ 作图,即得吸收曲线。

对照法是先配制标准溶液和待测溶液,相同条件下,分别测得标准溶液和待测溶液的吸光度 A_s 和 A_x,用下式计算待测溶液的浓度:

$$C_x = \frac{A_x}{A_s} \times C_s$$

维生素 B_{12} 水溶液在 278nm±1nm、361nm±1nm 与 550nm±1nm 三波长处有最大吸收。361nm 的吸收峰干扰因素最少,药典规定以 361nm±1nm 处的百分吸光系数值(207)为测定维生素 B_{12} 含量的依据。

$$C_x = A \times \frac{1}{207}(g/100ml) = A \times 48.31(\mu g/ml)$$

三、仪器与试剂

紫外 - 可见分光光度计(SP-752 型)、维生素 B_{12} 标准溶液(50μg/ml)、维生素 B_{12} 供试液、滤纸、坐标纸、石英比色皿。

230

四、实 验 步 骤

1. **绘制吸收曲线** 取两只 1cm 比色皿,分别装入维生素 B_{12} 标准溶液的稀释液和空白溶液,置于仪器中比色皿架上。仪器波长从(220nm)或(700nm)开始,每隔 20nm 测量一次被测溶液的吸光度。在有吸收峰或吸收谷的波段,再以 5nm(或更小)的间隔测定一些点。必要时重复一次。记录不同波长处的吸光度值,以波长为横坐标,吸光度为纵坐标,将测得值逐点描绘在坐标纸上并连接起来,即得吸收曲线,找出最大吸收波长。

2. **吸光系数法** 取维生素 B_{12} 供试品溶液,置于 1cm 石英比色皿中,以蒸馏水做空白,用紫外-可见分光光度计,在最大吸收波长 361nm 处,测定其吸光度,计算维生素 B_{12} 供试品溶液浓度。

3. **对照法** 用蒸馏水做空白,分别取维生素 B_{12} 标准溶液和供试品溶液,置于 1cm 石英比色皿中,用紫外-可见分光光度计,在最大吸收波长 361nm 处,分别测定维生素 B_{12} 标准溶液吸光度(A_s)与供试品溶液的吸光度(A_x),计算维生素 B_{12} 供试品溶液浓度。

五、数据记录与处理结果

1. **绘制吸收曲线**

波长 λ(nm)									
吸光度 A									

2. **吸光系数法** 查阅手册的维生素 B_{12} 在 361nm 波长处的吸光系数,根据测得的维生素 B_{12} 供试品溶液的吸光度,计算其含量。

3. **对照法**

维生素 B_{12} 标准溶液吸光度 A_s	
维生素 B_{12} 供试品溶液吸光度 A_x	
维生素 B_{12} 供试品溶液的含量	

六、注 意 事 项

1. 仪器预热或暂停测试时,应打开试样室盖,避免光电管受光过强或时间过长而疲劳或损坏。

2. 不能用手捏比色皿的透光面。比色皿盛放溶液前,应用待装溶液洗 3 次。试液应装至比色皿高度的 3/4 处,装液时要尽量避免溢出,如果池壁上有液滴,应用滤纸吸干。

3. 推拉吸收池拉杆时,一定要轻、稳,确保滑板在定位槽中。

4. 根据所用的入射光波长,选择适当的光源及适当材质的比色皿。

七、思 考 题

1. 改变入射光的波长时,要用空白溶液调节透光率为 100%,再测定溶液的吸光度,为什么?
2. 测定吸光度时为什么要用石英吸收池?若用玻璃吸收池,有何影响?
3. 用吸光系数法进行定量分析的优缺点是什么?

(陈建平)

实验十一 水中微量铁的含量测定

一、实 验 目 的

1. 掌握标准曲线法的一般步骤。

2. 熟悉邻二氮菲测定 Fe(Ⅱ)的原理和方法。

3. 学会绘制标准曲线。

二、实 验 原 理

Fe^{2+} 与邻二氮菲生成极稳定的橙红色配位离子 $[(C_{12}H_8N_2)_3Fe]^{2+}$，反应灵敏度高，是定量测量铁离子较好的方法。生成的配合物在 508nm 处的摩尔吸收系数为 11 000；在 pH 2~9 范围内，颜色深度与酸度无关。该配位离子稳定，颜色深度长时间内不发生变化。

三、仪器与试剂

紫外 - 可见分光光度计(SP-752 型)、标准铁溶液(约 50μg/ml)、0.15% 邻二氮菲溶液(新配制)、2% 盐酸羟胺溶液(新配制)、醋酸盐缓冲液、纯化水、吸量管、容量瓶、量筒、玻璃比色皿。

四、实 验 步 骤

1. 绘制标准曲线 分别精密吸取标准铁溶液 0.0、0.5、1.0、1.5、2.0、2.5ml 置于 6 个 25ml 容量瓶中，依次加入醋酸盐缓冲液 3ml，盐酸羟胺溶液 3ml，邻二氮菲溶液 3ml，用蒸馏水稀释至刻度，摇匀，放置 10 分钟，制成标准系列。

以不加标准液的一份做空白，用中等浓度的一份在 490~510nm 间测定 5 至 10 个点，选择最大吸收波长作为工作波长。

以不加标准液的一份做空白，用工作波长分别测定标准系列的吸光度。以铁标准液浓度(或含铁量)为横坐标，各溶液的吸光度为纵坐标，绘制标准曲线。

2. 水样测定 在相同的条件下，精密吸取自来水样 3ml(或适量)置于 25ml 容量瓶中，按上述制备标准系列的方法配制待测溶液并测定吸光度，然后在标准曲线上查找出待测水样铁的含量。

五、数据记录与处理结果

最大吸收波长 λ_{max}_____

	标准溶液(μg/ml)						未知液
容量瓶编号	1	2	3	4	5	6	7
溶液体积(ml)	0	0.5	1.0	1.5	2.0	2.5	3
吸光度 A							
总含铁量(μg/ml)							

六、注 意 事 项

1. 配制标准溶液和待测溶液的容量瓶应及时贴上标签，以防混淆。显色时，加入各种试剂的顺序不能颠倒。

2. 测定标准系列的吸光度时，应按浓度由稀到浓的顺序依次测定。比色皿装溶液时，要先用待测溶液洗涤 2~3 次。

3. 应及时记录测定溶液的吸光度，根据实验数据在坐标纸上绘制出标准曲线。

七、思 考 题

1. 用邻二氮菲法测定铁时，为什么在加显色剂前需加入盐酸羟胺？

2. 本实验量取液体时，哪些可用量筒？哪些必须用吸量管？

3. 标准曲线法和标准对比法的优缺点各是什么？

(陈建平)

实验十二　安痛定注射液中安替比林的含量测定

一、实验目的

1. 掌握等吸收双波长消去法测定多组分含量的原理和方法。
2. 熟悉用单波长分光光度计(单光束或双光束)进行双波长测定的方法。

二、实验原理

本实验以安痛定注射液中测定安替比林为例。安痛定注射液是每毫升含氨基比林 50mg、安替比林 20mg 及巴比妥 9mg 的水溶液。测得这三种组分在 HCl 溶液(0.1mol/L)中的吸收光谱,可见安替比林的吸收峰波长与氨基比林的吸收谷波长很相近(λ_1),而在氨基比林光谱上与 λ_1 处吸收相等的波长 λ_2 处,安替比林的吸光度较低;巴比妥在此二波长处则基本无吸收,干扰可忽略。因此,可通过实验用氨基比林溶液选定 λ_1 和 λ_2 两个波长。再通过测定已知浓度安替比林溶液求得 ΔE,即可测定出安痛定中安替比林的含量。

实验可用一般单波长紫外分光光度计进行,也可在双波长仪器上测试。

三、仪器与试剂

SP-752 型紫外 - 可见分光光度计(或双波长紫外分光光度计)、石英比色皿、容量瓶、氨基比林、安替比林及巴比妥纯品、安痛定注射液。

四、实验步骤

1. **λ_1 和 λ_2 的选定**　取氨基比林纯品,用 HCl(0.1mol/L)为溶剂,配制成浓度约为 0.015mg/ml 的溶液(不必准确)。以 HCl 溶液(0.1mol/L)为空白测定吸光度,在 230nm 附近选定一波长 λ_1,再在 265nm 附近测定几个不同波长处的吸光度,找出吸光度与 λ_1 处相等时的波长 λ_2。若用双波长仪器,则只需将样品溶液置于光路中,固定一个单色器的波长于 λ_1 处,用另一单色器作波长扫描即可找到 λ_2。

2. **安替比林 ΔA 的测定**　取安替比林纯品,精密称量,用 HCl 溶液(0.1mol/L)准确配制成 100ml 含安替比林约 1.2~1.3mg 的溶液,计算百分浓度值(准确至相对误差小于 0.1%)。以 HCl 溶液(0.1mol/L)为空白分别在所选定的 λ_1 和 λ_2 处测定吸光度 A_1 与 A_2。用所测得的吸光度值与溶液的浓度 c 计算 ΔE,若用双波长仪器,则将两单色器的波长分别固定于 λ_1 和 λ_2 处,即可测得 ΔA。

3. **安痛定注射液中安替比林的测定**　精密吸取样品,用 HCl 溶液(0.1mol/L)准确稀释至 2000 倍(含安替比林约 0.001%)。在 λ_1 和 λ_2 处测定吸光度,以其差值 ΔA 计算被测液中的安替比林含量。再换算样品中含量与标示量的比值。

五、数据记录与处理结果

1. **λ_1 和 λ_2 的选定**

λ_1=_____nm,λ_2=_____nm

2. **安替比林纯品 ΔA 的测定**

$\rho_{纯}$=_____g/100ml,根据测定的 $\Delta A_{纯}$ 得:$\Delta A_{纯}$=$\Delta E L \rho_{纯}$。

3. **安痛定注射液试样中安替比林的测定**

根据测定的 $\Delta A_{样}$ 得:$\Delta A_{样}$=$\Delta E L \rho_{样}$。

$\rho_{样}$=_____g/100ml,

$\rho_{原样}$=2000×$\rho_{样}$=_____g/100ml。

六、注 意 事 项

1. 取样时,移液管应用样品溶液润洗 3 次以保持浓度一致。

2. 配制好的溶液应做好标签记号。

3. 吸收池用毕应充分洗净保存。关闭仪器,检查干燥剂及防尘措施。

七、思 考 题

1. 氨基比林的溶液为何不需精确配制?

2. 怎样根据吸收光谱曲线选择适当的波长?

(陈建平)

实验十三　硫酸奎尼丁的含量测定

一、实 验 目 的

1. 掌握荧光分析法测定硫酸奎尼丁的原理及方法。

2. 熟悉荧光分析法的基本原理。

3. 熟悉荧光分光光度计的结构及操作。

4. 学会使用荧光分光光度计。

二、实 验 原 理

在经过紫外线或波长较短的可见光照射后,一些物质会发射出比入射光波长更长的荧光。在稀溶液中,当实验条件一定时,荧光强度 F 与荧光物质的浓度 c 呈线性关系:

$$F=Kc$$

通过测定物质发射出荧光强度便可以求出荧光物质的浓度。

物质是否能产生荧光与其化学结构有关。硫酸奎尼丁(quinidine sulfate)分子具有喹啉环结构(不饱和稠环),在紫外线或波长较短的可见光的照射下可产生较强的荧光。本实验采用荧光光度计测定待测溶液的荧光强度,用标准曲线法计算硫酸奎尼丁的含量。

三、仪 器 与 试 剂

荧光分光光度计、石英样品池(1cm)、吸量管(5ml,10ml)、容量瓶(50ml,1000ml)、硫酸奎尼丁对照品、硫酸奎尼丁样品、硫酸溶液(0.05mol/L)。

四、实 验 步 骤

1. 标准系列溶液的配制

(1) 10μg/ml 酸奎尼丁标准溶液的配制　称取 10.0g 硫酸奎尼丁于小烧杯中,加入少量 0.05mol/L 的 H_2SO_4 溶液溶解后,转移至 1000ml 的容量瓶中,用 0.05mol/L 的 H_2SO_4 溶液定容至标线,摇匀。

(2) 标准系列的配制　精密移取 10μg/ml 硫酸奎尼丁标准溶液 1.00ml、3.00ml、5.00ml、7.00ml、9.00ml,分别加入 5 个洁净的 50ml 容量瓶中,用 0.05mol/L H_2SO_4 溶液稀释至标线,摇匀,得到 0.20μg/ml、0.60μg/ml、1.00μg/ml、1.40μg/ml、1.80μg/ml 硫酸奎尼丁标准系列。

2. 仪器启动　打开灯电源,依次开启主机电源、计算机电源。待仪器初始化后,设置参数。

3. 荧光光谱和激发光谱的绘制

(1) 选择适当的测量条件(如灵敏度、狭缝宽度、扫描速度及纵坐标和横坐标等。将 1.80μg/ml 的标准溶液倒入样品池,放在仪器的池架上,关好样品室盖。

(2) 首先固定激发波长为 360nm,在 370~700nm 区间范围内扫描荧光光谱,从绘制的荧光光谱中确定最大发射波长 $\lambda_{em,max}$;再固定发射波长为最大发射波长 $\lambda_{em,max}$,在 300~400nm 区间范围内扫描激发光谱,从绘制的激发光谱中,确定最大激发波长 $\lambda_{ex,max}$。

4. 样品含量的测定

(1) 绘制标准曲线:将激发波长固定在 $\lambda_{ex,max}$,发射波长固定在 $\lambda_{em,max}$,以 H_2SO_4 溶液(0.05mol/L)作空白溶液,按照从稀到浓的顺序分别测量系列标准溶液的荧光强度,以荧光强度为纵坐标、以硫酸奎尼丁的质量浓度为横坐标绘制标准曲线。

(2) 硫酸奎尼丁待测样品溶液的配制:精密称取硫酸奎尼丁样品约 50mg 于小烧杯中,加入少量 0.05mol/L 的 H_2SO_4 溶液溶解后,转移至 50ml 的容量瓶中,用 0.05mol/L 的 H_2SO_4 溶液定容至标线,摇匀。精密移取此溶液 0.50ml,加入 100ml 容量瓶中,用 0.05mol/L H_2SO_4 溶液稀释至标线,摇匀,待测。

(3) 待测样品溶液含量的测定:按测定硫酸奎尼丁标准溶液的方法测定样品溶液的荧光强度,用标准曲线法定量。

5. 测量结束把数据打印保存,按照与开机顺序相反的次序关机。

五、数据记录与处理结果

1. 数据记录

硫酸奎尼丁标准溶液和待测样品溶液的荧光强度

溶液名称	1	2	3	4	5	空白液	试样液
10μg/ml 标准溶液体积(ml)	1.00	3.00	5.00	7.00	9.00	0.00	
稀释后溶液总体积(ml)	50.0	50.0	50.0	50.0	50.0		50.0
标准溶液质量浓度(μg/ml)	2.0	6.0	10.0	14.0	18.0	0.00	
测定荧光强度(F)							

2. 结果计算

$$硫酸奎尼丁的含量(\%) = \frac{C_x \times 100.00 \times 50.00}{0.50 \times m_s} \times 100\%$$

六、注意事项

1. 注意荧光光度计的开关机顺序。开机时必须先开启氙灯电源,再打开仪器主机电源开关。关机顺序与开机顺序相反。

2. 按照从稀到浓的顺序测定标准溶液的荧光强度,换液时注意用待装溶液润洗样品池。

3. 影响荧光强度的因素很多,操作过程中应严格控制实验条件。注意不要用手触摸及擦拭样品池的四个透光面。

七、思考题

1. 什么是荧光分析法?荧光分析法有何特点?

2. 测定待测样品溶液和标准溶液时,为什么要同时测定 0.05mol/L 硫酸空白溶液?

3. 荧光光度计与紫外-可见分光光度计在结构上有什么异同?

(张学东)

实验十四　血清铜的含量测定

一、实验目的

1. 掌握火焰原子吸收分光光度法测定血清铜的原理及方法。
2. 熟悉火焰原子吸收分光光度法基本原理。
3. 熟悉火焰原子吸收分光光度计结构及操作流程。
4. 学会使用标准曲线定量法。

二、实验原理

火焰原子吸收分光光度法是测定铜的首选方法,具有简便、快速、灵敏度高等特点。根据朗伯比尔定律,火焰原子化器中,待测元素铜的基态原子吸收铜元素空心阴极灯发射出的共振线 324.8nm,共振线处光强变化(吸光度大小)与待测样品中铜的基态原子浓度成正比,应用标准曲线法可测得铜元素的含量。

三、仪器与试剂

火焰原子吸收分光光度计、铜元素空心阴极灯、乙炔钢瓶、空气压缩机、铜标准贮备液(1000.0µg/ml)、硝酸、去离子水、10% 甘油等。

四、实验步骤

1. 溶液的配制

(1) 标准溶液(10.0µg/ml)的配制:以 1:100 硝酸溶液稀释铜标准贮备液至 10.0µg/ml,摇匀备用;

(2) 铜标准系列的配制:准确吸取 0.500ml、1.00ml、2.00ml、4.00ml、8.00ml、10.0ml 浓度为 10.0µg/ml 的铜标准溶液,分别置于 50ml 容量瓶中,然后以 10% 甘油水溶液稀释至刻度,摇匀备用。

(3) 样品溶液的制备:取血清和等量去离子水混匀即得。

2. 仪器启动　照所使用原子吸收分光光度计说明书操作,试验条件根据具体仪器而定。参考条件如下:分析线波长为 324.8nm;灯电流为 10mA;狭缝宽度为 0.2mm;燃烧器高度为 5.0mm;乙炔流量为 0.8L/min;空气流量为 4.5L/min。

3. 吸光度测定　仪器稳定后,用去离子水作空白喷雾调零,分别按照浓度由低到高的原则,测定铜标准系列及待测样品溶液的吸光度。

五、数据记录与处理结果

铜标准曲线系列及样品溶液吸光度

铜标准溶液系列 µg/ml	0.10	0.20	0.40	0.80	1.60	2.00	样品溶液
吸光度 A							
样品溶液浓度 µg/ml							

依据上表记录数据绘制标准曲线,根据待测血清样品溶液的吸光度从标准曲线上查得相应的铜元素的浓度,再乘上稀释倍数 2 即得待测血清中铜的原始含量。

六、注意事项

1. 火焰原子吸收实际测定条件根据所用仪器进行优化。
2. 宜采用与血清基体效应一致的质控血清作为对照。

3. 标准曲线宜每次测定前制定。

4. 每次测定完一个溶液,都要用去离子水喷雾调零后,再测定下一个溶液。

七、思 考 题

1. 试述火焰原子吸收分光光度法测定中可能的干扰因素。

2. 制作铜标准系列时,为什么要以 10% 甘油作为稀释剂?

3. 请回答铜标准系列设置的依据。

(肖忠华)

实验十五 几种离子的柱色谱

一、实 验 目 的

1. 掌握柱色谱法分离几种离子混合物的操作技术。

2. 熟悉吸附色谱法的分离机制。

3. 学会吸附色谱柱的制备方法。

二、实 验 原 理

液-固吸附柱色谱是以固体吸附剂为固定相,以液体为流动相,利用吸附剂对不同组分的吸附能力的差异而实现分离的方法。

离子不同,在两相之间的吸附系数 K 不同,被吸附、解吸的能力也不同。组分的 K 值越大,组分被吸附的能力越大,在色谱柱中移动的速度越慢,则该组分越后流出柱子;K 值越小,组分被解吸的能力越大,在色谱柱中移动的速度越快,则该组分越先流出柱子。

三、仪 器 与 试 剂

滴定管(25ml)、滴定台、脱脂棉、玻璃棒、氧化铝(100 目 ~120 目)、蒸馏水、Fe^{3+}、Cu^{2+}、Co^{2+} 混合试液。

四、实 验 步 骤

1. **制备色谱柱** 取一支酸式滴定管,从广口一端塞入一小团脱脂棉,用玻璃棒轻轻压平。然后装入活性氧化铝,边装边轻轻敲打玻璃管,使填装均匀,使注入的高度约 15cm。在氧化铝上面再塞入一小团棉花,用玻璃棒压平,即为简单色谱柱,固定在滴定台上。

2. **加样** 用蒸馏水将色谱柱中的氧化铝全部润湿后,将含 Fe^{3+}、Cu^{2+}、Co^{2+} 三种离子的混合试液(10 滴)滴加到色谱柱顶端。

3. **洗脱** 待混合试液全部渗入氧化铝后,逐滴向色谱柱滴加蒸馏水进行洗脱,同时打开色谱柱下端的活塞,保持每分钟 15 滴的流速连续洗脱半小时。

根据吸附剂对不同离子吸附能力的强弱,将三种离子分成不同颜色的色带,观察并记录结果。

五、数据记录与处理结果

用一定体积的蒸馏水淋洗柱子之后,形成了三个不同颜色的色带。根据 Fe^{3+}、Cu^{2+}、Co^{2+} 三种离子分离情况说明分离效果。

	Fe^{3+}	Cu^{2+}	Co^{2+}
色带的位置及颜色			

六、注意事项

1. 装柱时要注意吸附剂填装均匀,松紧适宜,不能有断层和气泡。
2. 加样或加洗脱剂时,应慢慢滴加,洗脱剂应保持一定的高度。
3. 混合试液不宜加过量,洗脱速度不宜过快,否则色层分离不明显。

七、思考题

1. 装柱时为什么要轻轻敲打玻璃管?
2. 吸附柱上面为什么要塞入一小团棉花并压平?

(闫冬良)

实验十六　几种氨基酸的纸色谱

一、实验目的

1. 掌握纸色谱的操作步骤。
2. 熟悉纸色谱法的分离机制。
3. 学会纸色谱分离氨基酸混合物的操作技术。

二、实验原理

纸色谱法是在滤纸上对试样进行分离分析的色谱法。纸纤维上吸附的水作固定相,纸纤维对固定相起支撑作用。用不与"吸附水"混溶有机溶剂作流动相。由于纸色谱法的固定相和流动相均为液体,所以,其分离机制与液 - 液分配柱色谱相同,即利用试样各组分在两相之间的分配系数不同而实现分离,通过测算试样各组分的比移值 R_f 或相对比移值 R_s 进行定性分析。

三、仪器与试剂

色谱缸、分液漏斗、色谱滤纸、平头注射器、喷雾器、电吹风、米尺、醋酸、正丁醇、0.1% 茚三酮的乙醇溶液、0.1% 甘氨酸水溶液、0.1% 酪氨酸水溶液、0.1% 苯丙氨酸水溶液。

四、实验步骤

1. 制备展开剂　将正丁醇、醋酸、水按照 4∶1∶1(体积比)的比例混合制备展开剂。根据实验的用量,先将正丁醇与水在分液漏斗中一起振摇 10~15 分钟,然后加醋酸再振摇。静置分层,下层弃去,上层作为展开剂。

将展开剂倒入色谱缸内加盖密闭,放置半小时,使缸内形成饱和蒸气。

2. 制备氨基酸混合溶液　根据实验的用量,将 0.1% 甘氨酸水溶液、0.1% 酪氨酸水溶液、0.1% 苯丙氨酸水溶液按照 1∶1∶1(体积比)的比例混合即可。

3. 选择色谱滤纸　选择一块 10cm×20cm 边缘整齐、平整无折痕、均匀洁净的色谱滤纸,在距离滤纸一端 2cm 处用铅笔轻轻画一条直线作为点样线或起始线,在该直线上每隔 2cm 画一记号作为原点。

4. 点样　用平头注射器分别吸取三种氨基酸溶液各 1μl、氨基酸混合液 3μl 分别点在滤纸的四个原点上,点样直径在 1.5~3mm 之间。

5. 展开　将滤纸固定在层析缸盖的玻璃勾上,使滤纸的点样端浸入展开剂液面约 1cm 为宜,展开剂沿滤纸上升,经过原点时,试样中的各组分也随之而展开。待展开剂升至距离滤纸上端 2cm 处(大约 1 小时),小心取出,迅速用铅笔画出展开剂上升的位置(溶剂前沿线)。将滤纸晾干或用电吹风吹干。

6. 显色　用喷雾器将 1% 茚三酮的乙醇溶液均匀地喷在滤纸上,再用电吹风吹干(或 80℃烘干)后,即在滤纸上显出氨基酸的色斑,用铅笔标记各斑点中心的位置。

7. 定性分析　用米尺测量各斑点中心和溶剂前沿线至起始线的距离,分别计算各斑点的比移值 R_f,确定氨基酸混合溶液展开后各斑点是何种氨基酸。

五、数据记录与处理结果

	原点到溶剂前沿的距离(cm)	原点到斑点中心的距离(cm)	各斑点的 R_f
氨基酸混合液斑点 a			
氨基酸混合液斑点 b			
氨基酸混合液斑点 c			
甘氨酸的斑点			
酪氨酸的斑点			
苯丙氨酸的斑点			

原点到斑点中心的距离与起始线到溶剂前沿线的距离之比,称为比移值 R_f,计算公式如下。

$$R_f = \frac{原点到斑点中心的距离}{原点到溶剂前沿的距离}$$

氨基酸混合液三个斑点的 R_f 分别与甘氨酸、酪氨酸、苯丙氨酸斑点的 R_f 接近,则氨基酸混合液斑点成分即为对应的氨基酸。

六、注 意 事 项

1. 要保证色谱缸的气密性良好。展开前,色谱缸内用展开剂蒸气饱和。
2. 展开剂要临用前配制,以免发生酯化反应,影响色谱结果。
3. 展开时,起始线必须距离展开液面 1cm 左右。

七、思 考 题

1. 纸色谱为什么要在密闭的容器中进行?
2. 滤纸上的样点浸入展开剂的液面将会产生什么后果?
3. 实际测的样品的 R_f 值与资料上的 R_f 值不完全相同,为什么?

(闫冬良)

实验十七　几种磺胺类药物的薄层色谱

一、实 验 目 的

1. 掌握薄层色谱法分离、鉴定混合物的步骤和操作技术。
2. 熟悉吸附色谱法的分离机制。
3. 学会硅胶 CMC-Na 硬板的制备方法。

二、实 验 原 理

将吸附剂均匀地涂铺在平整光洁的载体上形成一定厚度薄层,在此薄层上进行分离分析的色谱法称为吸附薄层色谱法。在色谱过程中,试样各组分在固定相和流动相之间反复进行吸附、解吸、再吸附、再解吸……,由于各组分存在结构和性质差异,被两相吸附、解吸的能力有所不同,从而产生差速迁移,实现分离,将斑点定位后,通过测算试样各组分的比移值 R_f 或相对比移值 R_s 进行定性分析。

三、仪器与试剂

玻璃板、研钵、烘箱、色谱缸、硅胶(140目)、1% CMC-Na溶液、1%磺胺二甲嘧啶丙酮溶液、1%乙酰磺胺丙酮溶液、1%磺胺咪丙酮溶液、1%的4-二甲氨基苯甲醛溶液、氯仿:甲醇(80:15)混合液。

四、实验步骤

1. 制备硅胶硬板 在本实验课前几天,由学生制板或老师代做。

选一块10cm×20cm的光洁玻璃板洗净备用。取5g硅胶置于研钵中,加15ml 1% CMC-Na溶液,在研钵中调和均匀,将调制好的吸附剂糊状物倾倒在准备好的玻璃板上,用洁净玻璃棒摊平后涂约0.5mm,轻轻晃动玻璃板,使薄层均匀、平坦、光滑,置于水平台上24小时,晾干,再置于110℃烘箱内加热活化1小时,取出置于干燥器冷却备用。

2. 制备磺胺类药物混合溶液 分别取1%磺胺二甲嘧啶丙酮溶液、1%乙酰磺胺丙酮溶液、1%磺胺咪丙酮溶液数滴,按照1:1:1(体积比)的比例混合即可。

3. 点样 在距离薄板一端2cm处用铅笔轻轻画一条直线作为点样线或起始线,在该直线上每隔2cm画一记号作为原点。用平头注射器分别吸取三种磺胺类药物溶液各1μl、磺胺类药物混合液3μl分别点在薄板的四个原点上,点样直径控制在1.5~3mm之间。

4. 展开 将硬板放入盛有氯仿:甲醇(80:15)展开剂的密闭色谱缸内饱和10分钟。将薄板的点样一端浸入展开剂液面下约1cm,展开剂沿薄板上升,经过原点时,试样中的各组分随之而展开。待展开剂升至距离薄板上端2cm处(大约40分钟),小心取出,迅速用铅笔画出展开剂上升的位置(溶剂前沿线)将薄板晾干或用电吹风吹干。

5. 显色 用喷雾器将1%的4-二甲氨基苯甲醛均匀地喷到薄层板上,使每个药物斑点显色。

6. 定性分析 测算各斑点的 R_f 值,确定磺胺类药物混合溶液展开后各斑点是何种药物。

五、数据记录与处理结果

	原点到溶剂前沿的距离(cm)	原点到斑点中心的距离(cm)	各斑点的 R_f
药物混合液斑点 a			
药物混合液斑点 b			
药物混合液斑点 c			
磺胺二甲嘧啶的斑点			
乙酰磺胺的斑点			
磺胺咪的斑点			

测算各个斑点 R_f 与纸色谱法相同,此不赘述。

六、注意事项

1. 取薄板时,不能用手触摸涂铺吸附剂薄板面。
2. 薄层板活化后,应贮存于干燥器中,以免吸收空气中的水分而降低活性。
3. 在薄板上画线或作记号时,不能划破薄层。
4. 要保证色谱缸的气密性良好。展开前,色谱缸用展开剂蒸气饱和。

七、思 考 题

1. 薄层板为什么要活化？活度级别与含水量有什么关系？
2. 在与手册资料相同的条件下，实测的试样 R_f 值与资料记载是否完全相同？
3. 试样展开后，能否对待测组分进行定量分析？

（闫冬良）

实验十八 藿香正气水中乙醇的含量测定

一、实 验 目 的

1. 掌握用气相色谱法测定中药制剂中乙醇含量的方法。
2. 熟悉气相色谱法的定量分析方法。

二、实 验 原 理

藿香正气水为酊剂，由苍术、陈皮、广藿香等十味药组成，制备过程中所用溶剂为乙醇。由于制剂中含乙醇量的高低对于制剂有效成分的含量、所含杂质的类型和数量以及制剂的稳定性等都有影响，所以《中国药典》规定对该类制剂需做乙醇量检查。

乙醇具有挥发性，《中国药典》采用气相色谱法测定各种制剂在 20℃时乙醇（C_2H_5OH）含量（%，ml/ml）。因中药制剂中所有组分并非能全部出峰，故采用内标法定量。色谱条件为：填充柱或 DB-624 毛细管柱，以直径为 0.25~0.18mm 的二乙烯苯 - 乙基乙烯苯型高分子多孔小球作为载体，柱温为 120~150℃，氮气为流动相，检测器为氢火焰离子化检测器。

三、仪器与试剂

气相色谱仪、微量注射器、无水乙醇、正丙醇（AR）、藿香正气水（市售）。

四、实 验 步 骤

1. 标准溶液的制备 精密量取恒温至 20℃的无水乙醇和正丙醇各 5ml，加水稀释成 100ml，混匀，即得。

2. 供试品溶液的制备 精密量取恒温至 20℃的藿香正气水 10ml 和正丙醇 5ml，加水稀释成 100ml，混匀，即得。

3. 测定方法

(1) 校正因子的测定：取标准溶液 2μl，连续注样 3 次，记录对照品无水乙醇和内标物质正丙醇的峰面积，按下式计算校正因子：

$$f(校正因子) = \frac{A_s/c_s}{A_R/c_R}$$

A_s 为内标物质正丙醇的峰面积；A_R 为对照物无水乙醇的峰面积。

c_s 为内标物质正丙醇的浓度；c_R 为对照物无水乙醇的浓度。

取 3 次计算的平均值作为结果。

(2) 供试品溶液的测定：取供试品溶液 2μl，连续注样 3 次，记录供试品中待测组分乙醇和内标物质正丙醇的峰面积，按下式计算含量：

$$c_x(含量) = f \times \frac{A_x}{A_R/c_R}$$

A_x 为供试品溶液的峰面积;c_x 为供试品的浓度。

取 3 次计算的平均值作为结果。

藿香正气水乙醇含量应为 40%~50%。

五、数据记录与处理结果

1. 校正因子的测定

	正丙醇			无水乙醇		
浓度						
峰面积						
校正因子						

2. 供试品溶液的测定

	正丙醇			供试品溶液		
浓度						
峰面积						
乙醇含量						

六、注意事项

1. 在不含内标物的供试品溶液的色谱图中,与内标物色谱峰相应的位置处不得出现杂质峰。

2. 标准溶液和供试品溶液各连续 3 次注样所得各次校正因子和乙醇含量与其相应的平均值的相对偏差,均不得大于 1.5%,否则应该重新测定。

3. 各种固定相均有最高使用温度的限制,为延长色谱柱的使用寿命,在分离度达到要求的情况下尽可能选择低的柱温。开机时,要先通载气,再升高气化室、检测室温度和分析柱温度,为使检测室温度始终高于分析柱温度,可先加热检测室,待检测室温度升至近设定温度时再升高分析柱温度;关机前须先降温,待柱温降至 50℃ 以下时,才可停止通载气、关机。

4. 为获得较好的精密度和色谱峰形状,进样时速度要快而果断,并且每次进样速度、留针时间应保持一致。

七、思考题

1. 内标物的选择应符合哪些条件?

2. 实验过程中可能引入误差的机会有哪些?

3. 内标法中,进样量的多少对结果有无影响?

（赵小菁）

实验十九　血清阿司匹林的含量测定

一、实验目的

1. 了解高效液相色谱仪的工作原理。

2. 掌握高效液相色谱法测定血清阿司匹林的原理及方法。

3. 熟悉高效液相色谱仪结构及操作流程。

4. 学会用外标法进行定量分析。

二、实验原理

血清中阿司匹林经前处理提取溶解后的甲醇溶液经反相键合相高效液相色谱法分离,在240nm波长处有最大吸收,其吸收值的大小与阿司匹林含量成正比,利用已知标准对照品保留时间定性,峰面积外标法定量。

三、仪器与试剂

二元高压梯度高效液相色谱仪、紫外 - 可见光检测器、100μl 微量平头注射器、ODS C_{18} 柱(150mm×4.6mm,5μm)、超声波清洗器、溶剂过滤器、氮吹仪、漩涡混合器、高速离心机、分析天平、0.45μm 微孔尼龙滤膜等、甲醇(色谱纯)、二氯甲烷、三乙胺、冰醋酸、超纯水、阿司匹林对照品等。

四、实验步骤

1. 样品溶液及对照品溶液配制 ①样品溶液制备:以真空采血装置采取静脉血,分离血清,准确移取血清 200μl,加入二氯甲烷 3ml,涡旋混匀,3000r/min 离心 15 分钟,取上清液用氮气吹干,试管壁残渣用 0.5ml 流动相溶解,3000r/min 离心 5 分钟,制备得到样品溶液。②对照品溶液制备:精密称取阿司匹林对照品适量以甲醇为溶剂制备含阿司匹林 100mg/L 贮备液,逐级稀释成 0.5mg/ml 阿司匹林对照使用液即为对照品溶液。

2. 高效液相色谱参考条件 ODS C_{18} 柱(150mm×4.6mm,5μm);流动相:1% 醋酸 - 甲醇(75:25,三乙胺调节 pH 至 3.5);流速 1.0ml/min;检测波长 240nm。

3. 测定 先以纯甲醇平衡色谱柱 30 分钟以上,之后以"2"所述流动相冲柱直到基线平直后分别手动进样对照品溶液、样品溶液各 20μl,保存色谱图,记录两次色谱图阿司匹林出峰保留时间、峰面积、半峰宽。同时做空白血清(健康志愿者混合血清)。

4. 关机 试验结束后,分别以水 - 甲醇(75:25),水 - 甲醇(50:50),水 - 甲醇(30:70),水 - 甲醇(10:90),甲醇(100%)各冲柱 30 分钟后停泵关机。

五、数据记录与处理结果

	浓度	浓缩倍数	保留时间	半峰宽	峰面积
阿司匹林对照品溶液					
阿司匹林试样溶液					
血清中阿司匹林					

根据一点外标法,血清中阿司匹林含量计算公式为:

$$c = \frac{S_{试样溶液}}{S_{对照溶液}} c_{对照溶液} \times \frac{10}{1000} (\mu g/ml)$$

式中:c 为待测血清中阿司匹林含量,μg/ml;$S_{试样溶液}$ 为测得样品溶液中阿司匹林峰面积;$S_{对照溶液}$ 为测得对照溶液中阿司匹林峰面积;$c_{对照溶液}$ 为对照溶液中阿司匹林浓度;10 为浓缩倍数,即由 200μl 原始血清处理浓缩成样品溶液 20μl 的浓缩倍数;1000 为 mg/ml 换算为 μg/ml 的系数。

六、注意事项

1. 色谱系统色谱行为个体差异大,色谱条件仅为参考,宜根据所用色谱系统实际情况适当调整。
2. 血药浓度监测事关用药指导,实际临床应用时应对血药浓度测定高效液相色谱方法学进行全面考察。
3. 临床血标本可能含有蛋白类成分而影响柱效,应选用硅胶孔径较大的色谱柱。

七、思 考 题

1. 试述高效液相色谱法一点外标法优缺点。
2. 试述高效液相色谱法的分析过程。
3. 如何选定对照品溶液浓度？

（肖忠华）

第 一 章

一、选择题

(一)单选题

1. E 2. B 3. C 4. C 5. B 6. D

(二)多选题

1. BD 2. ABD 3. ABCDE 4. AC 5. BDE

二、填空题

1. 分析方法,实验技术

2. 定性分析,定量分析,结构分析

3. 化学分析,仪器分析

4. 酸碱滴定法,沉淀滴定法,配位滴定法,氧化还原滴定法

5. 常量分析,微量分析,痕量分析

6. 采集试样,制备试样,测定待测组分的相对含量,处理分析数据、表示分析结果

三、简答题(略)

第 二 章

一、选择题

(一)单选题

1. A 2. D 3. B 4. A 5. A 6. C 7. E 8. E 9. A 10. C

(二)多选题

1. ABC 2. ABCDE 3. ABCDE 4. BE 5. ABCD

二、填空题

1. 准确度,准确度,准确度

2. 偏差,偏差

3. 负

4. 2

5. 四舍六入五留双

6. 系统误差,偶然误差

7. 系统误差

8. 对照试验,空白试验,校准仪器

9. ≤0.1%

10. 四倍法,Q 检验法

三、简答题(略)

四、计算题(略)

第 三 章

一、选择题

(一) 单选题

1. A   2. B   3. B   4. D   5. C   6. A   7. C   8. D   9. B   10. C

(二) 多选题

1. CDE   2. ABC   3. ABCD   4. DE   5. ABD   6. ACE

二、简答题(略)

三、计算题(略)

1. 600.00ml

2. 0.1502mol/L

3. (1) 26.20ml   (2) 18.47ml

4. 0.1004mol/L

5. 0.7088

6. $4.023×10^{-4}$

第 四 章

一、选择题

(一) 单选题

1. C   2. B   3. C   4. B   5. C   6. B   7. A   8. A

(二) 多选题

1. ABCD   2. ACDE   3. A C   4. A B E   5. BC

二、填空题

1. 间接法,HCl 易挥发,无水碳酸钠,硼砂

2. 间接法,NaOH 易吸收水和 CO_2

3. 7.1~9.1

4. 酸或碱的浓度,酸或碱的强度

5. 变色范围,滴定突跃范围

6. $cK_{a_i}≥10^{-8}, K_{a_i}/K_{a_{i+1}}≥10^4$

7. 驱赶 CO_2

8. 偏高

三、计算题(略)

第 五 章

一、选择题

(一) 单选题

1. B   2. D   3. C   4. D   5. B   6. B   7. B   8. C

(二) 多选题

1. ABC   2. ABC   3. BC   4. ABCD   5. ABCD

二、填空题

1. $AgNO_3, Cl^-, Br^-$

2. 胶体,吸附

3. 6.5~7.2

4. 卤化银见光易分解

5. 提前,负

6. HNO_3,0.1~1mol/L

7. $AgNO_3$,NH_4SCN

8. 间接法,$AgNO_3$

三、简答题(略)

第 六 章

一、选择题

(一)单选题

1. C　2. A　3. D　4. D　5. B　6. D　7. E　8. A　9. C　10. E　11. C　12. A　13. B　14. B　15. E

(二)多选题

1. ABC　2. BCE　3. ABCDE　4. ABCE　5. BCE

二、填空题

1. [Y],9.14

2. 乙二胺四乙酸或乙二胺四乙酸二钠,2,氮,4,氧

3. H_6Y^{2+},H_5Y^+,H_4Y,H_3Y^-,H_2Y^{2-},HY^{3-},Y^{4-},Y^{4-}

4. 调节溶液的 pH,中和滴定过程中产生的氢离子

5. 封闭现象

三、简答题(略)

第 七 章

一、选择题

(一)单选题

1. B　2. B　3. E　4. C　5. D　6. B　7. A　8. D

(二)多选题

1. ABC　2. AB　3. BC　4. AD　5. CD

二、填空题

1. 新煮沸并冷却了的蒸馏水　为除 CO_2、O_2 和杀死细菌,因为它们均能使 $Na_2S_2O_3$ 分解

2. 无,$Na_2S_2O_3$ 过量

3. 氧化,还原,酸性,中性,弱碱性,中性,弱酸

4. $Cr_2O_7^{2-} + 6I^- +14H^+ \Longrightarrow 2Cr^{3+} +3I_2+7H_2O$

$I_2 +2S_2O_3^{2-} \Longrightarrow 2I^- +S_4O_6^{2-}$

5. H_2SO_4,Mn^{2+},60~85,淡红色

三、计算题(略)

第 八 章

一、选择题

(一)单选题

1. D　2. A　3. C　4. C　5. E　6. C　7. D　8. C

(二)多选题

1. ACD　2. AC　3. AB　4. ABC　5. ABC

二、填空题

1. 还原,氧化

2. 氧化,还原

3. 玻璃电极,负极,饱和甘汞电极,正极

4. $\varphi_{玻璃}=K_{玻}-0.0592\text{pH}$

5. 内参比溶液中 KCl 的浓度,0.2412

6. 1~9

7. 转折点

8. 铂电极,小电压

三、简答题(略)

第 九 章

一、选择题

(一) 单选题

1. C　　2. B　　3. C　　4. D　　5. C　　6. B　　7. B　　8. C　　9. D　　10. B　　11. B　　12. D　　13. B

14. D　　15. C　　16. C　　17. D　　18. D　　19. A　　20. C

(二) 多选题

1. AC　　2. BC　　3. ACE　　4. BCE　　5. ABCDE　　6. BD　　7. ABD　　8. ABCE　　9. AC　　10. CE

二、填空题

1. 由于化合物结构改变或其他原因,使吸收带强度增大的效应,由于化合物结构改变或其他原因,使吸收带强度减小的效应

2. 最大吸收波长,灵敏度

3. 钨或卤钨,光学玻璃,氢或氘,石英

4. 100%,0

5. 溶液的浓度,液层厚度

6. 朗伯 - 比尔,稀溶液,单色光,化学因素,光学因素

7. 4.52×10^3

8. 波长,吸光度,浓度,吸光度

三、名词解释(略)

四、简答题(略)

五、实例分析题(略)

第 十 章

一、选择题

(一) 单选题

1. D　2. A　3. E　4. C　5. D　6. B　7. B　8. E

(二) 多选题

1. BCD　　2. ABDE　3. ABCD　4. ADE　5. ABD

二、填空题

1. 长,减弱

2. 荧光谱线位置及强度

3. 最大激发波长,最大发射波长

4. 紫外 - 可见吸收,荧光效率

5. 提高,入射光的强度增加使荧光强度增强

6. 为了消除激发光对荧光测量的干扰

7. 激发单色器,发射单色器

8. 温度、溶剂、酸度、荧光淬灭剂

三、名词解释(略)

四、简答题(略)

五、计算题(略)

第 十 一 章

一、选择题

(一)单选题

1. C 2. A 3. B 4. A 5. C 6. D 7. A 8. B

(二)多选题

1. BCD 2. BC 3. ABCDE 4. ABCD 5. ABCD

二、填空题

1. 助燃比小于化学计量;助燃比大于化学计量;富燃焰;贫燃焰

2. 灵敏度和准确度较高;选择性好;测定元素多;简便快速

3. 朗伯比尔定律;连续光谱;线状光谱;锐线光源;连续光源

4. 中心频率;半宽度;空心阴极灯

三、简答题(略)

四、计算题(略)

第 十 二 章

一、选择题

(一)单选题

1. C 2. C 3. A 4. E 5. C 6. B 7. B 8. E 9. C 10. B

(二)多选题

1. ABC 2. BC 3. ABCD 4. ABCDE 5. ABC 6. CE 7. ABCE

二、填空题

1. 柱色谱法,平面色谱法

2. 大,小

3. 结构,性质

4. 较弱,大

5. 装柱,加样,洗脱

6. 选择滤纸或制板,点样,展开,定性及定量分析

三、简答题(略)

四、计算题(略)

第 十 三 章

一、选择题

(一)单选题

1. A 2. D 3. B 4. E 5. A 6. C 7. A 8. B

（二）多选题

　　1. ABE　2. ACDE　3. ABC　4. BCD　5. ACDE

二、填空题

　　1. 分配系数

　　2. 速率

　　3. 死时间

　　4. 色谱柱,检测器

　　5. 塔板理论,速率理论

　　6. 有效塔板数和有效塔板高度,分离度

　　7. 载气系统,进样系统,分离系统,检测系统,记录系统

　　8. 归一化法,外标法,内标法,内标对比法

三、简答题(略)

第十四章

一、选择题

（一）单选题

　　1. C　2. A　3. B　4. C　5. D　6. A　7. A　8. D

（二）多选题

　　1. ABCD　2. ACDE　3. ACDE　4. ABCD　5. ABC

二、填空题

　　1. 输液系统,分离系统,进样系统,检测系统,数据处理系统

　　2. 液液色谱法,液固色谱法

　　3. 固定相传质阻抗,流动相传质阻抗,静态流动相传质阻抗,固定相传质阻抗

　　4. 小于,小于

　　5. 面积归一法,外标法,内标法

三、简答题(略)

四、计算题(略)

第十五章

一、选择题

（一）单选题

　　1. A　2. E　3. A　4. B　5. C　6. B　7. D

（二）多选题

　　1. ABC　2. ABE　3. CDE　4. ABCDE　5. ABCE

二、填空题

　　1. (1)某些振动方式不产生偶极矩的变化,是非红外活性的,(2)由于分子的对称性,某些振动方式是简并的,(3)某些振动频率十分接近,不能被仪器分辨;(4)某些振动吸收能量太小,信号很弱,不能被仪器检出。

　　2. 四甲基硅烷

　　3. 变大,变大或变小,变大或变小

　　4. 近红外线区,中红外线区,远红外线区

　　5. 界面移动电泳,区带电泳,静态电泳

三、简答题(略)

B

C

D

参考文献

1. 潘国石 . 分析化学 . 第 3 版 . 北京 : 人民卫生出版社 , 2014

2. 李发美 . 分析化学 . 第 7 版 . 北京 : 人民卫生出版社 , 2011

3. 谢庆娟 , 李维斌 . 分析化学 . 第 2 版 . 北京 : 人民卫生出版社 , 2013

4. 赵怀清 . 分析化学 . 第 3 版 . 北京 : 人民卫生出版社 , 2013

5. 张凌 , 李锦 . 分析化学 . 第 3 版 . 北京 : 人民卫生出版社 , 2012.

6. 谢庆娟 , 杨其绛 . 分析化学 . 北京 : 人民卫生出版社 , 2009.

7. 谢美红 , 李春 . 分析化学 . 北京 : 化学工业出版社 , 2013

8. 李维斌 . 分析化学 . 北京 : 高等教育出版社 , 2005

9. 刘燕娥 . 分析化学 . 西安 : 第四军医大学出版社 , 2011

10. 张威 . 仪器分析 . 北京 : 化学工业出版社 , 2010

11. 王文渊 , 曲中堂 . 分析化学 . 北京 : 化学工业出版社 , 2013

12. 武汉大学 . 分析化学 . 第 5 版 . 北京 : 高等教育出版社 , 2007

13. 华东理工大学化学系 , 四川大学化学系 . 分析化学 . 第 6 版 . 北京 : 高等教育出版社 , 2009

14. 华中师范大学 , 东北师范大学 , 陕西师范大学 , 北京师范大学 . 分析化学 . 第 4 版 . 北京 : 高等教育出版社 , 2011

15. 王润霞 . 仪器分析技术 . 北京 : 人民卫生出版社 , 2012

16. 王英健 . 仪器分析 . 北京 : 科学出版社 , 2010

17. 朱明华 . 仪器分析 . 北京 : 高等教育出版社 , 2008

18. 梁生旺 , 万丽 . 仪器分析 . 北京 : 中国中医药出版社 , 2012

19. 闫冬良 . 药品仪器检验技术 . 北京 : 中国医药出版社 , 2013

20. 周建庆 . 无机及分析化学 . 合肥 : 安徽科学技术出版社 , 2009

21. 叶宪曾 , 张新祥 . 仪器分析教程 . 北京 : 北京大学出版社 , 2009

22. F. James Holler, Stanley R. Crouch, Douglas A. Skoog. Principles of Instrumental Analysis. Stamford : Cengage Learning, 2007

23. Christian GD. Analytical Chemistry. 6th ed. New York : John Wiley and Sons Inc, 2003

附录一　常用化合物的相对分子质量

（根据 2005 年公布的相对原子质量计算）

分子式	相对分子质量	分子式	相对分子质量
$AgBr$	187.77	$KBrO_3$	167.00
$AgCl$	143.32	KCl	74.551
AgI	234.77	$KClO_4$	138.55
$AgNO_3$	169.87	K_2CO_3	138.21
Al_2O_3	101.96	K_2CrO_4	194.19
As_2O_3	197.84	$K_2Cr_2O_7$	294.19
$BaCl_2 \cdot 2H_2O$	244.26	KH_2PO_4	136.09
BaO	153.33	$KHSO_4$	136.17
$Ba(OH)_2 \cdot 8H_2O$	315.47	KI	166.00
$BaSO_4$	233.39	KIO_3	214.00
$CaCO_3$	100.09	$KIO_3 \cdot HIO_3$	389.91
CaO	56.077	$KMnO_4$	158.03
$Ca(OH)_2$	74.093	KNO_2	85.100
CO_2	44.010	KOH	56.106
CuO	79.545	K_2PtCl_6	486.00
Cu_2O	143.09	$KSCN$	97.182
$CuSO_4 \cdot 5H_2O$	249.69	$MgCO_3$	84.314
FeO	71.844	$MgCl_2$	95.211
Fe_2O_3	159.69	$MgSO_4 \cdot 7H_2O$	246.48
$FeSO_4 \cdot 7H_2O$	278.02	$MgNH_4PO_4 \cdot 6H_2O$	245.41
$FeSO_4 \cdot (NH_4)_2SO_4 \cdot 6H_2O$	392.14	MgO	40.304
H_3BO_3	61.833	$Mg(OH)_2$	58.320
HCl	36.461	$Mg_2P_2O_7$	222.55
$HClO_4$	100.46	$Na_2B_4O_7 \cdot 10H_2O$	381.37
HNO_3	63.013	$NaBr$	102.89
H_2O	18.015	$NaCl$	58.489
H_2O_2	34.015	Na_2CO_3	105.99
H_3PO_4	97.995	$NaHCO_3$	84.007
H_2SO_4	98.080	$Na_2HPO_4 \cdot 12H_2O$	358.14
I_2	253.81	$NaNO_2$	69.000
$KAl(SO_4)_2 \cdot 12H_2O$	474.39	Na_2O	61.979
KBr	119.00	$NaOH$	39.997

续表

分子式	相对分子质量	分子式	相对分子质量
$Na_2S_2O_3$	158.11	SO_2	64.065
$Na_2S_2O_3 \cdot 5H_2O$	248.19	SO_3	80.064
NH_3	17.031	ZnO	81.408
NH_4Cl	53.491	CH_3COOH（醋酸）	60.052
NH_4OH	35.046	$H_2C_2O_4 \cdot 2H_2O$	126.07
$(NH_4)_3PO_4 \cdot 12MoO_3$	1876.4	$KHC_4H_4O_6$（酒石酸氢钾）	188.18
$(NH_4)_2SO_4$	132.14	$KHC_8H_4O_4$（邻苯二甲酸氢钾）	204.22
$PbCrO_4$	321.19	$K(SbO)C_4H_4O_6 \cdot 1/2H_2O$（酒石酸锑钾）	333.93
PbO_2	239.20	$Na_2C_2O_4$（草酸钠）	134.00
$PbSO_4$	303.26	$NaC_7H_5O_2$（苯甲酸钠）	144.11
P_2O_5	141.94	$Na_3C_6H_5O_7 \cdot 2H_2O$（枸橼酸钠）	294.12
SiO_2	60.085	$Na_2H_2C_{10}H_{12}O_8N_2 \cdot 2H_2O$（EDTA 二钠盐）	372.24

附录二　常用弱酸、弱碱的解离常数

（近似浓度 0.01~0.003mol/L，温度 298K）

名称	化学式	解离常数 K	pK
偏铝酸	$HAlO_2$	6.3×10^{-13}	12.20
砷酸	H_3AsO_4	$K_1=6.3 \times 10^{-3}$	2.20
		$K_2=1.05 \times 10^{-7}$	6.98
		$K_3=3.2 \times 10^{-12}$	11.50
亚砷酸	$HAsO_2$	6×10^{-10}	9.22
*硼酸	H_3BO_3	5.8×10^{-10}	9.24
氢氰酸	HCN	4.93×10^{-10}	9.31
碳酸	H_2CO_3	$K_1=4.30 \times 10^{-7}$	6.37
		$K_2=5.61 \times 10^{-11}$	10.25
铬酸	H_2CrO_4	$K_1=1.8 \times 10^{-1}$	0.74
		$K_2=3.20 \times 10^{-7}$	6.49
次氯酸	$HClO$	3.2×10^{-8}	7.50
氢氟酸	HF	3.53×10^{-4}	3.45
碘酸	HIO_3	1.69×10^{-1}	0.77
高碘酸	HIO_4	2.8×10^{-2}	1.56
亚硝酸	HNO_2	4.6×10^{-4}（285.5K）	3.37
磷酸	H_3PO_4	$K_1=7.52 \times 10^{-3}$	2.12
		$K_2=6.31 \times 10^{-8}$	7.20
		$K_3=4.4 \times 10^{-13}$	12.36
氢硫酸	H_2S	$K_1=1.3 \times 10^{-7}$	6.88
		$K_2=1.1 \times 10^{-12}$	11.96
亚硫酸	H_2SO_3	$K_1=1.54 \times 10^{-2}$（291K）	1.81
		$K_2=1.02 \times 10^{-7}$	6.91
硫酸	H_2SO_4	$K_2=1.20 \times 10^{-2}$	1.92
硅酸	H_2SiO_3	$K_2=1.7 \times 10^{-10}$	9.77
		$K_2=1.6 \times 10^{-12}$	11.80

续表

名称	化学式	解离常数 K	pK
甲酸	HCOOH	1.8×10^{-4}	3.75
醋酸	HAc	1.76×10^{-5}	4.75
草酸	$H_2C_2O_4$	$K_1=5.90\times10^{-2}$	1.23
		$K_2=6.40\times10^{-5}$	4.19
一氯醋酸	$CH_2ClCOOH$	1.4×10^{-3}	2.86
二氯醋酸	$CHCl_2COOH$	5.0×10^{-2}	1.30
三氯醋酸	CCl_3COOH	2.0×10^{-1}	0.70
氨基乙酸	NH_2CH_2COOH	1.67×10^{-10}	9.78
丙酸	CH_3CH_2COOH	1.35×10^{-5}	4.87
丙二酸	$HOCOCH_2COOH$	$K_1=1.4\times10^{-3}$	2.85
		$K_2=2.2\times10^{-6}$	5.66
丙烯酸	$CH_2{=\!=}CHCOOH$	5.5×10^{-5}	4.26
苯酚	C_6H_5OH	1.1×10^{-10}	9.96
苯甲酸	C_6H_5COOH	6.3×10^{-5}	4.20
水杨酸	$C_6H_4(OH)COOH$	$K_1=1.05\times10^{-3}$	2.98
		$K_2=4.17\times10^{-13}$	12.38
*邻苯二甲酸	$C_6H_4(COOH)_2$	$K_1=1.12\times10^{-3}$	2.95
		$K_2=3.91\times10^{-6}$	5.41
柠檬酸	$(HOOCCH_2)_2C(OH)COOH$	$K_1=7.1\times10^{-4}$	3.14
		$K_2=1.76\times10^{-6}$	4.76
		$K_3=4.1\times10^{-7}$	6.39
酒石酸	$(CH(OH)COOH)_2$	$K_1=1.04\times10^{-3}$	2.98
		$K_2=4.55\times10^{-5}$	4.34
*8-羟基喹啉	C_9H_6NOH	$K_1=8\times10^{-6}$	5.1
		$K_2=1\times10^{9}$	9.0
*对氨基苯磺酸	$H_2NC_6H_4SO_3H$	$K_1=2.6\times10^{-1}$	0.58
		$K_2=7.6\times10^{-4}$	3.12
*乙二胺四乙酸(EDTA)	$(CH_2COOH)_2NH^+CH_2CH_2NH^+(CH_2COOH)_2$	$K_5=5.4\times10^{-7}$	6.27
		$K_6=1.12\times10^{-11}$	10.95
铵离子	NH_4^+	$K_b=5.56\times10^{-10}$	9.25
氨水	$NH_3\cdot H_2O$	$K_b=1.76\times10^{-5}$	4.75
联胺	N_2H_4	$K_b=8.91\times10^{-7}$	6.05
羟氨	NH_2OH	$K_b=9.12\times10^{-9}$	8.04
氢氧化铅	$Pb(OH)_2$	$K_b=9.6\times10^{-4}$	3.02
氢氧化锂	$LiOH$	$K_b=6.31\times10^{-1}$	0.2
氢氧化铍	$Be(OH)_2$	$K_b=1.78\times10^{-6}$	5.75
	$BeOH^+$	$K_b=2.51\times10^{-9}$	8.6
氢氧化铝	$Al(OH)_3$	$K_b=5.01\times10^{-9}$	8.3
	$Al(OH)_2^+$	$K_b=1.99\times10^{-10}$	9.7
氢氧化锌	$Zn(OH)_2$	$K_b=7.94\times10^{-7}$	6.1
*乙二胺	$H_2NC_2H_4NH_2$	$K_{b1}=8.5\times10^{-5}$	4.07
		$K_{b2}=7.1\times10^{-8}$	7.15
*六亚甲基四胺	$(CH_2)_6N_4$	1.35×10^{-9}	8.87
*尿素	$CO(NH_2)_2$	1.3×10^{-14}	13.89

摘自 R.C.Weast, Handbook of Chemistry and Physics D-165, 70th. edition, 1989—1990

* 摘自其他参考书。

附录三　难溶化合物的溶度积（Ksp）[1]

化合物	Ksp	化合物	Ksp	化合物	Ksp
Ag_3AsO_4	1.0×10^{-22}	$Ca(OH)_2$	5.5×10^{-6}	$MgCO_3$	3.5×10^{-8}
$AgBr$	5.0×10^{-13}	$Ca_3(PO_4)_2$	2.0×10^{-29}	MgC_2O_4	8.5×10^{-5}[3]
$AgCl$	1.56×10^{-10}[3]	$CaSiF_6$	8.1×10^{-4}	MgF_2	6.5×10^{-9}
$AgCN$	1.2×10^{-16}	$CaSO_4$	9.1×10^{-6}	$MgNH_4PO_4$	2.5×10^{-13}
$Ag_2C_2O_4$	2.95×10^{-11}	$Cd[Fe(CN)_6]$	3.2×10^{-17}	$Mg(OH)_2$	1.9×10^{-13}
$AgSCN$	1.0×10^{-12}	$Cd(OH)_2(新)$	2.5×10^{-14}	$Mg_3(PO_4)_3$	$10^{-28}\sim10^{-27}$
Ag_2SO_4	1.4×10^{-5}	$Cd_3(PO_4)_2$	2.5×10^{-33}	$Mn(OH)_2$	1.9×10^{-13}
Ag_2CO_3	8.1×10^{-12}	CdS	3.6×10^{-29}[3]	MnS	1.4×10^{-15}[3]
$Ag_3[CO(NO_2)_6]$	8.5×10^{-21}	$Co_2[Fe(CN)_5]$	1.8×10^{-15}	$Ni(OH)_2(新)$	2.0×10^{-15}
Ag_2CrO_4	1.1×10^{-12}	$Co[Hg(SCN)_4]$	1.5×10^{-6}	NiS	1.4×10^{-24}[3]
$Ag_2Cr_2O_7$	2.0×10^{-7}	$CoHPO_4$	2×10^{-7}	$Pb_3(AsO_4)_2$	4.0×10^{-36}
$Ag_4[Fe(CN)_6]$	1.6×10^{-41}	$Co(OH)_2(新)$	1.6×10^{-15}	$PbCO_3$	7.4×10^{-14}
AgI	1.5×10^{-16}[3]	$Co(PO_4)_2$	2×10^{-35}	$PbCl_2$	1.6×10^{-5}
Ag_3PO_4	1.4×10^{-16}	CoS	3×10^{-26}[3]	$PbCrO_4$	1.8×10^{-14}[3]
Ag_2S	6.3×10^{-50}	$Cu_3(AsO_4)_2$	7.6×10^{-36}	PbF_2	2.7×10^{-8}
$Al(OH)_3$	1.3×10^{-33}	$CuCN$	3.2×10^{-20}	$Pb_2[(CN)_6]$	3.5×10^{-15}
$AlPO_4$	6.3×10^{-19}	$Cu[Hg(CN)_6]$	1.3×10^{-16}	$PbHPO_4$	1.3×10^{-10}
As_2S_3	4.0×10^{-29}	$Cu_3(PO_4)_2$	1.3×10^{-37}	PbI_2	7.1×10^{-9}
$Ar(OH)_3$	6.3×10^{-31}	$Cu_2P_2O_7$	8.3×10^{-16}	$Pb(OH)_2$	1.2×10^{-15}
Ba_3AsO_4	8.0×10^{-51}	$CuSCN$	4.8×10^{-15}	$Pb_3(PO_4)_2$	8.0×10^{-48}
$BaCO_3$	8.1×10^{-9}[3]	CuS	6.3×10^{-36}	PbS	8.0×10^{-28}
BaC_2O_4	1.6×10^{-7}	$FeCO_3$	3.2×10^{-11}	$PbSO_4$	1.6×10^{-8}
$BaCrO_4$	1.2×10^{-10}	$Fe_4[Fe(CN)_6]$	3.3×10^{-41}	$Sb(OH)_3$	4×10^{-42}[2]
BaF_2	1.0×10^{-9}	$Fe(OH)_2$	8.0×10^{-16}	Sb_2S_3	2.9×10^{-59}[2]
$BaHPO_4$	3.2×10^{-7}	$Fe(OH)_3$	1.1×10^{-36}[3]	SnS	1.0×10^{-25}
$Ba_3(PO_4)_2$	3.4×10^{-23}	$FePO_4$	1.3×10^{-22}	$SrCO_3$	1.6×10^{-9}[3]
$Ba_2P_2O_7$	3.2×10^{-11}	FeS	3.7×10^{-19}	SrC_2O_4	5.6×10^{-8}[3]
$BaSiF_6$	1×10^{-6}	Hg_2Cl_2	1.3×10^{-18}	$SrCrO_4$	2.2×10^{-5}
$BaSO_4$	1.1×10^{-10}	$Hg_2(CN)_2$	5×10^{-40}	SrF_2	2.5×10^{-9}
$Bi(OH)_3$	4×10^{-31}	Hg_2I_2	4.5×10^{-29}	$Sr_3(PO_4)_2$	4.0×10^{-28}
Bi_2S_3	1×10^{-97}	Hg_2S	1×10^{-47}	$SrSO_4$	3.2×10^{-7}
$BiPO_4$	1.3×10^{-23}	$HgS(红)$	4×10^{-53}	$Zn_2[Fe(CN)_6]$	4.0×10^{-16}
$CaCO_3$	8.7×10^{-9}[3]	$HgS(黑)$	1.6×10^{-52}	$Zn[Hg(SCN)_4]$	2.2×10^{-7}
CaC_2O_4	4×10^{-9}	$Hg_2(SCN)_2$	2.0×10^{-20}	$Zn(OH)_2$	1.2×10^{-17}
$CsCrO_4$	7.1×10^{-4}	$K[B(C_6H_5)_4]$	2.2×10^{-8}	$Zn_3(PO_4)_2$	9.0×10^{-33}
CaF_4	2.7×10^{-11}	$K_2Na[Co(NO_2)_6]H_2O$	2.2×10^{-8}	ZnS	1.2×10^{-23}[3]
$CaHPO_4$	1×10^{-7}	$K_2[PtCl_6]$	1.1×10^{-5}		

① 摘自 J.A.Dean.Lange's Handbook of chemistry.11th ed.Mc Graw-Hill Book Co.1973
② 摘自余志英.普通化学常用数据表.北京:中国工业出版社,1956
③ 摘自 R.C.Geart.Handbook of chemistry and physics.55th ed.CRC Press,1974

附录四　标准电极电位表(25℃)

电极反应				E°（伏特）
氧化型	电子数		还原型	
Li^+	$+$ e	$\rightleftharpoons$	Li	-3.045
K^+	$+$ e	$\rightleftharpoons$	K	-2.925
Ba^{2+}	$+$ 2e	$\rightleftharpoons$	Ba	-2.912
Sr^{2+}	$+$ 2e	$\rightleftharpoons$	Sr	-2.89
Ca^{2+}	$+$ 2e	$\rightleftharpoons$	Ca	-2.87
Na^+	$+$ e	$\rightleftharpoons$	Na	-2.714
Ce^{3+}	$+$ 3e	$\rightleftharpoons$	Ce	-2.48
Mg^{2+}	$+$ 2e	$\rightleftharpoons$	Mg	-2.37
$1/2H_2$	$+$ e	$\rightleftharpoons$	H^-	-2.23
AlF_6^{3-}	$+$ 3e	$\rightleftharpoons$	$Al+6F^-$	-2.07
Be^{2+}	$+$ 2e	$\rightleftharpoons$	Be	-1.85
Al^{3+}	$+$ 3e	$\rightleftharpoons$	Al	-1.66
Ti^{2+}	$+$ 2e	$\rightleftharpoons$	Ti	-1.63
SiF_6^{3-}	$+$ 4e	$\rightleftharpoons$	$Si+6F^-$	-1.24
Mn^{2+}	$+$ 2e	$\rightleftharpoons$	Mn	-1.182
V^{2+}	$+$ 2e	$\rightleftharpoons$	V	-1.18
Te	$+$ 2e	$\rightleftharpoons$	Te^{2-}	-1.14
Se	$+$ 2e	$\rightleftharpoons$	Se^{2-}	-0.92
Cr^{2+}	$+$ 2e	$\rightleftharpoons$	Cr	-0.91
$Bi+3H^+$	$+$ 3e	$\rightleftharpoons$	BiH_3	-0.8
Zn^{2+}	$+$ 2e	$\rightleftharpoons$	Zn	-0.763
Cr^{3+}	$+$ 3e	$\rightleftharpoons$	Cr	-0.74
Ag_2S	$+$ 2e	$\rightleftharpoons$	$2Ag+S^{2-}$	-0.69
$As+3H^+$	$+$ 3e	$\rightleftharpoons$	AsH_3	-0.608
$Sb+3H^+$	$+$ 3e	$\rightleftharpoons$	SbH_3	-0.51
$H_3PO_3+2H^+$	$+$ 2e	$\rightleftharpoons$	$H_3PO_2+H_2O$	-0.50
$2CO_2+2H^+$	$+$ 2e	$\rightleftharpoons$	$H_2C_2O_4$	-0.49
S	$+$ 2e	$\rightleftharpoons$	S^{2-}	-0.48
$H_3PO_3+3H^+$	$+$ 2e	$\rightleftharpoons$	$P+3H_2O$	-0.454
Fe^{2+}	$+$ 2e	$\rightleftharpoons$	Fe	-0.440
Cr^{3+}	$+$ e	$\rightleftharpoons$	Cr^{2+}	-0.41
Cd^{2+}	$+$ 2e	$\rightleftharpoons$	Cd	-0.403
$PbSO_4$	$+$ 2e	$\rightleftharpoons$	$Pb+SO_4^{2-}$	-0.3553
Cd^{2+}	$+$ 2e	$\rightleftharpoons$	$Cd(Hg)$	-0.352

续表

电极反应					E°（伏特）
氧化型		电子数		还原型	
$Ag(CN)_2^-$	+	e	$\rightleftharpoons$	$Ag+2CN^-$	−0.31
Co^{2+}	+	2e	$\rightleftharpoons$	Co	−0.277
$H_3PO_4+2H^+$	+	2e	$\rightleftharpoons$	$H_3PO_3+H_2O$	−0.276
$PbCl_2$	+	2e	$\rightleftharpoons$	$Pb(Hg)+2Cl^-$	−0.262
Ni^{2+}	+	2e	$\rightleftharpoons$	Ni	−0.257
V^{3+}	+	e	$\rightleftharpoons$	V^{2+}	−0.255
$SnCl_4^{2-}$	+	2e	$\rightleftharpoons$	$Sn+4Cl^-$（1moll/LHCl）	−0.19
AgI	+	e	$\rightleftharpoons$	$Ag+I^-$	−0.152
CO_2（气）$+2H^+$	+	2e	$\rightleftharpoons$	$HCOOH$	−0.14
Sn^{2+}	+	2e	$\rightleftharpoons$	Sn	−0.136
$CH_3COOH+2H^+$	+	2e	$\rightleftharpoons$	CH_3CHO+H_2O	−0.13
Pb^{2+}	+	2e	$\rightleftharpoons$	Pb	−0.126
$P+3H^+$	+	3e	$\rightleftharpoons$	PH_3（气）	−0.063
$2H_2SO_3+H^+$	+	2e	$\rightleftharpoons$	$HS_2O_4^{2-}+2H_2O$	−0.056
Ag_2S+2H^+	+	2e	$\rightleftharpoons$	$2Ag+H_2S$	−0.0366
Fe^{3+}	+	3e	$\rightleftharpoons$	Fe	−0.036
$2H^+$	+	2e	$\rightleftharpoons$	H_2	0.0000
$AgBr$	+	e	$\rightleftharpoons$	$Ag+Br^-$	0.0713
$S_4O_6^{2-}$	+	2e	$\rightleftharpoons$	$2S_2O_3^{2-}$	0.08
$SnCl_6^{2-}$	+	2e	$\rightleftharpoons$	$SnCl_4^{2-}+2Cl^-$（1moll/LHCl）	0.14
$S+2H^+$	+	2e	$\rightleftharpoons$	H_2S（气）	0.141
$Sb_2O_3+6H^+$	+	6e	$\rightleftharpoons$	$2Sb+3H_2O$	0.152
Sn^{4+}	+	2e	$\rightleftharpoons$	Sn^{2+}	0.154
Cu^{2+}	+	e	$\rightleftharpoons$	Cu^+	0.159
$SO_4^{2-}+4H^+$	+	2e	$\rightleftharpoons$	SO_2（水溶液）$+2H_2O$	0.172
SbO^++2H^+	+	3e	$\rightleftharpoons$	$Sb+2H_2O$	0.212
$AgCl$	+	e	$\rightleftharpoons$	$Ag+Cl^-$	0.2223
$HCHO+2H^+$	+	2e	$\rightleftharpoons$	CH_3OH	0.24
$HAsO_2+3H^+$	+	3e	$\rightleftharpoons$	$As+2H_2O$	0.248
Hg_2Cl_2（固）	+	2e	$\rightleftharpoons$	$2Hg+2Cl^-$	0.2676
Cu^{2+}	+	2e	$\rightleftharpoons$	Cu	0.337
$Fe(CN)_6^{3-}$	+	e	$\rightleftharpoons$	$Fe(CN)_6^{4-}$	0.36
$1/2(CN)_2+H^+$	+	e	$\rightleftharpoons$	HCN	0.37
$Ag(NH_3)_2^+$	+	e	$\rightleftharpoons$	$Ag+2NH_3$	0.373
$2SO_2$（水溶液）$+2H^+$	+	4e	$\rightleftharpoons$	$S_2O_3^{2-}+H_2O$	0.40
$H_2N_2O_2+6H^+$	+	4e	$\rightleftharpoons$	$2NH_3OH^+$	0.44

电极反应				E°（伏特）
氧化型	电子数		还原型	
Ag_2CrO_4	+	2e	$2Ag+CrO_4^{2-}$	0.447
$H_2SO_3+4H^+$	+	4e	$S+3H_2O$	0.45
$4SO_2（水溶液）+4H^+$	+	6e	$S_4O_6^{2-}+2H_2O$	0.51
Cu^{2+}	+	2e	Cu	0.52
$I_2（固）$	+	2e	$2I^-$	0.5345
$H_3AsO_4+2H^+$	+	2e	$HAsO_2+2H_2O$	0.559
$Sb_2O_5（固）+6H^+$	+	4e	$2SbO^++3H_2O$	0.58
CH_3OH+2H^+	+	2e	$CH_4（气）+H_2O$	0.58
$2NO+2H^+$	+	2e	$H_2N_2O_2$	0.60
$2HgCl_2$	+	2e	$Hg_2Cl_2+2Cl^-$	0.63
Ag_2SO_4	+	2e	$2Ag+SO_4^{2-}$	0.653
$PtCl_6^{2-}$	+	2e	$PtCl_4^{2-}+2Cl^-$	0.68
O_2+2H^+	+	2e	H_2O_2	0.695
$Fe(CN)_6^{3-}$	+	e	$Fe(CN)_6^{4-}（1mol/L H_2SO_4）$	0.71
$H_2SeO_3+4H^+$	+	4e	$Se+3H_2O$	0.740
$PtCl_4^{2-}$	+	2e	$Pt+4Cl^-$	0.755
$(CNS)_2$	+	2e	$2CNS^-$	0.77
Fe^{3+}	+	e	Fe^{2+}	0.771
Hg_2^{2+}	+	2e	$2Hg$	0.793
Ag^+	+	e	Ag	0.7995
$NO_3^-+2H^+$	+	e	NO_2+H_2O	0.80
OsO_4+8H^+	+	8e	$Os+4H_2O$	0.85
Hg^{2+}	+	2e	Hg	0.854
$2HNO_2+4H^+$	+	4e	$H_2N_2O_2+2H_2O$	0.86
$Cu^{2+}+I^-$	+	e	CuI	0.86
$2Hg^{2+}$	+	2e	Hg_2^{2+}	0.920
$NO_3^-+3H^+$	+	2e	HNO_2+H_2O	0.94
$NO_3^-+4H^+$	+	3e	$NO+2H_2O$	0.96
HNO_2+H^+	+	e	$NO+H_2O$	0.983
$HIO+H^+$	+	2e	I^-+H_2O	0.99
NO_2+2H^+	+	2e	$NO+H_2O$	1.03
ICl_2^-	+	e	$1/2I_2+2Cl^-$	1.06
$Br_2（液）$	+	2e	$2Br^-$	1.065
NO_2+H^+	+	e	HNO_2	1.07
$IO_3^-+6H^+$	+	6e	I^-+3H_2O	1.085
$Br_2（水溶液）$	+	2e	$2Br^-$	1.087

电极反应					E°（伏特）
氧化型		电子数		还原型	
$Cu^{2+}+2CN^-$	$+$	e	$\rightleftharpoons$	$Cu(CN)_2^-$	1.12
$IO_3^-+5H^+$	$+$	$4e$	$\rightleftharpoons$	$HIO+2H_2O$	1.14
$SeO_4^{2-}+4H^+$	$+$	$2e$	$\rightleftharpoons$	$H_2SeO_3+H_2O$	1.15
$ClO_3^-+2H^+$	$+$	e	$\rightleftharpoons$	ClO_2+H_2O	1.15
$ClO_4^-+2H^+$	$+$	$2e$	$\rightleftharpoons$	$ClO_3^-+H_2O$	1.19
$IO_3^-+6H^+$	$+$	$5e$	$\rightleftharpoons$	$1/2I_2+3H_2O$	1.20
$ClO_3^-+3H^+$	$+$	$2e$	$\rightleftharpoons$	$HClO_2+H_2O$	1.21
O_2+4H^+	$+$	$4e$	$\rightleftharpoons$	$2H_2O$	1.229
MnO_2+4H^+	$+$	$2e$	$\rightleftharpoons$	$Mn^{2+}+2H_2O$	1.23
$2HNO_2+4H^+$	$+$	$4e$	$\rightleftharpoons$	N_2O+3H_2O	1.27
$HBrO+H^+$	$+$	$2e$	$\rightleftharpoons$	Br^-+H_2O	1.33
$Cr_2O_7^{2-}+14H^+$	$+$	$6e$	$\rightleftharpoons$	$2Cr^{3+}+7H_2O$	1.33
$Cl_2(气)$	$+$	$2e$	$\rightleftharpoons$	$2Cl^-$	1.3595
$ClO_4^-+8H^+$	$+$	$8e$	$\rightleftharpoons$	Cl^-+4H_2O	1.389
$ClO_4^-+8H^+$	$+$	$7e$	$\rightleftharpoons$	$1/2Cl_2+4H_2O$	1.39
$2NH_3OH^++H^+$	$+$	$2e$	$\rightleftharpoons$	$N_2H_5^++2H_2O$	1.42
$HIO+H^+$	$+$	e	$\rightleftharpoons$	$1/2I_2+4H_2O$	1.439
$BrO_3^-+6H^+$	$+$	$6e$	$\rightleftharpoons$	Br^-+3H_2O	1.44
Ce^{4+}	$+$	e	$\rightleftharpoons$	$Ce^{3+}(0.5mol/L\ H_2SO_4)$	1.44
PbO_2+4H^+	$+$	$2e$	$\rightleftharpoons$	$Pb^{2+}+2H_2O$	1.455
$ClO_3^-+6H^+$	$+$	$6e$	$\rightleftharpoons$	Cl^-+3H_2O	1.47
$ClO_3^-+6H^+$	$+$	$5e$	$\rightleftharpoons$	$1/2Cl_2+3H_2O$	1.47
Mn^{3+}	$+$	e	$\rightleftharpoons$	$Mn^{2+}(7.5mol/L\ H_2SO_4)$	1.488
$HClO+H^+$	$+$	$2e$	$\rightleftharpoons$	Cl^-+H_2O	1.49
$MnO_4^-+8H^+$	$+$	$5e$	$\rightleftharpoons$	$Mn^{2+}+4H_2O$	1.51
$BrO_3^-+6H^+$	$+$	$5e$	$\rightleftharpoons$	$1/2Br_2+3H_2O$	1.52
$HClO_2+3H^+$	$+$	$4e$	$\rightleftharpoons$	Cl^-+2H_2O	1.56
$HBrO+H^+$	$+$	e	$\rightleftharpoons$	$1/2Br_2+H_2O$	1.574
$2NO+2H^+$	$+$	$2e$	$\rightleftharpoons$	N_2O+H_2O	1.59
$H_5IO_6+H^+$	$+$	$2e$	$\rightleftharpoons$	$IO_3^-+3H_2O$	1.60
$HClO_2+3H^+$	$+$	$3e$	$\rightleftharpoons$	$1/2Cl_2+2H_2O$	1.611
$HClO_2+2H^+$	$+$	$2e$	$\rightleftharpoons$	$HClO+H_2O$	1.64
$MnO_4^-+4H^+$	$+$	$3e$	$\rightleftharpoons$	MnO_2+2H_2O	1.679
$PbO_2+SO_4^{2-}+4H^+$	$+$	$2e$	$\rightleftharpoons$	$PbSO_4+2H_2O$	1.685
N_2O+2H^+	$+$	$2e$	$\rightleftharpoons$	N_2+H_2O	1.77
$H_2O_2+2H^+$	$+$	$2e$	$\rightleftharpoons$	$2H_2O$	1.77

续表

电极反应					E°（伏特）
氧化型		电子数		还原型	
Co^{3+}	+	e	$\rightleftharpoons$	Co^{2+}（3mol/L HNO_3）	1.84
Ag^{2+}	+	e	$\rightleftharpoons$	Ag^+（4mol/L $HClO_4$）	1.927
$S_2O_8^{2-}$	+	2e	$\rightleftharpoons$	$2SO_4^{2-}$	2.01
O_3+2H^+	+	2e	$\rightleftharpoons$	O_2+H_2O	2.07
F_2	+	2e	$\rightleftharpoons$	$2F^-$	2.87
F_2+2H^+	+	2e	$\rightleftharpoons$	$2HF$	3.06

附录五　氧化还原电对的条件电位表

电极反应	φ' / V	溶液成分
$Ag+e^- \rightleftharpoons Ag$	+0.792	1mol/L $HClO_4$
	+0.77	1mol/L H_2SO_4
$AgI+e^- \rightleftharpoons Ag+I^-$	−1.37	1mol/L KI
$H_3AsO_4+2H^++2e^- \rightleftharpoons HAsO_2+2H_2O$	+0.577	1mol/L HCl 或 $HClO_4$
$Ce^{4+}+e^- \rightleftharpoons Ce^{3+}$	+0.06	2.5mol/L K_2CO_3
	+1.28	1mol/L HCl
	+1.70	1mol/L $HClO_4$
	+1.6	1mol/L HNO_3
	+1.44	1mol/L H_2SO_4
$Cr^{3+}+e^- \rightleftharpoons Cr^{2+}$	−0.26	饱和 $CaCl_2$
	−0.40	5mol/L HCl
	−0.37	0.1~0.5mol/L H_2SO_4
$CrO_4^{2-}+2H_2O+3e^- \rightleftharpoons CrO_2^-+4OH^-$	−0.12	1mol/L NaOH
$Cr_2O_7^{2-}+14H^++6e^- \rightleftharpoons 2Cr^{3+}+7H_2O$	+0.93	0.1mol/L HCl
	+1.00	1mol/L HCl
	+1.08	3mol/L HCl
	+0.84	0.1mol/L $HClO_4$
	+1.025	1mol/L $HClO_4$
	+0.92	0.1mol/L H_2SO_4
	+1.15	4mol/L H_2SO_4
$Fe(Ⅲ)+e^- \rightleftharpoons Fe(Ⅱ)$	+0.71	0.5mo/L HCl
	+0.68	1mol/L HCl
	+0.64	5mol/L HCl
	+0.53	10mol/L HCl
	−0.68	10mol/L NaOH
	+0.735	1mol/L $HClO_4$

电极反应	φ' / V	溶液成分
	+0.01	1mol/L$K_2C_2O_4$, pH 5.0
	+0.46	2mol/LH_3PO_4
	+0.68	1mol/LH_2SO_4
	+0.07	0.5mol/L 酒石酸钠, pH 5.0~8.0
$Fe(CN)_6^{3-}+e^- \rightleftharpoons Fe(CN)_6^{2-}$	+0.56	0.1mol/L HCl
	+0.71	1mol/L HCl
$I_3^-+e^- \rightleftharpoons 3I^-$	+0.545	0.5mol/L H_2SO_4
$MnO_4^-+8H^++5e^- \rightleftharpoons Mn^{2+}+4H_2O$	+1.45	1mol/L $HClO_4$
$Pb(II)+2e^- \rightleftharpoons Pb$	−0.32	1mol/L NaAc
$SO_4^{2-}+4H^++2e^- \rightleftharpoons SO_2+2H_2O$	+0.07	1mol/L H_2SO_4
$Sb(V)+2e^- \rightleftharpoons Sb(III)$	+0.75	3.5mol/L HCl
	+0.82	6mol/L HCl
$Sn(VI)+2e^- \rightleftharpoons Sb(II)$	+0.14	1mol/L HCl
	−0.63	1mol/L $HClO_4$

续表